测绘地理信息“岗课赛证”融通系列教材

工程测量

主编　李天和　张少铖　冯涛　周金国

WUHAN UNIVERSITY PRESS
武汉大学出版社

图书在版编目(CIP)数据

工程测量/李天和等主编.—武汉：武汉大学出版社,2022.8(2023.9 重印)

测绘地理信息“岗课赛证”融通系列教材

ISBN 978-7-307-23153-5

Ⅰ.工…　Ⅱ.李…　Ⅲ.工程测量—高等职业教育—教材　Ⅳ.TB22

中国版本图书馆 CIP 数据核字(2022)第 120279 号

责任编辑:鲍　玲　　责任校对:汪欣怡　　版式设计:韩闻锦

出版发行：**武汉大学出版社**　(430072　武昌　珞珈山)

(电子邮箱：cbs22@ whu.edu.cn　网址：www.wdp. com.cn)

印刷:武汉中科兴业印务有限公司

开本:787×1092　1/16　印张:20　字数:462 千字　插页:1

版次:2022 年 8 月第 1 版　2023 年 9 月第 2 次印刷

ISBN 978-7-307-23153-5　定价:49. 00 元

测绘地理信息“岗课赛证”融通系列教材

编审委员会

《工程测量》编写委员会

主　编：李天和　　重庆工程职业技术学院

冯　涛　　昆明铁道职业技术学院

周金国　　重庆工程职业技术学院

张少铖　　广州南方测绘科技股份有限公司

编　委：（主编名单省略）

杨永明　　滇西应用技术大学

何　凯　　滇西应用技术大学

梁　斌　　柳州铁道职业技术学院

罗桂发　　柳州铁道职业技术学院

陈德绍　　柳州铁道职业技术学院

郭程方　　柳州铁道职业技术学院

夏永华　　昆明理工大学城市学院

万保峰　　昆明冶金高等专业学校

张　洪　　云南国土资源职业学院

谢正明　　云南国土资源职业学院

杨忠祥　　云南旅游职业学院

黄栋良　　湖南工程职业技术学院

李英芳　　湖南水利水电职业技术学院

李艳双　　天津城市建设管理职业技术学院

杨明龙　　昆明理工大学城市学院

葛俊洁　　昆明冶金高等专科学校

郭长学　　云南交通职业技术学院

周　敏　　云南农业职业技术学院

黄　静　　云南林业职业技术学院

覃宏海　　广西交通职业技术学院

徐东方　　云南城市建设职业学院

刘治廷　　云南水利水电职业学院

徐晓艳　　云南能源职业技术学院

王　韡　　云南工商学院

张庆勋　　云南工商学院

前　言

本书为测绘地理信息“岗课赛证”融通系列教材之一，系列教材围绕着1+X(测绘地理信息数据获取与处理、测绘地理信息智能应用)职业技能等级证书标准，引入行业新装备、新技术、新规范等内容，结合实际项目案例，立足培养新型测绘地理信息技能人才。

本书包括工程测量基本原理、测绘设备及主要应用方向的介绍，突出技能应用、项目规范和成果质量，融入智能全站仪、超站仪、机器人全站仪等新型测绘装备，更符合当下工程测量的技术、技能要求，满足岗位人才需求，契合测绘地理信息相关比赛规则。

本书由重庆工程职业技术学院李天和教授、周金国副教授，广州南方测绘科技股份有限公司张少铖高级工程师/注册测绘师，昆明铁道职业技术学院冯涛教授担任主编。具体编写分工是：第1章绪论、第2章水准仪及水准测量、第3章全站仪及其应用由李天和编写，第4章GNSS全球导航卫星系统由南方卫星导航技术工程师冯亮编写，第5章工程控制测量、第9章施工放样由周金国编写，第6章数字测图、第7章地形图的应用由张少铖编写，第8章不动产测绘由南方测绘数据业务工程师赵贵平编写，第10章变形监测、第11章测绘质量控制与成果提交由冯涛编写。全书由李天和统稿、定稿。

本书由马超主审。

感谢本书教材编审委员会对教材编写工作的指导与参与，本书在编写过程中，还借鉴和参考了大量文献资料，在此对相关作者表示衷心的感谢。

由于编者水平、经验有限，书中难免存在不足之处，敬请广大读者批评指正。

编者

2022年1月

目　录

第1章　绪　　论

测绘学是研究对地球整体(表面与外层空间中)的各种自然和人造物体上，与地理空间分布有关的信息，进行采集、处理、管理、更新和利用的科学和技术。包括测定地面点的几何位置、地球形状、地球重力场，地球表面自然形态和人工设施的几何形态，以及结合社会和自然信息的地理分布，研究绘制全球和局部地区各种比例尺的地形图和专题地图的理论和技术。

主要学科分支有：大地测量、工程测量、摄影测量与遥感、地图制图、海洋测量、矿山测量和地理信息科学等，测绘的服务范围和对象已经深入到国民经济和国防建设的各个领域。

我国幅员辽阔，广大的土地需要描绘和规划，山、水、林、田、湖、草、沙、冰，以及地下的矿藏，浩瀚的海洋等都需要保护、开发和利用，在每一项伟大事业中，都有测绘工作的用武之地。随着国家各种工程建设规模的日益壮大，测绘工作在国家高质量发展中所承担的任务范围也愈来愈大。

1.1　工程测量概述

1.1.1　工程测量的任务

1. 测绘大比例尺地形图

把工程建设地区各种地面物体的位置和形状，以及地面的起伏状态，用各种图例符号，依照规定的比例尺测绘成地形图，或者用数字信息表示出来，为工程建设的规划设计提供必要的图纸和资料。

2. 施工放样

把图纸上已设计好的建(构)筑物，按设计要求在现场标定出来，作为施工的依据。

3. 变形观测

对于一些大型的、重要的建(构)筑物在施工过程中和管理运营期间，还要定期对其展开稳定性观测。主要内容有沉降观测、位移观测、倾斜观测、裂缝观测、挠度观测等。以动态监测的手段，确保工程安全，同时也为改进设计、施工提供重要的科学依据。

此外，还要对工程施工进行检查、验收，工程结束后还要编绘竣工图，作为运营、管理、维修、扩建的依据。

可见，工程建设的每一个阶段都离不开测量工作。从事工程建设的技术人员，也必须掌握一定的测量知识和技能。通过本课程的学习，应达到以下几项基本要求：

(1)掌握工程测量的基本理论、基本知识和基本技能。

(2)了解常用测量仪器的构造，能正确使用，并能进行一般性的检验、校正。

(3)了解在小区域进行控制测量和测绘大比例尺地形图的方法。

(4)能正确地识读、应用地形图和有关测量资料。

(5)具有进行一般工程施工放样的能力。

1.1.2 工程测量的发展

工程测量经历了一条从简单到复杂、从手工操作到自动化测量、从常规测量到精密测量的发展道路，始终与当时的生产力水平同步。

20世纪中叶，新的科学技术得到了快速发展，特别是电子学、信息学、计算机科学和空间科学等，其发展给测绘科学的进步开拓了广阔的道路，创造了发展的条件，推动着测绘技术和仪器的变革和创新。

测绘科学的发展很大部分是从测绘仪器发展开始的，然后促使测绘技术发生重大变革。1947年，光波测距仪问世。20世纪60年代激光器作为载波用于电磁波测距，使长期以来艰苦的以手工为主的测距工作，发生了根本性的变革，彻底改变了大地测量工作中以测角换算距离的方式，并逐渐发展为除用三角测量外，还可用导线测量和边角测量。随着光源和微处理机的改进和应用，测距工作向着自动化方向发展。20世纪80年代开始，多波段(多色)载波测距的出现，抵偿、减弱了大气条件的不利影响，使测距精度大大提高。与此同时，砷化钾发光管和激光光源的使用，使测距仪的体积大大减小，重量减轻，向着小型化大大迈进了一步。

与此同时，随着科学技术的进步，测角仪器的发展也十分迅速，从金属度盘发展为光学度盘。伴随着电子技术、微处理机技术的广泛应用，全站仪已使用电子度盘和电子读数，且能自动显示、自动记录，实现了自动化测角，并得到应用。其体积小，重量轻，功能全，自动化程度高，为数字化测绘开拓了广阔前景。21世纪初智能全站仪面世，使瞄准目标也实现了自动化。

20世纪40年代，自动安平水准仪的问世，是水准测量自动化的开端。之后激光水准仪、激光扫平仪相继得到发展，为提高水准测量的精度和开拓广泛的应用领域创造了条件。近年来，数字水准仪使水准测量中的自动记录、自动传输、存储和处理数据成为现实。

由于以上这些先进测量仪器的生产和应用，测量工作逐渐向着自动化、智能化方向发展，不仅减轻了劳动强度，提高了工作效率，而且使野外工作大大减少，因而改善了测绘工作的环境。

20世纪70年代，除了用飞机进行航空摄影测量测绘地(形)图外，还可通过人造地球卫星拍摄地球照片，监测自然现象的变化，并且利用这些卫片测绘地图，其精度逐步提高。近年来，无人机在测绘中的应用，使摄影测量易于完成地图的生产、使用、修改和换代。

20世纪80年代，全球定位系统(GPS)问世，采用卫星直接进行空间点的三维定位，引起了测绘工作的重大变革。由于卫星定位具有全球、全天候、快速、高精度和无需建立高标等优点，被广泛应用于大地测量、工程测量、地形测量及军事的导航定位。世界上很多国家为了接收全球定位系统的信号，都开始了接收机的研制。现在卫星定位接收机的体积更小，重量更轻，功能更全。而我国的北斗导航卫星系统更是把卫星定位测量推向了新的高度。

1. 我国现代测绘的成就

我国现代测绘科学的发展从中华人民共和国成立后才进入了一个崭新的阶段。

在测绘工作方面，建立和统一了全国坐标系统和高程系统，建立了全国大地控制网、国家水准网、基本重力网，完成了大地网和水准网的整体平差；完成了国家基本图的测绘工作；进行了珠峰和极地考察的地理位置和高程的测量；各种工程建设的测量工作也取得显著成绩，为突飞猛进的基本建设完成了大量和特殊的测量工作。

在测绘仪器制造方面，从无到有，发展迅速，研发生产了多种不同等级、不同型号的测绘仪器和软件，并且产量和销量稳居全球前列。

当前科学技术的创新发展为测绘地理信息行业带来巨大变化：

(1)基础设施的发展推动行业生产服务流程的变革。遥感卫星是测绘地理信息数据获取的主要手段。当前，我国公益遥感卫星系统规模领先全球，商业遥感卫星系统发展迅速。到2020年，我国在轨运行的遥感卫星超过200颗，光学和雷达卫星的最高地面分辨率均优于0.5m。逐步形成高、中、低空间分辨率合理配置、多种观测技术优化组合的综合高效全球观测和数据获取能力。我国2020年建成了覆盖全球的北斗导航卫星系统。与此同时，伴随着技术的发展，测绘地理信息数据获取手段逐步从传统的专用传感器，如遥感、通信、导航卫星、航空飞行器、地面测量设备等向非专用传感器发展，如智能手机、城市视频监控摄像头，这将大大提高测绘地理信息数据获取能力。

(2)技术的突飞猛进推动了测绘地理信息应用的巨大变化。随着人工智能和通信技术的发展，测绘地理信息处理技术逐渐趋于智能化和自动化。5G技术和摄影测量技术的发展，三维数据采集方式呈爆炸式增长，为实景三维模型的建立提供了更加精细和可靠的三维数据，推动真三维实景。在卫星导航数据方面，装有车载天线的手机导航定位精度可达到亚米级，将进一步推动地球空间信息处理的智能化发展。今后，一些新技术、新业态、新模式、新产业也将不断涌现，测绘地理信息服务的社会化和大众化将得到空前发展。

2. 工程测量的现代成就

工程测量的现代成就主要体现在以下几个方面：

(1)测量数据的精密处理。对测量数据的偶然误差、系统误差和粗差进行精细处理，在削弱偶然误差、消除系统误差、发现和剔除粗差方面取得了进展；发展了工程控制网的优化设计理论，扩展了工程控制网的通用平差模型。

(2)GNSS技术及其应用。GNSS即全球导航卫星系统，是当代最重要的对地观测技术，以我国的BDS系统、美国的GPS系统、俄罗斯的GLONASS系统和欧盟的GALILEO系统为主要支撑。在工程测量应用方面，GNSS静态控制网可以代替绝大部分的传统地面三角形网；GNSS RTK定位技术可以实现无加密控制测量，可用于陆地和水下地形测绘，也可用于施工放样；GNSS 结合水准测量可解决似大地水准面拟合等高程测量问题；GNSS 技术还可用于多种变形监测项目，尤其适用于动态变形监测。

(3)激光技术及其应用。激光具有方向性强、亮度高等特点，随着激光技术的发展，出现了许多激光类测量仪器，如激光测距仪、激光扫平仪、激光准直仪、激光经纬仪、激光扫描仪等，可测距离、三维坐标、扫描点云数据，可定向、可准直，在工程测量中得到广泛应用。

(4)InSAR 技术及其应用。InSAR 技术，即合成孔径雷达干涉测量技术，是合成孔径雷达 SAR 遥感成像技术与干涉测量技术的融合，可以在大范围内获取地表高程从厘米到毫米量级的地表形变信息，在地面沉降监测、山体滑坡监测以及地震、火山、冰川活动观测等方面已得到很好的应用。

(5)数字摄影测量技术及其应用。航空摄影测量、近景摄影测量和工业摄影测量从模拟测量阶段、解析测量阶段发展到了数字测量阶段，加上各种数字测量软件的发展以及与其他传感器结合，数字摄影测量技术在大比例尺地形图测绘、变形监测和工业测量等方面都有非常广泛的应用。

(6)其他技术的应用。电磁波测距技术、全站仪技术、光电传感器技术、计算机技术、通信技术以及地理信息系统技术广泛应用于工程测量中，使工程测量有了革命性的发展。

3. 现代工程测量的特点

现代工程测量的趋势是朝着快速、动态、省力的方向发展，具有如下特点：

(1)成果和产品数字化。数字化是数据交换，计算机处理、管理，多样化产品输出的基础。当今所有的工程测量成果和产品，都可以数字化形式呈现。

(2)内外业一体化。测量内业和外业已无明确界限。过去只能在内业完成的工作，现在在外业也可以很方便地完成。如在测站上完成平差、绘图和放样数据计算等。

(3)数据采集及处理自动化。借助数字水准仪、智能全站仪和 GNSS 接收机及其附加软件，可以自动采集并处理数据。如智能全站仪可实现控制测量、施工测量、变形监测数据采集及处理自动化。

(4)过程控制和系统行为智能化。通过程序实现对测量仪器的智能化控制，以此处理测量过程中遇到的各种问题。特别体现在自动监测系统中，各种传感器自动采集数据，达到预警时也会自动报警。

(5)地理信息可视化。地理信息可视化包括图形图像可视化、实景三维表达以及虚拟现实等，是工程测量信息管理的重要趋势。

4. 工程测量的未来展望

工程测量发展的本质在于为改善人类生活环境、提高人类生活质量服务。展望工程测量的未来，一方面，随着人类文明的进步，工程测量的服务范围将不断扩大，对工程测量的要求越来越高；另一方面，现代科技进步取得的新成就，为工程测量提供了新的工具和手段，从而推动工程测量不断向前发展。

未来，工程测量将进一步向宏观和微观两个方向扩展。宏观方面，将从陆地延伸到海洋，从地球延伸到太空，工程规模更大、结构更复杂，对可靠性、精度、速度等方面要求更高；微观方面，将向计量方向发展，向显微摄影测量和显微图像处理方向发展，测量尺寸更小，精度更高。测量对象从大型特种精密工程到与人体健康和生命相关项目；信息维度从一维、二维、三维到四维；信息采集方式从静态到动态，从周期性到持续性，从人工观测到无接触遥测，从人眼观测到机器人自动观测等。

1.2 测量工作的基本原则

1. 从整体到局部，先控制再碎(细)部

该原则是对总体工作而言。任何测绘工作都应先总体布置，然后再分阶段、分区、分期实施。在实施过程中，要先布设平面和高程控制网，确定控制点平面坐标和高程，建立全国、全测区的统一坐标系。在此基础上再进行细部测绘和具体建(构)筑物的施工测量。只有这样，才能保证全国各单位各部门的测绘成果具有统一的坐标系统和高程系统。

在组织测量工作时，要有大局观、全局意识，把握全局；贯穿始终，有序衔接；层次分明，由高及低。目的是在测量工作中组织有序、工序流畅，保证精度、减少误差积累，在满足精度要求的前提下提高工程效率。

通过测量学的学习与实践，自觉地养成遵守这一原则的习惯，会在潜移默化中养成大局意识，逐步形成从大处着眼又不遗漏细节的工作习惯。日积月累，就会将我们塑造成为可担重任、可堪重用的人才。

2. 步步检核

该原则是对具体工作而言的。对测绘工作的每一个过程、每一项成果都必须检核。在保证前期工作无误的条件下，方可进行后续工作，否则会造成后续工作的困难，甚至全部返工。只有这样，才能保证测绘成果的可靠性。测量工作离不开多余观测和复核。

测量误差不可避免，但是错误不允许发生。一般来说，如果测量偏差值比较小，就认为是误差，而测量偏差值大到超过一定程度就认为是错误。测量工作中通过测量规范的相关规定来计算剔除错误的极限值。逐步检查，就是按照测量规范检查当前这一步骤误差是否在允许范围之内，以避免错误的发生。每一步工作未作检核，或检核不合格，不能进行下一步工作。及时发现错误，防止错误传递扩散，消灭错误的影响。

通过测量学的学习与实践，能自觉地养成一丝不苟的工作习惯，形成严谨求实的工作作风。学好测量课程，不只是学习测量知识和技术，更是工程师素质养成的重要过程。

练习与思考题

1. 测绘学研究的对象和任务是什么？有哪些分支？
2. 工程测量的任务是什么？
3. 简述工程测量近现代的成就。

4. 简述工程测量现代趋势和特点。
5. 测量工作应遵循的基本原则是什么？
6. 为什么要“步步检核”？

第2章 水准仪及水准测量

测量地面点高程的工作，称为高程测量，即通过测定地面点与点之间的高差，并根据已知点的高程，求得未知点的高程。由于仪器和施测方法的不同，高程测量可分为水准测量、三角高程测量、卫星定位高程测量等。

本章主要介绍普通水准测量，包括水准测量原理、水准仪的构造与使用、水准测量的施测方法、水准测量的误差来源与对策、水准仪的检验与校正，以及自动安平水准仪、电子水准仪等内容。

2.1 水准测量原理

2.1.1 铅垂线和水准面

1. 铅垂线

如图2.1所示，地球表面上的每一个质点，主要受到两种力的作用，一是地球巨大质量的吸引力 F，二是地球自转而产生的惯性离心力 P，这两种作用力的合力 g 称为重力。合力 g 作用的方向，称为重力方向，测量上称为铅垂线方向，由于离心力 P 远小于吸引力 F，因此它大致指向地球的质心。

铅垂线是测量工作的重要基准线，也是测量仪器轴系的基础轴线。

2. 水准面

静止的液体表面，称为水准面。由于同一水准面上任何一点的重力位能都相等，因此又称为重力等位面。水准面的一个重要特性是处处与铅垂线相垂直。

如果液体的表面不垂直于铅垂线方向(见图2.2)，这时重力 g 可分解为两个分力，一个是位于液体表面上的分力 N_1，一个是与液体表面垂直的分力 N_2，在分力 N_1 的作用下，液体就要流动。由此可见，水准面一定是处处和铅垂线垂直。

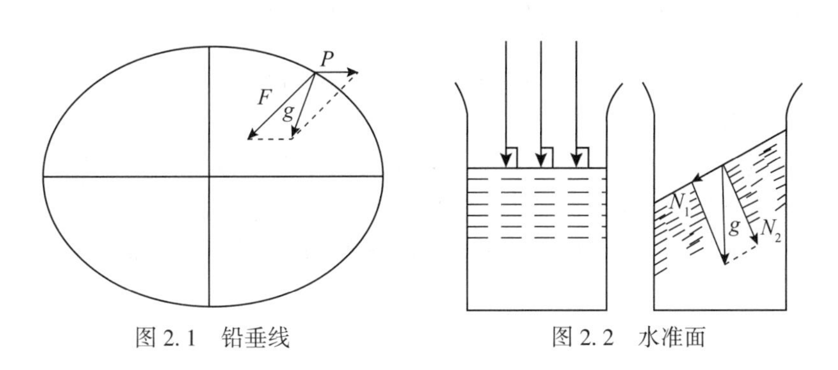

图2.1 铅垂线　　图2.2 水准面

2.1.2　大地水准面和大地体

常规测量的野外工作，是在地球自然表面上进行的。地球自然表面起伏不平，高低相差较大，变化也很复杂，它不能作为测量计算的基准面。

大家知道，地球客观存在着比较稳定的海洋面，并且海洋的面积约占地球总面积的 71%，因此，静止的海洋面，是地球上最广大的水准面。虽然地球的陆地上有高达 8848.86m 的珠穆朗玛峰，海洋上有深达 11000m 的马里亚纳海沟，但这些数值与地球半径 6370000m 相比较是微小的。从总体上看，由静止海洋面所包围的地球形状，比较真实地反映了地球的形状和大小。于是，人们设想当海洋面处于静止状态时，把它延伸穿过大陆的下方，并保持着处处和铅垂线相垂直的特性，这样来使它形成一个连续不断的、包围整个地球的闭合曲面，这个曲面称为大地水准面。

由大地水准面所包围的地球形体称为大地体，它通常当作地球的真实形状和大小，并成为大地测量研究地球形体的对象。

应当说明的是，由于潮汐的作用，风浪和海流的影响，海洋面时有波动而不会静止下来，因此实际上无法找到静止的海洋面。但是大体上说，海洋面和波动，还是比较平缓和稳定的，所以人们就用验潮所确定的平均海水面来代替静止的海洋面，换句话说，大地水准面实际上是指平均海水面。

大地水准面是重力等位面，它与重力相关，是地球的物理表面。由于地面的起伏和地壳物质分布不均匀，引起了重力方向和大小发生不规则的变化，因此处处和铅垂线相垂直的大地水准面，便成了一个微有起伏的不规则曲面，这个曲面无法用简单的数学公式表达，因而大地水准面也不能作为测量计算的基准面。为此，还需要找到一个最接近大地体的简单几何形体来代替大地体，然后以它的表面作为计算基准面。

有关这个测量计算的基准面，我们将在后续章节讲解。

2.1.3　水准零点和水准原点

长周期海水面平均位置基本上是不变的，可以认为是该地区的海水平均位置，该位置所处的高程设定为零，称为水准零点。我国在黄海之滨的青岛设立验潮站，即“水准零点”(图 2.3 左)，它所确定的平均海水面，是我国统一计算地面点高程的起算面。

为了明显而稳固地标志出高程起算面的位置，而建立的一个永久性水准点，用精密水准测量将它和平均海水面联系起来，作为国家高程控制网的起算点，称为水准原点(图 2.3 右)。

“水准零点”和“水准原点”都在青岛，分别在验潮站和观象台。图 2.4 的下图是它们在青岛市的大概位置。

1985 国家高程基准是采用青岛验潮站 1952—1979 年验潮资料和重新联测资料计算确定的，依此推算的青岛水准原点的正常高为 72.260m(图 2.4 上)。凡使用国家水准点高程数据的各类成果，均应注明所采用的高程基准。以其他高程基准推算的水准点高程成果，也应逐步归算至 1985 国家高程基准上来。

图 2.3　水准零点和水准原点

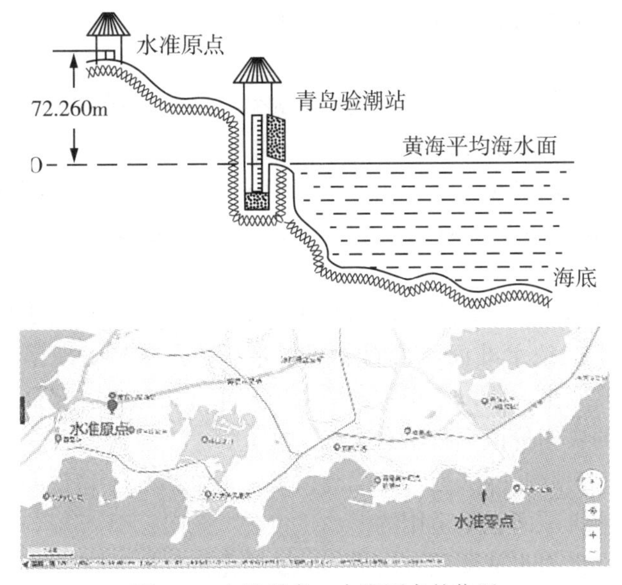

图 2.4　水准零点、水准原点的位置

2.1.4　高程系统

高程系统：选择和确定表示地面点高程的统一基准面，以这个基准面作为计算地面点高程的起算面，而通过相应的水准原点来传递高程。我国采用正常高系统，高程起算面为似大地水准面。

高程框架：这是高程系统的实现。我国的水准高程框架由国家二期一等水准网以及复测的高精度水准控制网实现，以青岛水准原点为起算基准，以正常高系统为水准高差传递方式。

1. 水准面的不平行性

任意两个相邻的水准面都是不相平行的，并且与作用在这些点上的重力成反比。这个特性称为水准面的不平行性。

地面上不同点重力加速度的变化可分为两部分：一是随纬度不同的正常变化部分；

另一则是随地壳内部物质密度不同的异常变化部分。

由于水准面的不平行性，对同一点，沿不同路线进行水准测量，所测得的高程并不相同。由水准面不平行所产生的环线闭合差，称为理论闭合差。为了解决理论闭合差所产生的这一矛盾，使某点高程具有唯一的数值，必须合理地选择高程系统。

2. 正高系统

所谓正高系统，就是以大地水准面为高程基准面的高程系统。地面一点的正高，就是该点沿铅垂线至大地水准面的距离。也就是说，正高是唯一确定的数值，具有明显的物理意义和严格的概念，可以用来表示地面点的高程。

但是，正高虽然是比较理想的高程，却不可能精确地求定。

基于这些原因，促使人们寻求建立一种与正高系统非常接近，而在实际工作中又能严格和精确求定高程的系统，这就是正常高系统。

3. 正常高系统

正常高可以精确求得，其数值也不随水准路线而异，是唯一确定的。因此，我国统一采用正常高系统来计算和表示地面点高程。

按地面各点的正常高沿正常重力线向下截取一系列的相应点，将这些点连成的一个连续曲面，就称为“似大地水准面”。可见，正常高系统是以似大地水准面为基准面的高程系统。

尽管似大地水准面并不具备水准面的性质，正常高也无严格的物理意义，但是似大地水准面却极接近于大地水准面，它们之间相差甚微，在高山地区最多只有 2m 的差值，平原地区不过几厘米。所以，正常高的数值与正高很接近，又能严格求得，故在实际工作中具有重要的实用价值和科学意义。

在平均海水面上，此时似大地水准面与大地水准面重合。这说明，大地水准面的高程零点，对于似大地水准面也是适用的。

此外，应用天文重力水准测量方法或 GNSS 加重力数据处理的精化方法，可以精确测定似大地水准面与椭球面之间的距离，即所谓的高程异常。所以利用正常高系统的高程，可以足够准确地求出地面点到椭球面的距离。这样就可以将地面观测数据(距离、角度等)精确地归算到椭球面上。

2.1.5　水准测量原理

绝对高程：地面点沿铅垂线方向至大地水准面的距离(如图 2.5 中的 H_A、H_B)。

相对高程：当无法获取绝对高程时，假定一个水准面作为高程起算面，相对高程是指地面点沿铅垂线到该假定水准面的距离(如图 2.5 中的 H'_A、H'_B)。

高差：地面点间的高度差，终点高程减去起点高程。不管是绝对高程之差，还是相对高程之差，它们的值都是 h_{AB}。

1. 高差测量

水准测量是测定地面点间高差的一种基本方法。其原理是利用水准仪提供一条水平视线，借助水准尺来测定地面两点间的高差，从而由已知点的高程和测得的高差，求出待定点的高程。

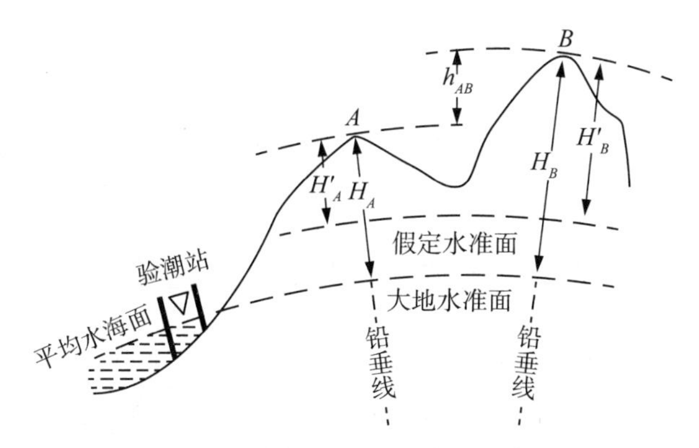

图 2.5 绝对高程、相对高程、高差

如图 2.6 所示，A、B 为地面上的两点，现欲测定 A、B 两点间的高差 h_{AB}，根据 A 点的高程 H_A 确定 B 点的高程 H_B。

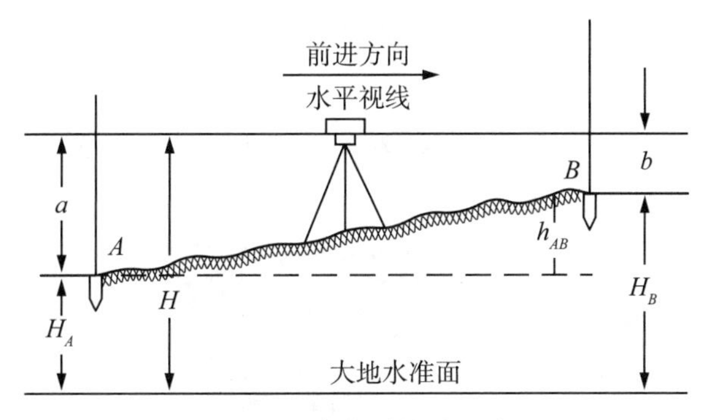

图 2.6 水准测量原理图

将水准仪安置在 A、B 两点之间，在 A、B 两点分别竖立水准尺，利用水准仪提供的水平视线，分别读 A 点水准尺的读数 a 和 B 点水准尺的读数 b，则 A、B 点间的高差为：

$$h_{AB} = a - b \tag{2-1}$$

若水准测量是由 A 到 B 点进行的，即前进方向为 $A\rightarrow B$，此时规定 A 点为后视点，A 点尺上的读数为后视读数，B 点为前视点，B 点尺上的读数为前视读数，则式(2-1)可写成：

高差=后视读数-前视读数

高差有正负，当后视读数 a 大于前视读数 b 时，高差 h_{AB} 为正，说明 A 点低于 B 点；反之，高差 h_{AB} 为负，说明 A 点高于 B 点。在测量和计算中应特别注意高差的正负号，且有 $h_{AB}=-h_{BA}$。

2. 高程计算

根据已知 A 点高程 H_A 和测定的高差 h_{AB}，便可算出 B 点的高程 H_B。

(1)高差法：

$$H_B = H_A + h_{AB} = H_A + (a - b) \tag{2-2}$$

此法适用于根据一个已知点确定单个点高程的情况。

(2)视线高法(视高法)：

$$H_B = (H_A + a) - b = H_i - b \tag{2-3}$$

式中：H_i 为视线高程。

2.2　光学水准仪及其使用

水准测量所使用的仪器为水准仪，所使用的工具为水准尺和尺垫。

我国将水准仪按其精度划分为四个等级：DS_{05}、DS_1、DS_3 和 DS_{10}。字母 D 和 S 分别为“大地测量”和“水准仪”汉语拼音的第一个字母，其后面的数字代表仪器的测量精度。工程测量中广泛使用的是 DS_3 级水准仪。

2.2.1　微倾水准仪

水准仪是指能够提供水平视线的仪器，主要由望远镜、水准器和基座三部分组成。图 2.7 是我国制造的 DS_3 级微倾水准仪示意图。

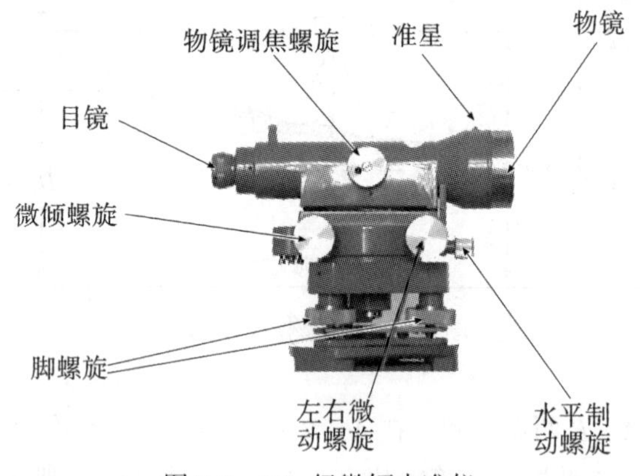

图 2.7　DS_3 级微倾水准仪

1. 望远镜

望远镜的主要用途是瞄准目标并在水准尺上读数。它包括物镜、十字丝、对光透镜和目镜等四部分，如图 2.8 所示。

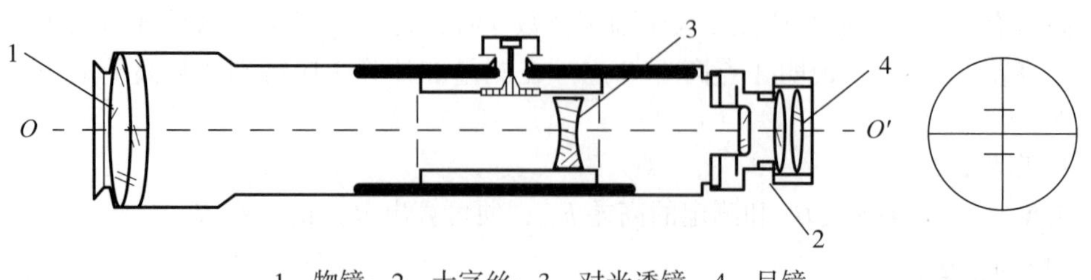

1—物镜；2—十字丝；3—对光透镜；4—目镜

图 2.8　望远镜

物镜和对光透镜的作用，是使物体在镜筒内十字丝平面上形成一个缩小的倒立实像。目镜的作用，是将倒立实像放大成为倒立虚像，即起到放大镜的作用。十字丝是用来照准尺子和读数的。它是刻在玻璃板上的两条相互垂直的细丝，竖向的一条称为竖丝，横向的一条长丝称为横丝(又称中丝)，横丝上下的两条对称的短丝是用来测量距离的，称为视距丝(见图2.8的右侧)。十字丝中心(或称十字丝交点)和物镜光心的连线，称为视准轴，即图2.8中所示的OO'线。

2. 水准器

水准器是用来指示视准轴是否水平或仪器竖轴是否竖直的装置。水准器分为圆水准器和管水准器两种。圆水准器装在基座上，供粗略整平之用；管水准器装在望远镜旁，供精确整平视准轴之用。

管水准器又称水准管，水准管上一般刻有间隔为2mm的分划线，分划线的中点称为水准管零点。通过零点作水准管圆弧的切线，称为水准管轴。当气泡两端对称于圆弧上中点时，气泡即居中，此时水准管轴即水平了。水准管上每2mm分划所对应的圆心角，称为水准管分划值。分划值越小，则水准管越灵敏。安装在DS_3级水准仪上的水准管，其分划值不大于20″。圆水准器的分划值一般为8′，由于其精度较低，所以只能用于仪器的概略整平。

为了提高目估水准管气泡居中的精度，微倾式水准仪的水准管上方都装有由三块棱镜组成的复合棱镜系统。它可使水准管两端半个气泡的像经过三次全反射进入望远镜旁的放大镜内，如图2.9(a)所示。如果气泡居中，则气泡两端的两个半边影像即合二为一，如图2.9(c)所示；如果气泡不居中，则气泡的两个半边影像不符合，如图2.9(b)所示。

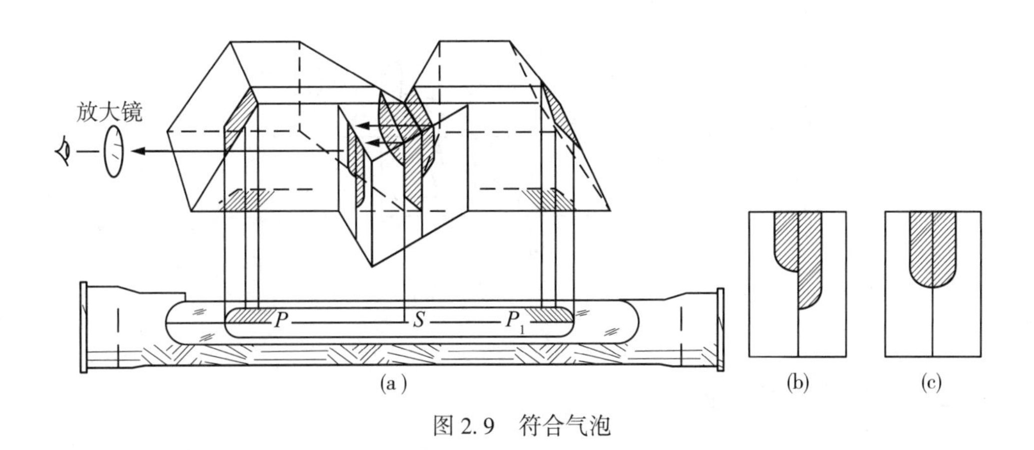

图2.9　符合气泡

2.2.2　自动安平水准仪

由于利用水准管整平仪器费时费力，所以国内外厂家生产了各种型号的自动安平水准仪(见图2.10)。使用这种仪器时，只需先用圆水准器将仪器粗略整平，仪器的补偿器就可使仪器的视线精确水平。

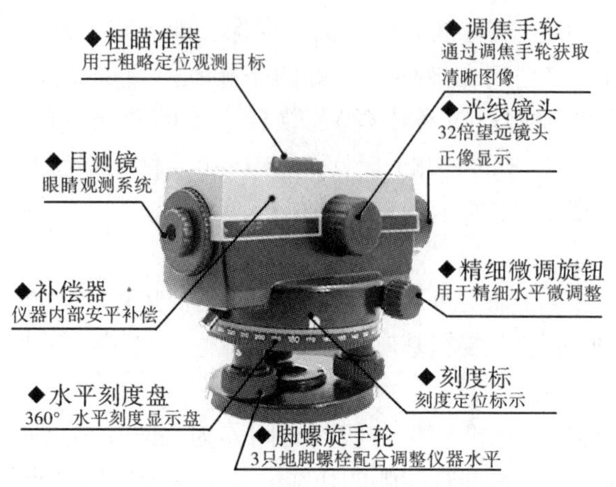

图 2.10　自动安平水准仪

补偿器是重力原理的一种结构，将一个“补偿器棱镜组”悬挂起来，在一定范围内自由摆动，来获得水平视线(见图 2.11)。自动安平，顾名思义就是不用手动调节管水准器符合，目前市面上大多数都是这种结构的水准仪。

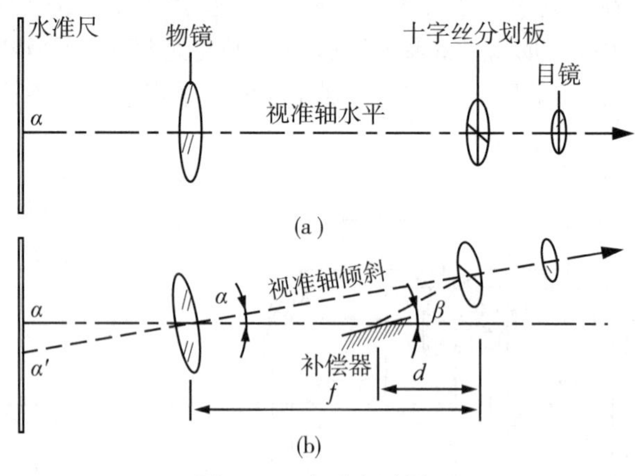

图 2.11　自动安平原理

2.2.3　水准尺和尺垫

水准尺是在水准测量时使用的标尺，是水准测量的重要工具之一，其质量的好坏直接影响水准测量的精度。因此，水准尺通常用干燥不易变形的木质材料或玻璃钢制成。地面水准测量常用的水准尺有直尺和塔尺(见图 2.13)。直尺按长度有 2m 或 3m，塔尺的长度为 3m、5m 等，尺上的刻划一般是 1cm 一格，并在分米处注记。塔尺(图 2.13(b))多用于地形测量或施工工地，双面直尺(图 2.13(a))多用于四等及图根水准测量。

双面直尺的一面采用黑白相间刻划，称黑面尺或主尺，另一面采用红白相间刻划，称红面尺或副尺。双面直尺一般成对使用，两根尺黑面的起始读数均为零，而红面的起始读数则分别为 4687mm 和 4787mm。

有时因两个水准点之间的距离较远或高差较大，直接测定其高差有困难时，应在中间设立若干个中间点(称为转点)以传递高差。而尺垫是在转点处放置水准尺用的。如图 2.12 所示，尺垫用生铁铸成，一般为三角形，中间有一突起的半球体，下方有三个支脚。使用时将尺垫轻踩，以防滑动，上方突起的半球形顶点作为竖立标尺和标志转点之用。特别提醒：水准点上立尺，不放尺垫。

图 2.12　尺垫

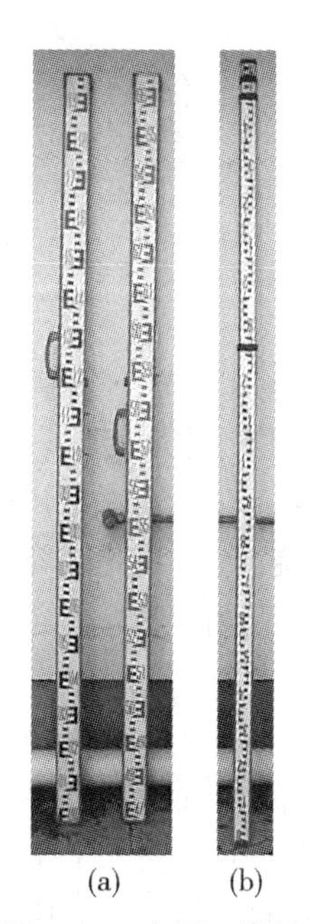

(a)　(b)

图 2.13　直尺、塔尺

2.2.4　光学水准仪的读数和使用

1. 微倾水准仪的读数和使用

微倾水准仪的操作步骤如下：①安置仪器；②粗略整平；③瞄准水准尺；④精确整平；⑤读数。

(1)安置仪器：①安置脚架。解开脚架绑扎，松开架腿伸缩固定螺丝，大致升高至自己鼻子高度，拧紧架腿伸缩固定螺丝。然后打开脚架，打开的幅度适当，确保自己在操作读数围绕架腿走动时，架头大致水平。在平地，尽量让 3 只脚尖大致成等边三角形，当在倾斜地面安置仪器时，应将一条架腿安置在倾斜面高处，另两条腿安置在倾斜面低处，这样仪器才比较稳固。②安置水准仪。打开仪器箱，先观察仪器放置模样，特别是卡位。取出仪器，放到架头，拧紧中心螺丝(注意拧紧前，仪器始终不能放手)。合上仪器箱。调节仪器的 3 个脚螺旋至适中位置，以便螺旋能向两个方向转动。

(2)粗略整平：仪器装上后，旋转照准部，让望远镜平行于两只脚螺旋，调节该两只脚螺旋(见图 2.14)，同时向里或者向外，接着调节第三只脚螺旋，使气泡居中。注意：气泡移动的方向与左手大拇指旋转脚螺旋的方向始终一致。

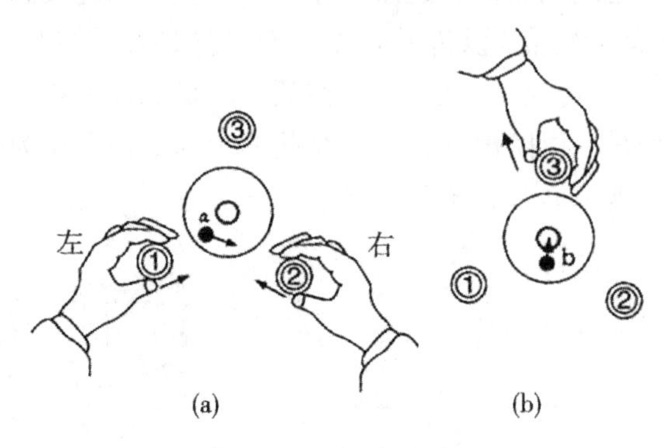

图 2.14　粗略整平

(3)瞄准：①目镜对光。将望远镜对向明亮背景，转动目镜，使十字丝清晰。②瞄准水准尺。松开水平制动螺旋，利用望远镜上面的粗瞄器(准星和缺口的连线)瞄准水准尺后，制动仪器。③物镜对光和精确瞄准：从望远镜内观察，如果目标不清晰，则作物镜对光(调焦螺旋)，看清楚水准尺的影像后，再用左右微动螺旋使水准尺影像位于十字丝竖丝附近。④消除视差：当望远镜精确瞄准目标后，眼睛在目镜端上下做少量移动时，若发现十字丝和目标影像有相对运动，即读数发生变化，这种现象叫视差。

视差产生的原因是目标通过物镜所成的像与十字丝分划板不重合，如图 2.15 所示。只有当人眼位于中间位置时，十字丝中心交点 o 与目标像 a 点重合，读数才保持不变；否则，随着眼睛的上下移动，十字丝中心交点 o 分别与目标像的 b 点和 c 点重合，使水准尺上的读数不确定。测量作业中是不允许存在视差的。

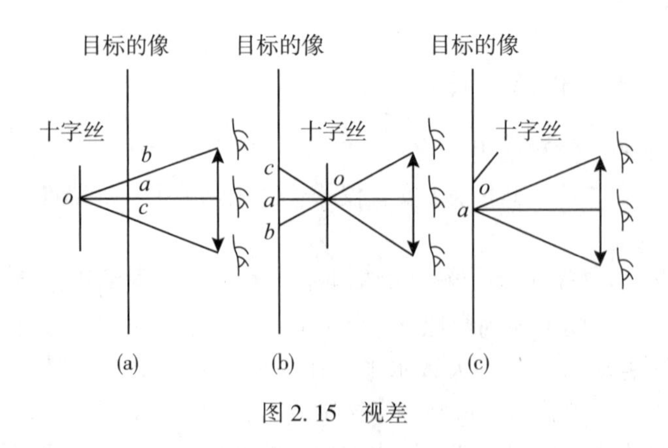

图 2.15　视差

消除视差的方法是控制眼睛本身不作调焦的前提下(即无论调节十字丝或目标影像，都不要使眼睛紧张，保持眼睛处于松弛状态)，反复仔细进行物镜和目镜的对光，直到眼睛在目镜端上下做微小移动时，读数不发生明显的变化为止，如图 2.15(c)中的情形。

（4）精确整平：用微倾螺旋调节管气泡，通过视窗观察气泡两边对称（见图2.16），这样仪器就精确整平了。在每次读数之前，都应转动微倾螺旋使水准管气泡居中，即符合水准器的两端气泡影像对齐，只有当气泡已经稳定不动而又居中的时候，视线才是水平的。

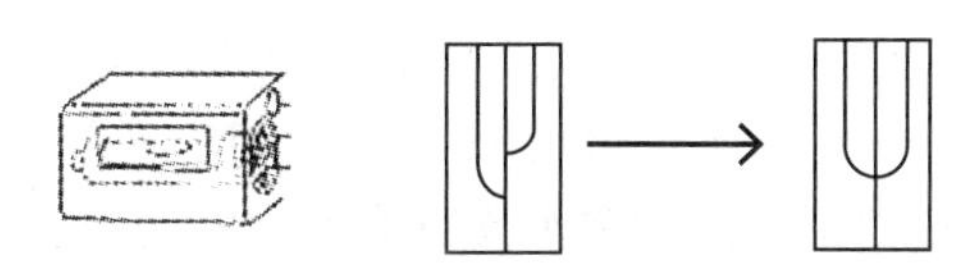

图2.16　符合气泡调平

（5）读数：仪器精确整平后，即可在水准尺上读数。读数前先认清水准尺的注记特征，按由小到大的方向，读出米、分米、厘米、并仔细估读毫米数。读数时，应特别注意单位，四位数应齐全，加小数点则以米为单位，不加小数点则以毫米为单位。如图2.17所示，读数分别为1.274米和5.958米。

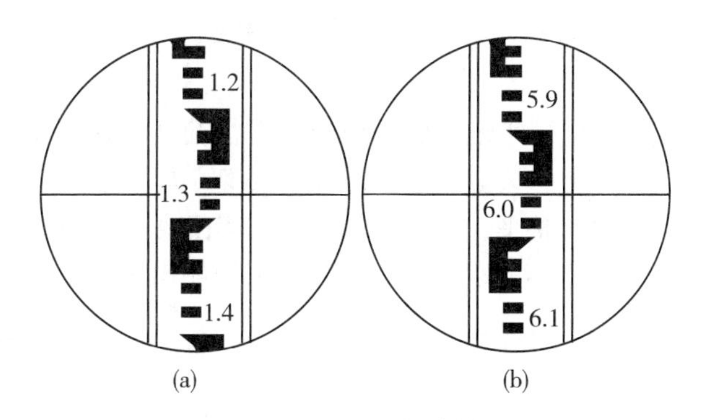

图2.17　瞄准与读数

精平与读数是两个不同的操作步骤，但在水准测量中，两者是紧密相连的，只有精平后才能读数，读数后，应及时检查精平。只有这样才能准确地读取视准轴水平时的尺上读数。

2. 自动安平水准仪的读数和使用

自动安平水准仪，不需要精确整平步骤，其他操作与微倾水准仪一样。具体操作步骤是：①安置仪器；②粗略整平；③瞄准水准尺；④读数。

2.3　电子水准仪及其使用

除了光学水准仪，还有一种新型的水准仪——电子水准仪，它配合条形码标尺，利用数字化图像处理的方法，可自动显示高程和距离，使水准测量实现了自动化。

2.3.1　电子水准仪的主要优点

电子水准仪综合了光学、机械、电子等多种技术以及光电传感读取条码尺(见图2.18)，计算和存储测量数据，作业速度更快、作业精度更高，环境适应能力更强。

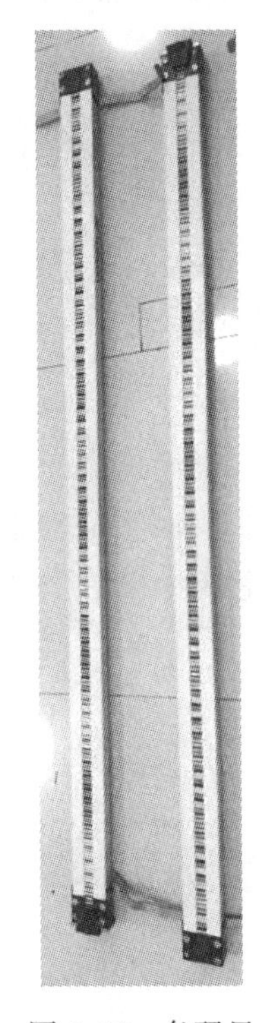

图2.18　条码尺

(1)读数客观。不存在误读、误记问题，没有人为读数误差。

(2)精度高。视线高和视距读数都是采用大量条码分划图像经处理后取平均得出来的，因此削弱了标尺分划误差的影响。多数仪器都有进行多次读数取平均的功能，可以削弱外界条件的影响。不熟练的作业人员也能进行高精度测量。

(3)速度快。由于省去了报数、听记、现场计算的时间以及人为出错的重测数量，测量时间与传统仪器相比可以节省1/3左右。

(4)效率高。只需调焦和按键就可以自动读数，减轻了劳动强度。数据还能自动记录、检核，并能输入电子计算机进行后处理，可实现内外业一体化。

2.3.2　电子水准仪的使用

电子水准仪的操作步骤更加简便，在自动安平水准仪操作的基础上，读数环节只需轻轻按键。具体操作步骤是：①安置仪器；②粗略整平；③瞄准水准尺；④读数(按键)。

本小节以DL-2007为例来说明电子水准仪的使用，如图2.19所示。

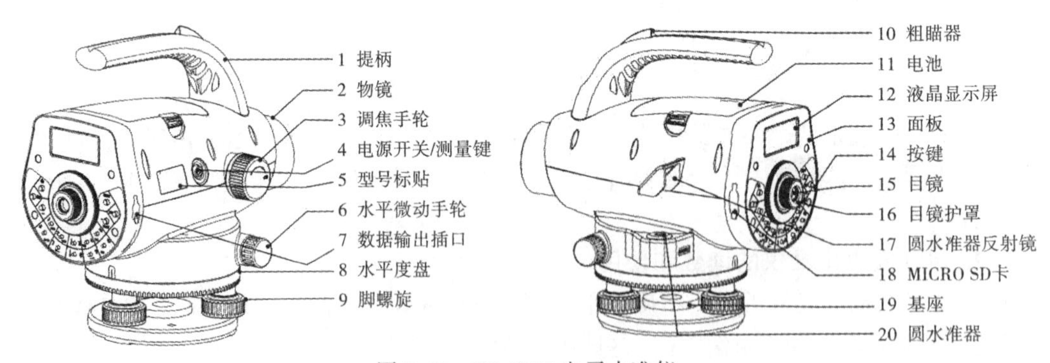

图2.19　DL-2007电子水准仪

1. 安置仪器

(1)安置三脚架。

(2)将仪器安装到三脚架上。

(3)安置仪器在给定点上(需要对中才用，否则跳过)：当仪器用于测角或定线，则该仪器必须用垂球精确安置在给定点上。①将垂球挂在三脚架中心螺旋的垂球钩上。②然后通过垂球线调节垂球到合适的高度。③如果仪器未对准给定点，首先将三脚架大致安置到给定点上，使垂球偏离该点约在1cm以内，握住三脚架的两条腿，相对于第三条腿进行调节，使架头水平、高度适当，架腿张开合适可触及地面。④一边观察垂球和架头，一边将每条架腿踩入地面。⑤略微松开三脚架中心螺旋，在架头上轻轻移动仪器，使垂球正好对准给定点，然后将三脚架中心螺旋旋紧。

(4)整平仪器：用脚螺旋将圆水准器的气泡调整居中。

(5)照准与调焦。注意：不再有制动螺旋。

2. 界面及设置

(1)开机：按下右侧开关键(POW/MEAS)开机上电。

(2)电池剩余电量显示：电池图标显示电池的剩余容量，如图2.20所示。

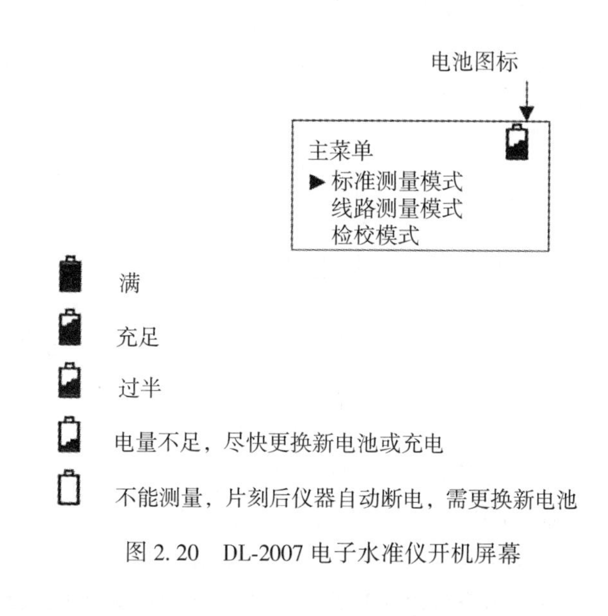

图2.20 DL-2007电子水准仪开机屏幕

(3)设置记录模式(数据输出)：为了将观测数据存入仪器内存或SD卡，在设置条件参数的数据输出模式菜单项“数据输出”时，就必须将路径设置为内存或SD卡，在实施线路水准测量之前，数据输出必须设置为内存或SD卡，默认的记录模式为“关”。

3. 标准测量模式

标准测量模式包含标准测量、高程放样、高差放样和视距放样。

(1)标准测量：标准测量是只用来测量标尺读数和距离，而不进行高程计算。当“条件参数”的“数据输出”为“内存”或“SD”卡时，则需输入作业名和有关注记，所有的观测值须手动按“REC”记录到内存或数据卡中。

(2)高程放样：由已知点A的高程H推算出的高程值$H_a+\Delta H$，仪器可以根据输入的高程值$H_a+\Delta H$来测出相应的地面点B，本测量值不进行存储。

(3)高差放样：由已知A点到B点的高差ΔH，仪器可以根据输入的高差值ΔH来测出相应的地面点B，本测量值不进行存储。

(4)视距放样：由已知 A 点到 B 点的距离 D_a，仪器可以根据输入的距离值 D_{ab}来测出相应的地面点 B，本测量不进行存储。

4. 线路测量模式

如图 2.21 所示进行线路测量，“数据输出”必须设置为“内存”“SD 卡”。若要将线路水准测量数据直接存入数据存储卡内，则“数据输出”必须设置为“SD 卡”。

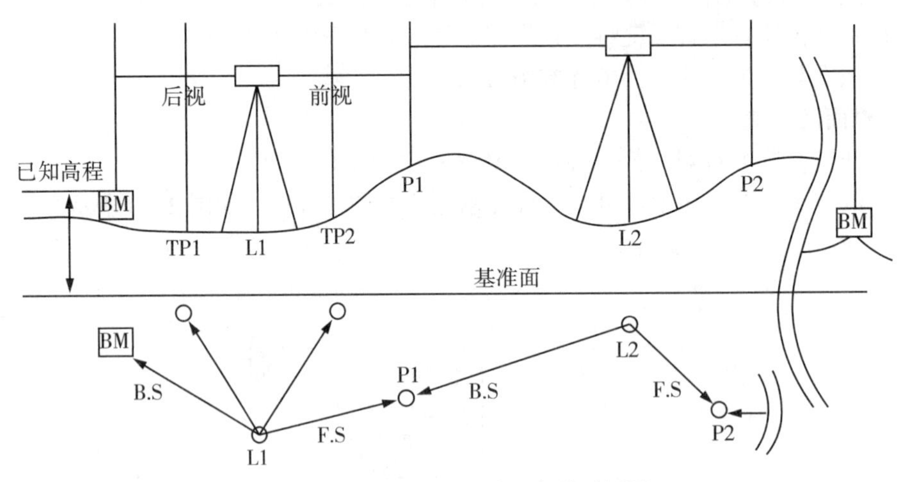

图 2.21　DL-2007 电子水准仪线路测量

(1)“开始线路测量”：用来输入作业名、基准点号和基准点高程，输入这些数据后，开始线路的测量。

“水准测量 1”：三等水准测量(后前前后 BFFB)；

“水准测量 2”：四等水准测量(后后前前 BBFF)；

“水准测量 3”：后前/后中前(BF/BIF)；

“水准测量 4”：二等水准测量(往返测：后前前后/前后后前 aBFFB)。

当一个测站测量完后，用户可以关机以节约电源，再次开机后仪器会自动继续下一个站点的测量。如当前测站未测量完成就关机，再次开机后需重新测量此测站。

(2)“线路测量”：后视、前视观测数据的采集。按照选定的测量模式，依模式要求的顺序照准条码标尺，按“MEAS”键完成读数和记录。

用“水准测量 4”进行二等水准测量时，往测奇站为(后前前后 BFFB)、偶站为(前后后前 FBBF)，返测奇站为(前后后前 FBBF)、偶站为(后前前后 BFFB)，使用时要注意观测顺序，与该仪器说明书及第 5 章 5.5.5 节二等精密水准测量实施的内容一致。

2.4　水准路线测量

2.4.1　水准测量的实施

水准测量通常从一个已知高程的水准点开始，按照一定的水准路线而引测出所需各点的高程。当两个水准点相距较远或高差较大时，若只安置一次仪器，就不能测出该两点间的高差。为此，就需要连续多次安置仪器以测出两点间的高差。如图 2.22 所示，在 A、B 两点之间设立若干个中间立尺点，这些中间立尺点称为转点，将 AB 分成 n(图中 $n=5$)段，分别测出每段的高差 h_1，h_2，…，h_n，则 A、B 两点间的高差就是各高差之和，即

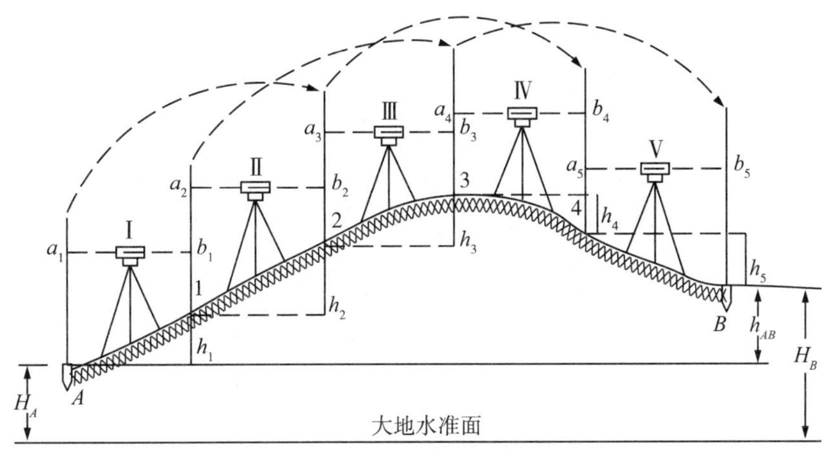

图 2.22　水准路线测量

$$h_1 = a_1 - b_1$$
$$h_2 = a_2 - b_2$$
$$\cdots$$
$$h_n = a_n - b_n$$
$$h_{AB} = h_1 + h_2 + \cdots + h_n = \sum h$$

即

$$h_{AB} = (a_1 - b_1) + (a_2 - b_2) + \cdots + (a_n - b_n) = \sum a - \sum b \tag{2-4}$$

式(2-4)可用于高差计算正确性的检核。

如果 A 为已知高程点，其高程为 H_A，则 B 点高程为：

$$H_B = H_A + h_{AB} = H_A + \sum a - \sum b \tag{2-5}$$

现以图 2.22 为例，说明用水准仪测量各站高差的方法。设 A 点的高程为 132.815m，试求 B 点高程。

为此，必须首先测出各站(图 2.22 中为 5 个站)的高差。在 A 点立水准尺，离 A 点约 50~80m(最大不超过 100m)处安置水准仪，让另一扶尺员在观测前进方向选转点 1，在 1 点上安放尺垫并在尺垫上立尺。选转点时，可用步测的方法，尽量使前视、后视距离大致相同(这样可以消除因视准轴与水准管轴不平行而引起的误差)。然后，后视 A 点水准尺，得到后视读数，再前视转点 1，得前视读数，把它们均记入水准测量外业记录手簿中(见表 2.1)，后视读数减去前视读数，即得到高差，亦记入高差栏内。上述步骤即为一个测站上的工作。

表 2.1　　　　　　**水准测量观测手簿**

测自　　　　　　至　　　　　　　　　　　　　　　　　　　观测者

日期　　　　　　　　　　　　　　　　　　　　　　　　　　记录者

测站编号	后尺(mm) 上丝 / 下丝	前尺(mm) 上丝 / 下丝	方向及尺号	中丝读数		K+黑-红(mm)	高差中数(mm)	备注
	后视距(m)	前视距(m)		黑面(mm)	红面(mm)			
	视距差 d(m)	$\sum d$(m)						
	(1)	(4)		(3)	(8)	(14)		
	(2)	(5)		(6)	(7)	(13)		
	(9)	(10)		(15)	(16)	(17)	(18)	
	(11)	(12)						
1	1572	0586	后尺 A	1535	6224	-2		
	1499	0521	前尺 B	0553	5340	0		
	7. 3	6. 5	后-前	0982	0884	-2	983	
	0. 8	0. 8						
2	1553	0469	后尺 B	1524	6311	0		
	1494	0412	前尺 A	0440	5127	0		
	5. 9	5. 7	后-前	1084	1184	0	1084	
	0. 2	1. 0						
3	1626	1198	后尺 A	1575	6263	-1		
	1524	1089	前尺 B	1143	5931	-1		
	10. 2	10. 9	后-前	0432	0332	0	0432	
	-0. 7	0. 3						
4	1392	1775	后尺 B	1320	6108	-1		
	1250	1638	前尺 A	1708	6394	1		
	14. 2	13. 7	后-前	-388	-286	-2	-0387	
	0. 5	0. 8						
5	1172	1886	后尺 A	1139	5826	0		
	1108	1814	前尺 B	1850	6637	0		
	6. 4	7. 2	后-前	-711	-811	0	-0711	
	-0. 8	0						

保持转点 1 上的水准尺不动，把 A 点上的水准尺移到转点 2，仪器安置在转点 1 和转点 2 之间，采用同样的方法进行观测和计算并依次测到 B 点。在计算过程中，点 1，2，…，4 仅起到传递高程的作用，由于地面无固定标志，所以无需算出其高程。

为了防止测量错误，提高测量精度，在观测过程中要进行测站检核。测站检核通常采用变更仪器高法和双面尺法。

1. 变更仪器高法

在同一个测站上采用不同的仪器高度测得两次高差，相互比较，进行检核。具体是：测得第一次高差后，变更仪器高，仪器变更的高度应大于 10cm，重新安置仪器再测一次高差。对于等外水准测量，两次所测高差之差应不大于 6mm。如符合要求，可取两次高差的平均值作为两点之间的最终高差，否则必须分析原因和重新进行测量。

2. 双面尺法

仪器的高度保持不变，而立在后视点和前视点上的水准尺分别用黑面和红面各进行一次读数，测得两次高差以相互进行检核。记录和计算示例列于表 2.1。

测站的计算与校核：

(1)视距部分：视距等于上丝读数与下丝读数的差除以 10(读数到 mm，先除以 1000，再乘以视距常数 100)。

例如：后视距：(9)=[(1)-(2)]/10

前视距：(10)=[(4)-(5)]/10

计算前、后视距差：(11)=(9)-(10)。对于四等水准测量，(11)不得超过 3m。

计算前、后视距离累积差：(12)= 上站(12)+本站(11)。对于四等水准测量，(12)不得超过 10m。

(2)水准尺读数检核：同一水准尺黑面与红面读数差的检核。

K 前+黑-红：(13)= 4787(或 4687)+(6)-(7)

K 后+黑-红：(14)= 4687(或 4787)+(3)-(8)

K 为双面水准尺的红面分划与黑面分划的零点差(常数为 4.687m 或 4.787m)。

红、黑面中丝读数差(13)、(14)的值，四等水准测量不得大于 3mm。

(3)高差计算与校核：按前、后视水准尺红、黑面中丝读数分别计算该站高差。

黑面高差：(15)=(3)-(6)

红面高差：(16)=(8)-(7)

红黑面高差之差：(17)=(14)-(13)±100mm。

如果观测没有误差，(17)应为 0mm(原因是：使用配对的水准尺，尺常数相差 100mm)。对于四等水准测量，(17)不得超过 5mm。

红黑面高差之差在容许范围以内时取其平均值，作为该站的观测高差：(18)=(15)-(17)/2

(4)水准测量测段计算：

水准路线测段高差：$\sum h = \sum (18)$

水准路线总长度：$L = \sum (9) + \sum (10)$

2.4.2　水准测量的计算

水准测量外业工作结束后，要检查记录手簿，计算各点间的高差。经检核无误，才进行计算和调整高差闭合差，最后计算各点的高程，以上工作称为水准测量的内业。

1. 附合水准路线的内业计算

图 2.23 是根据外业测量手簿整理得到的数据，A、B 为已知水准点，各项计算均在表 2.2 中进行，下面分述其计算步骤。

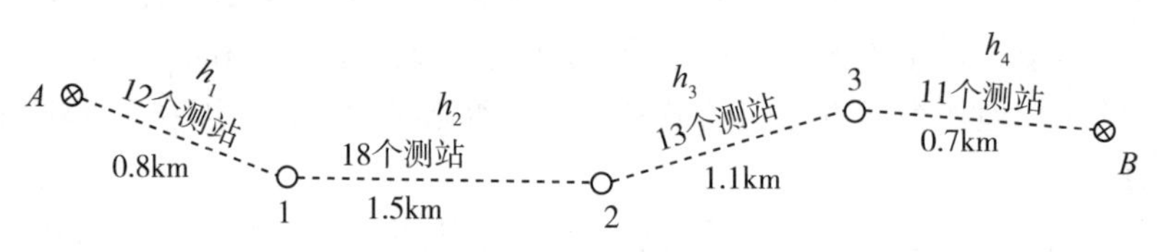

图 2.23　附合水准路线观测数据

(1)高差闭合差的计算与调整：

$$f_h = \sum h - (H_B - H_A) = 2.741-(59.039-56.345)= +0.047\text{m}$$

设是山地，故 $f_{h容} = \pm 12\sqrt{n} = \pm 12\sqrt{54} = \pm 88\text{mm}$

此时，$|f_h| < |f_{h容}|$，说明成果符合精度要求，可进行闭合差调整。

在同一条水准路线上，假设观测条件是相同的，可认为各测站产生误差的机会是相等的，故闭合差的调整按与测站数(或距离)成正比例反符号分配的原则进行，则第 i 测段高差改正数按式(2-6)计算。

$$V_i = -\frac{f_h}{\sum n} \times n_i \qquad \text{(适用于山区，2-6)}$$

或

$$V_i = -\frac{f_h}{\sum L} \times L_i \qquad \text{(适用于平原区，2-7)}$$

式中：$\sum n$ 为总测站数，n_i 为第 i 测段测站数，$\sum L$ 为路线总长，L_i 为第 i 测段路线长。

本例中算出第一段 (A—1) 改正数为：

$$V_1 = -47/54 \times 12 = -10\text{mm}$$

各测段的改正数，分别列入表 2.2 中的第 6 栏内。改正数总和绝对值应与闭合差的绝对值相等。第 5 栏中的各实测高差分别加改正数后，便得到改正后的高差，列入第 7 栏，最后求改正后的高差代数和，其值应与 A、B 两点的高差 H_B-H_A 相等，否则，说明计算有误。

(2)高程的计算：根据检核过的改正后高差，由起始点 A 开始，按 $H_{i+1} = H_i + h_{i,i+1}$，逐点推算出各点的高程，列入第 8 栏中。最后，算得的 B 点高程应与已知的高程 H_B 相符，否则，说明高程计算有误。

表 2.2 **附合水准测量路线高程计算表**

测段编号	地名	距离(km)	测站数	实测高差(m)	改正数(m)	改正后的高差(m)	高程(m)	备注
1	2	3	4	5	6	7	8	9
	A						56.345	
1		0.8	12	+2.785	−0.010	+2.775		
	1						59.120	
2		1.3	18	−4.369	−0.016	−4.385		
	2						54.735	
3		1.1	13	+1.980	−0.011	+1.969		
	3						56.704	
4		0.7	11	+2.345	−0.010	+2.335		
	B						59.039	
$\sum$		3.9	54	+2.741	−0.047	+2.694		
辅助计算	$f_h=+47\text{mm}$　　$n=54$　　$-f_h/n=-0.87\text{mm}$　　$f_{h容}=\pm12\sqrt{54}=\pm88\text{mm}$							

2. 闭合水准路线的内业计算

闭合水准路线高差闭合差按式(2-8)计算，如果闭合差在容许范围内，按上述附合水准路线相同的方法进行调整，并计算各点高程。

$$f_h=\sum h \tag{2-8}$$

3. 支水准路线的内业计算

支水准路线高差闭合差按式(2-9)计算，如闭合差在容许范围内，取往、返高差绝对值的平均值作为两点间的高差，其符号与所测方向高差的符号一致。

$$f_h=\sum h_{往}-\sum h_{返} \tag{2-9}$$

2.5 水准测量的误差与对策

水准测量误差包括观测误差、仪器误差和外界条件的影响三个方面。

2.5.1 观测误差

1. 水准管气泡居中误差

设水准管分划值为 τ''，居中误差一般为 $\pm0.15\tau''$，采用符合式水准器时，气泡居中精度可提高一倍，故居中误差为

$$m_\tau=\pm\frac{0.15\tau''}{2\rho''}\cdot D \tag{2-10}$$

式中，D 为水准仪到水准尺的距离。

若 $D=100\text{m}$，$\rho''=206265''$，$\tau=20''/2\text{mm}$，则 $m_\tau=1\text{mm}$，因此，为消除此项误差，每次读数前，应严格使气泡居中。

2. 读数误差

在水准尺上估读毫米数的误差，与人眼的分辨能力、望远镜的放大倍率以及视线长度有关，通常按式(2-11)计算：

$$m_\nu=\frac{60''}{V}\cdot\frac{D}{\rho''} \tag{2-11}$$

式中，V 为望远镜的放大倍率；60″为人眼的极限分辨能力。

设望远镜放大倍率 $V=26$ 倍，视线长 $D=100\text{m}$，则 $m_\nu=\pm1.1\text{mm}$。

3. 视差影响

当存在视差时，十字丝平面与水准尺影像不重合，若眼睛观察的位置不同，便读出不同的读数，因而也会产生读数误差。

4. 水准尺倾斜影响

水准尺倾斜将使尺上读数增大，如水准尺倾斜读数为 1.5m，倾斜 2°时，将会产生 1mm 误差；倾斜 4°时，将会产生 4mm 误差。因此，在高精度水准测量中，水准尺上要安置圆水准器。

2.5.2　仪器误差

1. 仪器校正后的残余误差

主要是水准管轴与视准轴不平行，虽经校正但仍然残存少量误差；而且由于望远镜调焦或仪器温度变化都可引起 i 角发生变化，使水准测量产生误差。所以在观测过程中，要注意使前、后视距离相等，打伞避免仪器曝晒，便可消除或减弱此项误差的影响。

2. 水准尺误差

由于水准尺刻划不准确，尺长变化、弯曲等影响，会影响水准测量的精度，因此，水准尺须经过检验才能使用。

至于尺的零点差，可通过在一个水准测段中使测站数为偶数的方法予以消除。

2.5.3　外界条件的影响

1. 仪器下沉或尺垫下沉

由于仪器下沉或在转点发生尺垫下沉，从而引起高差误差。这类误差会随测站数增加而积累，因此，观测时要选择土质坚硬的地方安置仪器和设置转点，且要注意踩紧脚架，踏实尺垫。若采用“后前前后”的观测程序或采用往返观测的方法，取结果的中数，可以减弱其影响。

2. 地球曲率及大气折光的影响

如图 2.24 所示，用水平视线代替大地水准面，在尺上读数产生的误差为：

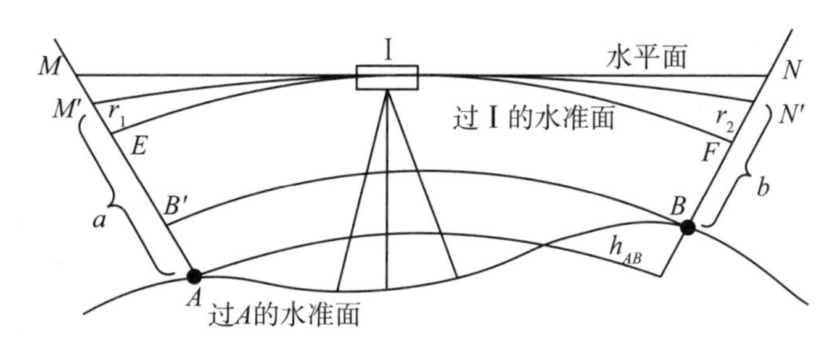

图 2.24　大气折光

$$c = \frac{D^2}{2R} \tag{2-12}$$

式中，D 为仪器到水准尺的距离；R 为地球的平均半径，为 6371km。

实际上，由于大气折光，视线并非是水平的，而是一条曲线，曲线的曲率半径为地球半径为 7 倍，其折光量的大小对水准尺读数产生的影响为：

$$r = \frac{D^2}{2 \times 7R} = \frac{D^2}{14R} \tag{2-13}$$

折光影响与地球曲率影响之和为：

$$f = c - r = \frac{D^2}{2R} - \frac{D^2}{14R} = 0.43\frac{D^2}{R} \tag{2-14}$$

如果使前后视距离 D 相等，由公式计算的 f 值则相等，地球曲率和大气折光的影响将得到消除或大大减弱。

3. 温度影响

温度的变化不仅引起大气折光的变化，而且当烈日照射水准管时，由于水准管本身和管内液体温度的升高，气泡向着温度高的方向移动，从而影响仪器水平，产生气泡居中误差，观测时应注意撑伞遮阳。

此外，大气的透视度、地形条件以及观测者的视觉能力等，都会影响测量精度，由于这些因素而产生的误差与视线长度有关，因此通常规定高精度水准测量的视线长为 40~50m，普通水准测量视线长为 50~70m，精度要求不太高时，视线长度可放宽到 100~120m。

由此可知，水准测量中，视距长度和前后视距差的严格控制是非常有意义的。

2.6　水准仪的检验和校正

本书以自动安平水准仪的检验与校正为例进行说明。

2.6.1　圆水准器的检校

将仪器安装在三脚架上，用脚螺旋将气泡准确居中，旋转望远镜，如果气泡始终位于分划圆中心，说明圆水准器位置正确，否则，需要进行校正，方法如下(见图 2.25)：

(1)转动脚螺旋，使气泡向分划圆中心移动，移动量为气泡偏离中心量的一半。

(2)调节圆水准器的调节螺钉，使气泡移至分划圆中心，用上述方法反复检校，直到气泡不随望远镜的旋转而偏移。

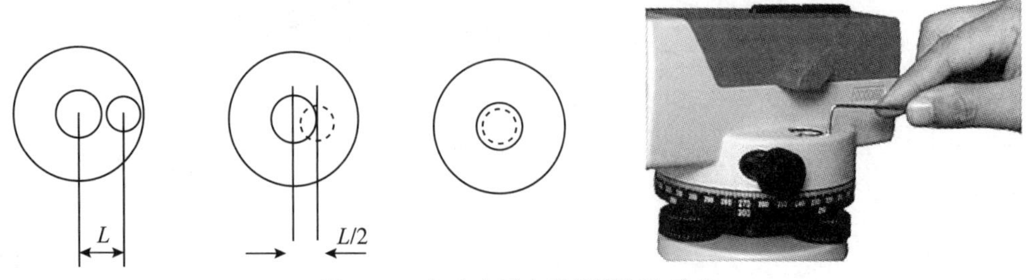

图 2.25　自动安平水准仪圆气泡检校

2.6.2　望远镜视准轴水平(即 i 角)的检校

望远镜视准轴水平检校可以按国家水准测量规范进行，也可按下述方法进行(见图 2.26)：

(1)将仪器安置在平坦地方相距约 50m 的两点的中间，整平仪器，在 A、B 两点设置标尺，用仪器瞄准标尺并读取读数 a_1、b_1。

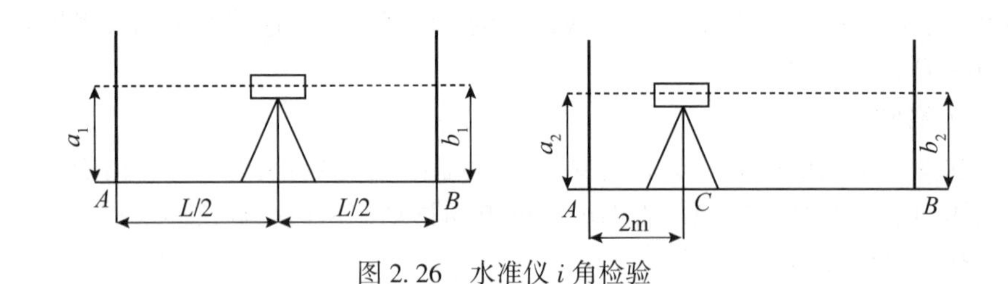

图 2.26　水准仪 i 角检验

(2)将仪器移至距 A 点(或 B 点)约 2m 处(C 点)整平，并再次读取标尺读数 a_2、b_2，如图 2.26 右所示。

如果 $a_1-b_1 \neq a_2-b_2$ 则仪器需要进行校正，具体操作如下：

(1)在 C 点进行，取下目镜罩，再松开紧固螺钉。

(2)用仪器箱内 2.5mm 内六角扳手松动或拧紧分划板校正螺钉，使分划板刻线对准正确读数：$b_2=a_2-(a_1-b_1)$(见图 2.27)。

(3)重复上述步骤，反复检查、校正，直到误差小于 1mm/30m 为止。

紧固
螺钉

图 2.27　自动安平水准仪 i 角校正

(4)校正完毕，按图 2.26 所示重新检验。

练习与思考题

1. 阐述水准仪视准轴 CC、管水准器轴 LL、圆水准器轴 $L'L'$ 的定义。水准仪的圆水准器与管水准器各有何作用?

2. 水准仪各轴线间应满足什么条件?

3. 什么是视差?产生视差的原因是什么?如何消除视差?

4. 每站水准测量观测时,为何要求前后视距相等?

5. 水准测量时,哪些立尺点需要放置尺垫?哪些立尺点不能放置尺垫?

6. 什么是高差?什么是视线高程?前视读数、后视读数与高差、视线高程各有何关系?

7. 与普通水准仪比较,电子水准仪有何特点?

8. 在相聚 100m 的 A,B 两点的中点安置水准仪,测得高差 $h_{AB}=+0.306$m,将仪器搬到 B 点附近安置,读得 A 尺的读数 $a_2=1.792$m,B 尺读数 $b_2=1.467$m。试计算该水准仪的 i 角。

9. 如图 2.28 所示,表中所列为某四等附合水准路线观测结果,计算 I10,I14,I15,I18 四点高程的近似平差值。

四等水准测量近似平差计算					
点名	路线长 L_1(km)	观测高差 h_1(m)	改正数 V_1(m)	改正后高差 h_i(m)	高程 H(m)
龙王桥					35.599
	1.92	44.859			
I10					
	1.54	-25.785			
I14					
	0.57	-2.671			
I15					
	1.12	-9.245			
I18					
	3.22	-3.200			
15					39.608
$\sum$					
辅助计算	$H_{15}-H_{龙王桥}=$ $f_h=$ $f_{h辅}=$ 每千米高差改正数 $=\dfrac{-f_h}{路线总长}$				

图 2.28 水准测量平差计算

第3章　全站仪及其应用

全站仪是一种集光、机、电于一体的高技术测量仪器，可测量水平角、垂直角、距离、高差和坐标等的测绘仪器系统。因其一次安置仪器就可完成该测站上全部测量工作，称之为全站仪。全站仪广泛用于工程测量、变形监测等领域。

与光学经纬仪相比，全站仪将人工光学测微读数代之以自动记录和显示读数，使测角操作简单化，且可避免人为读数误差。全站仪的自动记录、储存、计算功能，以及数据通信功能，进一步提高了测量作业的自动化程度。全站仪根据测角精度可分为0.5″、1″、2″、5″、10″几个等级。

(1)0.5″级：目前获得用户认可的0.5″全站仪不多，所以比较昂贵，如图3.1所示。

(2)1″级：国产首台1″级高精度全站仪NTS-391R，如图3.2所示，攻克了核心关键技术，填补了国产高端仪器空白，改变了全站仪的开发格局。

(3)2″级：NTS-552智能安卓全站仪集全站仪制造与软件研发经验之大成，搭载全新的智能操作系统，突破传统全站仪的单一作业模式，开创了测绘装备智能时代，如图3.3所示。

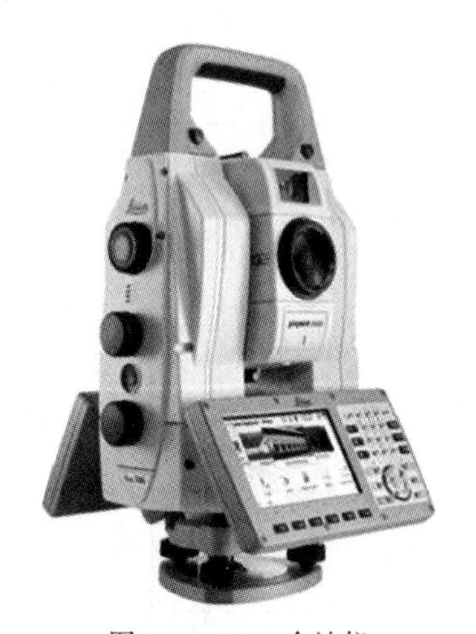

图3.1　TS60全站仪

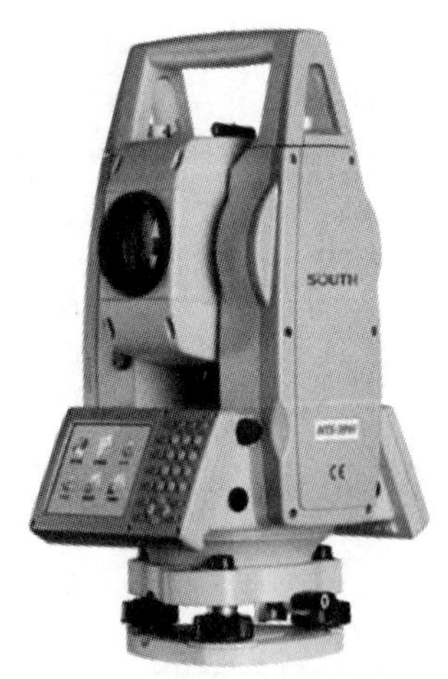

图3.2　NTS-391R全站仪

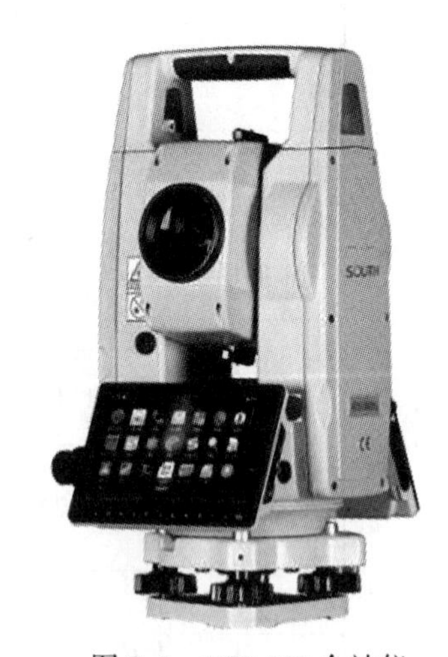

图3.3　NTS-552全站仪

本章主要介绍全站仪角度测量原理、全站仪距离测量原理、全站仪编码度盘及补偿器、全站仪的结构、全站仪基本测量、全站仪的误差与检校等内容。

3.1 角度测量原理

3.1.1 水平角的概念及其测量原理

地面上任一点到两目标的方向线垂直投影在水平面上所组成的角即为水平角，它也是过两条方向线的铅垂面所夹的二面角，用β表示。如图3.4所示，A、B、C、为地面上任意三个点，沿铅垂线方向投影到水平面上，得到相应A_1、B_1、C_1点，则水平投影线B_1A_1与B_1C_1构成的夹角β即为方向线BA与BC所夹的水平角，水平角的取值范围为0°~360°。为了测定水平角的大小，假想能在过B点的铅垂线上安置一个按顺时针注记的全圆量角器(称为水平度盘)，并置成水平状态(代替水平面)，水平度盘的圆心要过B点的铅垂线。此外，仪器上应有一个照准设备，即望远镜，通过望远镜分别瞄准远方高低不同的目标A和C，其在度盘上截取相应的读数为a和c，则水平角β为两个读数之差，即

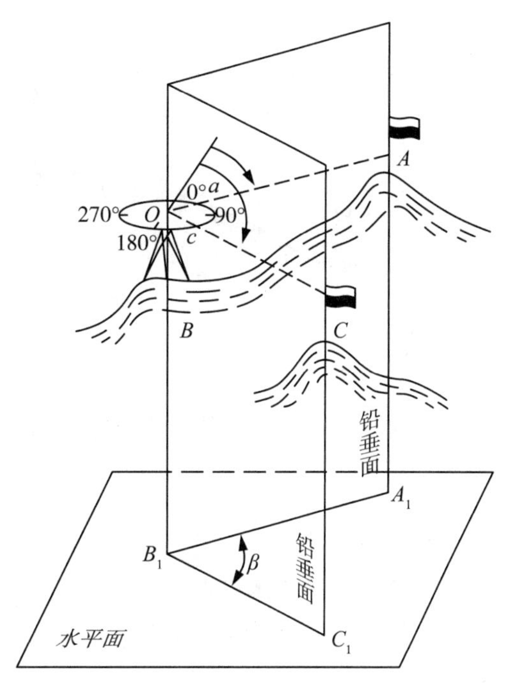

图3.4　水平角测量原理

$$\beta = c - a \tag{3-1}$$

3.1.2 垂直角的概念及其测量原理

同一竖直面内，地面某点至目标的方向线与水平视线间的夹角称为垂直角，或称为竖直角、倾斜角，用δ表示。如图3.5所示，目标A的方向线在水平视线的上方，此时垂直角为正($+\delta$)，称为仰角，取值范围为0°~+90°；当目标的方向线在水平视线的下方时，垂直角为负($-\delta$)，称为俯角，取值范围是0°~-90°。同一竖直面内由天顶方向(即铅垂线的反方向)转向目标方向的夹角则称为天顶距。全站仪的角度测量中常以天顶距测量代替垂直角测量。

垂直角与水平角一样，其角值也是度盘上两个方向读数之差。不同的是，垂直角的两个方向中必有一个是水平方向。水平方向的读数可以通过竖盘指标管水准器或竖盘指标自动装置来确定，对全站仪而言，水平视线方向的竖直度盘读数通常设置为90°或90°的整倍数。因此，在测量垂直角时，只要瞄准目标读取竖直度盘读数就可以计算出视线方向的垂直角。

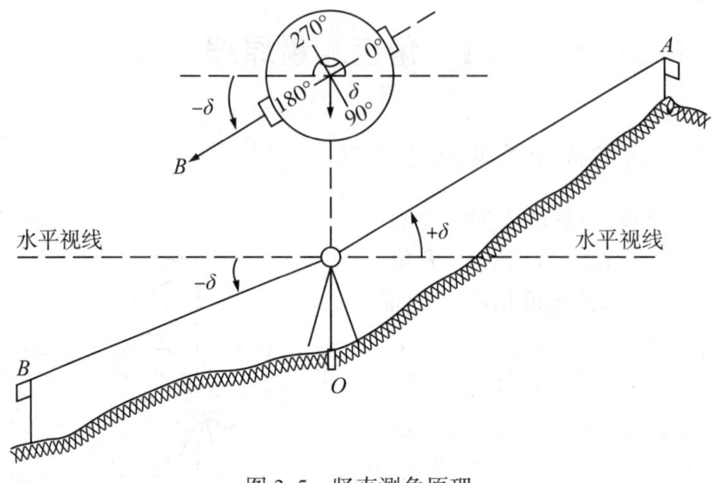

图 3.5　竖直测角原理

3.2　光电测距原理与相关仪器

3.2.1　光电测距原理

1. 光电测距的基本原理和方法

光电测距就是利用电磁波作为载波和调制波进行长度测量的一门技术。其基本公式是：

$$D = \frac{1}{2}Ct \tag{3-2}$$

式中：C 为电磁波在大气中的传播速度，其值约为 3×10^8 m/s；t 为电磁波在被测距离上一次往返传播的时间；D 为被测距离。

显然，只要测定了时间 t，则被测距离 D 即可按公式算出。按测定 t 的方法，电磁波测距仪可区分为两种类型：

(1)脉冲式测距仪。它是直接测定仪器发出的脉冲信号往返于被测距离的传播时间，进而按式(3-2)求得距离值的一类测距仪。

(2)相位式测距仪。它是测定仪器发射的测距信号往返于被测距离的滞后相位 φ 来间接推算信号的传播时间 t，从而求得所测距离的一类测距仪。

2. 脉冲式光电测距

脉冲式光电测距是直接测定仪器所发射的光脉冲往返于被测距离的传播时间而得到距离值的，典型仪器就是脉冲式光电测距仪。图 3.6 是脉冲式光电测距仪工作原理示意图。仪器的大致工作过程如下：由光脉冲发射器发射出一束光脉冲，经发射光学系统投射到被测目标。同时，由仪器内的取样棱镜截取一小部分光脉冲送入光学系统，并由光电接收器转换为电脉冲，称为主波脉冲，作为计时的起点。而后，从被测目标反射回来的光脉冲通过光学接收系统，也被光电接收器接收，并转换成电脉冲，称为回波脉冲，作为计时的终点。可见，主波脉冲和回波脉冲之间的时间间隔就是光脉冲在测线上往返的时间(t_{2D})，为了测定时间 t_{2D}，将主波脉冲和回波脉冲先后送入门电路，分别控制“电子门”的“开门”和“关门”。由时标脉冲振荡器不断产生具有一定时间间隔(T)的电脉冲(称为时标脉冲)，作为时间计数标准来计算出“开门”和“关门”之间的时间。在测距之前，“电子门”是关闭的，时标脉冲不能通过“电子门”进入计数系统。测距时进入计数系统，在光脉冲发射的同一瞬间，主波脉冲把“电子门”打开，时标脉冲一个个地通过“电子门”进入计数系统，计数系统便记录着时标脉冲的个数。当目标反射回来的光脉冲到达测距仪时，回波脉冲立即把“电子门”关闭，时标脉冲就不能进入计数系统，计数终止。假设计数器的计数结果为 n，则主波脉冲和回波脉冲之间的时间间隔 $t = nT$，而待测距离为 $D = \frac{1}{2}CnT$，若令 $L = \frac{1}{2}CT$，则有 $D = nL$。

计数系统每记录一个时标脉冲就等于计下一个单位距离 L。由于测距仪中 L 值是预先选定的，因此计数系统在计算出通过“电子门”的时标脉冲个数 n 之后，就可以把待测距离 D 用显示器显示出来。

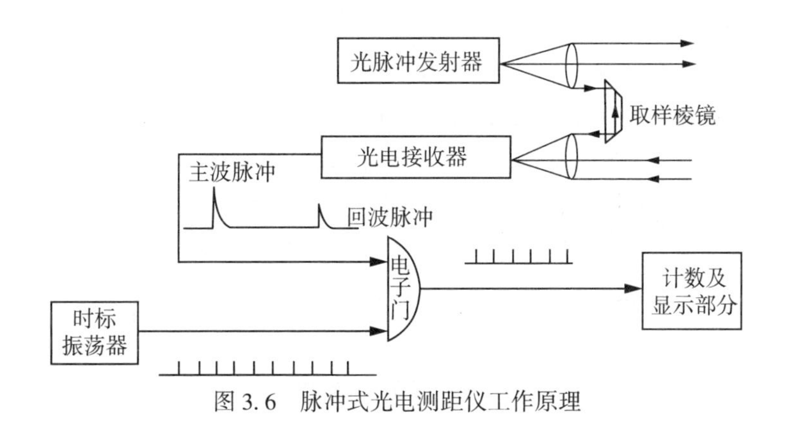

图 3.6　脉冲式光电测距仪工作原理

随着电子技术的发展，出现具有独特时间测量方法的脉冲测距仪，采用细分一个时标脉冲的方法，使测距仪精度达到毫米级。如图 3.7 所示，NTS-300 RL 全站仪系列，无棱镜测距可达 1000m，测距精度为 $\pm(3+2\times10^{-6})$mm。

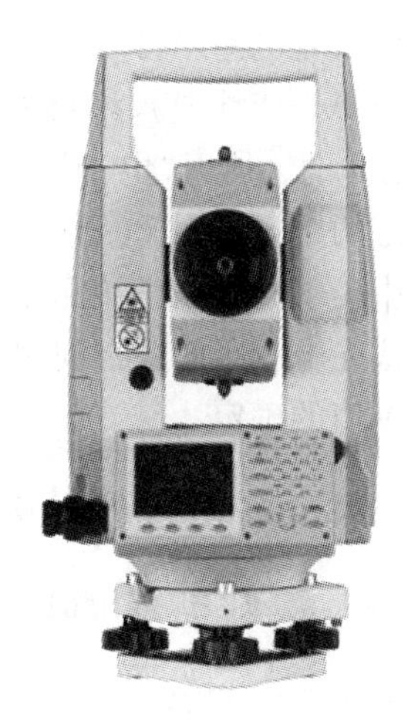
图 3.7　NTS-300RL 系列

3. 相位式光电测距

1)相位式光电测距的基本原理

相位式测距就是通过测量连续的测距信号在被测距离上往返传播所产生的相位差来间接测定信号的传播时间，从而求得被测距离，典型仪器是相位式光电测距仪。仪器的基本工作原理可用图 3.8 来说明。

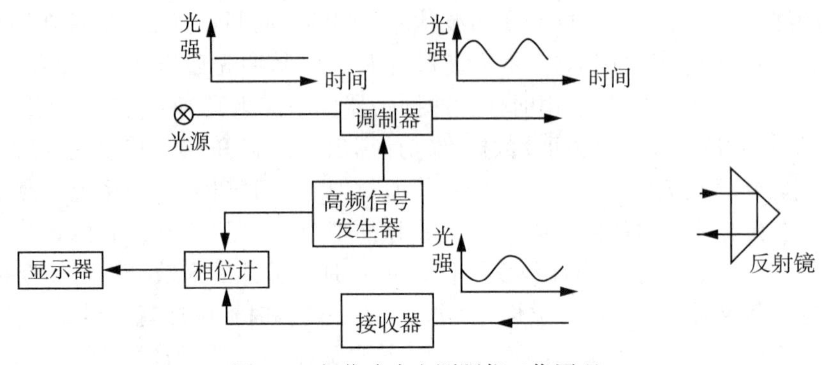

图 3.8　相位式光电测距仪工作原理

由光源发出的光通过调制器后，成为光强随高频信号变化的调制光射向测线另一端的反射镜。经反射镜反射后被接收器接收，然后由相位计将发射信号(又称参考信号)与接收信号(又称测距信号)进行相位比较，获得调制光在被测距离上往返传播所引起的相位移 φ。如将调制波的往程和返程摊平，则有如图 3.9 所示的波形。

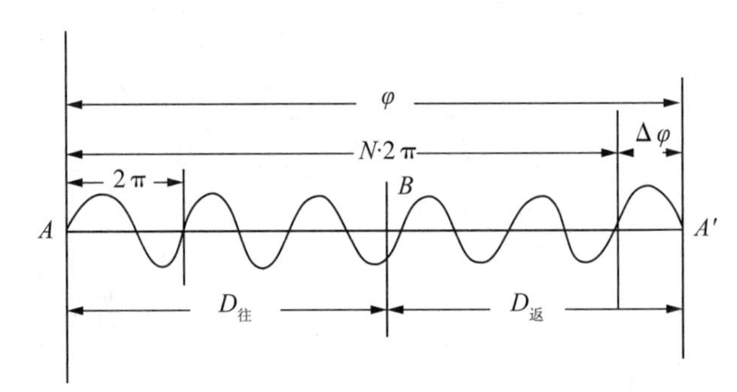

图 3.9　相位法测距原理

相位式光电测距可以理解为相当于用一把长度为 U 的“电子尺”来丈量待测距离。被测距离等于 N 个整尺段再加上零头(余长)$\Delta N \cdot u$。由于电磁波的传播速度 C 和调制频 f 是已知的，所以“电子尺”长(测尺长度)也是已知的。我们看到，为了测定距离 D，必须测定两个量：一个是整波数 N，另一个是小数波数 ΔN 或相位差 $\Delta\varphi$。在相位式光电测距中，仪器可以直接测定 $\Delta\varphi$(或 ΔN)，但无法测定整波数 N。因此，准确确定 N 是相位式光电测距的关键问题。

2)N 值的确定

当测尺长度 u 大于距离 D 时，则 $N=0$，此时可求得确定的距离值，即 $D = u\dfrac{\Delta\varphi}{2\pi} = u\Delta N$。因此，为了扩大单值解的测程，就必须选用较长的测尺，即选用较低的调制频率。根据 $u = \dfrac{\lambda}{2} = \dfrac{c}{2f}$，取 $c=3\times10^5$ km/s，可算出与测尺长度相应的测尺频率(即调制频率)，如表 3.1 所示。由于仪器测相误差对测距误差的影响随测尺长度的增加而增大，为了解决扩大测程与提高精度的矛盾，可以采用一组测尺共同测距，以短测尺(又称精测尺)保证精度，用长测尺(又称粗测尺)保证测程，从而也解决了“多值性”的问题。如同钟表上用时、分、秒互相配合来确定 12 小时内的准确时刻一样。根据仪器的测程与精度要求，即可选定测尺的数目和测尺精度。

表 3.1　**测尺频率预测尺长度**

测尺频率	15MHz	1.5MHz	150kHz	15kHz	1.5kHz
测尺长度	10m	100m	1km	10km	100km
精度	1cm	10cm	1m	10m	100m

3)差频相位

为了保证测距精度，精测频率选得很高(一般 10MHz 数量级)，对这样高的频率进行测相，技术上很困难。另外，对几种测尺频率直接测相，必须设置几种测相电路，电路很复杂，故相位法测距仪都是采用差频测相，以解决上述问题。如图 3.10 所示。

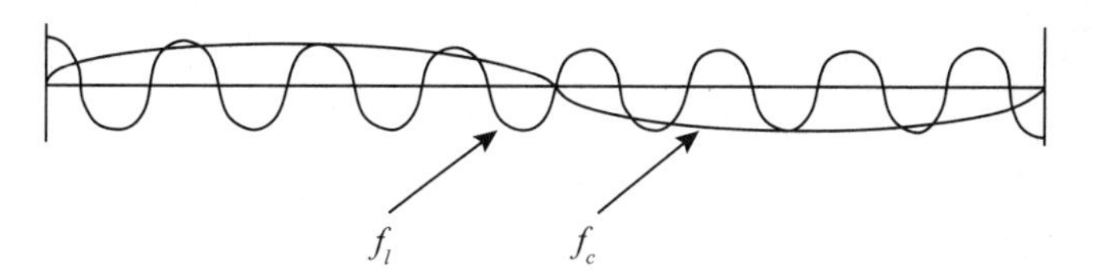

图 3.10　差频相位的混频

测定两低频信号之间的相位差，就等于测定了高频的发射信号和接收信号之间的相位差，由于两差频信号的频率与原调制信号的频率低了许多倍，这对电路中测相电路的稳定、测相精度的提高都有利。所以，相位式测距仪一般都采用差频测相。

3.2.2　免棱镜测距

免棱镜测距是不需要棱镜作为合作目标就可以进行测距，免反射棱镜测距具有测距速度快、测程远、效率高、使用范围广、安全性能高等优点，可以直接对各种材质、不同颜色的物体(如墙面、电线杆、电线、山体、泥土等)进行远距离测量。对于那些不易达到或根本无法到达的目标，应用免棱镜测距功能可以很好地完成测量任务。

一般情况下，免棱镜测距时由于受到激光束的限制，对角落或者深色表面物件的测距效果不太理想，往往出现不能进行正确测距或者测距误差大。例如，在隧道施工时，在对水泥厚度或者护墙施工测量控制时，因为隧道光线不足、水泥等有深色时免棱镜测距往往就测不出。

对免棱镜测量技术的测量成果进行精度分析，要综合考虑大气状况、目标点测距、反射物体的稳定性及测量光束反射角的影响。测距加大，精度也会下降；雾、雪、雨天气和水蒸气挥发高峰期、大气对流时段进行测量的成果，外部条件反射、散射干扰较大，测量精度也就会降低，EDM 往往就会记录到不可靠的测量数据；免棱镜测量数据成果往往还包含着障碍物的数据，因而实地测量时要考虑障碍物的影响，注意剔除该部分不符值，并对最后成果计算中误差，对测量成果进行精度评定和成果检验，把测量成果应用于生产。免棱镜测量视线穿过植被茂盛地区或透明体(如玻璃)时，或被测地物的灰度值较低时，测量精度较低，测程较短。在此条件下，对重点和精度要求较高的地物应采用有棱镜检测或补测。

3.2.3　手持测距

手持式测距，是利用电磁波学、光学等原理且具有小巧机身的仪器在工作时向目标射出一束很细的激光，由光电元件接收目标反射的激光束，计时器测定激光束从发射到接收的时间，计算出从观测者到目标的距离。

图 3.11　手持激光测距仪

现在一些厂家的手持激光测距仪，如图 3.11 所示，外形小巧，只有手掌大小，且操作简便，适用于不同的距离测量。其内置精密的计算系统可以瞬间计算出距离，实现快捷测量。其载波为红色可见激光，测距时测量员只需将测距仪放置在被测距离一端，利用可见红色激光目视瞄准另一端，启动测量即可测出距离，测量不需任何反射棱镜，且可得到 3mm 以内的测量精度。由于其测量距离方便快速，手持式激光测距仪可在某些场合发挥很好的作用，并广泛应用于室内装修、房产测量、容积测量、深度测量等领域。

由于采用激光进行距离测量，而脉冲激光束是能量非常集中的单色光源，所以在使用时不要用眼对准发射口直视，也不要用瞄准望远镜观察光滑反射面，以免伤害人的眼睛。一定要按仪器说明书中安全操作规范进行测量。野外测量时不可将仪器发射口直接对准太阳以免烧坏仪器光敏元件。

3.3　全站仪的结构与轴系

3.3.1　全站仪的结构

全站仪的测角和测距原理与电子经纬仪和测距仪的原理基本相同，只是结构不同，全站仪将它们两者结合到一起。图 3.12 所示是 NTS-340 全站仪的结构。

相比电子经纬仪，全站仪增加了许多特殊部件，这些特殊部件形成了全站仪在结构方面的独特之处。

1. 同轴望远镜

目前的全站仪采用望远镜光轴(视准轴)和测距光轴完全同轴的光学系统，如图 3.13 所示。在望远镜与调焦透镜间设置分光棱镜系统，通过该系统实现望远镜的多功能，即既可瞄准目标，使之成像于十字丝分划板，进行角度测量。同时其测距部分的外

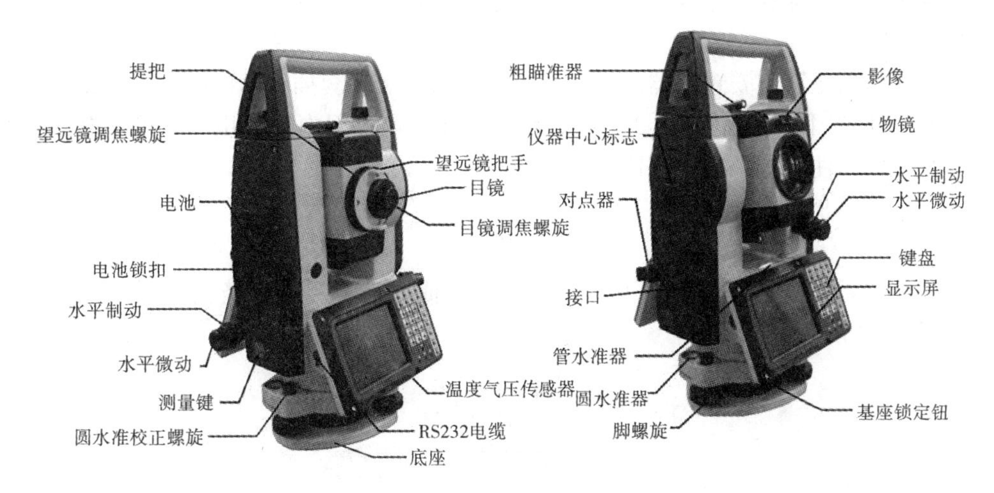

图 3.12　NTS-340 全站仪结构

光路系统又能够发射调制红外光，经物镜射向反光棱镜后，以同一路径反射回来，再使回光被光电二极管接收。为测距需要在仪器内部另设一内光路系统，通过分光棱镜系统中的光导纤维将由光敏二极管发射的调制红外光也传送给光电二极管接收，进行由内、外光路调制光的相位差间接计算光的传播时间，从而计算实测距离。

同轴性使得望远镜一次瞄准即可实现同时测定水平角、垂直角和测距等基本测量要素。

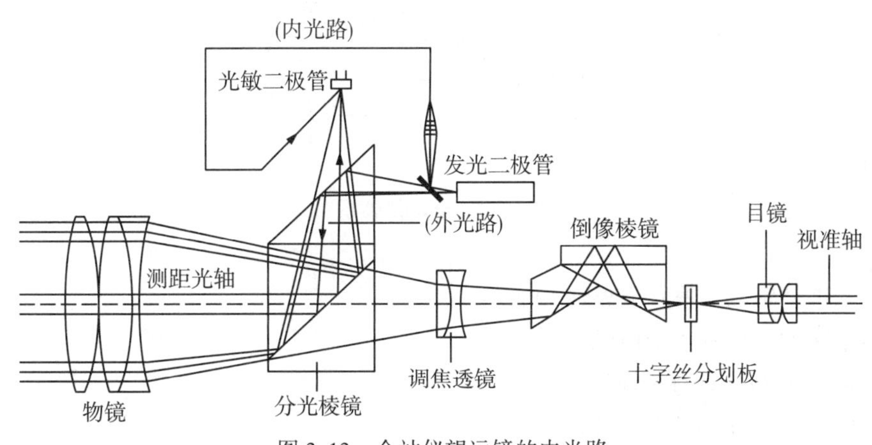

图 3.13　全站仪望远镜的内光路

2. 屏幕键盘

这是全站仪在测量时输入操作指令或数据的硬件，全站仪的键盘和显示屏大多数为双面式，便于正、倒镜作业时操作。

3. 通信接口

全站仪可以通过 RS-232C 通信接口和通信电缆将内存中存储的数据输入计算机，

或将计算机中的数据和信息经通信电缆传输给全站仪，实现双向信息传输。

4. 基座

基座的作用是固定安置仪器照准部和整平仪器。竖轴套插入基座孔后，顶紧螺杆旋钮，照准部就被固定在基座上。3 个脚螺旋可以在一定范围内升降用来安平仪器。在使用仪器时，应当注意把顶紧螺杆固定，防止仪器照准部脱出。

3.3.2　全站仪的轴系

全站仪轴系需要满足视准轴垂直于横轴，横轴垂直于竖轴，竖轴与测站铅垂线一致，如图 3.14 所示。

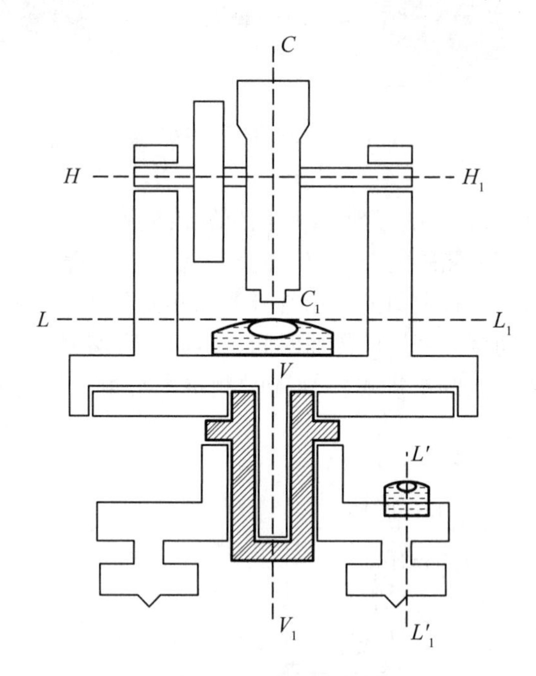

图 3.14　全站仪轴系

(1) 水准管轴 LL_1 垂直于竖轴 VV_1；

(2) 十字丝竖丝垂直于横轴 HH_1；

(3) 视准轴 CC_1 垂直于横轴 HH_1；

(4) 横轴 HH_1 垂直于竖轴 VV_1。

在照准目标后，需要将望远镜固定，所以分别设置了水平和竖直制动装置，为了精确照准目标，还分别设置了水平和竖直微动装置。

为了消除视准轴误差、横轴倾斜误差对水平角观测的影响，一般采用盘左、盘右观测方法，但是竖轴倾斜误差对水平角测量的影响是不能采用盘左、盘右观测方法来消除的。随着电子技术和微处理技术应用水平的不断提高，目前大多数全站仪都具有轴系误差自动补偿或改正的功能，实现仪器轴系误差对角度观测影响的自动修正。

3.4 全站仪编码度盘与补偿器

3.4.1 全站仪编码度盘

电子经纬仪和全站仪用光电度盘替代光学玻璃度盘和测微装置，实现了度盘读数记录、处理和存储自动化。光电度盘主要有编码度盘和光栅度盘。

1. 编码度盘

编码度盘是在光学玻璃上刻制数道同心圆且按相等间隔将其分为透光的白区和不透光的黑区，以获得按二进制变化的光电信号作为计量角度的度盘。数道同心圆称为码道。码道上相等区间设置透光白区和不透光黑区，分别代表二进制代码的“0”和“1”两个状态。里圈码道代表高位数，外圈码道代表低位数。如图 3.15(a)所示，一个 4 码道 16 间隔的度盘，每个间隔沿径向由里向外可读出 4 位二进制数。图中沿顺时针方向依次可以读出 0000，0001，0010，…，1110，1111，依据两区间不同的电信号状态，便可测出夹角。采用电子细分技术进行精测，可以达到仪器设计的测角精度要求。编码度盘简称码盘，其上每一个位置都可以读出度、分、秒值，因此断电后再开机无需初始化。编码度盘是现在常用度盘。

编码度盘的读数系统如图 3.15(b)所示，在度盘的旋转轴(对应竖轴或横轴)和码道上设置两个接触片，一个输入电源，另一个输出信号。测角时，接触片固定，当度盘随照准部旋转到某个目标后制动，接触片就和某一区间相接触，根据是否导电，得到该区间的电信号状态。图中表示第一个目标的读数为 1001，若照准部旋转到第二个目标制动后的读数为 1110，则知该角值在 9~14 区间。

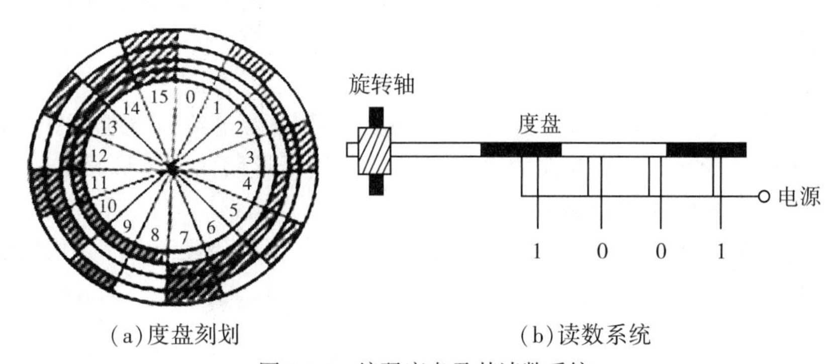

(a)度盘刻划　　(b)读数系统

图 3.15　编码度盘及其读数系统

2. 光栅度盘

在光学玻璃度盘的径向上均匀地刻制明暗相间的等角距细线条就构成了光栅度盘。如图 3.16(b)所示，如果将两块密度相同的光栅重叠，并使它们的刻线相互倾斜成一个很小的角度 θ，就会出现明暗相间的条纹，称为莫尔条纹。两光栅之间的夹角越小，条纹越粗，即相邻明条纹(或暗条纹)之间的间隔越大。条纹亮度按正弦周期性变化。

在图 3.16(a)中，光栅度盘下面是一个发光管，上面是一个可与光栅度盘形成莫尔条纹的指示光栅，指示光栅上面为发光管。若发光管、指示光栅和光电管的位置固定，当度盘随照准部转动时，由发光管发出的光信号通过莫尔条纹落到光电管上。度盘每转动一条光栅，莫尔条纹就移动一周期。通过莫尔条纹的光信号强度也变化一周期，所以光电管输出的电流就变化一周期。

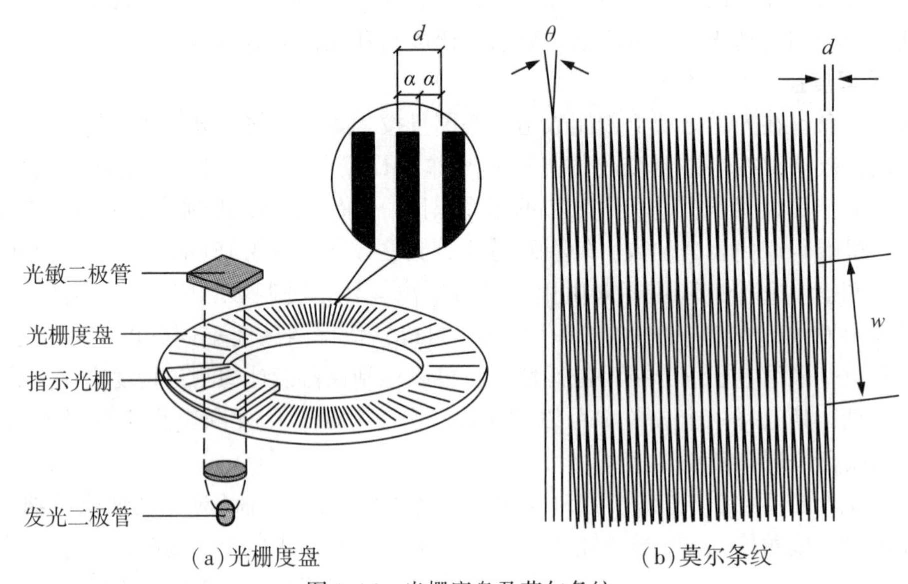

图 3.16　光栅度盘及莫尔条纹

在照准目标的过程中，仪器接收原件可累计出条纹的移动量，从而测出光栅的移动量，经转换最后得到角度值。因为光栅度盘上没有绝对度数，只是累计移动光栅的条数，故称为增量式光栅度盘。

3. 条码度盘

条码度盘使用条码信息区分度盘的角度信息，条码度盘的测角原理如图 3.17 所示。由发光管发出的光线通过一定光路照亮度盘上的一组条形码，改条形码由一线性 CCD 阵列识别，经一个 8 位 A/D 转换器读出。

采用一次测量包含多组条码，再对径设置多个条码探测装置，以提高角度读数精度和消除度盘偏心差。

3.4.2　全站仪补偿器

全站仪倾斜自动补偿器的功能是因仪器轴系关系不正确而对测量结果的影响加以自动改正与补偿。

早期的光学经纬仪采用竖盘指标水准器控制和衡量竖盘读数指标，后来采用竖盘指标自动归零补偿器自动补偿竖轴倾斜对竖盘读数指标的影响。在早期电子经纬仪和全站仪中，则使用倾斜传感器代替竖盘指标自动归零补偿器，称为单轴补偿。随着补偿器技术的进步，可对竖轴倾斜引起的竖直度盘和水平度盘读数进行补偿改正，称为双轴补

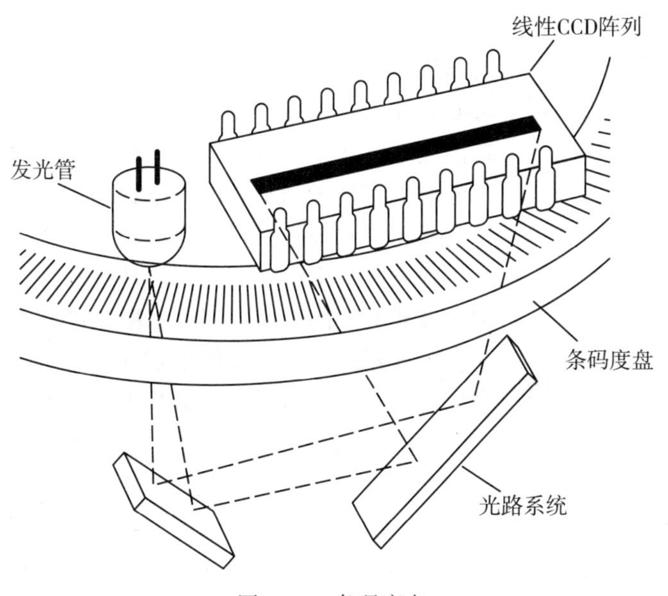

图 3.17　条码度盘

偿。利用数据处理技术，在双轴补偿基础上完成竖轴倾斜引起的竖直度盘和水平度盘读数改正，以及横轴倾斜、视准轴误差引起的水平度盘读数改正，称为三轴补偿。

1. 单轴补偿

全站仪竖轴倾斜单轴补偿，只能补偿全站仪竖轴倾斜引起的垂直度盘的读数误差。单轴补偿器的结构形式有多种，图 3.18 所示是全站仪所使用的液体电容式补偿器。

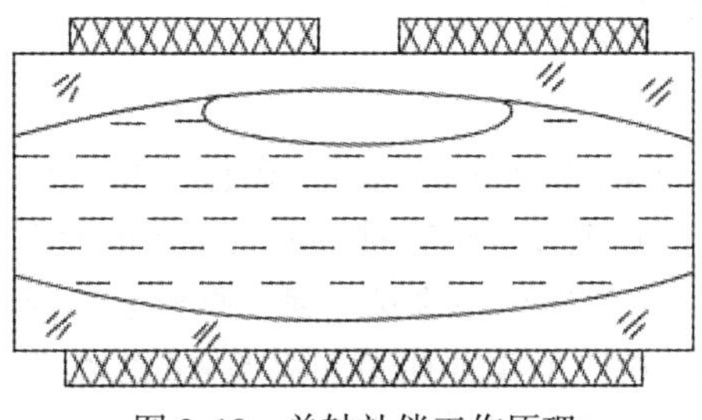

图 3.18　单轴补偿工作原理

管水准器中的液体是一种高介电常数的液体，而管中气泡介电常数很小。当气泡一侧移动时，则该侧的电容值减少，而另一侧的电容值增大。在平衡位置时，两个电极的电容值相等。在小范围内可以认为两个电极的电容值差与气泡的移动距离成正比，即电容值差与水准器的倾斜角成正比。所以只要测出两个电极的电容差，就可以计算出水准器的倾斜角。

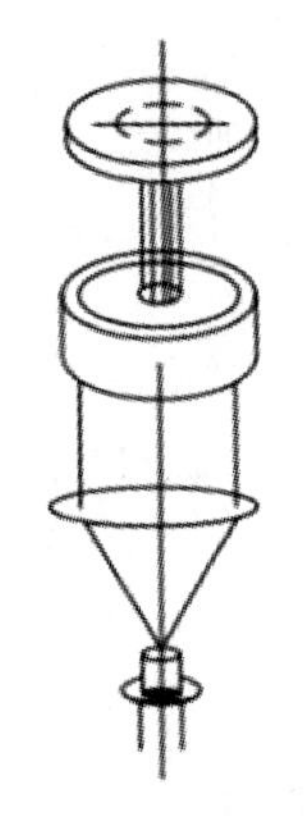

图 3.19　双轴补偿工作原理

2. 双轴补偿

在全站仪的角度测量中，竖轴的倾斜不仅会给垂直角的测量带来误差，而且也会给水平方向测量带来误差。随着 CCD 技术和微处理技术在全站仪中的应用，竖轴倾斜补偿技术已从单一考虑对垂直度盘读数的影响发展为同时考虑对垂直度盘和水平度盘读数的影响，因此有了双轴补偿的概念。双轴补偿器工作原理如图 3.19 所示。

经过准直透镜后的平行光从圆水准器的底部入射，从圆水准器的上部射出。因圆水准器内的液体有一定的折射率，水准器的气泡和液体形成了一个半径很小的负透镜。当平行光穿过气泡时，大部分光线气泡折射或反射，在圆水准器的气泡上方会有一个气泡的阴影。在一定范围内圆水准器的气泡可以随圆水准器倾斜角在 *XY* 两方向上线形移动。我们用位置传感器测量出气泡的阴影在 *X*(或 *Y*)方向的移动距离，就可以计算出 *XY* 两轴的倾斜角。

由于圆水准器上玻璃的凹面是研磨加工的，可以达到光学镜片的精度，其一致性比较好。再加上软件处理，就可做成高精度的双轴倾斜补偿器。

补偿器的补偿范围是指仪器竖轴偏离铅垂线的限度。在此范围内补偿器才能测量倾斜量。补偿精度是指补偿器对倾斜量的测量精度。现在，补偿器补偿范围常与圆水准器分划值匹配，一般可达 8′~15′，补偿精度结余 0.1″~1″之间。

3.5　全站仪基本测量

3.5.1　全站仪的基本操作

1. 对中整平

(1)架设三脚架。将三脚架伸到适当高度，确保三腿等长、打开，并使三脚架顶面近似水平，且位于测站点的正上方。将三脚架腿支撑在地面上，使其中一条腿固定。

(2)安置仪器和对点。将仪器小心地安置到三脚架上，拧紧中心连接螺旋，调整光学对点器，使十字丝成像清晰。双手握住另外两条未固定的架腿，通过对光学对点器的观察调节该两条腿的位置。当光学对点器大致对准测站点时，使三脚架三条腿均固定在地面上。调节全站仪的 3 个脚螺旋，使光学对点器精确对准测站点。

(3)利用圆水准器粗平仪器。调整三脚架三条腿的长度，使全站仪圆水准气泡居中。

(4)利用管水准器精平仪器：

①松开水平制动螺旋，转动仪器，使管水准器平行于某一对脚螺旋 A、B 的连线。通过旋转脚螺旋 A、B，使管水准器气泡居中。

②将仪器旋转 90℃，使其垂直于脚螺旋 A、B 的连线。旋转脚螺旋 C，使管水准器泡居中。

(5)精确对中与整平。通过对光学对点器的观察，轻微松开中心连接螺旋，平移仪器(不可旋转仪器)，使仪器精确对准测站点。再拧紧中心连接螺旋，再次精平仪器。此项操作重复至仪器精确对准测站点为止。

2. 瞄准

松开望远镜制动螺旋，将望远镜指向天空或在物镜前放置一张白纸，旋转目镜，使十字丝分划板成像清晰；然后用望远镜上的粗瞄装置找到目标，再旋转调焦螺旋，使被测目标影像清晰；最后旋紧照准部制动螺旋，并旋转水平微动螺旋，精确对准目标，使目标位于十字丝分划板中心或与竖丝重合。瞄准时应尽量对准目标底部，以防止由于目标倾斜而带来的瞄准误差。

3. 读数

(1)照准第一个目标(A)。

(2)设置目标 A 的水平角读数为 0°00′00″。

(3)照准第二个目标(B)。仪器显示目标 B 的水平角和垂直角。

3.5.2　水平角观测

水平角观测主要有测回法和方向观测法。水平角观测应遵循相关规范标准。表 3.2 所示是 GB 50026—2020《工程测量标准》对一级及以下(平面控制测量)水平角观测的技术要求，规定了仪器等级对应的半测回归零差、测回内 $2c$ 互差、同方向各测回较差等的限差要求。观测组成员应将所测数据对应的限差要求熟记于心，以便在测站观测时能即时检核、判断是否合格。

表 3.2　**水平角观测技术要求**

测角等级	仪器等级	半测回归零差(″)	测回内 $2c$ 互差(″)	同方向各测回较差(″)
一级及以下	2″级	±12	±18	±12
	6″级	±18	—	±24

1. 测回法

测回法是一种测量水平角的传统方法，用于两个目标的水平角观测。通常采用盘左和盘右进行读数，盘左也称正镜，即瞄准目标时，竖盘在望远镜左边；盘右也称倒镜，即瞄准目标时，竖盘在望远镜右边。图 3.20 是测回法观测示意图，测站点 B，左目标 A，右目标 C。表 3.3 所示是水平角观测记录表(簿)。测回法的观测步骤、记录、计算和检核方法如下：

1)安置仪器

观测员在测站点 O 安置仪器，做到既对中又整平；辅助人员在目标点 A 和 B 上分别安置觇牌，做到既对中又整平；记录员现场记录水平角观测记录表(簿)头内容，即“仪器号”“日期”“天气”“等级”等，在相应行记录测站名称、测回序号、观测员和记录员姓名。

2)测角参数设置

在全站仪对中、整平之后，开机。检查测角参数设置是否正确。如果不正确，对照

图 3.20　测回法观测示意图

进行修改：双轴(三轴)补偿，ON。

3)度盘配置

图 3.21　觇牌

在盘左状态照准 A 点觇牌中心(如图 3.21)，度数为“置盘”配置起始方向读数(水平度盘读数=$(n-1)\times180°/N$，其中 N 为总测回数，n 为要观测的测回数。例如，$N=3$，各测回起始方向读数分别为 0°、60°、120°(为避免照准误差引起盘右度数为大秒数，给人工计算带来困难，置盘时可加 30″，如 0°00′30″))。度盘配置改变各测回起始方向水平度盘读数，是为了削弱度盘分划误差的影响。光学经纬仪、绝对编码式和增量光栅式度盘的电子经纬仪(全站仪)在进行多测回观测时应配置度盘，动态光栅式度盘的电子经纬仪(全站仪)无需配置度盘。

4)上半测回观测

观测员顺时针旋转照准部 1~2 周之后(适应竖轴的旋转灵活性)，精确照准 A 点觇牌中心，读诵显示屏上 HR 行(水平度盘)读数 L_A，记录员将目标名称 A 和读数 L_A 分别记录在表 3.3 的②列和③列，并回诵给观测员。观测员顺时针旋转照准部精确照准 C 点觇牌中心，读诵显示屏上 HR 行(水平度盘)读数 L_C，记录员将目标名称 C 和读数 L_C 分别记录在表 3.3 的②列和③列，并回诵给观测员。记录员计算上半测回水平角值并记录于表 3.3 的④列：$\beta_{左}=L_C-L_A$。

5)下半测回观测

纵向旋转望远镜，将仪器置为盘右状态，逆时针旋转照准部 1~2 周之后(适应竖轴旋转灵活性)，照准 C 点觇牌中心，读诵显示屏上 HR 行(水平度盘)读数 R_C，记录并回诵给观测员。逆时针旋转照准部照准 A 点觇牌中心，读诵显示屏上 HR 行(水平度盘)读数 R_A，记录并回诵给观测员。记录员计算下半测回水平角值并记录于表 3.3 的④列：$\beta_{右}=R_C-R_A$。

6)计算一测回角值

盘左(正镜)观测和盘右(倒镜)观测分别称为上、下半测回观测，合起来称为一测回观测。上、下半测回角值之差构成检核条件，用于检核观测质量。计算 $\Delta\beta=\beta_{右}-\beta_{左}$，并与半测回限差比较，若 $\Delta\beta$ 不在限差范围内，说明本测回观测质量不合格，需返工重测；若 $\Delta\beta$ 在限差范围内，说明本测回观测质量合格，取均值作为一测回角值并记录于表 3.3 的⑤列：$\beta_1=\dfrac{\beta_{左}+\beta_{右}}{2}$。

半测回限差：2″级仪器是±18″，6″级仪器可取参考值±30″。

7) N 测回观测

回到第 3) 步，开始下一测回观测，直至完成 N 个测回。

8) 最终结果

在 N 个测回角值中，比较最大值与最小值之差，构成检核条件，用于检核观测质量。计算测回较差最大值 $\Delta\beta=\beta_{max}-\beta_{min}$ 并与限差比较，若 $\Delta\beta$ 不在限差范围内，说明 N 个测回中，至少有一个测回观测质量不合格，需分析原因，找出薄弱测回返工重测；若 $\Delta\beta$ 在限差范围内，说明 N 个测回观测质量合格，取各测回平均角值作为 N 测回最终结果并记录于表 3.3 的⑥列：$\beta=\dfrac{\sum\beta_i}{N}(i=1,\ 2,\ \cdots,\ N)$

测回较差的限差：2″级仪器是±12″，6″级仪器是±24″。

表 3.3 是测回法观测水平角 2 测回的实例，使用的仪器是 2″级全站仪。第 1 测回上、下半测回角值之差为+11″，第 2 测回角值之差为+6″，均不超过限差±18″；两测回角值之差为-10″，不超过限差±12″。

表 3.3 **水平角观测记录表(簿)(测回法)**

仪器号：NTS-362R10ML S97126 日期：2012 年 10 月 9 日 天气：晴，微风 等级：一级

竖盘状态	目标名称	水平度盘读数 (° ′ ″)	半测回角值 (° ′ ″)	一测回角值 (° ′ ″)	各测回平均角值 (° ′ ″)	备注
①	②	③	④	⑤	⑥	⑦
测站名称：B 第 1 测回				观测者：黎×× 记录者：马××		
盘左	A	0 01 23	109 58 07	109 58 02	109 58 07	
	C	109 59 30				
盘右	A	180 01 17	109 57 56			
	C	289 59 13				
测站名称：B 第 2 测回				观测者：黎×× 记录者：马××		
盘左	A	90 01 05	109 58 15	109 58 12		
	C	199 59 20				
盘右	A	270 01 16	109 58 09			
	C	19 59 25				

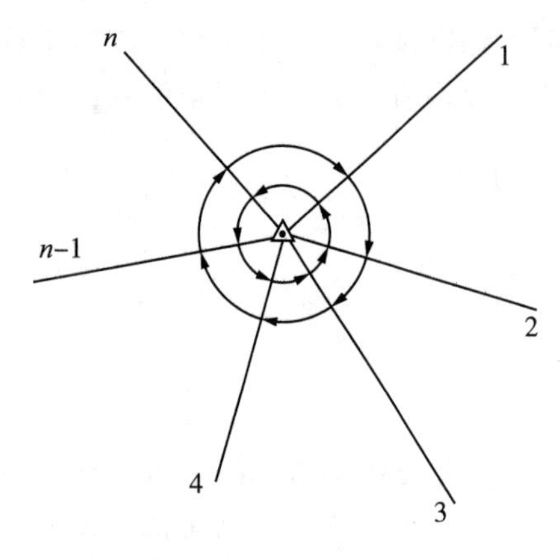

图 3.22　方向观测法

2. 方向观测法

方向观测法是在测站点上用盘左状态按顺时针方向对目标点 1 至 n 逐次进行照准和读数，再用盘右状态逆时针方向对目标点 n 至 1 逐次进行照准和读数的水平角测量方法，如图 3.22 所示。一般地，目标点数量 n 不大于 3。当目标点数量 n 大于 3 时，要求每半测回观测闭合到起始方向，此时上、下半测回均构成一个闭合圆，称之为全圆方向观测法。

1)观测与记录

当测站上只有 2 个方向时，观测步骤与测回法一致。只有记录、计算和检核方法不同，所用记录表(簿)不同。

当测站上有 3 个方向时，上半测回观测，按顺时针方向依次精确照准 A、B 之后，增加照准第 3 个目标 C；下半测回观测，按逆时针方向依次精确照准目标 C、B、A。

观测员应将读数读诵出来，让记录员听清楚，记录员记录的同时回诵以使观测员确认。

上半测回观测，观测员顺时针旋转照准部 1～2 周之后，依次照准目标 A、B、C，记录员依次将目标名称和盘左读数由上到下记录在表 3.4 的①列和②列。

下半测回观测，观测员逆时针旋转照准部 1～2 周之后，依次照准目标 C、B、A，记录员依次将盘右读数由下到上记录在表 3.4 的③列。

2)计算和检核

方向观测法的计算有以下 4 项：两倍照准差 $2c$ 的计算、平均方向值计算、归零方向值计算、各测回平均方向值计算。其中完成两倍照准差 $2c$ 计算之后要进行 $2c$ 互差检核，在进行各测回平均方向值计算之前要进行测回差检核。

(1)两倍照准差 $2c$ 的计算与两倍照准差互差($2c$ 互差)检核。两倍照准差是同方向盘左读数和盘右读数之差与 180°的差值，又称 $2c$。即

$$2c = L - (R \pm 180°) \tag{3-3}$$

式中，当 $L>R$ 时取+180°，当 $L<R$ 时取−180°。计算结果记录于表 3.4 的④列。

同一测回内各方向的两倍照准差之较差，又称 $2c$ 互差，是衡量水平角观测质量的重要参数之一。计算 $2c_{max}-2c_{min}$，与限差进行比较，如有超限则应重测。$2c$ 互差的限差参见表 3.2。对于一级及以下观测，2″级仪器是 18″，6″级仪器没有要求，但可取参考值 ±30″。

(2)平均方向值计算：

$$\bar{L} = \frac{L + (R \pm 180°)}{2} \tag{3-4}$$

式中，当 $L>R$ 时取+180″，当 $L<R$ 时取−180°。计算结果记录于表 3.4 的⑤列。

(3)归零方向值计算。归零方向值是同一测回内各平均方向值与起始方向的平均方

向值之差。即

$$\overline{L_0} = \overline{L} - \overline{L_A} \tag{3-5}$$

式中，$\overline{L_0}$为归零方向值；$\overline{L}$为平均方向值；$\overline{L_A}$为起始方向 A 的平均方向值。计算结果记录于表 3.4 的⑥列。

(4)各测回平均方向值计算。在 N 个测回中，比较同一目标的归零方向值的最大值与最小值之差，构成测回差条件，用于检核观测质量。计算同一目标的 $\Delta\overline{L} = \overline{L_{\max}} - \overline{L_{\min}}$ 并与测回差限差比较，若 $\Delta\overline{L}$ 超限，说明在 N 个测回中，该目标至少有一个测回观测质量不合格，需分析原因，寻找薄弱测回返工重测；若所有目标的 $\Delta\overline{L}$ 均不超限，说明 N 个测回观测质量合格，分别取均值作为 N 测回各方向观测值的最终结果，并记录于表 3.4 的⑦列。

$$\overline{L} = \frac{\Sigma\overline{L}}{N} \tag{3-6}$$

参见表 3.2，同方向各测回较差是保证观测质量的重要参数之一。对于一级及以下观测，2″级仪器的同方向各测回较差限差是±12″，6″级仪器的同方向各测回较差限差是±24″。

表 3.4 给出了在 M 测站上观测 3 个方向、2 个测回的方向观测法记录、计算和检核实例，使用的是 2″级全站仪。第 1 测回 $2c$ 互差最大值为+18″，第 2 测回 $2c$ 互差最大值为+16″，均不超过限差±18″；A 目标归零方向的测回差为 0″，B 目标归零方向的测回差为+12″，C 目标归零方向的测回差为−3″，均不超过限差±12″。

表 3.4　**水平角观测记录表(簿)(方向观测法)**

仪器号：NTS-362R10ML S97126　日期：2012 年 10 月 9 日　天气：晴，微风　等级：一级

目标名称	水平度盘读数		2c	平均方向值	归零方向值	各测回平均方向值	备注
	L(° ′ ″)	R(° ′ ″)	″	° ′ ″	° ′ ″	° ′ ″	
①	②	③	④	⑤	⑥	⑦	⑧
测站名称：M	第 1 测回			观测者：黎××		记录者：马××	
A	0 03 07	180 02 59	8	0 03 03	0 00 00	0 00 00	
B	126 38 51	306 39 01	−10	126 38 56	126 35 53	126 35 47	
C	205 55 37	25 55 30	7	205 55 34	205 52 31	205 52 32	
测站名称：M	第 2 测回			观测者：黎××		记录者：马××	
A	90 02 17	270 02 06	11	90 02 12	0 00 00		
B	216 37 53	36 37 53	0	216 37 53	126 35 41		
C	295 54 44	115 54 49	−5	295 64 46	205 52 34		

3. 超限成果的重测和取舍

水平角观测成果出现超限的原因，可能是观测条件不佳，操作不慎，存在系统误差和粗差等所致。当观测成果超限时，应分析观测时的条件，如观测员的精力、照准、操作和观测时间选择等主观条件，以及仪器性能、目标成像、旁折光等客观条件。再从中分析造成超限的原因，然后按下述原则进行重测和取舍：

(1)凡超出观测限差的结果均应重测。重测是指因超限而重新观测的方向或完整测回。

因对错度盘、测错方向、读记错误或中途发现观测条件不佳而放弃的方向或完整测回，可随即重新观测，这种重新观测称为补测，不算重测。

(2)重测应在本点的全部基本测回完成后进行。全部基本测回完成后，通过比较全部观测结果，才能客观地分析超限的原因；可以获得判断成果质量的具体参考标准，比较可靠地确定应重测的观测结果。

(3)因测回互差超限时，除明显孤值外，应重测观测结果中最大和最小值的测回。观测成果分群通常是由于在不同时间段内观测，一般是因观测时受旁折光差、照准目标相位差等系统误差影响而造成一部分成果偏大、一部分成果偏小明显的分群现象，且都接近或个别已经处于超限的状态。处理分群成果时，如果分群不明显，只重测个别观测结果超限的测回，否则应考虑全部基本测回观测结果重测。

(4)同一测回各方向 $2c$ 互差超限时，也应重测明显的孤值、最大与最小值等方向(零方向超限除外)的观测结果。

(5)因测回互差超限或非零方向的 $2c$ 互差超限，且一测回中重测的方向数不超过所测方向总数的1/3时，可只重测个别方向的观测结果。在一测回中重测个别方向观测结果时，只需联测零方向(用原基本测回的水平度盘整置位置)。

在一测回观测中，零方向因 $2c$ 互差超限或下半测回归零差超限，以及重测方向数超过所测方向总数的1/3时(包括观测三个方向，有一个方向重测时)，该测回需全部重测。

在一个测回观测中，归零后的各个方向值是由各方向的观测读数减去零方向观测读数得到的，故当零方向误差过大而超限时，会影响到所有的方向，势必严重降低各方面观测结果的质量，所以在这种情况下，应重测整个测回。

在一个测站上，当基本测回重测的方向测回数超过全部方向测回总数的1/3，因三角网几何条件闭合差或测角中误差超限而重测时，需整个成果重测。

凡超限的成果一律作废，只采用重测后合格的成果。

3.5.3 垂直角观测

垂直角多用于将倾斜距离(简称斜距)化成水平距离及测算两点间的高差(即三角高程测量方法)。

1. 竖直度盘的构造

全站仪的竖盘装置包括竖直度盘固定在横轴一端，随望远镜一起在竖直面内转动，其刻划注记一般为0°~360°全圆式注记。竖盘刻划注记方向有顺时针和逆时针两种形式

(如图 3.23 所示)，逆时针注记方式已不多见。

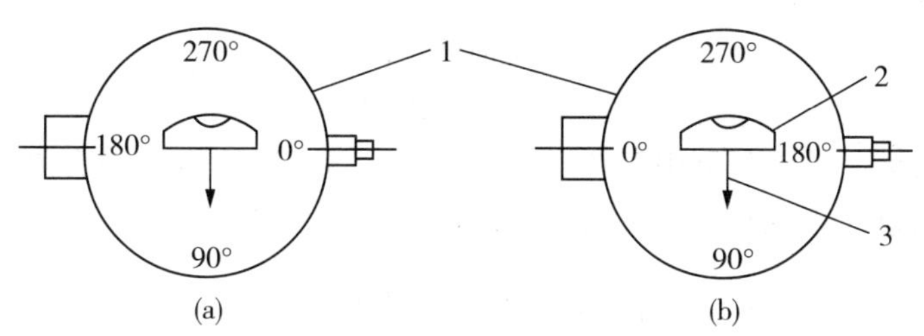

1—竖盘；2—竖盘指标水准管；3—竖盘读数指标线

图 3.23　竖盘装置构造图

2. 垂直角的计算

因竖盘的注记形式不同，由竖盘读数计算垂直角的公式也不一样，但其计算的规律是相同的，垂直角都是倾斜方向的竖盘读数与水平方向的竖盘读数之差，即

当望远镜上倾竖盘读数减小时(顺时针刻划)，垂直角=(视线水平时的读数)-(瞄准目标时的读数)；

当望远镜上倾竖盘读数增加时(逆时针刻划)，垂直角=(瞄准目标时的读数)-(视线水平时的读数)。

图 3.24 所示为常见的竖盘注记形式，由图可知，在盘左位置、视线水平时的读数为 90°，当望远镜上倾时读数减小；在盘右位置、视线水平时的读数为 270°，当望远镜

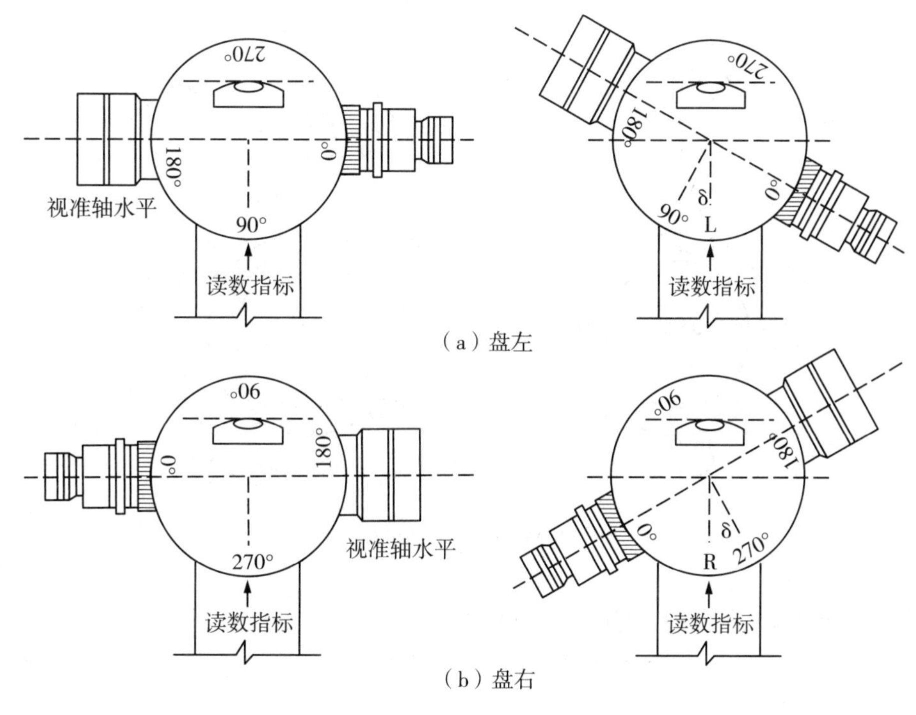

图 3.24　垂直角计算

上倾时读数增加。若以“L“表示盘左位置瞄准目标时的读数，“R”表示盘右位置瞄准目标时的读数，则垂直角的计算公式为

$$\delta_L = 90° - L \tag{3-7}$$

$$\delta_R = R - 270° \tag{3-8}$$

对于同一目标，由于观测中存在误差，盘左、盘右所测得的垂直角 δ_L 和 δ_R 不完全相等，此时，取盘左、盘右的垂直角平均值作为观测结果，即

$$\delta = \frac{1}{2}(\delta_L + \delta_R) = \frac{1}{2}[(R - L) - 180°] \tag{3-9}$$

计算结果为“+”时，δ 为仰角；为“-”时，δ 为俯角。

3. 竖盘指标差

上述垂直角计算公式的推导条件，是假定视线水平，读数指标线位置正确的情况下得出的。在实际工作中，读数指标线往往偏离正确位置，与正确位置相差一小角值，该角值称为指标差，如图 3.25 所示。也就是说，竖盘指标偏离正确位置而产生的读数误差称为指标差，用 x 表示。竖盘指标差有正、负之分，当指标线沿度盘注记增大的方向偏移，使读数增大，则 x 为正；反之 x 为负。

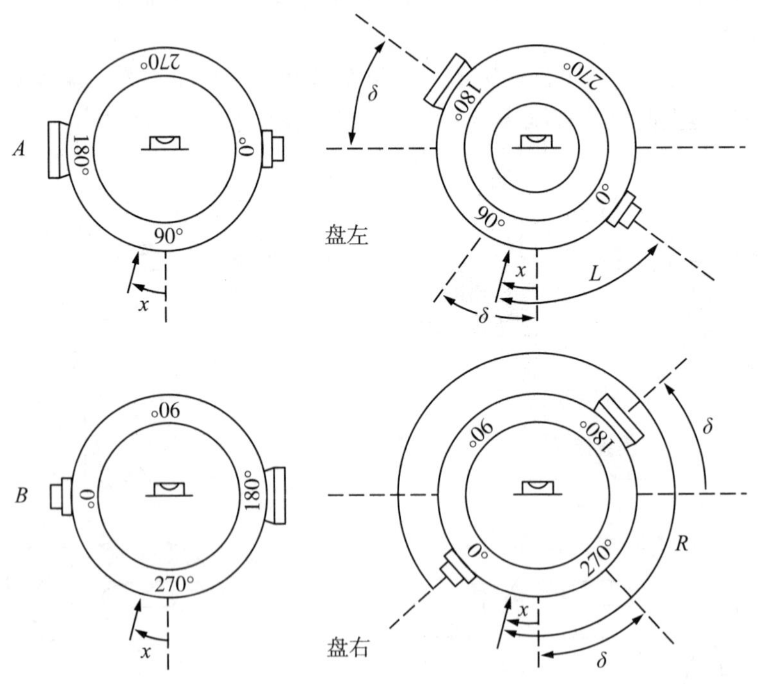

图 3.25　竖直度盘指标差

从图 3.25 可以看出，盘左时，竖盘角为：

$$\delta = 90° - (L - x) = 90° - L + x \tag{3-10}$$

盘右时，竖盘角为：

$$\delta = (R - x) - 270° = R - 270° - x \tag{3-11}$$

盘左、盘右测得的垂直角相减，则

$$x = \frac{1}{2}(R + L - 360°) \tag{3-12}$$

盘左、盘右测得的垂直角相加，则

$$\delta = \frac{1}{2}(R - L - 180°) \tag{3-13}$$

从式(3-13)可以看出，利用盘左、盘右两次读数求算垂直角，可以消除竖盘指标差对垂直角测量的影响。

4. 垂直角的观测方法

观测垂直角必须严格用十字丝横丝切准所瞄目标的某固定点(如图3.26中横丝切准目标的顶端)。其操作步骤如下：

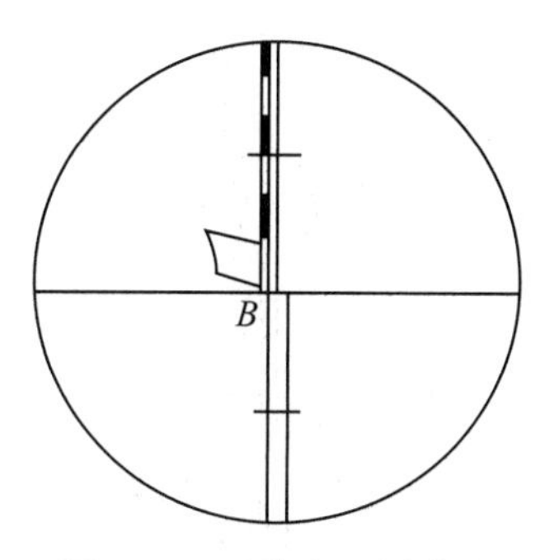

图3.26　垂直角观测瞄准

(1)将仪器安置在测站上，对中、整平，以盘左位置瞄准目标，固定望远镜，再转动望远镜微动螺旋，使十字丝横丝精确地切准目标顶端；

(2)读取竖盘读数，并记入手簿；

(3)倒转望远镜，以盘右位置，切准目标的同一点，与盘左时一样读数和记簿。

这样就完成了一测回的垂直角观测。若需进行多个测回，则只需按上述步骤，重复观测。垂直角观测记录计算示例见表3.5。

表3.5　**垂直角观测手簿**

测站	目标	竖盘位置	竖盘读数 (°　′　″)	垂直角 (°　′　″)	指标差 (″)	平均垂直角 (°　′　″)	备注
O	*A*	左	86 25 18	3 34 42	−6	3　34　36	竖盘为全圆顺时针注记
		右	273 34 30	3 34 30			
O	*B*	左	95 04 12	−5 04 12	+12	−5　04　00	
		右	264 56 12	−5 03 48			

垂直角观测应遵守规范标准。表3.6所示是GB 50026—2020《工程测量标准》对四

等、五等和图根等级三角高程测量垂直角观测的技术要求，规定了两个仪器等级对应的测回数、两倍指标差较差、各测回较差等的限差要求。观测组成员应将所测数据对应的限差要求熟记于心，以便在测站观测时能即时检核，判断是否合格。

表3.6　　　　　　　　　　**垂直角观测技术要求**

测角等级	仪器等级	测回数	两倍指标差较差(″)	各测回较差(″)
四等三角高程	2″级	3	±14	±7
五等三角高程	2″级	2	±20	±10
图根三角高程	6″级	2	±50	±25

5. 超限成果的重测和取舍

1)垂直角互差超限

垂直角互差的比较方法是以同一方向各测回各丝所测的全部垂直角结果互相比较。即用中丝法观测时，应将同一方向四个测回所得的四个垂直角结果互相比较。按照规范垂直角互差限差为10″。

2)指标差较差超限

指标差本身的绝对值要求1″、2″型仪器分别不得大于30″，在观测前就应该调整好。指标差变化的比较方法是将同组、同测回、同丝的结果互相比较；单独方向连续观测时，按同方向各测回同一根水平丝所计算的结果互相比较。按照规范指标差较差的限差为15″。

凡垂直角互差或指标差互差超限的成果必须重测。若有一根水平丝所测的某一方向的结果超限，则此方向须用中丝法重测一测回。

3.5.4　距离测量

一般距离测量步骤如下：

(1)往测：在待测距离端点A安置全站仪，端点B安置反射棱镜，要求既对中又整平。

(2)全站仪测距设置：开机，检查基本设置是否正确。如果不正确，对照以下参数进行修改：加常数0mm；乘常数0mm/km；棱镜常数-30mm(特别注意棱镜的常数)；气象(温度t，气压P)传感器ON；双轴(三轴)补偿ON；设置距离单位为m。

(3)设置测回内读数次数：按照距离测量1测回的定义设置测回内读数次数，一般可选4次；设置测回内读数较差。

(4)照准目标读数、记录、计算：望远镜调焦并消除视差，调整仪器为盘左状态，十字丝交点瞄准棱镜(组)几何中心；读取显示屏上“平距”读数，记录在表3.7③列对应的往测第1测回单元格内；调整仪器至盘右状态，十字丝交点瞄准棱镜(组)几何中心；读取“平距”读数，记录在③列对应的往测第2测回单元格内；计算较差，若不超限，计算往测测回平均值并记入③列；若超限，则应重测；往测结束。

(5)返测：安置仪器，在待测距离端点B安置全站仪，端点A安置反射棱镜，要求既对中又整平。望远镜调焦并消除视差，调节仪器至盘左状态，瞄准棱镜(组)几何中心；读取“平距”读数，记录在表3.7的③列对应的返测第1测回单元格内；调节仪器至盘右状态，瞄准棱镜(组)几何中心：读取“平距”读数，记录在③列对应的返测第2测回单元格内；计算较差，若不超限，计算往测测回平均值并记入④列；若超限，则应重测；返测结束。

(6)往返测平均值：计算单程平均值较差，若不超限，计算往返测平均值并记入⑤列；若超限，分析原因重测；测量结束。

使用无气温、气压传感器的仪器，还需测量对应的气温、气压，记录在表3.7的⑥列。利用气温、气压对单程平均值进行气象改正之后，才能计算往返测平均值。

表3.7所示是一条四等导线边的距离检测记录。使用NTS-362R全站仪，标称精度$m_D=\pm(2+2\times10^{-6}\cdot D)$mm，$m_0=\pm4$mm，属于5mm级仪器，直接读取“平距”读数，可以设置测回内读数次数，具有气象传感器，气象改正自动进行，无须单独测量气温和气压。测量四等导线边长，根据表3.6技术要求：往返各测2测回，单程测回较差为±7mm，往返测距较差$2m_D$。实测结果：往测，测回较差为+5mm；返测，测回较差为-6mm，均不超过±7mm，往返测距较差为+3.5mm，不超过$\pm2m_D=\pm2\times(2+2\times10^{-6}\cdot D)$mm=±11.4mm。测量合格。

表3.7 **全站仪测距记录表(簿)**

仪器号：NTS-362R10ML S97126　　日期：2016年8月18日　　观测员：马××

记录员：李××　　等级：四等

距离编号	测回序号	测回读数(m)	单程测回平均值(m)	往返测回平均值(m)	备注
①	②	③	④	⑤	⑥
往测 A→B	1	1860.002	1859.9995	1859.9952	
	2	1859.997			
返测 B→A	1	1859.988	1859.9960		
	2	1859.994			

全站仪在使用时应注意以下几点：

(1)在阳光下作业(或雨天作业)，一定要打伞保护，以防损坏。

(2)仪器应在大气比较稳定和通视良好的条件下使用。

(3)全站仪在运输过程中要注意防潮、防震和防高温。

3.5.5 三角高程测量

1. 基本原理

1)三角高程测量原理

如图3.27所示，为了测定地面上A、B两点间的高差h_{AB}，在A点安置仪器(经纬仪或全站仪)，在 B 点竖立标尺。量取望远镜旋转轴中心至地面上 A 点的高度称为仪器高 I，用望远镜中的十字丝的横丝照准 B 点标尺上一点，该点距 B 点的高度称为目标高 V，此时倾斜视线与水平视线间所夹的垂直角 δ，若 A、B 两点间的水平距离已知为 D，则由图 3.27 可得两点间高差 h_{AB} 为

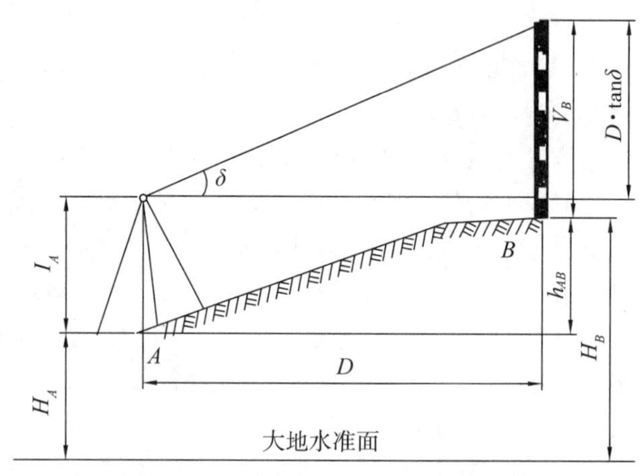

图 3.27　三角高程测量原理(理想情况)

$$h_{AB} = D \cdot \tan\delta + I_A - V_B \tag{3-14}$$

若 A 点的高程已知为 H_A，则 B 点的高程为

$$H_B = H_A + h_{AB} = H_A + D \cdot \tan\delta + I_A - V_B \tag{3-15}$$

应用式(3-15)时要注意垂直角的正负号，当 δ 角为仰角时取正号，相应的 $D \cdot \tan\delta$ 也为正值；当 δ 角为俯角时取负号，相应的 $D \cdot \tan\delta$ 也为负值。

凡仪器设在已知高程点，观测该点与未知高程点之间的高差称为直觇；反之，仪器设在未知高程点，测定该点与已知高程点之间的高差称为反觇。反觇求待定点高程的公式为

$$H_B = H_A - h_{BA} = H_A - (D \cdot \tan\delta + I_B - V_A) \tag{3-16}$$

2)地球曲率与大气折光的影响

上述三角高程测量的公式中，是假设高程基准面为平面。我们知道，用水平面代替水准面是有一定限度的。当距离较远时，地球曲率对高差会产生较大的影响，应对高差进行改正，这一改正称为球差改正。由于空气密度随着所在位置的高程而变化，越到高空其密度愈小，当光线通过由下而上密度均匀变化着的大气层时，光线产生折射，形成一凹向地面的连续曲线，而并不是一条直线，这称为大气折射(亦称大气折光)。

图 3.28 中，假设 A 点的高程已知为 H_A，现在要测定 B 点对于 A 点的高程差 h_{AB}，从而计算出 B 点的高程 H_B。仪器安置在 A 点，标尺竖立于 B 点，图中 MK 为视线未受大气折光影响时的方向线，而实际上是照准在 F 上，KF 用符号 r 表示。视线的垂直角为 δ。M 为望远镜旋转轴中心，MG 为通过 M 的水平面，ME 为通过 M 的水准面。由于地球曲率的影响，G 与 E 不是同高程，而 M 与 E 才是同高程，EG 这段距离在图中用符

号 p 表示。p 值的计算式为 $p=\frac{D^2}{2R}$，式中 D 为 A、B 两点在大地水准面上的投影长度，R 为地球的半径。从严格意义上来说，计算式中的分子应用 AB 在水准面 ID 上的投影长度 D'，分母应用 $2(R+H_A+I)$。但 D 极少超过 10km，故 D' 与 D 除非在高山地区，通常相差甚微，又地球半径 R 与 H_A 和 I 相比要大得很多，分母中后两项亦可忽略不计。因此，通常用 $p=\frac{D^2}{2R}$ 计算地球曲率对高程的影响。由图 3.28 可知

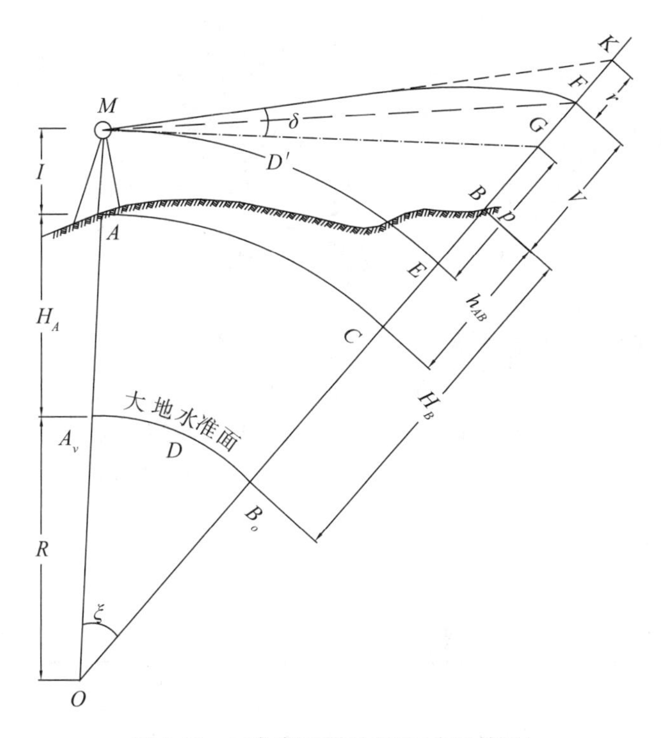

图 3.28 三角高程测量原理(实际情况)

$$
\begin{aligned}
H_B &= H_A + I + EG + GK - KF - FB \\
&= H_A + I + p + GK - r - V
\end{aligned}
\tag{3-17}
$$

式(3-17)中 r 是大气折光影响，其正确值不易测定。因折光曲线 MF 的形状随着空气密度不同而变化，而空气密度除与所在点高程大小这个因素有关外，还受气温、气压等气候条件影响。在一般测量工作中近似地把折光曲线看作圆弧，其半径 R' 的平均值约为地球半径的 6 到 7 倍。若设 $R' \approx 6R$，则根据与 p 值同样的推理，可得

$$
r \approx 0.08\frac{D^2}{R}
\tag{3-18}
$$

通常令 $f=p-r$，若考虑式(3-18)，则 $f=0.42\frac{D^2}{R}$。于是式(3-17)可写成

$$
H_B = H_A + D\cdot\tan\delta + I - V + f
\tag{3-19}
$$

这是三角高程测量的基本公式。因为 $H_B=H_A+h_{AB}$，故式(3-19)又可写成

$$h_{AB}=D\cdot\tan\delta+I-V+f \tag{3-20}$$

在实际测量中，若采用对向观测，则有

$$h_{AB}=D_{AB}\cdot\tan\delta_{AB}+I_A-V_B+f_{AB} \tag{3-21}$$

$$h_{BA}=D_{AB}\cdot\tan\delta_{BA}+I_B-V_A+f_{BA} \tag{3-22}$$

高差平均值为

$$h_{AB中}=\frac{h_{AB}-h_{BA}}{2}$$

$$=\frac{(D_{AB}\cdot\tan\delta_{AB}+I_A-V_B+f_{AB})-(D_{AB}\cdot\tan\delta_{BA}+I_B-V_A+f_{BA})}{2}$$

若假设对向观测的外界条件完全相同，则有 $f_{AB}=f_{BA}$，那么

$$h_{AB中}=\frac{(D_{AB}\cdot\tan\delta_{AB}+I_A-V_B)-(D_{AB}\cdot\tan\delta_{BA}+I_B-V_A)}{2} \tag{3-23}$$

由式(3-23)可知，采用对向观测可以消除球气差的影响。为了检核对向观测高差较差是否符合规范规定的限差要求，在计算单向高差时，必须加入球气差改正，并按式(3-24)计算对向观测高差的较差：

$$\Delta h_{AB}=h_{AB}+h_{BA} \tag{3-24}$$

若只进行了单向观测，则在高差计算中一定要加入球气差改正。

为计算方便起见，在表 3.8 中列出了不同距离 D 时的地球曲率与大气折光的影响 f，$f=0.42\dfrac{D^2}{R}$（取 $R=6371\text{km}$）。

表 3.8　　　　**地球曲率与大气折光的改正值**

D(m)	f(m)	D(m)	f(m)	D(m)	f(m)	D(m)	f(m)
390	0.01	1292	0.11	1785	0.21	2169	0.31
551	0.02	1349	0.12	1827	0.22	2204	0.32
675	0.03	1404	0.13	1868	0.23	2238	0.33
779	0.04	1458	0.14	1908	0.24	2272	0.34
871	0.05	1509	0.15	1948	0.25	2305	0.35
954	0.06	1558	0.16	1986	0.26	2337	0.36
1030	0.07	1606	0.17	2024	0.27	2370	0.37
1102	0.08	1653	0.18	2061	0.28	2401	0.38
1168	0.09	1698	0.19	2098	0.29	2433	0.39
1232	0.10	1742	0.20	2134	0.30	2464	0.40

在地形测量中，当水平距离小于 200m 时，球气差改正数 f 小于 3mm，计算中可以

不予考虑。

2. 测量操作

用全站仪进行三角高程测量非常简便。如图 3.27 所示，根据式(3-15)，一般操作如下：

(1)全站仪设置。在测站点 A 上安置全站仪，既对中又整平之后，开机。检查设置是否正确。如果不正确，需进行修改。度盘注记方向设置为顺时针方向；角度单位设置为度分秒制；距离单位设置为 m；加常数和乘常数依据仪器检定证书进行设置，若无检定，可设置为 0；棱镜常数通常设置为-30mm(特别注意棱镜的常数)；气象(气压 P、温度 t)传感器设置为 ON；双轴(三轴)全站仪坐标补偿设置为 ON。有些全站仪内置了球气差改正系数，根据情况选择 0 或 0.14。

(2)测站设置。量取仪器高 i，建立测站文件，输入测站点 A 坐标(x_A，y_A，H_A)和仪器高 i。

(3)高差测量。输入棱镜高 v，照准棱镜，点击“测量”，就会有水平方向、天顶距(或垂直角)、斜距/平距/高差显示。记得保存到文件。

(4)查看 B 点高程。打开刚才保存的文件，可以查看 B 点的高程。

采用三角高程测量进行高程控制测量时，需要做更细致的工作。比如垂直角需要正倒镜测量(为了削弱指标差的影响)，甚至测量多测回，距离也要多测回测量，还可能需要对向测量，然后进行平差计算。

在三角高程控制测量中，因量取仪器高和觇标高时所发生的粗差，是出现大误差的主要原因之一。因此，必须认真、细致地做好量高工作。仪器高和觇标高的丈量，则应以不同的尺段各量取一次。原始读数应记录在手簿上。如果两次量取的结果之差不大于 2mm，则取中数采用。

采用三角高程测量进行高程传递时，为避免量高误差，还可采用免量高的三角高程路线进行。参考 9.4.2 节内容。

3.5.6 坐标测量

全站仪三维坐标测量依据极坐标法和三角高程测量原理实现，如图 3.29 所示。

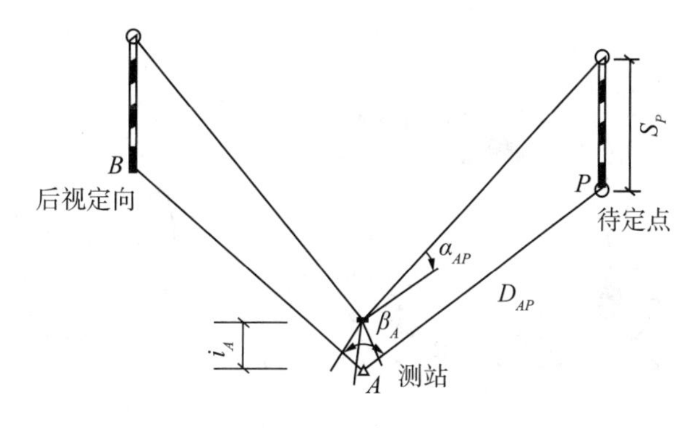

图 3.29 全站仪坐标测量

全站仪三维坐标测量是逐点进行的，其基本程序(步骤)如下所述：

(1)全站仪设置，同“三角高程测量”。

(2)测站设置，同“三角高程测量”。

(3)后视定向、检核。设置后视点：输入后视点 B 坐标(x_B，y_B，H_B)和棱镜高 v_B。定向、检核：照准后视点 B 上竖立的棱镜杆，选择“置零”或“定向”。“测量”后视点坐标(x_B，y_B，H_B)，并与后视点已知坐标(x_B，y_B，H_B)进行比较，坐标分量较差小于或等于 0.05m 即为完成。

(4)坐标测量。在待定点 P 上竖立棱镜杆(棱镜杆高度 S_P，通常与后视定向时的 v_B 一致，若不一致可随时修正输入)，照准棱镜进行测量。测量数据记录、坐标计算和结果记录均由全站仪自动完成。可以实时查看数据或将数据传输至电脑后使用。

3.6　全站仪的检验和校正

3.6.1　圆气泡和管水准器

1. 管水准器

1)检验

(1)架设三脚架：①首先将三脚架解开，松开三个架腿固定螺旋，拉伸至下巴高度并打开，使三脚架的三个脚尖近似等距，并使顶面近似水平，拧紧三个架腿固定螺旋；②使三脚架的中心与测点近似处于同一铅垂线上；③踏紧三脚尖，使之牢固地支撑于地面上。

(2)将仪器安置到三脚架上：将仪器小心地安置到三脚架顶面上，用一只手握住仪器，另一只手松开中心连接螺旋，在架头上轻移仪器，直到对点器对准测站点标志的中心，然后轻轻拧紧连接螺旋。

(3)利用圆水准器粗平仪器：①旋转两个脚螺旋 A、B，使圆水准器气泡移到与上述两个脚螺旋中心连线相垂直的直线上；②旋转脚螺旋 C，使圆水准气泡居中，如图 3.30 所示。

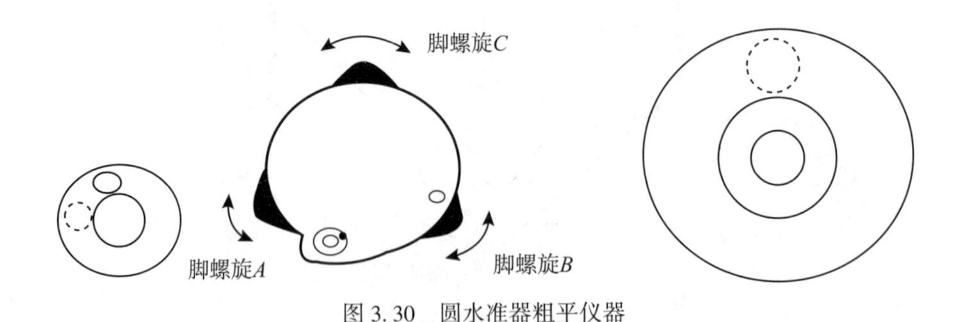

图 3.30　圆水准器粗平仪器

(4)利用管水准器精平仪器：①松开水平制动螺旋，转动仪器使管水准器平行于某一对脚螺旋 A、B 的连线，再旋转脚螺旋 A、B，使管水准器气泡居中；②将仪器绕竖轴旋转 90°，再旋转另一个脚螺旋 C，使管水准器气泡居中；③再次旋转仪器 90°，重复步骤①、②，直到四个位置上气泡居中为止，如图 3.31 所示。

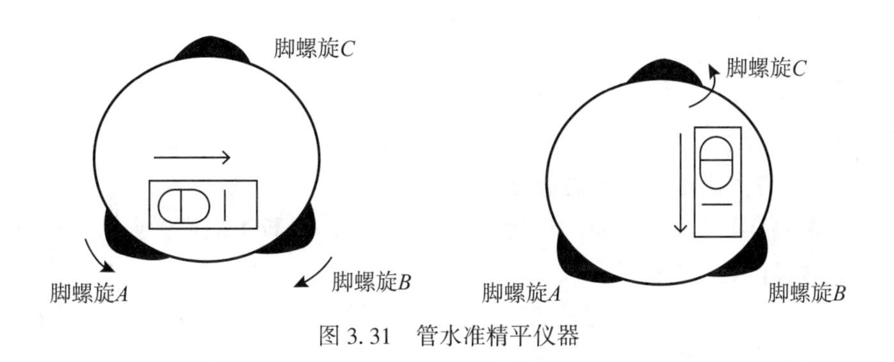

图 3.31　管水准精平仪器

2)校正

(1)在检验时，若管水准器的气泡偏离了中心，先用与管水准器平行的脚螺旋进行调整，使气泡向中心移近一半的偏离量。剩余的一半用校正针转动水准器校正螺丝(在水准器右边)进行调整至气泡居中。

(2)将仪器旋转 180°，检查气泡是否居中。如果气泡仍不居中，重复步骤(1)，直至气泡居中。

(3)将仪器旋转 90°，用第三个脚螺旋调整气泡居中。

重复检验与校正步骤直至照准部转至任何方向气泡均居中为止。

2. 圆水准器

(1)检验：管水准器检校正确后，若圆水准器气泡亦居中就不必校正。

(2)校正：若气泡不居中，用校正针或内六角扳手调整气泡下方的校正螺丝使气泡居中。校正时，应先松开气泡偏移方向对面的校正螺丝(1 个或 2 个)，然后拧紧偏移方向的其余校正螺丝使气泡居中。气泡居中时，三个校正螺丝的紧固力均应一致。

3.6.2　角度相关

全站仪轴系之间的正确关系常常在使用期间及搬运过程中发生变动，因此，在使用全站仪观测水平角度之前需要查明仪器的各轴系是否满足前述条件，如不满足这些条件则应使其满足。前一项工作称为检验，后一项工作称为校正。现对全站仪检验和校正的一般方法说明如下：

1. 照准部水准管轴垂直于竖轴的检验和校正

即“管水准器”检验校正。

2. 十字丝竖丝垂直于横轴的检验和校正

检验时用十字丝竖丝瞄准一清晰小点，使望远镜绕横轴上下转动，如果小点始终在竖丝上移动则满足条件，否则需要进行校正。

全站仪需要光轴与电轴(发射轴、接收轴)同一，校正应由专业人员进行。

3. 视准轴垂直于横轴的检验和校正

视准轴不垂直于横轴的误差 c，对水平位置目标的影响 $x_C=c$，且盘左、盘右的 x_C 绝对值相等而符号相反，此时横轴不水平的影响 $x_i=0$，因此，此项条件的检验可这样进行：选择一水平位置的目标 A，用盘左、盘右观测之，取它们的读数差(顾及常数180°)即得2倍的 c 值：$2c=L'-R'\pm180°$。

若 c 绝对值，对于2″级仪器不超过8″，对于6″级仪器不超过10″，则认为视准轴垂直于横轴的条件得到满足，否则需进行校正。

由于全站仪需要光轴与电轴(发射轴、接收轴)同一，校正应由专业人员进行。

4. 横轴垂直于竖轴的检验和校正

检验时，如图3.32所示，选择在较高墙壁近处安置仪器。以盘左位置瞄准墙壁高处一点 P(仰角最好在30°左右)，放平望远镜在墙上定出一点 m_1，如图3.32(a)所示。倒转望远镜，盘右再瞄准 P 点，放平望远镜在墙上定出另一点 m_2，如图3.32(b)所示。如果 m_1 与 m_2 重合，则条件满足；否则，表明横轴与竖轴不垂直。

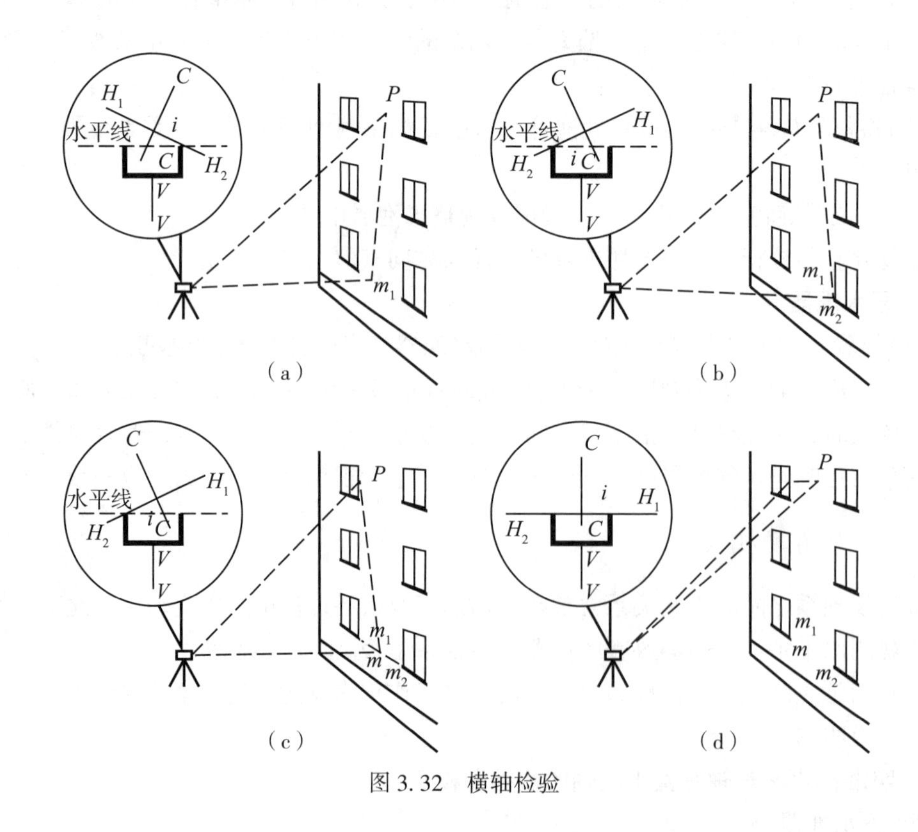

图3.32　横轴检验

由于进行了前两项的检验和校正，竖轴在仪器整平后即成竖直，并且视准轴已垂直于横轴。因此，若横轴不垂直于竖轴，则横轴将倾斜一个 i 角。在这种情况下，如果上下转动望远镜，视准面将是一个倾斜平面，它与竖直面的倾斜角也为 i。因为盘左观测与盘右观测时，视准面向着相反方向偏斜同样大小的 i 角，所以 m_1 和 m_2 的中点 m 与 P 点的连线必为一铅垂线，过 P_m 的视准面必为一竖直面。此时 i 角值为：

$$i = \frac{m_1 m_2}{P_m} \cdot \frac{1}{2} \cdot P \tag{3-25}$$

由于横轴倾斜对水平位置的目标将不产生影响，目标越高，影响越大，即视准面偏离竖直面的距离愈大。上述检验的 m_1m 或 m_2m 之长实际上应是高点 P 处的偏差距离。

对 2″级仪器，i 角不超过±15″；对 6″级仪器，i 角不超过±20″可不校正，否则应进行校正。

全站仪的横轴是密封的，一般能保证横轴与竖轴的垂直关系，测量人员只要进行此项检验就可以。如果需要校正，最好由仪器检修人员进行。

必须指出的是，横轴不水平的误差实际上主要由以下两个因素组成：一个是竖轴虽已竖直而横轴不垂直于竖轴，即横轴误差；另一个是横轴虽已垂直竖轴，但竖轴并不竖直，通常称为竖轴倾斜误差。由于盘左或盘右照准同一目标，故盘左、盘右的平均值不能消除竖轴倾斜误差对水平方向的影响。在视线倾斜角大的地区进行水平角观测时，要特别注意仪器的整平。进行精密测角而垂直角特别大时，应该用专门的水准管安置在横轴上整置仪器，或由水准管分划值及气泡的位置求得横轴的倾斜角，以便引入水平方向的改正值。

全站仪开启双轴补偿功能，亦可以大大减弱此项误差。

5. 竖盘指标差的检验和校正

在实际工作中，如果指标差的绝对值太大，不仅影响垂直角测量精度(特别是只测量半测回的时候)，计算时也很不方便。因此，在工作开始之前应对竖盘进行检验。若指标差超过限差，则必须进行校正。具体检验方法如下：

仪器整平后，以望远镜盘左、盘右两个位置瞄准同一水平的明显目标，读取竖盘读数 L 和 R，读数时竖盘水准管气泡务必居中。由指标差计算公式计算 x 的值，若超过规定限差则进行校正。一般要观测另一水平的明显目标再检验一次所算 x 值是否正确。若变化甚微或完全相同，证明观测读数无误，然后进行校正。

全站仪开启单轴补偿或者双轴补偿功能，此项误差会减弱。若指标差仍超限，则须将仪器送至检修部门检修。

3.6.3 距离相关

按照我国 CH8001—91《光电测距仪检定规范》，对于使用中的全站仪，应进行以下项目的检定。

1. 发射、接收、照准三轴关系正确性的检验

检验方法是在相距 200~300m 的两点上安置全站仪和棱镜。先将望远镜十字丝照准棱镜中心，启动开关，由电表指针读取光强值。然后缓缓地转动水平和垂直微动螺旋，寻求最大的光强信号。如果电表指针所示的光强值没有明显变化，那么三轴关系是正确的。

校正应由专业人员进行。

2. 周期误差的测定

目前广泛采用的方法是平台法，其测定方法如下：

在室外选一平坦场地，设置一平台。平台的长度应与仪器的精测尺长度相适应。例如精测尺长度为10m，则设置比10m略长一点的平台，在平台上标出标准长度，作为移动反射镜时对准之用。把测距仪安置在平台延长线的一段50～100m的O点处，高度与反射镜一致。

观测时，线由近至远在反射镜各个位置测定距离，反射镜每次移动1/40U，序号为1，2，3，4，…，40。各位置测定后，如有必要，再由远至近反测。为了减小外界条件的影响，观测时间应尽量缩短，如图3.33所示。

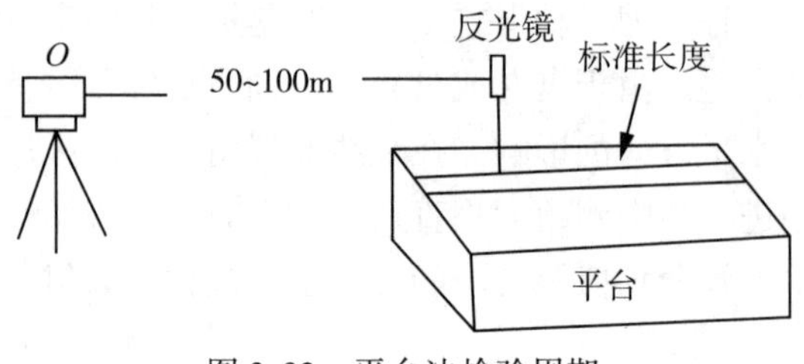

图3.33　平台法检验周期

3. 测距常数的测定

1)加常数简易测定

(1)在通视良好且平坦的场地上，设置A、B两点，AB长约200m，定出AB的中间点C。分别在A、B、C三点上安置三脚架和基座，高度大致相等并严格对中，如图3.34所示。

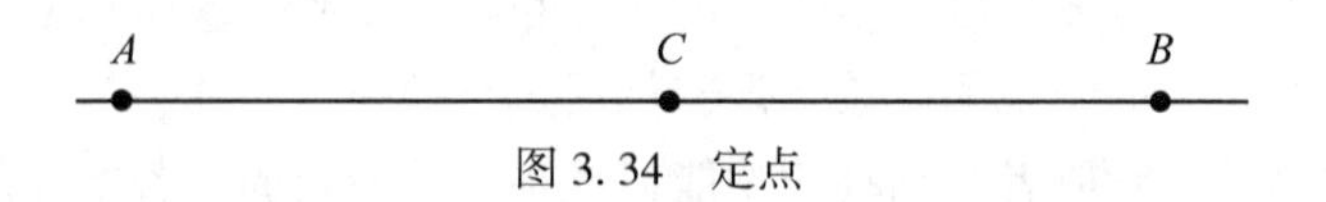

图3.34　定点

(2)测距仪一次安置在A、B、C三点上测距，观测时应使用同一反射棱镜。测距仪置A点时测量距离D_{AC}、D_{AB}；测距仪置C点时测量距离D_{AC}、D_{CB}；测距仪置B点时测量距离D_{AB}、D_{CB}。

(3)分别计算D_{AB}、D_{AC}、D_{CB}的平均值，依式(3-26)计算加常数：

$$K = D_{AB} - (D_{AC} + D_{CB}) \tag{3-26}$$

此法适用于经常性的检验，但求出的加常数精度较低。

2)用六段比较法测定加、乘常数

比较法系通过被检测的仪器在基线场上的观测值，将测定值与基线值进行比较从而

求得加常数 K、乘常数 R 的方法。下面介绍“六段比较法”。

为提高测距精度，需增加多余观测，故采用全组合观测法，此法共需观测 21 个距离值。在六段法中，点号一般取 0，1，2，3，4，5，6，则需测定的距离值如下：

$$
\begin{array}{r}
D_{01}D_{02}D_{03}D_{04}D_{05}D_{06}\\
D_{12}D_{13}D_{14}D_{15}D_{16}\\
D_{23}D_{24}D_{25}D_{26}\\
D_{34}D_{35}D_{36}\\
D_{45}D_{46}\\
D_{56}
\end{array}
$$

为了全面考查仪器的性能，最好将 21 个被测量的长度大致均匀分布于仪器的最佳测程以内。

3.7　全站仪测量的误差与对策

3.7.1　测角误差来源

角度测量误差来源较多，不同来源的误差对角度观测精度有着不用的影响。下面就角度测量的主要误差来源及应对措施加以说明。

1. 操作误差

1）测站偏心差

测站偏心差是测站点位标志中心与仪器中心不在同一铅垂线上引起的水平角偏差。引起测站偏心差的原因有两个：一是受地形条件限制，必须在测站点位标志中心之外安置仪器，这种情况需要进行测站归心改正；二是由于观测员工作疏忽而造成仪器对中误差超限，进行水平角测量时仪器对中误差不应大于 2mm。

测站偏心差与测站偏心距成正比，与测站至目标的距离成反比，并与目标的相对位置有关。实际观测遇到短距离目标时，尤其要关注测站对中情况，将对中误差限制到最小。

2）目标偏心差

目标偏心差是目标点位标志中心与照准标志中心不在同一铅垂线上引起的水平角偏差。引起目标偏心差的原因有两个：一是受地形条件限制，必须在目标点位标志中心之外安置照准标志，这种情况需要进行照准点归心改正；二是由于观测员工作疏忽而造成照准标志对中误差超限，水平角测量时照准标志对中误差不应大于 2mm。

目标偏心差与目标偏心距有关，与测站至目标距离有关，也与量目标偏心距的方向有关。实际观测遇到短距离目标时，尤其要关注照准标志对中情况，将对中误差限制到最小。

测站偏心差和目标偏心差均属于对中引起的水平角偏差，偏心差包含着在必须偏心时进行的测站偏心改正、照准点归心改正。偏心改正需要专门进行偏心测量和计算。对中误差则需要认真完成对中工作，不能超限。尤其要关注照准标志对中，将对中误差限制到最小。

3)竖轴旋转灵活性影响

竖轴旋转要有好的灵活性，转动时应轻松平滑，没有涩滞、轧紧或跳动现象；否则，会引起基座扭转而给测量成果带来不可消除的误差。竖轴旋转灵活性与轴套接触面积、接触压力、接触方式有关，与竖轴形状、材料、光洁度有关，还与润滑油质量、温度变化引起的轴套间隙变化有关。观测员应细心感受操作过程，用力做到轻、准、稳，上半测回顺时针旋转照准部 1~2 周之后再按序照准目标，下半测回逆时针旋转照准部 1~2 周之后再按序照准目标。

4)照准误差与读数误差

照准误差是照准目标时所产生的误差。影响照准精度的主要因素：望远镜的放大倍率、照准标志的形状和颜色、影像的亮度和清晰度、人眼的分辨能力等。观测员要以高度责任感对待测量工作，熟练掌握仪器的使用操作技能，严格遵守观测步骤和技术要求。特别注意望远镜调焦和消除视差，以减小照准误差，提高照准精度。

读数误差是读数过程中产生的误差。读数误差主要取决于仪器的读数设备。全站仪的读数自动显示在显示屏上或自动完成记录，读数误差微小。当人工记录时，观测员要读诵，记录员要回诵，以保证不出现记录笔误。

2. 仪器误差

1)度盘偏心差

水平度盘偏心差是水平度盘分划中心与照准部旋转中心不重合而引起的水平度盘读数误差。目前全站仪采用对径分划读数，高精度全站仪采用了四径分划读数，大大减弱了度盘偏心差。

2)视准轴误差

视准轴误差是望远镜视准轴与横轴不垂直的微量差异。引起视准轴误差的主要原因有：望远镜十字丝分划板安置不正确，望远镜调焦透镜运行时晃动，气温变化引起仪器部件的胀缩，尤其是不均匀受热使视准轴位置发生变化。

对于全站仪，可采用三轴补偿使其影响降至最小。但是仪器使用前需要检验校正，视准轴误差 $2c$ 的限差：2″级仪器为±8″，6″级仪器为±10″。

在水平角观测中，如果测站上各观测方向的垂直角相差不大，当 $\alpha \leqslant 3°$ 时，外界因素相对稳定，则各观测方向的 $2c$ 也应相对稳定。因此，$2c$ 的不稳定可反映出照准误差和人工读数误差等偶然因素的影响。实际上，一测回中各观测方向 $2c$ 值并不相等。为了控制偶然误差、保证观测质量，对 $2c$ 互差有限差要求，具体参见表 3.2。

3)横轴误差

横轴误差是指横轴与竖轴不垂直的微量差异。横轴支架两端不等高或横轴两端轴径不相等都会产生横轴误差。

对于同一目标，在竖轴竖直的状态下，盘左观测时 i 角为正(负)，盘右观测时 i 角为负(正)，而垂直角 a 不变。所以，可以用盘左+盘右取均值的观测方法来消除 x_i。对于全站仪，还可采用三轴补偿使其影响降至最小。

横轴误差对水平方向读数没有影响。实际上项目设计也会尽量避免出现大垂直角的情况。仪器使用前需要检验校正，横轴误差 i 的限差：2″级仪器为±15″，6″级仪器为±20″。

4)竖轴误差

竖轴误差是指竖轴与铅垂线不重合的微量差异。测量时，竖轴的竖直状态是根据照准部管水准器气泡居中来确认的。然而，在管水准器的安装、校正和操作时，人眼对气泡居中的判断不可能做到绝对精确，因此会产生竖轴误差。竖轴与铅垂线不重合，意味着横轴不水平。

在水平度盘对径方向上不会产生大小相等、符号相反的效果。因此，不能用盘左+盘右取均值的观测方法来消除竖轴误差 v 引起的水平方向读数误差 x_V。实际观测时，只能仔细调节照准部管水准器，使其气泡保持严格居中，偏离度不能超过 1 格。在四等以上观测中，当遇到垂直角超过±3°时，可在测回间重新调节气泡。对于全站仪，可采用双轴补偿使其影响降至最小。

5)竖盘指标差 x

仪器制造时指标的安装误差，以及全站仪的倾斜传感器的补偿误差，使得竖盘指标与其正确位置形成一个微小夹角，这个微小夹角就是竖盘指标差 x。指标差 x 引起的垂直角误差，可以用盘左+盘右取均值的观测方法来消除。全站仪可采用单轴补偿使其影响降至最小。

3. 外界条件影响

1)照准目标成像质量

在水平角观测中，当照准目标成像清晰和稳定时，可以精确照准目标，照准精度较高；当成像模糊或跳动时，照准精度就较低。减弱照准误差的方法：

(1)选点时应保证视线高出地面或离开障碍物足够的高度。

(2)照准目标应涂上和背景相反的颜色。照准目标通常涂黑(红)白相间的颜色。

(3)根据测区的地形类别和天气，选择最有利时间观测。此外，宜顺着阳光照射的方向观测，例如照准点多数位于测站的西面，宜在上午观测；照准点多数位于测站的东面，宜在下午观测。

(4)应用垂直平分丝精确照准目标，目标要置于水平丝附近，并且照准各方向目标应在同样位置上。此外，照准目标要果断。

2)旁折光差

照准目标的光线通过不同密度大气层时，将产生折射现象。其中，因大气层在垂直方向上密度分布不均匀而产生的折光差，称为垂直折光差。它只影响垂直角观测精度。因大气层在水平方向上密度分布不均匀而产生的折光差，称为旁折光差或水平折光差，它影响水平角观测精度。

观测视线两侧地面上的情况，如地形、土壤、植被和地表照度，一般都不会相同，比如视线左侧为沙石地，右侧为湖泊。当它上方的空气温度不同时，将导致水平方向上的对流。减弱旁折光差的方法如下：

(1)视线最好在同类型地区上空通过，超越或旁离障碍物要有足够的距离。

(2)选择有利的时间观测，一份成果的全部测回应分配在几个时间段上完成，最好是日夜各半。

3)照准目标相位差

水平角观测时，如果目标的几何中心轴线是正确的照准位置线，在阳光照射下，目标各部位的照度不同，将出现明亮与阴暗两部分，减弱照准目标相位差的方法有：

(1)采用反射光线较小的微相位差照准圆筒作为照准目标，并涂上和背景相反的颜色。有时采用荧光觇牌或可发光的照准目标。

(2)上、下午各测半数测回。

(3)方向观测应尽量避免以测站南面或北面的照准点作为观测零方向；当照准点多数位于测站的西面时，宜在上午观测；当多数位于测站的东面时，则宜在下午观测。

4)仪器脚架的扭转误差

在外界温度、湿度、受力等因素影响下，脚架将产生扭转变形，造成观测方向误差，减弱脚架扭转误差的方法如下：仪器脚架应存放在阴凉干燥的地方，不要受潮和淋雨，观测时，脚架要安置稳固，并避免阳光直接照射。

3.7.2　测距误差来源

以相位法测距为例，忽略光速的误差影响，电磁波测距误差可分为两部分：一部分是与距离 D 成比例的误差，即大气折射率 n 的误差和调制频率 f 的误差，称为比例误差；另一部分是与距离无关的误差，即测相误差、加常数误差，称为固定误差。当测程较长时，比例误差占主导地位；测程较短时，固定误差处于主导地位。周期误差有其特殊性，它与距离有关，但与距离不成比例，仪器设计和调试时可严格控制其数值，使用中如果发现其值较大且稳定，可以对测距成果进行改正。

1. 比例误差

1)大气折射率 n 的误差

大气折射率变化将使光波在大气中的传播速度发生变化，从而影响测尺长度，引起测距误差。因为大气折射率是由大气密度及大气中所含水分决定的，而大气密度又与气温、气压有关，所以大气折射率 n 是关于气温 t、气压 P 及湿度 e 的函数。在一般气象条件下，对于1km的距离，温度变化1℃所产生的测距误差为0.95mm；气压变化1hPa所产生的测距误差为0.27mm；湿度变化1hPa所产生的测距误差为0.04mm。经过大气改正之后，这项误差会大幅削减。因此，大气改正 E 是电磁波测距必需的改正项目。现在的全站仪可以通过气象传感器自动测量气温 t、气压 P，自动完成大气改正。

2)调制频率 f 的误差

测距调制频率是由仪器的主控振荡器产生的。调制频率误差的来源主要有两方面：制造仪器时频率校正的精确性不够，振荡器所用晶体的频率稳定性不好。对于前者，由于使用高精度数字频率计作频率校准，其误差可以忽略不计。对于后者，则与主控振荡器所用的石英晶体的质量、老化过程以及是否采用恒温措施密切相关。现在，由于采用精、粗测定值衔接的运算电路，因此在组装前应对精测频率进行校正，一般要求达到 $(0.5\sim1.0)\times10^{-6}$，短期内其影响可以忽略不计。对于粗测频率，只要求有 10^{-4} 的精度，一般石英晶体振荡器均可以满足要求。

2. 固定误差

固定误差通常都具有一定的数值，与测程无关。测程较长时，比例误差占主要地位，而测程较短时，固定误差可能处于突出地位。

1）测相误差

相位差 $\Delta\varphi$ 的测定误差，称为测相误差，是制约测距精度的主要因素之一。有些测距误差可以通过检测求出其大小，然后在测量结果中加以改正。但这些误差的检测精度又受到测相误差的限制。所以，只有使用测相误差小的仪器才可以得出较好的结果。测相误差包括三个方面：测相设备误差、幅相误差和发射光束相位不均匀引起的误差。

（1）测相设备误差，其数值的绝对值一般不会超过 1 个最小显示单位，可以通过测定几组读数取平均值来减小其影响。

（2）幅相误差是接收信号的强弱不同引起的测距误差，可以通过幅度自动控制系统，使不同的接收信号幅度保持在一定范围内，信号强度接近内光路的信号强度，从而极大地减小幅相误差产生的可能性。

（3）发射光束相位不均匀引起的误差，如砷化镓发光二极管的空间相位不均匀，使得发出的调制光束在同一横截面上的相位出现差异，照准反射棱镜的不同部位，因而测得的距离会有所不同，这种误差又称为照准误差，可以采用电照准减小其影响。

2）仪器常数误差

（1）仪器加常数 C 的误差。一般，仪器加常数在出厂时已给出并进行了预置，但由于运输振动等，往往会使仪器加常数 C 发生变化，因此要求对测距仪与配套的反射棱镜一起做定期检定。用检定后的仪器加常数 $C=a$，对测量结果进行改正后，此项影响即被消除。

（2）仪器乘常数 R 的误差。产生仪器乘常数的原因主要是精测尺工作频率偏离了设计的标准频率。仪器乘常数 R 使得精测尺长度发生变化，其影响是系统性的。用检定后的仪器乘常数 $R=b$，对测量结果进行改正后，此项影响即被消除。

综上所述，电磁波测距误差来源较多，应该通过仪器检验发现它们，或者校正仪器，或者加以改正，以便将其影响控制在允许范围之内。

3.8 测量误差与精度评定

3.8.1 测量误差产生

在测量工作中，无论测量仪器多么精密，观测多么仔细，测量结果总是存在着差异。例如，对某段距离进行多次丈量，或反复观测同一角度，发现每次观测结果往往不一致。又如观测三角形的三个内角，其和并不等于理论值 180°。这种观测值之间或观测值与理论值之间存在差异的现象说明观测结果存在着各种测量误差。此外，在测量过程中还可能出现错误，如读错、记错等。错误不是误差，是由于观测者操作不正确或粗心大意造成的，观测结果中不允许存在错误，一旦发现应及时加以更正。

测量误差产生的原因概括起来有下列几个方面：

1. 观测者

观测者是通过自身的感觉器官来工作的，由于人的感觉器官鉴别能力的限制，使得在安置仪器、瞄准目标及读数等方面都会产生误差。

2. 测量仪器及工具

测量仪器和工具的精密度以及仪器本身校正不完善等，都会使测量结果受到影响。例如使用刻划至厘米的标尺就不能保证厘米以下尾数估读的准确性；使用视准轴不平行于水准管轴的水准仪进行水准测量就会给观测读数带来误差。

3. 外界条件

观测过程所处的外界环境，如温度、湿度、风力、阳光照射等因素会给观测结果造成影响，而且这些因素会随时发生变化，必然会给观测值带来误差。

观测者、仪器、外界条件是引起观测误差的主要因素，这三个因素的综合影响称为"观测条件"。观测条件好测量结果的精度就高，观测条件差测量结果的精度就低。观测条件相同的一系列观测称为等精度观测，观测条件不同的各次观测称为非等精度观测。

3.8.2　测量误差的分类

测量误差按其性质可分为系统误差和偶然误差两类。

1. 系统误差

在相同的观测条件下对某量进行一系列观测，如果观测误差的数值大小和符号呈现出一致性倾向，即按一定规律变化或保持为常数，这种误差称为系统误差。例如用一把名义长度为 30m 而实际长度为 29.99m 钢尺量距时，每丈量一尺段就比实际长度大了 0.01m，其误差数值大小与符号是固定的，所以丈量距离越长，尺段数愈多，误差就愈大。又如用视准轴不平行于水准管轴的水准仪进行水准测量，观测时在水准尺上的读数便产生误差，这种误差的大小与水准仪至立尺点的距离成正比，这些误差都属于系统误差。系统误差具有积累性，对测量成果影响甚大，但它的数值大小和符号有一定的规律，可以设法将它消除或减弱。例如上述钢尺量距中的尺长误差，可通过检定钢尺求出尺长改正数，然后对所丈量结果进行尺长改正的方法来消除尺长误差的影响。又如，在水准测量中，用后、前视距相等的方法消除视准轴不平行于水准管轴而引起的高差误差。在水平角测量中，用盘左、盘右观测取平均值的方法来消除视准轴误差等对水平方向的读数影响。

2. 偶然误差

在相同的观测条件下对某量进行一系列的观测，如果观测误差的数值大小和符号都不相同，表面上看没有任何规律性，这种误差称为偶然误差。例如读数的估读误差；瞄准目标的照准误差等都属于偶然误差。偶然误差随各种偶然因素综合影响而不断变化，其数值大小和正、负符号呈现出偶然性，找不到消除其影响的方法，因此任何观测结果都不可避免地存在有偶然误差。

一般来说，在测量工作中偶然误差和系统误差是同时发生的。由于系统误差对测量结果的危害性很大，所以总是设法消除或减弱其影响，使其处于次要地位，这样在观测成果中可以认为主要是存在偶然误差。研究偶然误差占主导地位的一系列观测值中求未知量的最或然值以及评定观测值的精度等是误差理论要解决的主要问题。

3. 偶然误差的统计特性

由于观测结果主要存在偶然误差，因此，为了评定观测结果的质量，必须对偶然误差的性质作进一步分析。从单个偶然误差来看，其误差的出现在数值大小和符号上没有规律性，但观察大量的偶然误差就会发现其存在着一定的统计规律性，并且误差的个数越多这种规律性就越明显。

通过大量的实验统计结果表明，偶然误差具有如下的特性：

(1)在一定的观测条件下的有限次观测中，偶然误差的绝对值不超过一定的限值(有界性)；

(2)绝对值较小的误差出现的概率大，绝对值大的误差出现的概率小(单峰性)；

(3)绝对值相等的正、负误差出现的概率大致相等(对称性)；

(4)当观测次数无限增加时，偶然误差算术平均值的极限为零(补偿性)。

3.8.3 误差传播定律

在实际测量工作中，有些量往往不是直接观测值(如坐标测量)，而是通过直接观测值对应的函数间接求得的，这些量称为间接观测值。设 Z 是独立变量 X_1，X_2，X_3，…，X_n 的函数，即

$$Z = f(X_1,\ X_2,\ X_3,\ \cdots,\ X_n) \tag{3-27}$$

其中，函数 Z 的中误差为 m_z，各独立变量 X_1，X_2，X_3，…，X_n 对应观测值的中误差分别为 m_1，m_2，…，m_n。如果知道了 m_z 与 m_i 之间的关系，就可以由各变量观测值的中误差来推求函数的中误差。各变量观测值的中误差 m_i，与其函数的中误差 m_z 之间的关系式，称为误差传播定律，具体如下：

$$m_z = \pm\sqrt{\left(\frac{\partial f}{\partial x_1}\right)^2 m_1^2 + \left(\frac{\partial f}{\partial x_2}\right)^2 m_2^2 + \cdots + \left(\frac{\partial f}{\partial x_n}\right)^2 m_n^2} \tag{3-28}$$

利用误差传播定律可以计算观测值函数的中误差，还可以确定容许误差(限差)以及分析观测可能达到的精度等。

3.8.4 评定精度的指标

评定观测成果的质量，就是衡量测量成果的精度。这里先说明精度的含义，然后介绍几种常用的衡量精度的指标。

1. 精度的含义

在一定的观测条件下进行的一组观测，它对应着一定的误差分布。观测条件好，误差分布就密集，则表示观测结果的质量就高；反之，误差分布就松散，观测成果的质量低。因此，精度就是指一组误差分布的密集与离散的程度，即离散度的大小。

为了衡量观测值的精度高低，可以通过绘出误差频率直方图或画出误差分布曲线的方法进行比较。如图 3.35(a)所示为两组不同观测条件下的误差分布曲线Ⅰ、Ⅱ，观测

条件好的一组其误差分布曲线Ⅰ较陡峭，说明该组误差更加密集在 $\Delta=0$ 附近，即绝对值小的误差出现较多，表示该组观测值的质量较高；另一组观测条件差，误差分布曲线Ⅱ较平缓，说明该组观测误差分布离散，表示该组观测值的质量较低。但在实际工作中，采用绘误差分布曲线的方法来比较观测结果的质量好坏很不方便，而且缺乏一个简单的关于精度的数值概念。下面引入精度的数值概念，这种能反映误差分布密集或离散程度的数值称为精度指标。

2. 衡量精度的指标

衡量精度的指标有多种，这里介绍几种常用的精度指标。

1) 中误差

如图 3.35 所示，误差分布曲线在纵轴两边各有一个转向点称为拐点。所以 σ 愈小曲线愈陡峭，即误差分布愈密集；而 σ 愈大时曲线愈平缓，即误差分布愈离散。由此可见，误差分布曲线形态充分反映了观测质量的好坏，而误差分布曲线又可以用具体的数值 σ 予以表达。也就是说，标准差 σ 的大小，反映了观测精度的高低，所以标准差 σ 是描述观测值精度的数值指标。

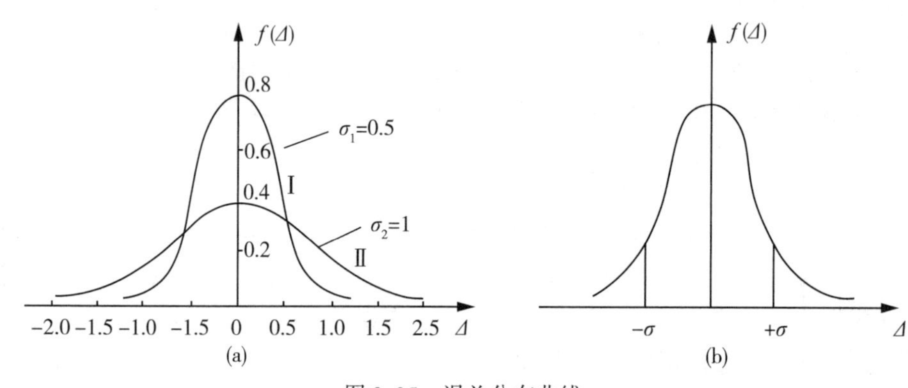

图 3.35　误差分布曲线

2) 极限误差

偶然误差的第一特性表明，在一定的观测条件下偶然误差的绝对值不会超过一定的限值，这个限值就是极限误差。由概率论可知，在等精度观测的一组偶然误差中，误差出现在[$-\sigma$，$+\sigma$]，[-2σ，$+2\sigma$]，[-3σ，$+3\sigma$]区间内的概率分别为：

$$
\begin{aligned}
&P(-\sigma \leqslant \Delta \leqslant +\sigma) \approx 68.3\% \\
&P(-2\sigma \leqslant \Delta \leqslant +2\sigma) \approx 95.5\% \\
&P(-3\sigma \leqslant \Delta \leqslant +3\sigma) \approx 99.7\%
\end{aligned}
\tag{3-29}
$$

即是说，绝对值大于 2 倍标准差的偶然误差出现的概率为 4.5%；而绝对值大于 3 倍标准差的偶然误差出现的概率仅为 0.3%，这实际上是接近于零的小概率事件，在有限次观测中不太可能发生。因此，在测量工作中通常规定 2 倍或 3 倍中误差作为偶然误差的限值，称为极限误差或容许误差：

$$\Delta_{容}=2\sigma\approx 2m \tag{3-30}$$

或

$$\Delta_{容}=3\sigma\approx 3m \tag{3-31}$$

前者要求较严，后者要求较宽，如果观测值中出现大于容许误差的偶然误差，则认为该观测值不可靠，应舍去并重测。

3)相对误差

对评定精度来说，有时只用中误差还不能完全表达测量结果的精度高低。如距离测量中，分别测量了500m和80m的两段距离，中误差均为±2cm。显然不能认为两者的测量精度是相同，为了能客观反映实际精度，引入相对误差的概念。相对中误差K就是观测值中误差的绝对值与观测值的比值，并将其化成分子为1的分数，上述两段距离的相对中误差为：1/2.5万，1/4000。

相对中误差愈小，精度愈高，因为$K_1<K_2$，所以D_1比D_2的测量精度高。

有时，求得中误差和容许误差后，也用相对误差表示。例如图根导线测量中就规定导线全长相对闭合差不得超过1/2000，这就是相对容许误差。还应指出的是，不能用相对误差来评定角度测量的精度，因为角度观测的误差与角度大小无关。

3. 基于误差的一些思考

根据对测量误差来源、分类等知识的学习，我们可以归纳出测量中很多“规矩”的根源和道理。

对于粗差，可以按照偶然误差第一特性——有界性，以“容许误差”剔除粗差，超出容许范围的即认为是粗差(或称错误)，这就是测量限差的出处。

对于系统误差，通常可以采取：严格检校仪器、对称观测和加入改正数三种措施抵消系统误差影响。这三类措施，在前面的学习中已经遇到，实际工作中更会经常采用。

对于偶然误差，通常会说可以采取：提高仪器的等级精度、多余观测和求最或是值三种措施减弱偶然误差影响。这三类措施，需要在学习中，尤其是实践中加深体会。

“提高仪器的等级精度”，是在实际工程研究制定测量工作方案时经常考虑采用的措施。不过，对于学习测量课程的同学，还可以依此思路，深入思考，拓宽视野，采取更多的措施。

提高仪器的等级精度，自然会减小仪器产生的偶然误差。但是，观测条件，除了仪器，还有观测者，还有外界环境条件。

而观测者，即人，是最重要的观测条件。人，是第一生产力。发挥人的主观能动性，激发观测者提高观测质量的“内因”，应该是我们首先采取的措施。我们学习测量，除了掌握理论知识，还要进行大量的实验、实习。实践的目的，不只是帮助消化、理解理论知识，更重要的是提升仪器操作水平、掌握测量技术技能，不断提高观测水平，即为“提高观测者的等级精度”。

还有，对于外界环境条件也要注意善于选择、利用。比如水准测量，大风、中午暴晒，都是极为不利的观测条件，我们可以在条件较差的时候多练习、多做准备，或者养精蓄锐，一旦环境条件好转，快速完成任务。

有了多余观测，除了发现错误、剔除系统误差，还可以评定精度，所以“多余观测不多余”。发挥人的主观能动性，在学习实践中提高认识世界、改造世界的能力。

练习与思考题

1. 简述水平角、垂直角的测量原理。
2. 简述编码度盘、光栅度盘测量系统的测角原理。
3. 简述光电测距仪的基本原理。
4. 相位式光电测距为什么要用多个测尺频率测距?
5. 测量误差产生的原因有哪几个方面? 测量误差分为哪几类?
6. 何谓中误差? 何谓极限误差? 何谓相对误差?
7. 什么是多余观测? 多余观测有什么作用?
8. 什么是竖盘指标差? 在观测中如何抵消指标差?
9. 水平角观测的主要误差来源有哪些? 如何消除或削弱其影响?
10. 安置全站仪时，为什么要进行对中整平?
11. 整理测距成果时，要进行哪些改正?
12. 分析光电测距误差来源及应对措施。
13. 简述用六段比较法测定光电测距仪加常数和乘常数的方法。
14. 在 B 点上安置6″级测角仪器，观测 A 和 C 两个目标间的水平角1个测回。按照观测程序(步骤)得到水平度盘读数分别为0°03′30″、95°48′00″、275°48′18″和180°03′18″。试将信息和观测数据分别记录在“水平角观测记录表(簿)(测回法)”和“水平角观测记录表(簿)(方向观测法)”中，完成相关计算和检核，并对两种水平角观测记录表(簿)进行比较。
15. 在测站点A05安置6″级全站仪(仪器高 $i=1.495$m)观测目标点A11(目标高3.500m)的垂直角2个测回，按照观测程序(步骤)得到竖直度盘读数分别为86°31′04″、273°28′30″、86°31′10″和273°28′37″。将测站名称、测回数、目标名称信息和观测数据记录在“垂直角观测记录表(簿)(中丝法)”中，并完成相关计算与检核。
16. 使用5mm级全站仪测量 AB、CD 两段距离。测量时设置加常数0mm；乘常数0mm/km；棱镜常数-30mm；气象(温度 t、气压 P)传感器ON；双(三)轴补偿器ON。观测读数均为显示屏上的水平距离。得到 AB 段往测距离为1136.780m，返测距离为1136.802m，CD 段往返距离为2235.442m，返测距离为2235.420m。试计算 AB、CD 两段的水平距离，并评定其精度，判断哪段距离精度更高。
17. 使用NTS-355S全站仪在气压 $P=89.7$kPa、气温 $t=23$℃条件下测量 A、B 两点距离，观测值为1680.686m，对应垂直角为-1°05′32″。仪器检定书给出的仪器加常数 $C=-2.9$mm，仪器乘常数 $R=3.72$mm/km。试计算四项改正以及改正后的倾斜距离和水平距离。该仪器的气象改正公式为 $\Delta D_{n.}=[278.96-2.904P/(1+0.00366t)]\cdot D'$，式中 P 为气压(kPa)，t 为温度(℃)。

第4章　GNSS全球导航卫星系统

4.1　GNSS系统概述

20世纪六七十年代美苏两个超级大国相继建立了两个初级导航卫星系统，从此拉开了全球导航卫星定位的序幕。经过五十余年的发展，取而代之的是美国的GPS系统、中国的“北斗”系统、俄罗斯的GLONASS系统和欧盟的GALILEO系统。美国的GPS系统由于最早具备完全的工作能力，1994年率先一步进入市场，在军事、交通运输、测绘、资源调查、高精度授时等领域得到了广泛应用。而在测绘行业，全球卫星定位技术改变了传统的光学测量模式，以全天候、高精度、自动化、高效益等显著特点掀起了测绘界的一场革命。

4.1.1　GNSS的构成

1. GNSS系统组成

美国GPS、俄罗斯GLONASS、欧盟GALILEO和中国北斗卫星导航系统等四大GNSS系统共同组成了全球导航卫星系统(global navigation satellite system，GNSS)。

(1)GPS是在美国海军导航卫星系统的基础上发展起来的无线电导航定位系统。具有全能性、全球性、全天候、连续性和实时性的导航、定位和授时功能，能为用户提供精密的三维坐标、速度和时间。GPS卫星星座基本组成是：卫星基本颗数为21+3，卫星轨道面个数为6，卫星高度为20200km，轨道倾角为55°，卫星运行周期为11h58min(恒星时12h)，载波频率为1575.42MHz和1227.60MHz。该星座分布可以让GPS终端在地球表面任何地点任何时刻，在高度角15°以上，平均可同时观测到6颗卫星，满足高精度定位需要。根据GPS现代化计划，2011年美国推进了GPS更新换代进程。GPS-2F卫星是第二代GPS向第三代GPS过渡的最后一种型号，将进一步使GPS提供更高的定位精度。

(2)GLONASS是由苏联国防部独立研制和控制的第二代军用导航卫星系统。GLONASS系统由卫星、地面测控站和用户设备三部分组成，系统由21颗工作星和3颗备份星组成，分布于3个轨道平面上，每个轨道面有8颗卫星，轨道高度为1万9000千米，运行周期为11小时15分。在技术方面，GLONASS系统的抗干扰能力比GPS好，但其单点定位精确度不及GPS系统。2004年，印度和俄罗斯签署了《关于和平利用俄全球导航卫星系统的长期合作协议》，正式加入了GLONASS系统，计划联合发射18颗导航卫星。2006年12月25日，俄罗斯用质子-K运载火箭发射了3颗GLONASS-M卫星，使 GLONASS 系统的卫星数量达到 17 颗。根据俄罗斯国家航天集团公司新闻处报告，“格洛纳斯-M”导航卫星于 2019 年 12 月 11 日发射进入近地轨道，开始用于其设计用途。

(3)伽利略卫星导航系统(GALILEO)是由欧盟研制和建立的全球导航卫星定位系统，该计划于 1992 年 2 月由欧洲委员会公布，并和欧空局共同负责。系统由 30 颗卫星组成，其中 27 颗工作星，3 颗备份星。卫星轨道高度为 23616km，位于 3 个倾角为 56°的轨道平面内。2012 年 10 月，伽利略全球导航卫星系统第二批两颗卫星成功发射升空，太空中已有的 4 颗正式的伽利略卫星，可以组成网络，初步实现地面精确定位的功能。GALILEO 系统是世界上第一个基于民用的全球导航卫星定位系统，投入运行后，全球的用户将使用多制式的接收机，获得更多的导航定位卫星的信号，这在无形中极大地提高了导航定位的精度。2021 年，欧盟希望在比原计划提前的 2024 年发射新一代欧洲伽利略卫星。卫星导航系统被认为是欧盟的关键空间计划之一，伽利略卫星导航系统最终将从 26 颗卫星增加到 30 颗，可以替代美国 GPS 系统，俄罗斯的 GLONASS 系统和中国的北斗卫星导航系统，并且有望在这一领域为欧盟提供具有战略意义的自主权。

(4)北斗卫星导航系统(BDS)是中国自主研发、独立运行的全球导航卫星系统。20 世纪后期，中国开始探索适合国情的导航卫星系统发展道路，逐步形成了三步走发展战略：2000 年年底，建成北斗一号系统，向中国提供服务；2012 年年底，建成北斗二号系统，向亚太地区提供服务；2020 年，建成北斗三号系统，向全球提供服务。

2. BDS 系统组成

北斗系统由空间卫星、地面测控站和用户端三部分组成。

(1)空间卫星。北斗系统空间段由若干地球静止轨道卫星、倾斜地球同步轨道卫星和中圆地球轨道卫星等组成。

(2)地面测控站。北斗系统地面段包括主控站、时间同步/注入站和监测站等若干地面站，以及星间链路运行管理设施。主控站的作用是根据各监控站对 GNSS 的观测数据，计算出卫星的星历和卫星钟的改正参数等，并将这些数据通过注入站注入到卫星中去；同时，它还对卫星进行控制，向卫星发布指令，当工作卫星出现故障时，调度备用卫星，替代失效的工作卫星工作；另外，主控站也具有监控站的功能。监控站的作用是接收卫星信号，监测卫星的工作状态；注入站的作用是将主控站计算出的卫星星历和卫星钟的改正数等注入到卫星中去。

(3)用户端。北斗系统用户端包括北斗兼容其他导航卫星系统的芯片、模块、天线等基础产品，以及终端产品、应用系统与应用服务等。

3. BDS 系统发展历程

(1)北斗一号系统。1994 年，启动北斗一号系统工程建设；2000 年，发射 2 颗地球静止轨道卫星，建成系统并投入使用，采用有源定位体制，为中国用户提供定位、授时、广域差分和短报文通信服务；2003 年发射第 3 颗地球静止轨道卫星，进一步增强系统性能。

(2)北斗二号系统。2004 年，启动北斗二号系统工程建设；2012 年年底，完成 14 颗卫星(5 颗地球静止轨道卫星、5 颗倾斜地球同步轨道卫星和 4 颗中圆地球轨道卫星)

发射组网。北斗二号系统在兼容北斗一号系统技术体制的基础上，增加无源定位体制，为亚太地区用户提供定位、测速、授时和短报文通信服务。

(3)北斗三号系统。2009 年，启动北斗三号系统建设；2018 年年底，完成 19 颗卫星发射组网，完成基本系统建设，向全球提供服务；计划 2020 年年底前，完成 30 颗卫星发射组网，全面建成北斗三号系统。北斗三号系统继承北斗有源服务和无源服务两种技术体制，能够为全球用户提供基本导航(定位、测速、授时)、全球短报文通信、国际搜救服务，中国及周边地区用户还可享有区域短报文通信、星基增强、精密单点定位等服务。

2020 年 6 月 23 日 9 时 43 分，我国在西昌卫星发射中心用长征三号乙运载火箭，成功发射北斗系统第五十五颗导航卫星，即北斗三号最后一颗全球组网卫星，至此北斗三号全球导航卫星系统星座部署比原计划提前半年全面完成。

2020 年 7 月 31 日上午 10 时 30 分，北斗三号全球导航卫星系统建成暨开通仪式在人民大会堂举行，中共中央总书记、国家主席、中央军委主席习近平宣布北斗三号全球导航卫星系统正式开通。

4.1.2 GNSS 卫星定位原理

1. 绝对定位原理

1)绝对定位的相关概念

绝对定位也叫单点定位，通常是指在协议地球坐标系(例如 WGS-84 坐标系)中，直接确定观测站，相对于坐标系原点绝对坐标的一种定位方法。“绝对”一词，主要是为了区别以后将要介绍的相对定位方法。绝对定位和相对定位，在观测方式、数据处理、定位精度以及应用范围等方面均有原则上的区别。

利用 GNSS 进行绝对定位的基本原理，是以 GNSS 卫星和用户接收机天线之间的距离(或距离差)观测量为基础，并根据已知的卫星瞬时坐标，来确定用户接收机的点位，即观测站的位置。

GNSS 绝对定位方法的实质，即是测量学中的空间距离后方交会，如图 4.1 所示。

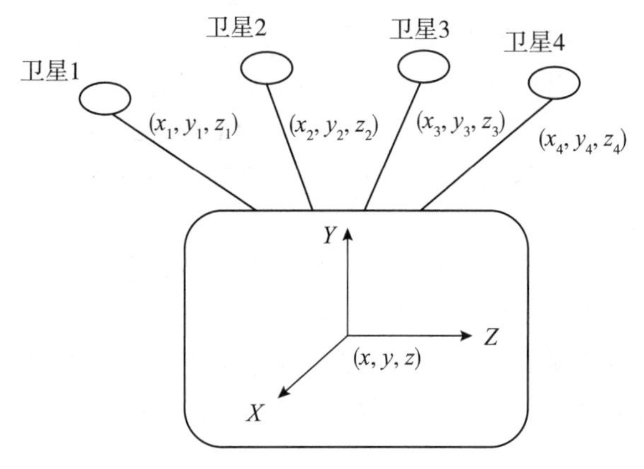

图 4.1　单点定位原理示意图

GNSS 接收器在仅接收到三颗卫星的有效信号的情况下只能确定二维坐标即经度和纬度，只有收到四颗或四颗以上的有效 GNSS 卫星信号时，才能完成包含高度的三维定位。

应用 GNSS 进行绝对定位，根据用户接收机天线所处的状态不同，又可分为动态绝对定位和静态绝对定位。

当用户接收设备安置在运动的载体上，并处于动态的情况下，确定载体瞬时绝对位置的定位方法，称为动态绝对定位。动态绝对定位，一般只能得到没有(或很少)多余观测量的实时解。这种定位方法被广泛地应用于飞机、船舶以及陆地车辆等运动载体的导航。另外，在航空物探和卫星遥感也有着广泛的应用。

当接收机天线处于静止状态的情况下，用以确定观测站绝对坐标的方法，称为静态绝对定位。这时，由于可以连续观测卫星到接收机位置的伪距，可以获得充分的多余观测量，以便在测后，通过数据处理提高定位的精度。静态绝对定位法主要用于大地测量，以精确测定观测站在协议地球坐标系中的绝对位置。

目前无论是动态绝对定位还是静态绝对定位，所依据的观测量都是所测卫星至观测站的伪距，所以绝对定位通常也称伪距定位法。

因为根据观测量性质的不同，伪距有测码伪距和测相伪距之分，所以，绝对定位又可分为，测码绝对定位和测相绝对定位。

2)绝对定位精度的影响因素

利用 GNSS 进行绝对定位或单点定位，其精度主要取决于以下两个因素：一是所测卫星在空间的集合分布，通常称为卫星分布的几何图形；二是观测量的精度。

GNSS 绝对定位的误差与精度因子(DOP)的大小成正比，因此在伪距观测精度 σ_0 确定的情况下，如何使精度因子的数值尽量减小，便是提高定位精度的一个重要途径。

在绝对定位中，精度因子仅与所测卫星的空间分布有关。所以，精度因子也称为观测卫星星座的图形强度因子。由于卫星的运动以及观测卫星的选择不同，所测卫星在空间的集合分布图形是变化的，因而精度因子的数值也是变化的。

理论分析表明，在由观测站至 4 颗卫星的观测方向中，所构成的六面体的体积越大，所测卫星在空间的分布范围也越大，DOP 值越小；反之，所测卫星的分布范围越小，则 DOP 值越大。在实际观测中，为了减弱大气折射的影响，所测卫星的高度角不能过低。在高度角满足上述要求的条件下，当 1 颗卫星处于天顶，而其余 3 颗卫星相距约 120°时，所构成的六面体体积接近最大，此时 DOP 值最小，相应 GNSS 绝对定位的误差也最小。实际工作中，这可作为选择和评价观测卫星分布图形的参考。

2. 相对定位原理

利用 GNSS 进行绝对定位(或单点定位)时，其定位精度将受到卫星轨道误差、钟差及信号传播误差等诸多因素的影响，尽管其中一些系统性误差，可以通过模型加以削弱，但其残差仍是不可忽略的。实践表明，目前静态绝对定位的精度，约可达米级，而动态绝对定位的精度仅为 10m 至 40m。这一精度远不能满足大地测量精密定位的要求。

GNSS 相对定位也叫差分 GNSS 定位，是目前 GNSS 定位中精度最高的一种，广泛应用于大地测量、精密工程测量、地球动力学研究和精密导航。

相对定位的最基本情况是两台 GNSS 接收机分别安置在基线的两端，如图 4.2 所示，并同步观测相同的 GNSS 卫星，以确定基线端点，在协议地球坐标系中的相对位置或基线向量。这种方法一般可以推广到多台接收机安置在若干基线的端点，通过同步观测 GNSS 卫星，以确定多条基线向量的情况。

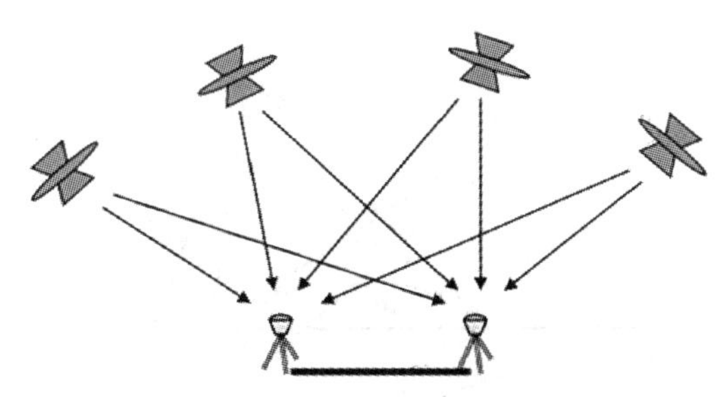

图 4.2 相对定位原理

因为在两个观测站或多个观测站，同步观测相同卫星的情况下，卫星的轨道误差、卫星钟差、接收机钟差以及电离层和对流层的折射误差等，对观测量的影响具有一定的相关性，所以利用这些观测量的不同组合，进行相对定位，便可有效地消除或者减弱上述误差的影响，从而提高相对定位的精度。

根据用户接收机在定位过程中所处的状态不同，相对定位有静态和动态之分：

1）静态相对定位

安置在基线端点的接收机固定不动，通过连续观测取得充分的多余观测数据，以此来改善定位精度。

静态相对定位一般采用载波相位观测值（或测相伪距）为基本观测量。这一定位方法是当前 GNSS 定位中精度最高的一种方法，在精度要求较高的测量工作中，均采用这种方法。在载波相位观测的数据处理中，为了可靠地确定载波相位的整周未知数，静态相对定位一般需要较长的观测时间（1 小时到 3 小时不等），此种方法一般也被称为经典静态相对定位法。

在高精度静态相对定位中，当仅有两台接收机时，一般应考虑将单独测定的基线向量联结成向量网（三角网或导线网），以增强几何强度，改善定位精度。当有多台接收机时，应采用网定位方式，可检核和控制多种误差对观测量的影响，明显提高定位精度。

2）准动态相对定位法

1985 年美国的里蒙迪（B. W. Remondi）发展了一种快速相对定位模式，基本思想是：利用起始基线向量确定初始整周未知数或称初始化，之后，一台接收机在参考点（基准站）上固定不动，并对所有可见卫星进行连续观测；而另一台接收机在其周围的观测站上流动，并在每一流动站上静止进行观测，确定流动站与基准站之间的相对位置。通常称为准动态相对定位，在一些文献中称其为“走走停停（Stop and Go）”定位法。

准动态相对定位的主要缺点：接收机在移动过程中必须保持对观测卫星的连续

跟踪。

3)动态相对定位

用一台接收机安置在基准站上固定不动，另一台接收机安置在运动载体上，两台接收机同步观测相同卫星，以确定运动点相对基准站的实时位置，如图 4.3 所示。

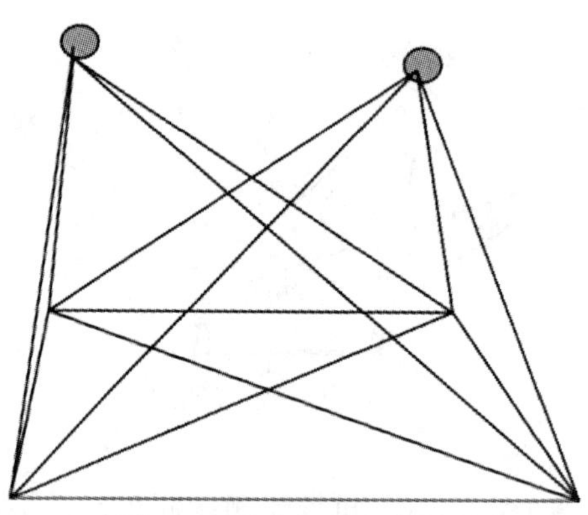

图 4.3　动态相对定位原理

动态相对定位根据采用的观测量不同，分为以测码伪距为观测量的动态相对定位法和以测相伪距为观测量的动态相对定位法。

(1)测码伪距动态相对定位法。目前进行实时定位的精度可达米级，是以相对定位原理为基础的实时差分 GNSS，由于可以有效地减弱卫星轨道误差、钟差、大气折射误差以及 SA 政策的影响，其定位精度较测码伪距动态绝对定位的精度要高，所以这一方法获得了迅速发展。

(2)测相伪距动态相对定位法。测相伪距动态相对定位法，是以预先初始化或动态解算载波相位整周未知数为基础的一种高精度动态相对定位法。目前在较小的范围内(如<20km)获得了成功的应用，其定位精度可达 1~2cm。流动站和基准站之间必须实时地传输观测数据或观测量的修正数据。这种处理方式对于运动目标的导航、监测和管理具有重要意义。

4.1.3　GNSS 测量误差来源

GNSS 的观测量是用户利用 GNSS 进行定位的重要依据之一。本小节将在以上相关预备知识的基础上，进一步介绍利用 GNSS 进行定位的基本方法和观测量的类型并详细地说明 GNSS 观测量的误差来源，以及减弱其影响的措施。

1. GNSS 定位的方法与观测量

1)GNSS 定位方法

定位方法按参考点的不同位置划分为：

(1)绝对定位(单点定位)：在地球协议坐标系中，确定观测站相对地球质心的位置。

(2)相对定位：在地球协议坐标系中，确定观测站与地面某一参考点之间的相对位置。

按用户接收机作业时所处的状态划分：

(1)静态定位：在定位过程中，接收机位置静止不动，是固定的。静止状态只是相对的，在卫星大地测量中的静止状态通常是指待定点的位置相对其周围点位没有发生变化，或变化极其缓慢，以致在观测期内可以忽略。

(2)动态定位：在定位过程中，接收机天线处于运动状态。

在绝对定位和相对定位中，又都包含静态和动态两种形式。

2)观测量的基本概念

无论采取何种 GNSS 定位方法，都是通过观测 GNSS 卫星来获得某种观测量来实现的。GNSS 卫星信号含有多种定位信息，根据不同的要求，可以从中获得不同的观测量，主要包括：

(1)根据码相位观测得出的伪距；

(2)根据载波相位观测得出的伪距；

(3)由积分多普勒计数得出的伪距；

(4)由干涉法测量得出的时间延迟。

采用积分多普勒计数法进行定位时，所需观测时间较长，一般数小时，同时在观测过程中要求接收机的振荡器保持高度稳定。采用干涉法测量时所需设备较昂贵，数据处理复杂。这两种方法在 GNSS 定位中，尚难以获得广泛应用。

目前广泛应用的基本观测量主要有码相位观测量和载波相位观测量。

所谓码相位观测是测量 GNSS 卫星发射的测距码信号(C/A 码或 P 码)到达用户接收机天线(观测站)的传播时间，也称时间延迟测量。

载波相位观测是测量接收机接收到的具有多普勒频移的载波信号，与接收机产生的参考载波信号之间的相位差。

由于载波的波长远小于码长，C/A 码码元宽度为 293m，P 码码元宽度为 29.3m，而 L1 载波波长为 19.03cm，L2 载波波长为 24.42cm，在分辨率相同的情况下，L1 载波的观测误差约为 2.0mm，L2 载波的观测误差约为 2.5mm。而 C/A 码观测精度为 2.9m，P 码为 0.29m。载波相位观测是目前最精确的观测方法。

载波相位观测的主要问题：无法直接测定卫星载波信号在传播路径上相位变化的整周数，存在整周不确定性问题。此外，在接收机跟踪 GNSS 卫星进行观测过程中，常常由于接收机天线被遮挡、外界噪声信号干扰等，还可能产生整周跳变现象。有关整周不确定性问题，通常可通过适当数据处理来解决，但将会导致数据处理复杂化。

上述通过码相位观测或载波相位观测所确定的卫星距离都不可避免地含有卫星钟与接收机钟非同步误差的影响，含钟差影响的距离通常称为伪距。由码相位观测所确定的伪距简称测码伪距，由载波相位观测所确定的伪距简称为测相伪距。

2. 观测量的误差来源及其影响

GNSS 定位中，影响观测量精度的主要误差来源分为三类：①与卫星有关的误差；②与信号传播有关的误差；③与接收设备有关的误差，见表 4.1。

表 4.1 **测码伪距的等效距离误差** （单位：m）

误差来源	误差来源分解	P 码	C/A 码
卫星	星历与模型误差	4.2	4.2
	钟差与稳定度	3.0	3.0
	卫星摄动	1.0	1.0
	相位不确定性	0.5	0.5
	其他	0.9	0.9
	合计	5.4	5.4
信号传播	电离层折射	2.3	5.0~10.0
	对流层折射	2.0	2.0
	多路径效应	1.2	1.2
	其他	0.5	0.5
	合计	3.3	5.5~10.3
接收机	接收机噪声	1.0	7.5
	其他	0.5	0.5
	合计	1.1	7.5
总计		6.4	10.8~13.6

1）与卫星有关的误差

（1）卫星钟差。GNSS 观测量均以精密测时为依据。在 GNSS 定位中，无论码相位观测还是载波相位观测，都要求卫星钟与接收机钟保持严格同步。实际上，尽管卫星上设有高精度的原子钟，仍不可避免地存在钟差和漂移，偏差总量约在 1ms 内，引起的等效距离误差可达 300km。

卫星钟的偏差一般可通过对卫星运行状态的连续监测精确地确定，参数由主控站测定，通过卫星的导航电文提供给用户。

经钟差模型改正后，各卫星钟之间的同步差保持在 20ns 以内，引起的等效距离偏差不超过 6m。卫星钟经过改正的残差，在相对定位中可通过观测量求差（差分）的方法来消除。

（2）卫星轨道偏差。由于卫星在运动中受多种摄动力的复杂影响，而通过地面监测站又难以可靠地测定这些作用力并掌握其作用规律，因此，卫星轨道误差的估计和处理一般较困难。目前，通过导航电文所得的卫星轨道信息，相应的位置误差约 20~40m。随着摄动力模型和定轨技术的不断完善，卫星的位置精度将可提高到 5~10m。卫星的轨道误差是当前 GNSS 定位的重要误差来源之一。

GNSS 卫星到地面观测站的最大距离约为 25000km，如果基线测量的允许误差为 1cm，则当基线长度不同时，允许的轨道误差大致如表 4.2 所示。从表中可见，在相对定位中，随着基线长度的增加，卫星轨道误差将成为影响定位精度的主要因素。

表 4.2 **基线长度与允许轨道误差**

基线长度	基线相对误差	允许轨道误差
1.0km	10×10^{-6}	250.0m
10.0km	1×10^{-6}	25.0m
100.0km	0.1×10^{-6}	2.5m
1000.0km	0.01×10^{-6}	0.25m

在 GNSS 定位中，根据不同要求，处理轨道误差的方法原则上有以下三种：

①忽略轨道误差：广泛用于实时单点定位。

②采用轨道改进法处理观测数据：卫星轨道的偏差主要由各种摄动力综合作用而产生，摄动力对卫星 6 个轨道参数的影响不相同，而且在对卫星轨道摄动进行修正时，所采用的各摄动力模型精度也不一样。因此在用轨道改进法进行数据处理时，根据引入轨道偏差改正数的不同，分为短弧法和半短弧法。

短弧法：引入全部 6 个轨道偏差改正，作为待估参数，在数据处理中与其他待估参数一并求解。可明显减弱轨道偏差影响，但计算工作量大。

半短弧法：根据摄动力对轨道参数的不同影响，只对其中影响较大的参数，引入相应的改正数作为待估参数。据分析，目前该法修正的轨道偏差不超过 10m，而计算量明显减小。

③同步观测值求差：由于同一卫星的位置误差对不同观测站同步观测量的影响具有系统性。利用两个或多个观测站上对同一卫星的同步观测值求差，可减弱轨道误差影响。当基线较短时，有效性尤其明显，而对精密相对定位，也有极其重要意义。

2）卫星信号传播误差

（1）电离层折射影响：主要取决于信号频率和传播路径上的电子总量。通常采取的措施：

①利用双频观测：电离层影响是信号频率的函数，利用不同频率电磁波信号进行观测，可确定其影响大小，并对观测量加以修正。其有效性不低于 95%。

②利用电离层模型加以修正：对单频接收机，一般采用由导航电文提供的或其他适宜电离层模型对观测量进行改正。目前模型改正的有效性约为 75%，至今仍在完善中。

③利用同步观测值求差：当观测站间的距离较近（小于 20km）时，卫星信号到达不同观测站的路径相近，通过同步求差，残差不超过 10^{-6}。

（2）对流层的影响：对流层折射对观测量的影响可分为干分量和湿分量两部分。干分量主要与大气温度和压力有关，而湿分量主要与信号传播路径上的大气湿度和高度有关。目前湿分量的影响尚无法准确确定。对流层影响的处理方法如下：

①定位精度要求不高时，忽略不计。

②采用对流层模型加以改正。

③引入描述对流层的附加待估参数，在数据处理中求解。

④观测量求差。

(3)多路径效应：也称多路径误差，即接收机天线除直接收到卫星发射的信号外，还可能收到经天线周围地物一次或多次反射的卫星信号。两种信号叠加，将引起测量参考点位置变化，使观测量产生误差。在一般反射环境下，对测码伪距的影响达米级，对测相伪距影响达厘米级。在高反射环境中，影响显著增大，且常常导致卫星失锁和产生周跳。改善措施如下：

①安置接收机天线的环境应避开较强发射面，如水面、平坦光滑的地面和建筑表面。

②选择造型适宜且屏蔽良好的天线，如扼流圈天线。

③适当延长观测时间，削弱周期性影响。

④改善接收机的电路设计。

3)与接收设备有关的误差

与接收设备有关的误差主要包括观测误差、接收机钟差、载波相位观测的整周不确定性和天线相位中心误差影响。

(1)观测误差。除分辨误差外，还包括接收天线相对测站点的安置误差。分辨误差一般认为约为信号波长的 1%。安置误差主要有天线的置平与对中误差以及量取天线相位中心高度(天线高)误差。例如当天线高 1.6m，置平误差 0.10，则对中误差为 2.8mm。

(2)接收机钟差。GNSS 接收机一般设有高精度的石英钟，日频率稳定度为 10~11。如果接收机钟与卫星钟之间的同步差为 1 μs，则引起的等效距离误差为 300m。处理接收机钟差的方法有：

①作为未知数，在数据处理中求解。

②利用观测值求差方法，减弱接收机钟差影响。

③定位精度要求较高时，可采用外接频标，如铷、铯原子钟，提高接收机时间标准精度。

(3)载波相位观测的整周未知数。无法直接确定载波相位相应起始历元在传播路径上变化的整周数。同时存在因卫星信号被阻挡和受到干扰而产生信号跟踪中断和整周变跳。

(4)天线相位中心位置偏差。GNSS 定位中，观测值都是以接收机天线的相位中心位置为准，在理论上，天线相位中心与仪器的几何中心应保持一致。实际上，随着信号输入的强度和方向不同而有所变化，同时与天线的质量有关，可达数毫米至数厘米。如何减小相位中心的偏移，是天线设计中一个亟须解决的问题。

4.2　GNSS 测量实施

4.2.1　GNSS 测量精度与划分

GNSS 测量根据定位原理的不同，表 4.3 列出了几种作业模式，并描述了相应的精度、适用范围和操作注意事项。

表 4.3　**GNSS 测量作业模式**

模式	经典静态定位	快速静态定位	准动态定位	动态定位
作业方式	采用两台(或两台以上)接收设备，分别安置在一条或数条基线的两个端点，同步观测 4 颗以上卫星，每时段长 45 分钟至 2 个小时或更多	在测区中部选择一个基准站，并安置一台接收设备连续跟踪所有可见卫星；另一台接收机依次到各点流动设站，每点观测数分钟	在测区选择一个基准点，安置接收机连续跟踪所有可见卫星；将另一台流动接收机先置于 1 号站观测；在保持对所测卫星连续跟踪而不失锁的情况下，将流动接收机分别在 2，3，4，…各点观测数秒钟	建立一个基准点安置接收机连续跟踪所有可见卫星；流动接收机先在出发点上静态观测数分钟；然后流动接收机从出发点开始连续运动；按指定的时间间隔自动运动载体的实时位置
精度	基线的相对定位精度可达$\pm(5+1\times10^{-6}\cdot D)$mm，D 为基线长度(km)	流动站相对于基准站的基线中误差为$\pm(5+1\times10^{-6}\cdot D)$mm	基线的中误差约为 1～2cm	相对于基准点的瞬时点位精度 1～2cm
适用范围	建立全球性或国家级大地控制网，建立地壳运动监测网、建立长距离检校基线、进行岛屿与大陆联测、钻井定位及精密工程控制网建立等	控制网的建立及其加密、工程测量、地籍测量、大批相距百米左右的点位定位	开阔地区的加密控制测量、工程测量及碎部测量及线路测量等	精密测定运动目标的轨迹、测定道路的中心线、剖面测量、航道测量等
注意事项	所有已观测基线应组成一系列封闭图形(如图 4.8)，以利于外业检核，提高成果可靠度。并且可以通过平差，有助于进一步提高定位精度	在测量时段内应确保有 5 颗以上卫星可供观测；流动点与基准点相距应不超过 20km；流动站上的接收机在转移时，不必保持对所测卫星连续跟踪，可关闭电源以降低能耗	应确保在观测时段上有 5 颗以上卫星可供观测；流动点与基准点距离不超过 20km；观测过程中流动接收机不能失锁，否则应在失锁的流动点上延长观测时间 1～2min	需同步观测 5 颗卫星，其中至少 4 颗卫星要连续跟踪；流动点与基准点距离不超过 20km
优缺点		优点：作业速度快、精度高、能耗低；缺点：两台接收机工作时，构不成闭合图形，可靠性差		

4.2.2　静态 GNSS 网的布设

1. 静态测量简介

(1)静态测量：采用三台(或三台以上)GNSS 接收机，分别安置在测站上进行同步观测，确定测站之间相对位置的 GNSS 定位测量。

(2)适用范围：

①建立国家大地控制网(二等或二等以下)；

②建立精密工程控制网，如桥梁测量、隧道测量等；

③建立各种加密控制网，如城市测量、图根点测量、道路测量、勘界测量等；

④用于中小城市、城镇以及测图、地籍、土地信息、房产、物探、勘测、建筑施工等的控制测量等的 GNSS 测量，应满足城市三、四等级 GNSS 测量的精度要求。

2. GNSS 控制网设计原则

(1) GNSS 网一般应通过独立观测边构成闭合图形，例如三角形、多边形或附合线路，以增加检核条件，提高网的可靠性。

(2) GNSS 网点应尽量与原有地面控制网点相重合。重合点一般不应少于 3 个(不足时应联测)且应在网中均匀分布，以便可靠地确定 GNSS 网与地面网之间的转换参数。

(3) GNSS 网点应考虑与水准点相重合，而非重合点一般应根据要求以水准测量方法(或相当精度的方法)进行联测，或在网中设一定密度的水准联测点，以便为大地水准面的研究提供资料。

(4) 为了便于观测和水准联测，GNSS 网点一般应设在视野开阔和容易到达的地方。

(5) 为了便于用经典方法联测或扩展，可在网点附近布设一通视良好的方位点，以建立联测方向。方位点与观测站的距离，一般应大于 300m。

(6) 根据 GNSS 测量的不同用途，GNSS 网的独立观测边均应构成一定的几何图形。图形的基本形式如下：三角形网、环形网、星型网。

4.2.3　GNSS 控制网布设方法

1. 点连式

相邻同步图形只通过一个点进行连接，如图 4.4(a)所示。

特征：作业效率高，进展快，但图形强度低，单点连接校正麻烦。

2. 边连式

相邻同步图形有一条公共边相连，如图 4.4(b)所示。

特征：作业效率较高，图形强度较好。

3. 混合式

根据具体情况，有选择地采用几种方式的混合应用，如图 4.4(c)所示。

特征：设计好的话既可以保证效率，又可以使图形强度满足要求。

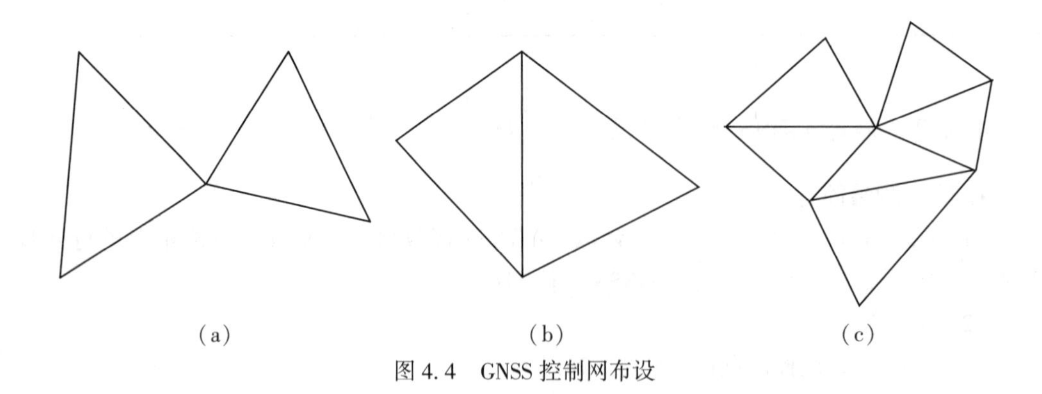

图 4.4　GNSS 控制网布设

4.2.4 静态 GNSS 观测与数据处理

1. 作业流程

(1)测前：项目立项；方案设计；施工设计；测绘资料收集整理；仪器检验、检定；踏勘、选点、埋石。

(2)测中：作业队进驻；卫星状态预报；观测计划制定；作业调度及外业观测。

(3)测后：数据传输、转储、备份；基线解算及质量控制；网平差(数据处理、分析)及质量控制；整理成果、技术总结；项目验收。

2. 外业注意事项

(1)将接收机设置为静态模式(参照各品牌接收机所附说明手册设置)，并通过电脑设置高度角及采样间隔参数，检查主机内存容量。

(2)在控制点架设好三脚架，在测点上严格对中，整平。

(3)量取仪器高 3 次，3 次量取的结果之差不得超过 3mm，并取平均值。仪器高应由控制点标石中心量至仪器的测量标志线的上边处。量取方式如图 4.17 所示。

(4)记录仪器号、点名、仪器高、开始时间。

(5)开机，确认为静态模式，主机开始搜星并且卫星灯开始闪烁。达到记录条件时，状态灯会按照设定好采样间隔闪烁，闪一下表示采集了一个历元。

(6)观测完毕后，主机关机，然后进行数据的传输和内业数据处理。

4.3 GNSS RTK 测量

4.3.1 实时差分

实时差分是指实时动态测量(real-time kinematic survey，RTK)。RTK 技术是全球导航卫星定位技术与数据通信技术相结合的载波相位实时动态差分定位技术，包括基准站和移动站，基准站将其数据通过电台或网络传给移动站后，移动站进行差分解算，便能够实时地提供测站点在指定坐标系中的坐标。

4.3.2 RTK 的几种作业模式

根据差分信号传播方式的不同，RTK 分为电台模式和网络模式两种。

1. 电台模式

如图 4.5 所示。

1)架设基准站

基准站一定要架设在视野比较开阔、周围环境比较空旷、地势比较高的地方；避免架在高压输变电设备附近、无线电通信设备收发天线旁边、树阴下以及水边，这些都会对 GNSS 信号的接收以及无线电信号的发射产生不同程度的影响。

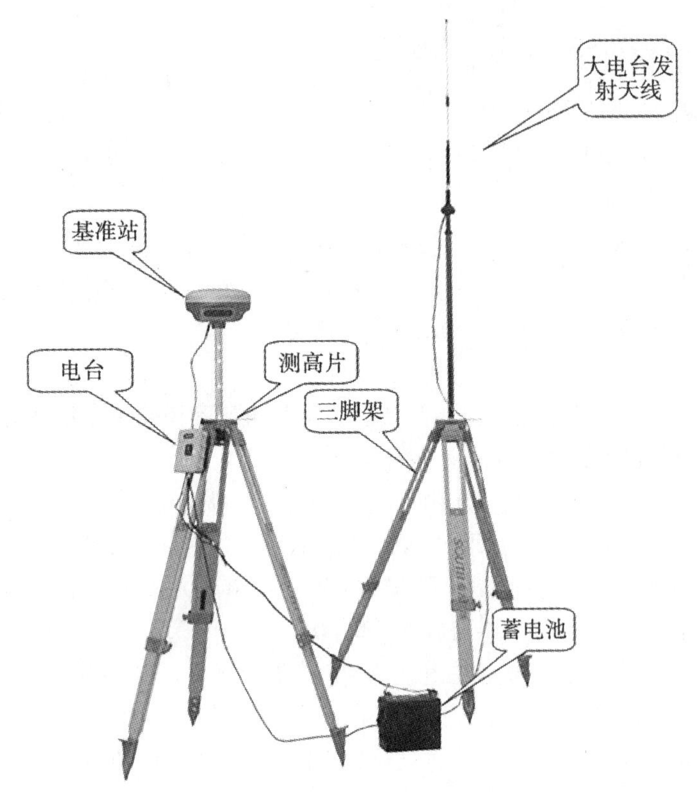

图 4.5　外挂电台基站模式

(1)将接收机设置为基准站外置电台模式；

(2)架好三脚架，最好将电台天线的三脚架放到高一些的位置，两个三脚架之间保持至少 3m 的距离；

(3)用测高片固定好基准站接收机(如果架在已知点上，需要用基座并做严格的对中整平)，打开基准站接收机；

以下为基准站外挂电台模式时增加的操作：

(4)安装好电台发射天线，把电台挂在三脚架上，将蓄电池放在电台的下方；

(5)用多用途电缆线连接好电台、主机和蓄电池。多用途电缆是一条“Y”形的连接线，用来连接基准站主机(五针红色插口)，发射电台(黑色插口)和外挂蓄电池(红黑色夹子)。具有供电，数据传输的作用。

2)启动基准站

第一次启动基准站时，需要对启动参数进行设置，设置步骤如下：

【配置】→【仪器设置】→【基准站设置】，点击【基准站设置】则默认将主机工作模式切换为基准站，如图 4.6 所示。

差分格式：如图 4.7 所示为主要的几种差分格式，一般都使用国际通用的 RTCM32 差分格式。

发射间隔：可以选择 1 秒或者 2 秒发射一次差分数据。

基站启动坐标：如图 4.8 所示，如果基站架设在已知点，可以直接输入该已知控制点坐标作为基站启动坐标；如果基站架设在未知点，可以外部获取按钮，然后点击【获取定位】来直接读取基站坐标作为基站启动坐标。

天线高：有直高、斜高、杆高、测片高四种，并对应输入天线高度。

截止角：建议选择默认值(10)。

PDOP：位置精度因子，一般设置为 4。

网络配置：此处无须设置。

数据链：外置电台(电台通道在大电台上设置)。

以上设置完成后，点击【启动】即可发射。

注意：判断电台是否正常发射的标准是大电台发射灯是否规律闪烁。

第一次启动基站成功后，以后作业如果不改变配置可直接打开基准站，主机即可自动启动发射。

图 4.6　基准站设置

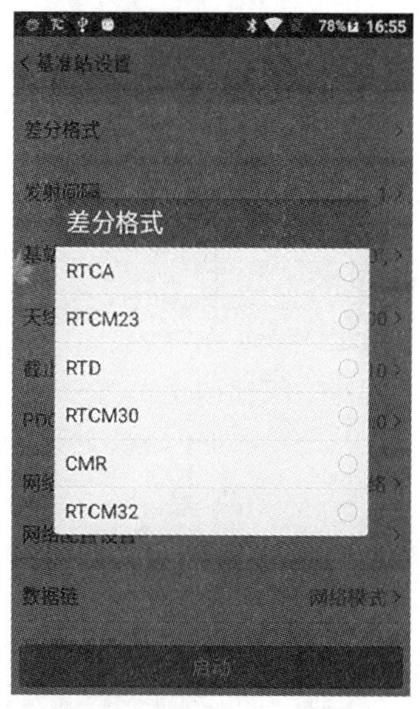

图 4.7　差分格式设置图

图 4.8　基站启动坐标设置

3)架设移动站

确认基准站发射成功后，即可开始移动站的架设。步骤如下：

(1)将接收机设置为移动站电台模式；

(2)打开移动站主机，并将其固定在碳纤对中杆上面，拧上 UHF 差分天线；

(3)安装好手簿托架和手簿。

4)设置移动站

移动站架设好后需要对移动站进行设置才能达到固定解状态，步骤如下：

(1)手簿及工程之星连接；

(2)选择【配置】→【仪器设置】→【移动站设置】，点击【移动站设置】则默认将主机工作模式切换为移动站，如图 4.9 所示。

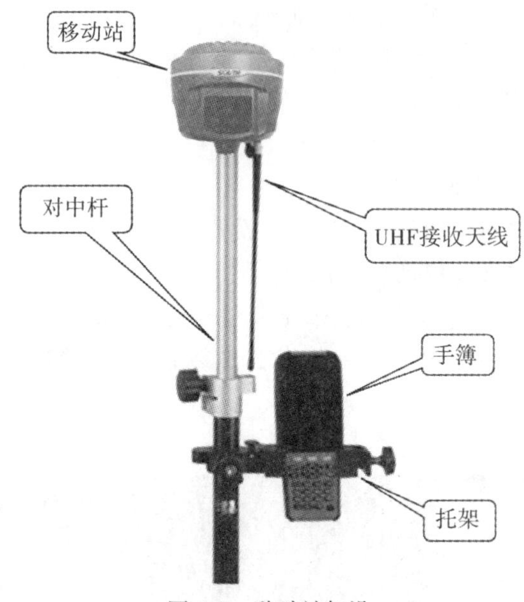

图 4.9　移动站架设

(3)数据链(内置电台)设置(见图 4.10)：

①通道设置：保持与大电台通道一致；

②功率档位：有“HIGH”和“LOW”两种功率；

③空中波特率：有“9600”和“19200”两种(建议 9600)；

④协议：SOUTH。

设置完毕，等待移动站达到固定解，即可在手簿上看到高精度的坐标。后续的新建工程、求转换参数操作请参考说明书《安卓工程之星说明书》。

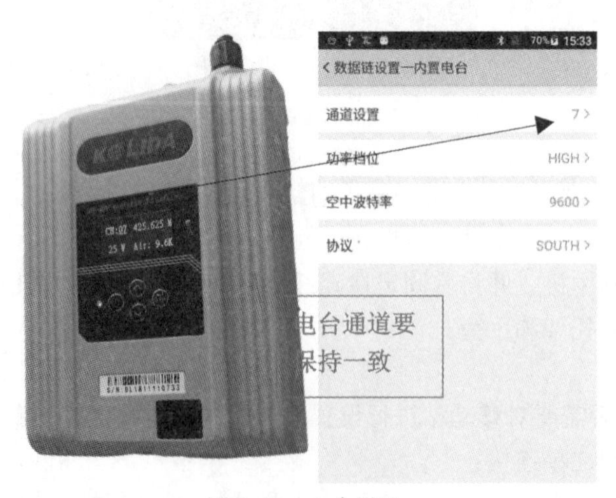

图 4.10　电台设置

2. 网络 1+1 模式

RTK 网络模式与电台模式只是传输方式上的不同，因此架设方式类似，区别在于：

(1)网络模式下基准站设置为基准站网络模式，无需架设大电台，如图 4.11 所示。

(2)网络模式下移动站设置为移动站网络模式。

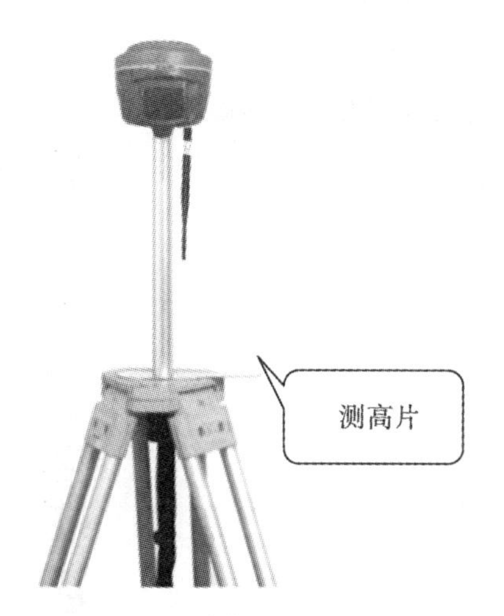

图 4.11 网络 1+1 基站模式

1)基准站设置

第一次启动基准站时，需要对启动参数进行设置，设置步骤如下：

(1)选择【配置】→【仪器设置】→【基准站设置】，点击【基准站设置】则默认将主机工作模式切换为基准站，如图 4.12 所示。

(2)差分格式：如图 4.13 所示，主要有图中几种差分格式，一般都使用国际通用的 RTCM32 差分格式。

(3)发射间隔：可以选择 1 秒或者 2 秒发射一次差分数据。

(4)基站启动坐标：如图 4.14 所示，如果基站架设在已知点，可以直接输入该已知控制点坐标作为基站启动坐标；如果基站架设在未知点，可以外部获取按钮，然后点击【获取定位】来直接读取基站坐标作为基站启动坐标。

(5)天线高：有直高、斜高、杆高、测片高四种，并对应输入天线高度。

(6)截止角：建议选择默认值(10)。

(7)PDOP：位置精度因子，一般设置为 4。

(8)网络配置：接收机移动网络(SIM 卡插到主机)、手机网络(SIM 卡插到安卓手簿)APN 设置：默认即可。

(9)数据链：网络模式。

(10)数据链设置：①点击【增加】；②名称自己命名；③IP“218.135.151.184”或者“222.73.18.15”；④port“2010”；⑤账户：为机身号后六位(避免重复输入)；⑥密码：可输入自设密码；⑦模式：SOUTH；⑧接入点：采用“区号@机身号”的格式(区号需填写 RTK 购买地当地区号，以下图示均以广州区号“020”举例说明)。

点击【确定】，返回模板参数管理页面，选择新增加的网络模板，点击“连接”登录服务器成功后即可完成网络基站配置，点击【确定】返回基准站设置页面，点击“启动”即可发射。

第一次启动基站成功后，以后作业如果不改变配置可直接打开基准站，主机即可自动启动发射。

2)移动站设置

移动站架设好后需要对移动站进行设置才能达到固定解状态，步骤如下：

(1)手簿及工程之星连接；

(2)选择【配置】→【仪器设置】→【移动站设置】，点击【移动站设置】则默认将主机工作模式切换为移动站，如图 4. 15 所示。

图 4. 12　基准站设置

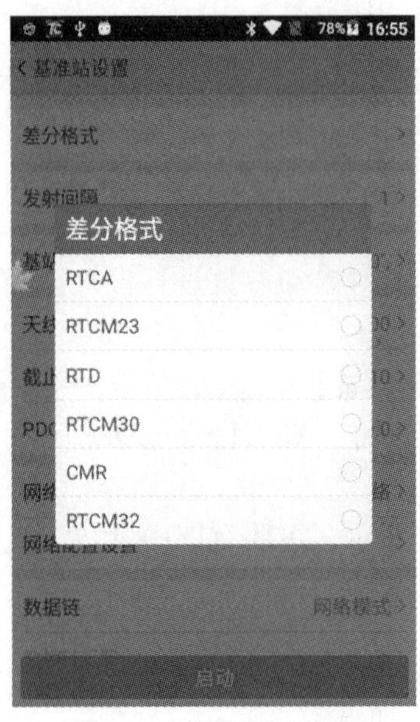

图 4. 13　差分格式设置

图 4. 14　基站启动坐标设置

(3)数据链：网络模式；

(4)网络配置：接收机移动网络(SIM 卡插到主机)手机网络(SIM 卡插到安卓手簿)接收机 Wi-Fi(主机连接 Wi-Fi 上网)；

(5)APN 设置：默认即可；

(6)数据链设置：①点击【增加】；②名称自己命名；③IP：与基准站一致；④port：与基准站一致；⑤账户：020@机身号后六位；⑥密码：与基准站一致；⑦模式：NTRIP；⑧接入点：与基站一致(也可以获取)。

点击【确定】，返回模板参数管理页面，选择新增加的网络模板，点击“连接”登录服务器成功后即可完成移动站配置，点击【确定】，然后返回到主界面等待固定解。

第一次登录成功后，以后作业如果不改变配置，可直接打开移动站，主机即可得到固定解。

3. 网络 CORS 模式

网络 CORS 模式的优势就是可以不用架设基站，当地如果已建成 CORS 网，通过向 CORS 管理中心申请账号。在 CORS 网覆盖范围内，用户只需单移动站即可作业。具体操作步骤如下：

(1)手簿及工程之星连接；

(2)选择【配置】→【仪器设置】→【移动站设置】，点击【移动站设置】则默认将主机工作模式切换为移动站；

(3)数据链：网络模式；

(4)网络配置：接收机移动网络(SIM 卡插到主机)、手机网络(SIM 卡插到安卓手

簿)接收机 Wi-Fi(主机连接 Wi-Fi 上网);

(5)APN 设置：根据实际要求设置;

(6)数据链设置(如图 4.16)：①点击【增加】；②名称：可以自己命名；③IP：输入自己的 IP 地址；④port：输入自己的端口；⑤账户：输入申领的 CORS 账号；⑥密码：输入自己的 CORS 账号密码；⑦模式：NTRIP；⑧接入点：输入自己的 CORS 账号接入点(也可以获取)。

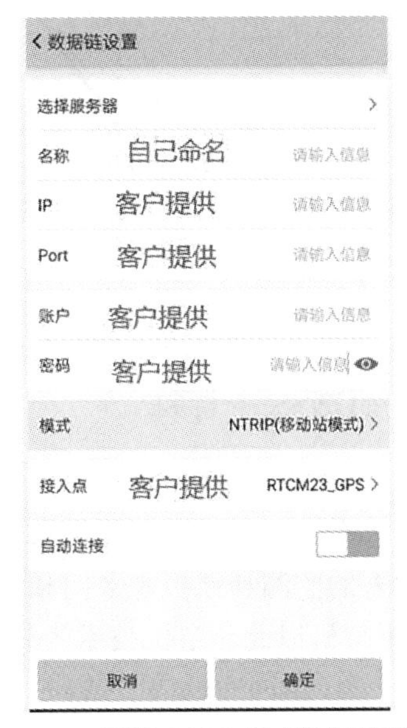

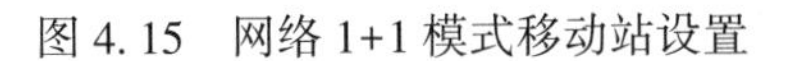
图 4.15　网络 1+1 模式移动站设置

图 4.16　网络 CORS 模式数据链设置

点击【确定】，返回模板参数管理页面，选择新增加的网络模板，点击【连接】，登录服务器成功后即可完成移动站配置，点击【确定】，然后返回到主界面等待固定解。

第一次登录成功后，以后作业如果不改变配置可直接打开移动站，主机即可得到固定解。

注：由于一些地区 CORS 网为专网，上网方式不一样，所以设置 APN 时，需要输入 CORS 网管理中心的 APN 上网参数。

4. 天线高量取方式

静态作业、RTK 作业都涉及天线高的量取，下面分别予以介绍。

天线高实际上是相位中心到地面测量点的垂直高，动态模式天线高的量测方法有杆高、直高和斜高三种量取方式，如图 4.17 所示：

(1)杆高：地面到对中杆高度(地面点到仪器底部)，可以从杆上刻度读取；

(2)直高：地面点到天线相位中心的高度。其值等于地面点到主机底部的垂直高度+天线相位中心到主机底部的高度；

(3)斜高：测到测高片上沿，在手簿软件中选择天线高模式为斜高后输入数值。

静态的天线高量测：只需从测点量测到主机上的测高片上沿，内业导入数据时在后

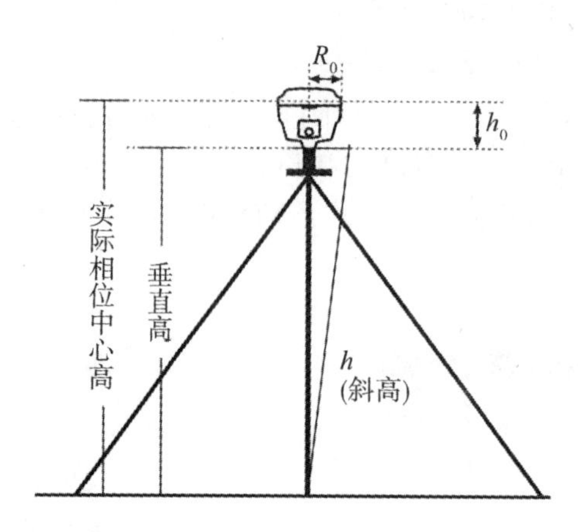

图 4.17　GNSS 测量天线高的量取

处理软件中天线高量取方式选择【测高片】即可。

4.3.3　GNSS 手持机

随着全球导航卫星系统(GNSS)的不断发展，GNSS 卫星接收机设备在交通、运输、测绘、通信、军事、石油勘探、资源调查、农林渔业、时间对比、大气研究、气象预报、地质灾害的监测和预报等部门和领域中有广泛的应用前景。

GNSS 手持机以北斗定位技术为核心，小巧轻便，集高精度 GNSS 主板、专业高灵敏卫星天线、4G 全网通模块、Wi-Fi、高频电源板、液晶等于一体，定位精度高，无缝接驳各平台，可以满足测绘、GIS、国土、普查等不同行业的需求。

1. GNSS 手持机的分类

根据操作系统可以分为三大类，Windows CE 6.0 手持机、Windows Mobile 手持机、Android 系统手持机。随着安卓用户的普及，Windows CE/Windows Mobile 手持机已经退出市场，以安卓操作系统为主。

根据主板差异可以分为两大类，即单频手持机和双频手持机。

根据定位精度可以分为米级、亚米级、厘米级 GNSS 手持机。米级定位设备一般采用单频定位主板或者芯片，单独定位精度 3~5m；亚米级定位设备一般采用单频定位主板，单点定位 3m，接 CORS 基站差分数据，可以实现差分定位，定位精度可达到 50cm。厘米级定位设备采用双频定位主板，接 CORS 基站差分数据，可以达到固定解，定位精度可达 2cm。

2. GNSS 手持机的组成

硬件部分：GNSS 模块、搜星天线、液晶显示屏、电源板、GPRS 模块、蓝牙、Wi-Fi模块，等等。

系统部分：含操作系统、GIS 采集系统等相关软件。

3. GNSS 手持机的特点

(1)精准定位。具有测量型高灵敏度抗干扰 GNSS 天线及定位主板，采用芯片和相关算法，支持北斗、GPS、GLONASS、GALILEO 多星座系统，导航搜星迅速稳定，定位精确可靠。其中亚米级、厘米级手持机通过接入 CORS 差分实现亚米级、厘米级高精度卫星定位。

(2)高端配置。Android 8.0 操作系统，八核 2.0Ghz 处理器，6G 运存+128G 以上内存，支持最大 128GB 存储卡扩展，运行流畅，系统稳定，通过安卓系统开发的专业 App 实现定位导航，GIS 数据采集等相关工作。

(3)超清大屏。采用高清 5.5 英寸以上大屏、1440×720 分辨率，户外清晰可见，满足行业需求。

(4)灵活的蓝牙应用。通过蓝牙与第三方设备进行数据交换，如连接电脑传输数据，可连接 RTK 主机，当作手簿，进行野外作业。

(5)工业三防。采用工业三方设计，防水防尘达 IP67，抗 1.2m 跌落，野外恶劣环境轻松应对。

(6)小巧轻便，方便携带。手持机通常应符合人体工学设计，便于手掌持握的尺寸大小。相关作业人员携带便捷，具备一定的防水防尘野外作业能力。

(7)支持功能拓展。支持硬件拓展(如 RFID、扫描模块、硬件对讲等)，支持第三方软件二次开发，满足不同用户需求。

(8)操作简单。设备操作简单，对外业人员要求较低，轻松掌握使用。

4. GNSS 手持机的行业应用

基于 GNSS 等多星系统的实时高精度定位，结合在数据采集和应用等方面的专业 GIS 系统和其他应用软件，可以广泛地应用于国土、电力、农林、水利、管网、通信等行业，为用户提供人员定位管理、执法检查、资源勘探、定界普查、灾害预防、设备管理、管线巡检等工作的高效率解决方案。

(1)国土资源管理：GNSS 手持机搭配开发软件后可用于土地变更调查、农村集体产权划界、土地矿产卫片执法检查、基本农田保护、城市地籍调查、矿产资源调查、地质调查等。使用手持机进行数据采集，配合相关巡查软件，根据原有矢量地形图或航片影像数据进行导航、分析，或按照服务器等下发的巡查任务计划，可快速进行核查、巡查。

(2)电力巡检管理：搭载手持电力巡检解决方案，可以很方便地完成电力数据采集、杆塔数据采集、配电线路巡检、巡线工作管理以及运行维护等工作。

(3)林业资源调查和管理：含有 GIS 应用的手持机也能用于林业调查、林权改革、造林规划、森林火灾监控、灾后评估、森林道路规划、城市森林管理、湿地保护。

(4)农业应用：GIS 高精度手持机产品在农业方面应用于土地面积和边界的测量，为农村经济调查、林地权属调查、农业区划、标准良田建设极大地提高了工作效率。同时，在土壤普查、农业环境监测、病虫害防治、草原防火方面也有广泛应用。

(5)通信资源管理：手持 GIS 终端在通信行业应用于电信运营商相关产业基于通信资源数据的动态管理和通信资源的巡检维护工作。包括网络规划、网络维护及优化、基站定位、杆塔定位、线路巡检及维护、线路资源普查等。

(6)水利普查：用于水土保持观测点定位、机井定位，城市排水管线闸门、节点、井盖位置确定，航道标志物、水下地形定位、水资源监测、流域普查及管理等。

(7)环境监测和保护：应用于对环境监测点定位、污染源定位及数据采集，以及污染区域面积、湿地区域的调查；环境执法监察国土、地质勘查定位导航等综合环境的调查；建设城市环境监测、分析及预警信息系统等。

(8)市政管道管理：使用 GIS 手持机系列产品，可实现自来水管线、煤气管网、油井勘探、加油站属性、消防栓、市政设施的定位和属性数据的采集、状况巡检，从而帮助建立综合的城市 GIS 数据库并不断维护。

4.3.4　数字施工

数字施工是指运用数字化技术辅助工程建造，通过人与信息端交互进行，主要体现在表达、分析、计算、模拟、监测、控制及其全过程的连续信息流的构建。并以此为基础驱使工程组织形式和建造过程的演变，最终实现工程建造过程和产品的变革。

数字施工的方向包括：

(1)引导施工。无桩化施工、引导高标准作业。代表产品：桩机、强夯、2D 挖机、2D 推土机等。能够实际提高生产的质量和效益。

(2)施工自动化。分为工程机械行驶底盘的自动化和工器具的自动化。代表产品：三维摊铺机、三维挖机、三维推土机、自动化旋挖机、自动化压路机等。

(3)施工过程监控。施工作业过程中的过程和质量实时监控。代表产品：压实系统、搅拌站监控、工程车监控、桩机监控、强夯监控等。方便业主单位、质检监理单位、行业主管单位等。

(4)施工信息化。施工工程的全盘信息化：人、机、料、法、环。财务合同发票管理系统、安全管理系统、质量管理系统、档案、BIM、倾斜摄影、无人机、三维扫描仪等，是围绕信息化一整套的综合解决方案。代表产品：智慧工地、高速信息化、机场项目等。

4.4　CORS 系统

4.4.1　概述

卫星导航定位连续运行基准站(global navigation satellite system continuously operating reference station，GNSS CORS)是一种地基增强系统，通过在地面按一定距离建立的若干个固定基准站接收导航卫星发射的导航信号，经通信网络传输至数据综合处理系统，处理后产生的导航卫星的精密轨道和钟差、电离层修整数、后处理数据产品等信息，通过卫星、数字广播、移动通信等方式实时播发，并通过互联网提供后处理数据产品的下载服务，满足导航卫星系统服务范围内广域米级和分米级、区域厘米级的实时定位和导航需求，以及后处理毫米级定位服务需求。

北斗地基增强系统作为导航应用的核心，由北斗地面基准站、数据处理中心、数据通信、用户应用四部分组成。基准站接收导航卫星信号后，通过数据处理系统形成相应的信息，经由卫星、广播、移动通信等手段实时播发给应用终端，实现定位服务。

北斗 CORS 从建设规模上可以分为单基站系统、多基站系统以及网络 CORS 系统。各模式的特点见表 4.4。

表 4.4 **北斗 CORS 系统建设模式**

模式		单基站系统	多基站系统	网络 CORS 系统
基站布设		作业区域中心	基站间距 20~50km	基站间距 20~70km
作业范围	厘米级	基站周边 30km	多个单基站半径 30km 叠加	基准站网内及站网周边 30km
	亚米级	基站半径 50km 范围	各基站周边 50km	基准站网内及站网周边 50km
差分来源		单基站	最近的实体基站	虚拟基准站
误差累计		随着与基站间的距离增加而增加	随着与基站间的距离增加而增加	基准站网内误差均匀，网外 30km 以上精度有衰减
系统稳定性		依赖单基站数据稳定性，基站掉线无法使用服务	个别基站掉线时影响该区域小范围服务稳定性	基站掉线可使用冗余基线保证服务稳定性、系统容错性强

1. 单基站系统

单基站 CORS 只有一个连续运行站。类似于 1+1 的 RTK，一台基准站接收机和一台或者若干台定位终端接收机，通过对同步观测值的求差处理，消除或削弱星历误差、大气传播误差、时钟误差、仪器信号延迟、SA 干扰等多种相关性公共误差源的影响，软件实时向终端发送差分信息，提高 GNSS 定位精度。通过软件可实时查看基准站卫星状态和存储静态数据。单基站系统特点如下：

(1)投入较少。单基站只要较少的投资即可在中小城市建一个 CORS 基站，满足用户不同层次空间信息技术服务的需要：基站所在城区及城市进出口主要交通沿线，及以基站为中心 30km 范围内地区实现快速厘米级实时定位及事后差分。

(2)方便升级和扩展。单基站系统可随时增加新的基站，加大实时 RTK 作业的覆盖区域，一旦满足建立网络 CORS 系统的条件，只要进行系统软件的升级，花费不大的投资，单基站 CORS 系统即可轻松地升级成网络 CORS 系统。

(3)施工周期短。单参考站技术经过实践表明它是一种比较成熟的技术，从方案落实开始采购设备，安装调试，到验收运行整个周期 1 个月左右即可完成。

2. 多基站系统

多基站系统是分布在一定区域内的多台连续观测站，应用一套控制软件生产若干个基站改正数，软件自动计算流动站与各个基站之间的距离，根据终端的 GGA 自动分配离终端最近的基站改正数进行服务，确保终端获得最优的精度来定位，终端无缝切换。多基站系统的特点如下：

(1)随时可以升级和扩展。多基站系统可随时增加新的基站，加大实时 RTK 作业的覆盖区域，只要进行系统软件的升级，多基站 CORS 系统即可轻松地升级成网络 CORS 系统。

(2)作业范围广。单基站的 RTK 作业半径为 30km，多基站是单基站 RTK 作业范围的叠加，能够实现快速厘米级实时定位。

(3)系统可用性高。多基站系统即使有基站掉线，系统可自动切换到最近的基站进行 RTK 的实时定位服务，保障服务的连续可用性。

3. 网络 CORS 系统

网络 CORS 系统可以在一个较大的范围内均匀稀疏地布设基准站，利用基准站网络的实时观测数据对覆盖区域进行系统误差建模，然后对区域内流动用户站观测数据的系统误差进行估计，尽可能消除系统误差影响，获得厘米级实时定位结果，网络 CORS 技术的精度覆盖范围增大且精度分布均匀，网络 CORS 技术目前在算法上以虚拟参考站为主，并结合实际应用进行增强和改进。网络 CORS 特点如下：

(1)服务精度更高。网络 CORS 利用多个基准站信息，建立更精准的电离层、对流层、轨道误差等模型，进一步提高了 RTK 定位的精度。

(2)作业范围更广且精度均匀。网络 CORS 系统的作业半径为网内区域及网外 30km 内区域，作业范围较多基站更广，由于系统对覆盖区域进行系统误差建模，因此其 RTK 定位的精度受基站距离的影响小，精度覆盖均匀。

(3)系统稳定、容错性高。网络 CORS 系统如果有基站掉线，系统可自动使用附近的基站来建立区域误差模型，保障系统的稳定性。

4.4.2 CORS 网组成

北斗 CORS 系统由基准站子系统、数据处理与控制中心子系统、数据通信子系统、应用服务子系统四个子系统组成，如图 4.18 所示。

1. 基准站子系统

基准站是系统的数据源，用于提供原始观测数据、星历等数据。基准站由室外设备和室内设备组成。室外设备主要包括观测墩、水准(重力)标志、天线、避雷针等；室内设备通常置于机柜内，包括接收机、网络设备、UPS 电源等。每个基准站通过网络发送数据至数据中心，结构如图 4.19 所示。

2. 数据处理与控制中心子系统

数据处理与控制中心子系统主要设备有服务器、磁盘阵列、机柜、路由器、UPS 电源、防火墙等，如图 4.20 所示。能够接收、整理、储存、备份基准站原始观测数据、广播星历、气象观测数据等，系统由基础软件、硬件和解算模块组成，可实现数据存储、管理、处理、服务分发、控制权限分配及用户管理，需要可靠安全的服务器来运行数据处理软件，同时需要借助其他网络(Internet、移动网络等)来向用户发布各类不同的数据，其中，数据处理与北斗地面基准站网通过数据网络进行数据的传输。

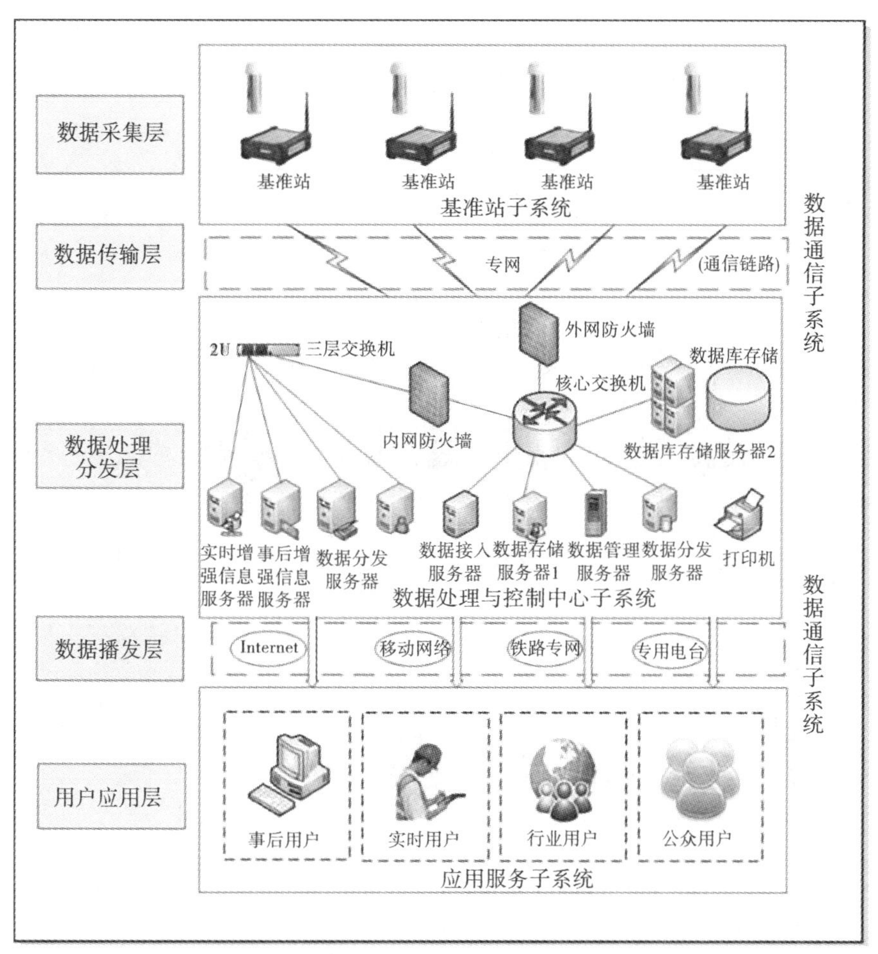

图 4.18　CORS 系统组成

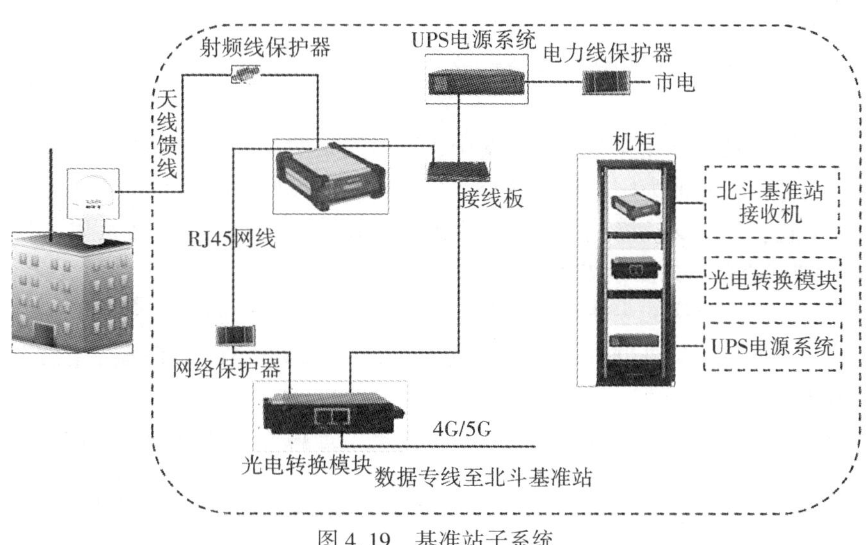

图 4.19　基准站子系统

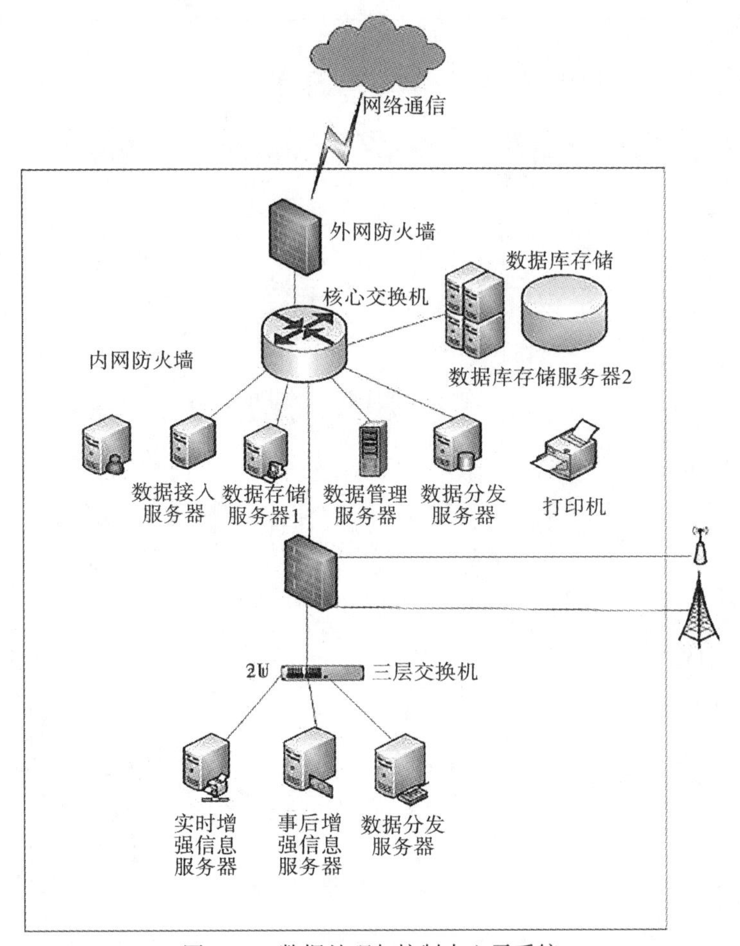

图 4.20　数据处理与控制中心子系统

数据中心建设时应考虑：

(1)可靠性：保障软件和硬件设备、数据流程的稳定可靠，关键设备、重要数据应采用冗余备份；

(2)安全性：具备物理安全、运行安全、信息安全的技术保障措施；

(3)准确性：应保证为用户提供各类产品及服务的准确性和时效性；

(4)规范化：数据交换格式规范化、数据产品规范化及业务流程规范化。

数据处理中心机房的要求如下：

(1)机房建筑：机房的主体结构耐久、抗震，装修选用阻燃性材料；

(2)供电系统：设备供电按设备总用电量的 20%～25%预留，能够与应急照明系统的自动切换和消防系统联动；

(3)空调系统：保障机房内的温度、相对湿度、通风等条件符合仪器设备正常运行的要求；

(4)电涌防护：对服务器、网络设备、UPS、空调等电子设备加装过压保护装置，设备接入端安装防雷装置以及防电涌装置；

(5)安防系统：配置消防设备，采用门禁等安保措施。

3. 数据通信子系统

通信子系统主要实现以下功能：

(1)基准站和 CORS 数据中心之间的通信主要实现 GNSS 观测数据、基准站状态和完好性信息、指令信息等数据传输；

(2)CORS 数据中心与用户终端的通信主要实现用户实时位置信息、GNSS 差分信息等数据传输。

每个基准站都依靠路由器建立本地局域网，通过防火墙/路由器等设备与通信终端连接，并通过专线等方式发送数据至数据中心，如图 4.21 所示。

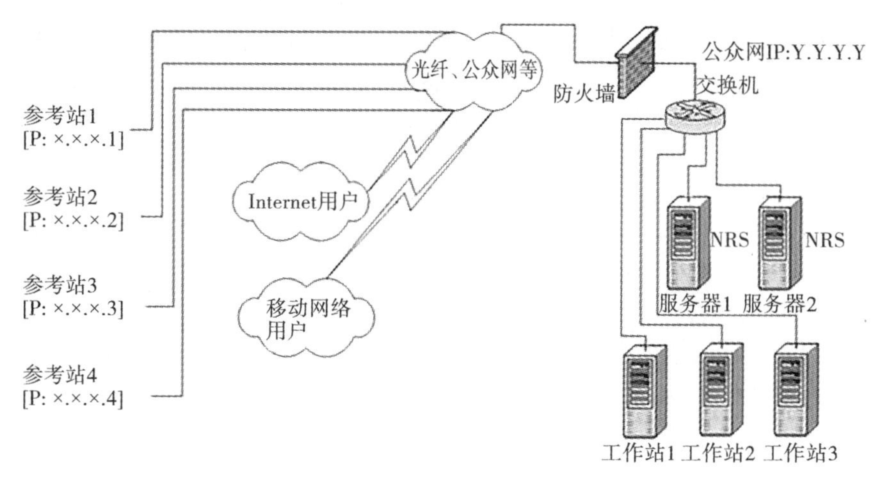

图 4.21　数据通信子系统

4. 应用服务子系统

(1)按照应用的精度不同，可以分为毫米级用户、厘米级用户、分米级用户、米级用户等。

(2)按照业务覆盖范围可以分为高精度数据采集、车载导航与定位、机载导航与定位等不同应用场景示范应用，如图 4.22 所示。

图 4.22　应用服务子系统

各类用户分别使用不同的差分信息，满足各用户群落的需求，应用服务子系统还可以提供以下两部分服务：

(1)用户的接入管理和认证管理系统，主要负责用户管理、认证、授权、记录和计费等工作；

(2)事后数据处理服务，由系统的数控中心提供。对于事后的数据，用户采用已有通信网。通过 Web 访问，ftp 文件传输功能实现。

4.4.3　北斗 CORS 高精度定位应用

北斗地基增强系统是为现代化城市信息管理服务和为各种地理空间信息处理服务的基础设施，其应用领域涉及测绘、资源调查、国土规划、地籍管理、工程建设、交通监控、公共安全、工程与地壳形变监测等。该系统目前和潜在的用户存在多种类型，按照实时性可分为静态用户和动态实时用户两大类，从精度上分又可分为米级用户、亚米级用户、厘米级用户和高精度用户等几类。具体应用领域见表 4.5。

表 4.5　**北斗 CORS 高精度定位应用领域**

领域	主要用途	可用性分析	实时性需求
测绘工程	控制测量、各种地形图测量	24 小时/365 天	实时或事后
矿业资源调查	矿业资源信息调查	24 小时/365 天	实时或事后
变形监测	滑坡变形监测、大坝及各种建筑物的变形监测、安全检测	24 小时/365 天	实时或事后
河道应用	水下地形图、航道勘测、水文监测	24 小时/365 天	实时
国土勘查	界址点、地籍图、宗地图测量，土地整理	24 小时/365 天	实时
工程施工	施工、建筑放样、管理	24 小时/365 天	实时
地理信息更新	城市规划、GIS 采集、管理	24 小时/365 天	实时
线路勘测设计及施工	公路、通信线路、电力线路、石油管道、水利沟渠等勘测设计与施工	24 小时/365 天	实时
市政工程	市政管道，燃气、自来水、污水、通信等管道	24 小时/365 天	实时
地面交通监控	车、船行程管理、自主导航	24 小时/365 天	延时≤3s
空中交通监控	飞机起飞与着陆	24 小时/365 天	延时≤1s
公共安全	特种车辆监控、事态应急	24 小时/365 天	延时≤3s
农业管理	精细农业、土地平整	24 小时/365 天	延时≤5s
海、空、港管理	船只、车辆、飞机进港后调度	24 小时/365 天	延时≤3s
公众、个人导航	老人、儿童安全监控；个人旅游等	24 小时/365 天	延时≤3s

4.4.4 似大地水准面精化

大地水准面是由静止海水面并向大陆延伸所形成的不规则的封闭曲面。它是重力等位面，即物体沿该面运动时，重力不做功(如水在这个面上是不会流动的)。大地水准面是指与全球平均海平面(或静止海水面)相重合的水准面。大地水准面是描述地球形状的一个重要物理参考面，也是海拔高程系统的起算面。大地水准面的确定是通过确定它与参考椭球面的间距——大地水准面差距(对于似大地水准面而言，则称为高程异常)来实现的。

似大地水准面是从地面点沿正常重力线量取正常高所得端点构成的封闭曲面。似大地水准面严格地说不是水准面，但接近于水准面，只是用于计算的辅助面。它与大地水准面不完全吻合，差值为正常高与正高之差。但在海洋面上时，似大地水准面与大地水准面重合。

建立一个高精度、三维、动态、多功能的国家空间坐标基准框架、国家高程基准框架、国家重力基准框架，以及由 GNSS、水准、重力等综合技术精化的高精度、高分辨率似大地水准面。该框架工程的建成，将为基础测绘、数字中国地理空间基础框架、区域沉降监测、环境预报与防灾减灾、国防建设、海洋科学、气象预报、地学研究、交通、水利、电力等多学科研究与应用提供必要的测绘服务，具有重大的科学意义。

精化大地水准面对于测绘工作有重要意义：首先，大地水准面或似大地水准面是获取地理空间信息的高程基准面。其次，GNSS(全球导航卫星系统)技术结合高精度高分辨率大地水准面模型，可以取代传统的水准测量方法测定正高或正常高，真正实现 GNSS 技术对几何和物理意义上的三维定位功能。再次，在现今 GNSS 定位时代，精化区域性大地水准面和建立新一代传统的国家或区域性高程控制网同等重要，也是一个国家或地区建立现代高程基准的主要任务，以此满足国家经济建设和测绘科学技术的发展以及相关地学研究的需要。

近年来，我国经济发达地区及中、小城市，在地形图测绘方面，对厘米级似大地水准面的需求十分迫切。高精度的似大地水准面结合 GNSS 定位技术所获得的三维坐标中的大地高分离求解正常高，可以改变传统高程测量作业模式，满足 1 : 1 万、1 : 5000 甚至更大比例尺测图的迫切需要，加快数字中国、数字区域、数字城市等的建设，不但节约大量人力物力，产生巨大的经济效益，而且具有特别重要的科学意义和社会效益。

大地高等于正常高与高程异常之和，GNSS 测定的是大地高，要求正常高必须先知道高程异常。在局部 GNSS 网中已知一些点的高程异常(它由 GNSS 水准算得)，考虑地球重力场模型，利用多面函数拟合法求定其他点的高程异常和正常高。

确定大地水准面的方法有：

(1)几何法，如天文水准、卫星测高、GNSS 水准等；

(2)组合法，重力学法与重力联测法。

陆地局部大地水准面的精化普遍采用组合法，即以 GNSS 水准确定的高精度但分辨率较低的几何大地水准面作为控制，将重力学方法确定的高分辨率但精度较低的重力大地水准面与之拟合，以达到精化局部大地水准面的目的。

练习与思考题

1. 全球卫星定位系统包含哪几个？各自的轨道分布有何特点？
2. BDS 系统组成包含哪几个部分？
3. 绝对定位根据接收机的状态可分为哪几种？
4. 请简述相对定位的基本原理。
5. GNSS 测量误差根据传播途径分，可分为哪几种？
6. 静态定位至少需要几台接收机？
7. 静态定位控制网布设方法包含哪几种？
8. 静态测量测前需要做好哪些准备工作？
9. 简述静态测量外业观测过程中仪器高的量取方式。
10. 简述 RTK 电台模式作业流程。
11. RTK 电台模式作业移动站由哪些部分组成？
12. RTK 使用网络 CORS 模式作业，其作业范围由什么决定？
13. GNSS 手持机根据定位精度来划分，包含哪几种？
14. 北斗 CORS 系统定位精度包含哪几种？
15. 北斗 CORS 系统根据建设规模来划分，包含哪几种？
16. 北斗 CORS 系统由哪几部分组成？
17. 北斗 CORS 系统在测绘工程中的主要应用是什么？

第5章　工程控制测量

5.1　坐标系统与地图投影

5.1.1　地球椭球与参考椭球

1. 地球椭球

众所周知，地球表面是凸凹不平的，对于测量而言，地表是一个无法用数学公式表达的曲面，这样的曲面不能作为测量和制图的基准面。假想一个扁率极小的椭圆，绕大地体短轴旋转，所形成的规则椭球体称之为地球椭球体，此椭球体近似于大地水准面。地球椭球体表面是一个规则的数学表面，可以用数学公式表达，所以在测量和制图中就用它替代地球的自然表面。

为了建立地球坐标系，测绘上选择一个形状和大小与大地水准面最为接近的旋转椭球代替大地水准面。先用重力技术推算出大地水准面，然后用数学上的最佳拟合方法，让大地水准面和椭球面相应点之间的差距(即大地水准面差距)平方和为最小，求出与大地水准面最密合的一个旋转椭球体，由此确定它的形状和大小。

2. 参考椭球

在大地测量中，参考椭球体是一个数学上定义的地球表面，它近似于大地水准面。由于其相对简单，参考椭球是大地控制网计算和显示点坐标(如纬度、经度和海拔)的首选的地球表面的几何模型。通常所说的地球的形状和大小，实际上就是以参考椭球体的长半轴、短半轴和扁率来表示的。

参考椭球的主要作用就是作为定义经度、纬度和高程的基础。表5.1列出了一些最常见的参考椭球。

表5.1　**常见的参考椭球**

椭球名称	长半轴(m)	短半轴(m)	扁率的倒数 $1/f$	使用的国家和地区
克拉克(Clarke)1880	6 378 245	6 356 510	293.46	北美
白塞尔(Bessel)1841	6 377 397.155	6 356 078.965	299.152 843 4	日本及中国台湾
International 1924	6 378 388	6 356 911.9	296.999 362 1	欧洲、北美及中东
克拉索夫斯基(Krasovsky)1940	6 378 245	6 356 863	298.299 738 1	俄罗斯、中国

续表

椭球名称	长半轴(m)	短半轴(m)	扁率的倒数 1/f	使用的国家和地区
1975 年国际会议推荐的参考椭球	6 378 140	6 356 755	298. 257	中国
WGS 1984	6 378 137	6 356 752. 3142	298. 257 223 563	全球

我国在 1954 年前曾采用 International 1924 参考椭球，之后较长一段时间内采用基于克拉索夫斯基(Krasovsky)1940 的 1954 年北京坐标系。1980 年开始使用 1975 年国际大地测量与地球物理联合会第 16 届大会推荐的参考椭球。

5. 1. 2　地图投影与坐标系

一个完整的坐标系统是由坐标系和基准两方面要素所构成的。坐标系指的是描述空间位置的表达形式，而基准指的是为描述空间位置而定义的一系列点、线、面。大地测量中的基准一般是指为确定点在空间中的位置，而采用的地球椭球或参考椭球的几何参数和物理参数，及其在空间的定位、定向方式，以及在描述空间位置时所采用的单位长度的定义。

1. 坐标系的分类

正如前面所提及的，所谓坐标系指的是描述空间位置的表达形式，即采用什么方法来表示空间位置。人们为了描述空间位置，采用了多种方法，从而也产生了不同的坐标系，如直角坐标系、极坐标系等。在测量中，常用的坐标系有以下几种：

(1)空间直角坐标系。坐标系原点位于参考椭球的中心，Z 轴指向参考椭球的北极，X 轴指向起始子午面与赤道的交点，Y 轴位于赤道面上，且按右手系与 X 轴呈 90 °夹角。某点在空间中的坐标可用该点在此坐标系的各个坐标轴上的投影来表示，如图 5. 1 所示。

(2)空间大地坐标系。采用大地经度(L)、大地纬度(B)和大地高(H)来描述空间位置的。纬度是空间的点与参考椭球面的法线与赤道面的夹角，经度是空间中的点与参考椭球的自转轴所在的面与参考椭球的起始子午面的夹角，大地高是空间点沿参考椭球的法线方向到参考椭球面的距离，如图 5. 2 所示。

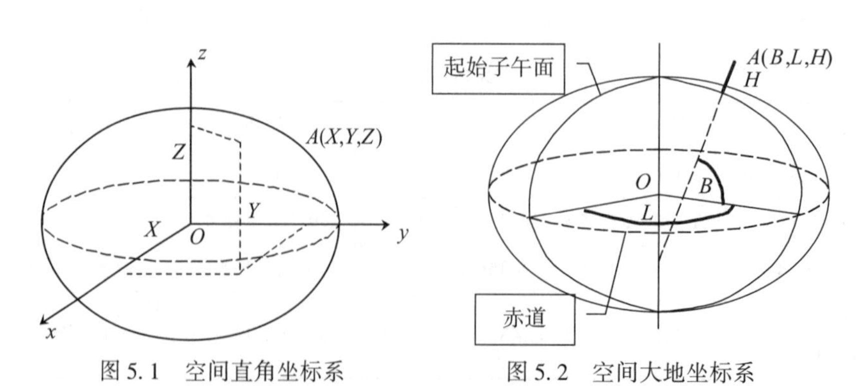

图 5. 1　空间直角坐标系　　图 5. 2　空间大地坐标系

(3)平面直角坐标系。利用投影变换，将空间坐标(空间直角坐标或空间大地坐标)通过某种数学变换映射到平面上，这种变换又称为投影变换。投影变换的方法有很多，如 UTM 投影、Lambert 投影等，在我国采用的是高斯-克吕格投影，也称为高斯投影。

2. 常用的坐标系统

1)WGS-84 坐标系

这是目前 GPS 所采用的坐标系统，GPS 所发布的星历参数就是基于此坐标系统。

WGS-84 坐标系统的全称是 1984 世界大地测量系统(world geodetic system 1984, WGS-84)，它是一个地心地固坐标系统。WGS-84 坐标系统由美国国防部制图局建立，于 1987 年取代了当时 GPS 所采用的 WGS-72 坐标系统，而成为 GPS 所使用的坐标系统。

WGS-84 坐标系的坐标原点位于地球的质心，Z 轴指向 BIH1984.0 定义的协议地球极方向，X 轴指向 BIH1984.0 的起始子午面和赤道的交点，Y 轴与 X 轴和 Z 轴构成右手系。

2)1954 年北京坐标系

这是我国之前广泛采用的大地测量坐标系。该坐标系源自苏联采用过的 1942 年普尔科夫坐标系。

中华人民共和国成立前，我国没有统一的大地坐标系统，新中国成立初期，在苏联专家的建议下，我国根据当时的具体情况，建立起了全国统一的 1954 年北京坐标系。该坐标系采用的参考椭球是克拉索夫斯基椭球。

遗憾的是，该椭球并未依据当时我国的天文观测资料进行重新定位，而是由苏联西伯利亚地区的一等锁，经我国的东北地区传算过来的，该坐标系的高程异常是以前苏联 1955 年大地水准面重新平差的结果为起算值，按我国天文水准路线推算出来的，而高程又是以 1956 年青岛验潮站的黄海平均海水面为基准。

1954 年北京坐标系建立后，全国天文大地网尚未布测完毕，由于当时条件的限制，1954 年北京坐标系存在着很多缺点，主要表现在以下几个方面：

(1)克拉索夫斯基椭球参数同现代精确的椭球参数的差异较大，并且不包含表示地球物理特性的参数，因而给理论和实际工作带来了许多不便。

(2)椭球定向不十分明确，椭球的短半轴既不指向国际通用的 CIO 极，也不指向目前我国使用的 JYD 极。参考椭球面与我国大地水准面呈西高东低的系统性倾斜，东部高程异常达 60 余米，最大达 67m。

(3)该坐标系统的大地点坐标是经过局部分区平差得到的，因此，全国的天文大地控制点实际上不能形成一个整体，区与区之间有较大的隙距，如在有的接合部中，同一点在不同区的坐标值相差 1~2m，不同分区的尺度差异也很大，而且坐标传递是从东北到西北和西南，后一区是以前一区的最弱部作为坐标起算点，因而一等锁具有明显的坐标累计误差。

3)1980 年西安大地坐标系

1978 年，我国决定重新对全国天文大地网施行整体平差，并且建立新的国家大地坐标系统，整体平差在新大地坐标系统中进行，这个坐标系统就是 1980 年西安大地坐标系统。

1980 年西安大地坐标系统所采用的地球椭球参数的 4 个几何和物理参数采用了 IAG 1975 年的推荐值。椭球的短轴平行于地球的自转轴(由地球质心指向 1968.0 JYD 地极原点方向)，起始子午面平行于格林尼治平均天文子午面，椭球面同似大地水准面，在我国境内符合得最好，高程系统以 1956 年黄海平均海水面为高程起算基准。

4) CGCS2000 坐标系

随着社会的进步，国民经济建设、国防建设和社会发展、科学研究等对国家大地坐标系提出了新的要求，迫切需要采用原点位于地球质量中心的坐标系统(以下简称地心坐标系)作为国家大地坐标系。采用地心坐标系，有利于采用现代空间技术对坐标系进行维护和快速更新，测定高精度大地控制点三维坐标，并提高测图工作效率。

2008 年 3 月，由国土资源部正式上报国务院《关于中国采用 2000 国家大地坐标系的请示》，并于 2008 年 4 月获得国务院批准。自 2008 年 7 月 1 日起，中国将全面启用 2000 国家大地坐标系，国家测绘局授权组织实施。

2000 国家大地坐标系(China Geodetic Coordinate System 2000，CGCS2000)，是我国当前最新的国家大地坐标系。2000 国家大地坐标系的原点为包括海洋和大气的整个地球的质量中心；2000 国家大地坐标系的 Z 轴由原点指向历元 2000.0 的地球参考极的方向，该历元的指向由国际时间局给定的历元为 1984.0 的初始指向推算，定向的时间演化保证相对于地壳不产生残余的全球旋转，X 轴由原点指向格林尼治参考子午线与地球赤道面(历元 2000.0)的交点，Y 轴与 Z 轴、X 轴构成右手正交坐标系。采用广义相对论意义下的尺度。

3. 投影

1) 高斯投影

正形投影有许多方法，其中一种是高斯-克吕格投影，简称高斯投影。为了简单说明高斯投影的概念，我们把地球看作一个圆球。如图 5.3 所示，在地球表面上选择其中一个子午圈，把投影面卷成一个圆柱，使圆柱与该子午圈相切，这条切线即轴子午线。这样，球面上的轴子午线就毫无改变地转移到圆柱面上，即投影面上。

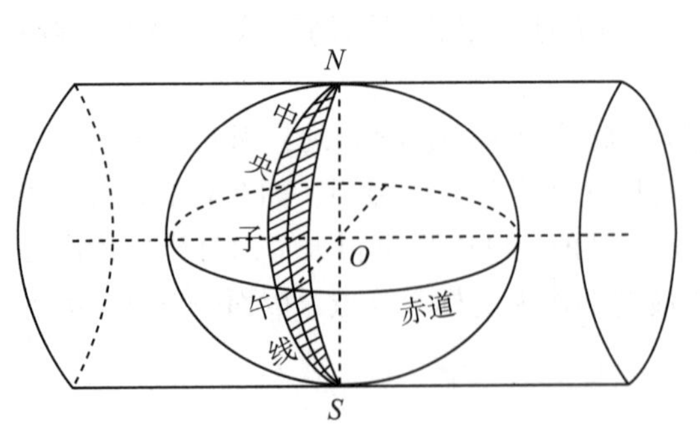

图 5.3　高斯投影

另外，扩大赤道面与圆柱体相交，这条交线是与轴子午线垂直的。当将圆柱体切开时，在圆柱体上(投影面上)就形成正交直线，即平面直角坐标系统，其中轴子午线形成 X 轴，赤道形成 Y 轴。

根据这种横圆柱正形投影的图形变换关系，可以得到球面上几条特殊线段在平面上的形状。平行于轴子午线的平面与球面相交而得的小圆，在平面上为平行 X 轴的直线。通过球心并垂直于轴子午面的平面与球面的交线，即垂直于轴子午线的大圆，在平面上为平行于 Y 轴的直线。

此外，高斯投影需具备三个条件：①投影前后角度保持不变；②轴子午线投影后为一直线，X 轴(对称轴)；③轴子午线投影后长度不变。

2) UTM 投影

UTM 投影同高斯投影，属横轴等角割椭圆柱投影。条件是：①中央子午线投影为直线 x 轴，赤道为 y 轴；②正射投影；③中央子午线投影长度比为 0.9996。

3) 兰勃特投影

新中国成立前，我国用过(我国属于中低纬度地区)兰勃特投影。该投影是正形、正轴圆锥投影，设想有一个锥套在地球椭球上，锥轴与地轴重合，锥面与 B_0 的平行圆相切(或割)，设想平行圈圆心发出射线进行投影，在 L_0 处切开锥面展开即为投影。

5.1.3 坐标转换

不同坐标系统的转换本质上是不同基准间的转换，不同基准间的转换方法有很多，其中最为常用的布尔沙模型，又称为七参数转换法，如图 5.4 所示。

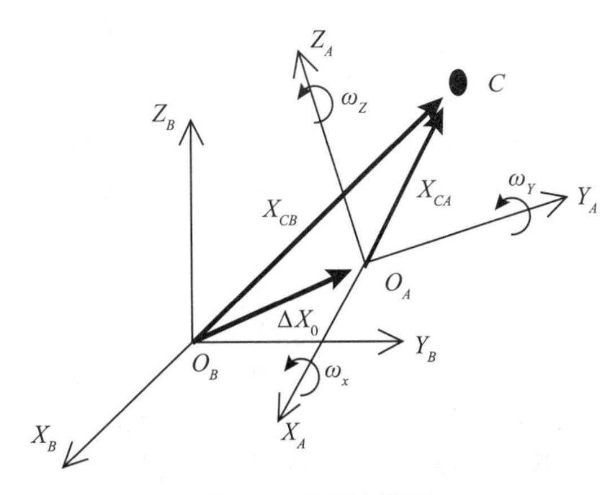

图 5.4 布尔沙模型

七参数转换法是：设两空间直角坐标系间有 7 个转换参数，即 3 个平移参数、3 个旋转参数和 1 个尺度参数。

GNSS 测量时的坐标转换，设备会自带配套功能；其他场合的坐标转换计算可参考附录 A 用“测量系统移动终端(MSMT)”完成。

5.2　工程控制网概述

在工程建设区域内，以必要的精度测定一系列控制点的水平位置和高程，建立起工程控制网，作为地形测量和工程测量的依据，这项测量工作称为控制测量。

控制测量分为三个环节：在控制网的设计阶段，其主要的内容是可行性论证，确定网的等级、性质、网形，估计网的技术和经济指标，编写技术设计等；在施测阶段，主要是根据技术设计进行选点、埋石、观测、数据处理等；在使用阶段，主要是对控制点的成果进行有效的管理，以便能够迅速、准确地为各项工程建设提供必需资料，另外还包括对控制网点的保管、维护和补测等。

工程控制网分为平面控制网和高程控制网两部分，前者是测定控制点的平面直角坐标，后者则是测定控制点的高程。

5.2.1　平面控制网

控制测量建立工程控制网的原理和方法，与大地测量建立大地控制网的原理和方法基本相同，并且工程控制网基本上需与高等级大地点相联系。

但是随着控制测量服务对象的多样化，测量仪器越来越先进，布网技术的提高以及数据处理技术不断进步等，布测的工程控制网的形式和数据处理的方法也逐渐不拘于一种形式，变得比较灵活。

除较小面积(一般小于 $25km^2$)的控制测量外，控制测量和大地测量在建立水平控制网的过程中，都必须考虑地球曲率的影响。为此，要选择一个合适的参考椭球面，作为处理地面观测成果和进行测量计算的基准面。也就是说，在地面上观测得到的水平方向观测值和边长观测值，须归化到这个基准面上，然后在该面上依据相应的起始数据计算出大地点或控制点的大地坐标。如果需要确定这些点相应的高斯平面直角坐标，则可进行两种坐标之间的转换计算，或将参考椭球面上的观测成果投影归算到高斯平面上，然后再在该面上把它们计算出来。这是控制测量和大地测量又一相同之处。

1. 工程平面控制网的布设原则和方案

1)布设原则

根据服务的对象不同，工程控制网可分为两种：一种是在各项工程建设的规划设计阶段，为测绘大比例尺地形图和建立地理信息系统、房地产测量等而布设的控制网，叫测图控制网；另一种是为各种工程建筑物的施工放样或变形观测等专门用途而布设的控制网，被称其为专用控制网。建立工程控制网时亦应遵守以下原则：

(1)分级布设，逐级控制。对于工程控制网，一般先布设相对于该测区来说适合要求的首级控制网(在测区范围内第一次布设的某一等级的、具有实质性基础控制作用的水平控制网，称为首级控制网，简称首级网，首级网可以是加密网或独立网)，随后再根据测图等的需要及测区面积的大小，加密若干层次较低等级的控制网。对于专用控制网，往往分两级布设。第一级作总体控制，第二级直接为建筑物放样而布设；用于变形观测或其他专门用途的控制网，通常无须分级。一般按顺序逐次加密。但有时为了需要也可越级加密，如在二等的基础上直接布测四等控制网等。

(2)要有足够的精度。一般要求测区内最低一级控制网的相邻点的相对点位中误差不得大于±5cm，即1/500测图的图上0.1mm所对应的实际距离精度为依据。各有关部门颁布的标准规定，对低于四等及以下的控制网中各点，相对于起算点的点位中误差亦不得超出±5cm，对于国家控制网而言，尽管观测精度很高，但由于边长比工程控制网的边长大得多，待定点与起始点相距较远，因而点位中误差远大于工程控制网的点位精度。

(3)要有足够的密度。工程控制网的点位密度应符合相应的规定或依实际工作的需要而定。三角网控制点的密度用平均边长来体现，导线网控制点的密度以平均边长及线路间距来体现。

(4)要有统一的规格。为了本行业对工程控制网的不同需求，各有关部门在共同遵守基本的统一规定的前提下，都制定了适合本行业的作业规范，如CJJ/T 8—2011《城市测量规范》、JTG C10—2007《公路勘测规范》等。相对于国家标准，这些行业的作业规范和标准称为行业标准或其行业、部门的汉语拼音简称标示标准的分类，以便于行业间的互相利用、互相协调、信息共享以及满足实际的需要等。

2)基本的布设方案

工程控制网一般都是为测绘大比例尺地形图和专门工程而布设的。为了限制边长的综合投影变形不超过2.5cm/km，在很多情况下都采用了地方坐标系或独立坐标系，根据测区面积的大小和工程的要求，可采用某一个等级的控制网作为测区的首级控制。

对于测图控制网，如按常规方法，一般都用导线形式或三角测量布设。对于工程专用控制网，有时也采用测边网、边角网等形式布设，平均边长等技术参数也有不同的要求。这样有利于控制网的优化设计以及控制点位误差椭圆的长轴方向。例如：桥梁控制网对于桥轴线方向的精度要求应高于其他方向的精度，以利于提高桥墩放样和桥面结构准确衔接的精度；隧道控制网则对垂直于隧道轴线方向的横向精度的要求要高于其他方向的精度，以利于提高隧道贯通的精度。目前水平控制网布测的主流方法是导线测量和GNSS定位测量的方法。作业单位应根据情况选用合适的作业模式。

(1)三角测量法。其方法和基本原理是：在地面上按一定的要求选定一系列的点，每一个点都设置测量标志，并以三角形的图形把它们连接成地面上的三角网。精确地观测所有三角形的内角以及至少一条三角边的长度，用一定的数学模型，把这些地面观测成果最终归算到高斯投影平面上，使地面上的三角网转化为高斯平面上的三角网，如图5.5所示。

三角测量的优点是：布设的图形毗连呈网形，控制面积大；测角精度高，几何条件数多；相邻点的相对点位误差较小。缺点是：除起始边和起始方位角外，其余各边及其方位角都是用水平角推算出来的，由于测角误差的传播，各边长及其方位角的精度不均匀，并且距起始边和起始方位角越远，它们的精度就越低。另外，三角测量在布测过程中通视难度较大，效率也较低。

因此，在过去一般用三角测量方法建立水平控制网，现在已很少使用。

(2)导线测量法。其方法和基本原理是：在地面上按一定的要求选定一系列的点，

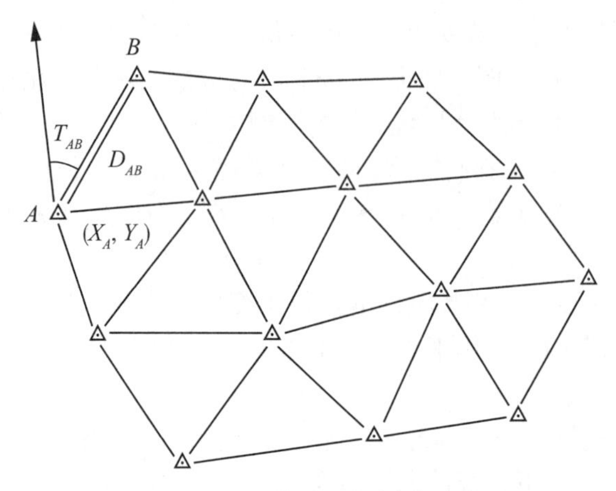

图 5.5　三角测量基本原理图

每一个点都设置测量标志，将相邻点连接后构成地面上的导线。精密地测量各导线边的长度和各导线点的转折角，再将这些地面观测成果最终归算到高斯平面上，如图 5.6 所示。

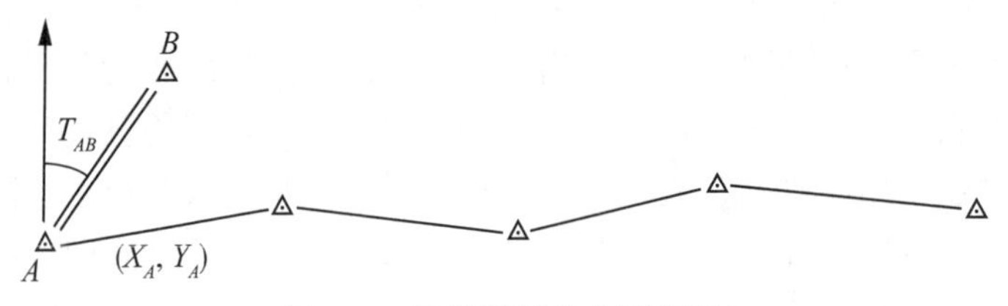

图 5.6　导线测量基本原理图

以已知的 AB 边平面坐标方位角 T_{AB} 为起始方位角，用归算后的折角依次推算出各导线边的坐标方位角。根据起始点 A 的已知平面直角坐标（X_A，Y_A）和平面导线上各导线边的长度及坐标方位角，逐个推算出各导线点的平面直角坐标。

导线测量的优点是：布设的图形呈单折线，除节点外，每个点只需前后两个相邻点通视，故布设比较灵活，容易越过地形和地物障碍；各导线边长均直接测定，精度高而均匀，导线的纵向误差小。缺点是：控制面积狭窄，几何条件数少，导线的横向误差大。

因此，在隐蔽和特殊困难的地区，一般宜用导线测量方法建立水平控制网。

（3）边角同测。因为全站仪的普及，而且测角、测距在精度、测程、免棱镜等方面都有了巨大的进步，加上机器人功能又助一臂之力，边角同测已经成为高精度、特殊要求场景的首选。经过 10 多年的建设，中国高铁已经享誉全世界，高铁轨道施工控制网采用的就是高强度边角同测网，确保了轨道精调的高精度。依靠机器人全站仪，自由设站，成对、等间隔网形，给测量工作带来了创新。目前，大多数轨道工程均采用这种轨道施工控制网。

(4)GNSS 定位测量。现在卫星定位测量普遍采用，用该法建立的控制网，也称为 GNSS 控制网。其中载波相位测量方法的静态相对定位精度可达$\pm(5+D\times10^{-6})$mm 或更高。在建立或加强水平控制网中，它可取代常规的大地测量方法。

GNSS 定位具有方便、经济、快速、准确的优势，2020 年 7 月 31 日，北斗三号全球导航卫星系统建成开通，中国北斗从此走上了服务全球、造福人类的时代舞台，标志着我国建成了独立自主、开放兼容的 GNSS 系统，也标志着大地测量或控制测量已进入了一个全新时代。

2. 工程投影面与投影带的选择

1)工程测量中投影面和投影带选择的原因

工程测量控制网不仅作为测绘大比例尺图的控制基础，还应作为城市建设和各种工程建设施工放样测设数据的依据。为确保施工放样工作的顺利进行，要求由控制点坐标直接反算的边长与实地量得的边长，在长度上应该尽可能相等。

这就是说，我们在将外业测量成果转换至高斯投影平面上时，由归算投影改正而带来的长度变形或者改正数不得大于施工放样的精度要求。一般来说，施工放样的方格网和建筑轴线的测量精度为 1/2 万～1/5000。因此，由投影归算引起的控制网长度变形应小于施工放样允许误差的 1/2，即相对误差为 1/4 万～1/1 万，也就是说，每公里的长度改正数不应该大于 2.5～10cm。这种投影变形主要是由以下两种因素引起的：

(1)实量边长归算到参考椭球面上的变形影响，经计算的每公里长度投影变形值和不同高程面上的相对变形见表 5.2(H 为高程)。

表 5.2　**边长归算改正**

H(m)	10	50	100	160	1000	2000	3000	4000
Δs_1(mm)	−1.6	−7.8	−15.7	−25.1	−157	−314	−472	−628
$\Delta s/S$	1/637000	1/127400	1/63700	1/39000	1/6370	1/3180	1/2120	1/1600

从表 5.2 可见，Δs_1 值都是负值，表明将地面实量长度归算到参考椭球面上，总是缩短的；$|\Delta s|$值与 H 成正比，随 H 增大而增大。

(2)将参考椭球面上的边长归化到高斯投影面上的变形影响，经计算的每公里长度投影变形值以及相对投影变形值见表 5.3(y 为测量点离投影带中央子午线的距离)。

表 5.3　**边长投影改化**

y(km)	10	20	30	45	50	100	165	330
Δs_2(mm)	1	5	11	25	31	123	345	1342
$\Delta s/S$	1/81 万	1/20 万	1/90000	1/40000	1/32000	1/8100	1/2900	1/700

由表 5.3 可见，Δs_2 值总是正值，表明将椭球面上长度投影到高斯面上，总是增大

的；Δs_2 值随着 y 平方成正比而增大，离中央子午线愈远，其变形愈大。

2)投影变形的处理方法：

(1)通过改变 H 从而选择合适的高程参考面，将抵偿分带投影变形，这种方法通常称为抵偿投影面的高斯正形投影；

(2)通过改变 y，从而对中央子午线作适当移动，来抵偿由高程面的边长归算到参考椭球面上的投影变形，这就是通常所说的任意带高斯正形投影；

(3)通过既改变 H(选择高程参考面)，又改变 y(移动中央子午线)，来共同抵偿两项归算改正变形，这就是所谓的具有高程抵偿面的任意带高斯正形投影。

3)工程测量中的几种常用的平面直角坐标系

(1)3°带高斯正形投影平面直角坐标系。当测区平均高程在160m以下，且 y 值不大于45km时，其投影变形值 Δs_1 及 Δs_2，均小于2.5cm，可以满足大比例尺测图和工程放样的精度要求。因此，在偏离中央子午线不远和地面平均高程不大的地区，无需考虑投影变形问题，直接采用统一的3°带高斯正形投影平面直角坐标系作为工程测量的坐标系，使两者相一致。

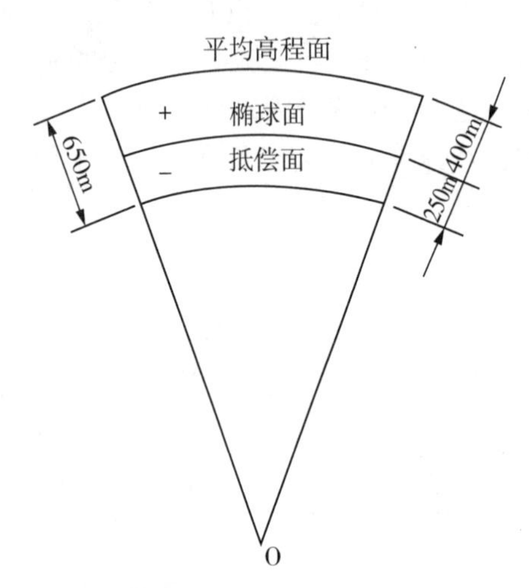

图5.7　抵偿面与椭球面的关系

(2)抵偿投影面的3°带高斯正形投影平面直角坐标系。在这种坐标系中，仍采用3°带高斯投影，但投影的高程面不是参考椭球面，而是依据补偿高斯投影长度变形而选择的高程参考面。在这个高程参考面上，长度变形为零，如图5.7所示。

(3)任意带高斯正形投影平面直角坐标系。在这种坐标系中，仍把地面观测结果归算到参考椭球面上，但投影带的中央子午线不按3°带的划分方法，而是依据补偿高程面归算长度变形而选择某一条子午线作为中央子午线，也就是说，在投影计算过程中，保持 H 不变，两项改正项得到完全补偿。在实际应用这种坐标系时，往往是选取过测区边缘、测区中央或测区内某一点的子午线作为中央子午线。

(4)具有高程抵偿面的任意带高斯正形投影平面直角坐标系。在这种坐标系中，往往是指投影的中央子午线选在测区的中央，地面观测值归算到测区平均高程面上，按高斯正形投影计算平面直角坐标。这是综合第二、三两种坐标系长处的一种任意高斯直角坐标系。显然，这种坐标系更能有效地实现两种长度变形改正的补偿。特别应用在东西方向的线性工程的平面控制网。

将上述(2)(3)(4)三种选择局部坐标系统的方法加以比较可以看出：第一种方法是通过变更投影面来抵偿长度综合变形的，具有换算简便、概念直观等优点，而且换系后的新坐标与原统一坐标系坐标十分接近，有利于测区内外之间的联系。第二种方法是通过变更中央子午线、选择任意带来抵偿长度综合变形的，同样具有概念清晰、换算简便等优点，但是换坐标系后的新坐标与在原统一坐标系的坐标差异较大。第三种方法是用既改变投影面又改变投影带来抵偿长度综合变形的，这种既换投影面又换投影带的方法不够简便，不易实施，这种改变后的新坐标与原统一坐标系的坐标差异较大，在实际的应用中不利于和统一坐标系之间的联系。

这些坐标系的选择，都要考虑到实际应用的方便，以及将来必要时与统一坐标的换算，以便于测量成果的共享、维护和更新。凡是与统一坐标系有别的坐标系，现在一般都被称为“地方坐标系”。像以上讨论的“任意投影带坐标系”“抵偿高程面坐标系”等，都可以被称为“地方坐标系”。

5.2.2　高程控制网

1. 建立高程控制网的方法

1)几何水准测量方法

方法和基本原理是：在地面上按一定的要求，选定一系列的水准点并设置标志，然后把它们连接成水准路线，进而构成水准网。在水准路线上连续设站，利用水准仪提供的水平视线，在垂直立于地面点的水准标尺上读取后、前两转点的分划值，根据路线的情况连续设站测量，以求得相邻水准点间的高差。根据水准网中一个起算点的已知高程，依次推算出各水准点的高程。

几何水准测量的优点是：测定的高程精度高，例如用精密水准测量，可将水准原点的高程传递到4000~5000km远的水准点上，它的高程中误差将不超过±1m；水准网采用的高程基准面是很接近于大地水准面的似大地水准面，测得的高程基本上具有物理意义，能很好地为生产服务。因此，几何水准测量是建立高程控制网和工程高程控制网的主要方法。

2)三角高程测量方法

方法和基本原理是：在水平控制网上，用仪器测量相邻两点间的垂直角，以及边长，利用三角公式算出相邻两点间的高差。以网中一个已知高程点作为起算点，逐个推算出各控制点的高程。

三角高程测量的优点是：作业简单，布设灵活，不受地形条件的限制。缺点是：因大气垂直折光影响，使得垂直角观测误差较大，测定的高差和高程精度较低；测得的高程以参考椭球面为基准面，没有明显的物理意义。因此，三角高程测量是建立高程控制网和工程高程控制网的辅助方法。

3)GNSS高程测量方法

GNSS相对定位可以高精度地测定两点间的大地高高差。GNSS向量网经三维无约束平差后可求得各点的大地高平差值。如网中联测了一定数量的已知正常高高程的点位，则可求出与这些点相应的高程异常值，利用现代大地数据处理的方法、以高程异常值和点的大地经纬度为统计量、重力场模型参量、DEM参数等进行“似大地水准面的精化处理”，求出拟合多项式中的待定系数。在这个基础上，可依据任一点的大地经纬度为变量，以点的高程异常值为函数求解，然后将该点的大地高减去相应的高程异常值后，则可得出相应点位的正常高高程。

用该种方法确定的 GNSS 点的高程，其精度在比较理想的情况下可达到普通几何水准测量的精度。当进行与其精度相匹配的点位高程测量和困难地区的高程联测时，这种方法具有明显的实用价值和经济效益。GNSS 高程测量的精度，与 GNSS 测量本身的精度有关，还与须联合的重力测量等方面的数据的分辨率及选用适配的数据处理方法有关系。

综上所述，目前建立高程控制网或工程高程控制网，主要采用几何水准测量的方法，而三角高程测量以及 GNSS 高程测量，都作为辅助和补充的方法。当 GNSS 高程测量"似大地水准面的精化处理"进一步推广，则相当于普通几何水准精度的高程测量工作的效率将大大提高。

2. 水准测量布网原则与方案

1）布设工程水准网的基本原则

要有统一的高程系统、水准原点和作业规程；要有足够的精度和密度；要分级布网，逐级控制。

现行的 GB/T 12887—2006《国家一、二等水准测量规范》和 GB/T 12898—2009《国家三、四等水准测量规范》中规定了各等级水准测量应达到的精度，见表 5.4。

表 5.4　**各等级水准测量应达到的精度**

等级	每千米高差中数的偶然中误差 M_Δ(mm)	每千米高差中数的全中误差 M_w(mm)
一	≤0.45	≤1.0
二	≤1.0	≤2.0
三	≤3.0	≤6.0
四	≤5.0	≤10.0

2）布网方案

水准测量按控制次序和施测精度分为一、二、三、四等。

一等水准测量是国家高程控制网的骨干，在工程建设中，如果确需布测一等水准测量，可依照其规范进行相应设计。

二等水准网是国家高程控制网的全面基础，在工程建设中，常用二等水准测量的技术指标布设沉降观测、施工高程控制网等。

三、四等水准测量直接提供给地形测图和各种工程建设所必需的高程控制点。三等水准路线一般可根据需要在高等级水准网内加密，布设成附合路线，并尽可能互相交叉，以构成闭合环。四等水准路线一般以附合路线布设于高等水准点之间。

水准联测时可布设水准支线。支线的等级由所联测点需要的高程精度和支线的长度来决定。在一般情况下，支线长度在 20km 以内时，可按四等水准测量精度施测；支线长度在 20~50km 之间时，按三等水准测量精度施测；支线长度在 50km 以上时，按二等水准测量精度施测。支线水准须往返观测，或单程双转点观测。

5.3 导线测量

5.3.1 导线测量技术设计

GNSS 定位和导线测量是当前平面控制测量的主流方法，当 GNSS 测量受限时，导线测量就是首选的方法。在全站仪普及的现代，导线测量以其布网灵活、实施方便、经济效益好等优点，已成为建立平面工程网的主要方法之一。因此专门对导线测量进行讨论和研究，以便对导线测量技术进行全面的理解和掌握。

1. 技术设计的目的和任务

导线测量技术设计的目的和任务在于以测区面积、现有的控制点情况、测量服务对象的具体要求等为依据，决定某一等级的导线作为首级网，并在首级网的全面控制下，分几个等级进行加密，合理地规划导线网的分级布设。然后拟定各等级导线的线路走向、间距和节点的大概位置等。据此可以进行精度估算和拟订施测计划，在此基础上编写技术设计书。

2. 技术设计的内容和程序

1)搜集资料及分析

技术设计前，必须广泛地搜集与设计直接有关的资料，如原有的控制测量资料、地形图资料、测量区域内的近期及远期规划，还要熟悉有关规范的技术规定以及了解用户的特殊要求等。

表 5.5、表 5.6 分别为公路勘测导线和城市导线的技术规格及相应的要求。

表 5.5 **公路勘测导线测量的技术要求**

等级	附合导线长度(km)	平均边长(km)	每边测距中误差(mm)	测角中误差(″)	导线全长相对闭合差	方位角闭合差(″)	测回数	
							DJ_1	DJ_2
三等	30	2.0	13	1.8	1/55000	$\pm3.6\sqrt{n}$	6	10
四等	20	1.0	13	2.5	1/35000	$\pm5\sqrt{n}$	4	6
一级	10	0.5	17	5.0	1/15000	$\pm10\sqrt{n}$	—	2
二级	6	0.3	30	8.0	1/10000	$\pm16\sqrt{n}$	—	1
三级	—	—	—	20.1	1/2000	$\pm30\sqrt{n}$	—	1

注：表中 n 为测站数。

导线应尽量布设成直伸形状，相邻边长不宜相差过大(其比例一般不小于 1/3)。

当导线平均边长较短时，应控制导线边数。当导线长度小于表中规定长度的 1/3 时，导线全长的绝对闭合差应小于等于 13cm；如果点位中误差要求为 20cm 时，不应大于 52cm。

表5.6 **城市光电测距导线的主要技术规格**

等级	附合路线长度(km)	平均边长(m)	每边测距中误差(mm)	测角中误差(″)	导线全长相对闭合差
三等	15	3000	±18	±1.5	1/60000
四等	10	1600	±18	±2.5	1/40000
一级	3.6	300	±15	±5	1/14000
二级	2.4	200	±15	±8	1/10000
三级	1.5	120	±15	±12	1/6000

注：城市一、二、三级导线的布设可根据高级控制点的密度、测区的具体条件，选用两个级别。

城市一、二、三级导线，如果点位中误差要求为±10cm时，则导线平均边长及总长可放长至1.5倍，但其绝对闭合差不应大于26cm；当附合导线的边数超过12条时、其测角精度应提高一个等级。

导线网中节点与高级点间或节点与节点间的导线长度不应大于附合路线规定长度的0.7倍。

当附合路线长度短于规定长度的1/3时，导线全长的绝对闭合差不应大于±13cm。

2)确定网的类别、坐标系统和等级的选择

(1)确定首级网类别，即首级网是加密网还是独立网。在踏勘的基础上，再对所搜集的资料进行综合分析研究。控制网一般有以下几种情况。

测区内已建立首级控制网：精度与当前的要求相匹配，点位保存完好，这时可按其等级顺序布设加密网；如原首级网精度与当前的要求不一致，则考虑利用原点并加以调整原方案，按原等级应重新建立首级网，然后再考虑进一步加密的问题。这时的坐标系统一般为国家坐标系统。

测区内无首级控制网：如测区内及周边附近地区有一定数量的高等级大地点、具有布设加密网的条件，且其加密网的精度等又符合测区测量工作对控制测量的要求，这时应选择布设加密网作为测区的首级控制网。如首级网控制点密度不够，则考虑进一步加密低等网以作补充。当出现下列情况之一时应选择布设地方控制网或独立网。

①测区及周边附近无已知的高级控制点，或有，但精度和等级都很低；

②测区及周边有已知的高级控制点，但数量不够，仅满足必要的起算数据(两个已知坐标，一个已知方位角)或不满足；

③测区离中央子午线太远，边长的综合变形大于2.5cm/km；

④测区涉及安全、保密方面的问题；

⑤面积小于25km^{2}的测区。

建立地方控制网或独立网的方法有：采用抵偿坐标；采用任意分带；在正常的坐标中加常数；假设起始点坐标和起始方位角。在①②③④中，虽然采取了地方坐标系，但其观测元素仍按高程归算和高斯投影的理论进行处理，这时的测量坐标系一般称为“地方坐标系”。只有在⑤中，才可以任意假设起算数据，将地面平均高程面作为数据处理的基准面，故观测元素可不经归算和投影计算，这时的测量坐标系，也可称为“独立坐标系”。因此，在①②③④中应尽量引入大地点或其他部分数据(精度不高也可以)，使其与坐标系统取得联系。这样做的目的：一是便于计算，二是为了在将来必要时进行转换。

(2)首级网等级应以高等级点的具体等级顺序，或根据需要是否越级布设的情况选择。无论从精度上还是从密度上，一般应能满足测区内后续各项工作的需求为原则。

从国家网加密的控制网的精度，一般不能满足等于或大于 1/2000 测图及相应的其他测量工作，因此需布设能满足需要的地方控制网或独立网。

经理论推导，布设独立导线网作为测区内首级控制、满足 1/500 比例尺测图精度要求时的控制面积，确定的城市导线与控制面积的合理配置关系，见表 5.7，可供导线设计时参考。

表 5.7　　**城市首级导级网等级与布设控制面积配置表(测图比例尺 1：500)**

首级导线网等级	三级	二级	一级	四等	三等
控制面积(km^2)	<2	2~6	6~15	15~140	140~320

对于公路勘测平面控制网的布设，属于专用控制网，一般它所控制的是长地带的公路工程的施工定位、放样以及带状图、施工图、纵横断面图等测量工作一般重点考虑控制点的精度，与面积关系不大。

经理论研究后，现直接给出公路勘测平面控制测量等级配置表，见表 5.8，供导线布网时选择参考。

表 5.8　　**公路勘测平面控制测量等级配置表**

等级	公路路线控制测量	桥梁桥位控制测量	隧道洞外控制测量
二等三角	—	>5000m 特大桥	>6000m 特长隧道
三等三角、导线	—	2000~5000m 特大桥	4000~6000m 特长隧道
四等三角、导线	—	1000~2000m 特大桥	2000~4000m 特长隧道
一级小三角、导线	高速公路、一级公路	500~1000m 特大桥	1000~2000m 中长隧道
二级小三角、导线	二级及二级以下公路	<500m 大中桥	<1000m 隧道
三级导线	三级及三级以下公路	—	—

(3)导线的基本结构形式分为单导线和导线网两类形式。单一导线又可分为附合导线、闭合导线、无定向导线及支导线等。可根据测区的地形情况，面积的形状、大小，起算点的情况及测量的要求选择导线的结构形式。

(4)导线布设应遵循分级布设、逐级控制、具有足够的精度、具有足够的密度以及要有统一的技术规格的原则。

(5)导线点的精度按行业规范有不同的要求，例如：

①公路勘测导线点精度。JTG C10—2007《公路勘测规范》规定：若测绘 1：2000 地形图及相应精度的工程测量，要求控制点的最弱点点位中误差≤±20cm；若测绘

1∶500~1∶1000的地形图及相应的工程测量，要求控制点的最弱点点位中误差≤±5cm；对一些重要的桥梁、隧道的控制测量，应具体计算施工对桥中轴线中误差的要求及隧道在贯通面上的贯通横向中误差的要求，据以确定控制点的精度，以便在施工过程中进行有效的质量控制。在布设公路测平面控制网时，一般以导线网布设的方式居多。

②城市导线的精度。CJJ/T 8—2011《城市测量规范》规定导线点的基本精度，应满足城市最大比例尺测图、解析法细部坐标测量、地理信息系统及一般市政工程施工放样的需要。

对于三、四等附合导线或独立的三、四等首级导线网，导线点的点位精度是指相邻点的相对点位中误差，其最弱相邻点的相对点位中误差不得超过±5cm。四等以下导线点的精度，是指各点相对于起算点的点位中误差。对于 1∶500 比例尺测图区所布设的导线，其最弱点的点位中误差不得超过±5cm；对小于 1∶500 比例尺的测图区，其最弱点的点位中误差不得超过±10cm。

(6)导线点的密度也是各行业不同，例如：

①公路勘测导线点密度。公路线路及隧道控制测量的范围一般为一条宽约 300~500m 的狭窄地带。根据带状地形图测图的需要和工程测量的需要，一般要求每平方千米内应有约 10 个控制点，按三、四等导线平均边长 2. 0km、1. 0km 推算，每 km^2 只有 1~3 个控制点，这显然不能满足实际工作的需要，因此，增加了四等以下的一级和二级导线两个层次，平均边长为 0. 5km 和 0. 3km。按此要求每 km^2 可布设约 10 个控制点，即可满足生产的需求。

②城市导线点的密度。为了满足城市及工程建设地区最大比例尺测图(一般为 1∶500或 1∶1000)和市政工程施工放样的需要，平面控制点的布设必须达到一定的密度。据统计，在市区每 km^2 中平均要布设 15~20 个各级导线点才能满足布设图根导线及市政工程施工放样的需要。因此，导线点的加密是大量的。

按现行的 CJJ/T 8—2011《城市测量规范》布设的三、四等附合导线长度分别为 15km 和 10km，平均边长分别为 3km 和 1. 6km，这时，还只能在 3~6km^2 中有一点，这与城市建设的实际需求还有很大差距。为此，在四等和图根控制网之间增加了一、二、三级层次的导线。一级导线通常作为大城市建成区内四等平面控制网下的加密网或首级导线网；二级导线通常作为中等城市建成区内的首级导线，或作为一级导线的加密；三级导线通常作为小城市内建成区的首级导线，或作为一、二级导线的加密。

(7)进行图上设计：

①标定点位、设计网形。将测区原有的已知点在适当比例尺地形图上标定出来，设计应从控制整个测区的首级网开始。如果布设单一导线，则应考虑其长度有否超过规范的规定如果布设成导线网，有节点产生，这时其总长度和规模可适当增加。上一级导线网设计线路的间距应顾及下一导线网布设的容许长度，并尽可能留有余地，直到最后一级平面基本控制导线网，能控制布设预知的最大比例尺测图的图根导线为止。

将相邻点位，依不同的等级用不同颜色的线条或线形连接起来，即形成了所设计导级网的网形。在后续的选点过程中，如发现有不当之处，还可以加以修改。

②设计时应注意的问题包括：

a. 首级导线网的等级，要与测区面积、测图比例尺相适应；

b. 点位分布均匀，利用地形图上的元素正确判断相邻点的通视情况；

c. 导线应力求结构坚强，形状尽量直伸，导线长度和边数以及相邻导线边长的比例应符合技术要求，以保证导线测量的精度；

d. 导线边沿线的地形应适合于电磁波测距，导线边两端点上测量的气象数据，对整条测线要有较好的代表性；

e. 导线边沿线的地形应适合于测角，特别要注意避免旁折光而引起的系统误差影响；在山区，特别是在沿山谷布设导线时，导线点不应在谷底，而要选在稍高且远离山的地点上；

f. 相邻导线点的高差不宜过大，其目的是保证边长斜距化平距的精度。按规范要求，当采用对向三角高程测定导线边两端点的高差时，则要求：

$$H \leqslant 10 \cdot a \cdot S \tag{5-1}$$

式中：S 为导线边斜距，以 km 为单位，$a = 10^6 \text{ms}/S = 10^6/T$，$T$ 为测边要求的相对中误差的分母，H 的单位是 m。当用几何水准等较高精度的方法测定导线边两端点的高差时，可不受上述的限制；

g. 公路勘测控制网设计，对特殊工程，精度要求很高的特大桥、特长隧道的控制网设计，应进行优化设计；

h. 公路勘测控制点点位应设置在距路线中线 50m 以外、300m 以内为宜，以便于使用且不易被工程施工破坏；

i. 为测图而布设的控制网，应精度均匀并达到测图要求，而对特殊工程的控制网，应提高主要部位的精度并对误差椭圆的长、短轴大小方向进行限制和调整；

j. 相邻导线边长之比不宜超过 1∶3，以避免测量调焦时由于望远镜调焦透镜运行不正确而引起视准轴的改变。

3. 实地选点、埋石

1)实地选点

实地选点的任务是根据设计的要求，结合测区实地情况决定点位和觇标高度。

城市三、四等导线，为了获得全面和良好的控制作用，导线点一般选在自然地形制高点或高层建筑物上。个别沿着道路布设的地面四等导线，由于视条件的限制且为了便于加密低等导线，应适当缩短边长。而导线点的位置，应尽可能选在十字路口及其他较开阔的地方。为了避免车辆、行人妨碍观测，当条件许可时，可以用高点(在高层建筑物上)和低点(在地面上)相间的方法布设导线，但相邻两个导线点间的高差，须满足导线边斜距化为平距的精度要求。此外，导线点的位置应避开地下管线，以保证埋设的导线点和其他相关市政设施的稳固和安全。实地选点的基本要求为：

(1)应选在展望良好，易于扩展和加密以及土质坚实的地方，一般选在制高点上。

(2)应保证埋设的中心标石能长久保存、造标和观测便利。因此，点位离公路、铁路和其他建筑物应不少于 50m，离开高压电线应不少于 120m。

(3)应使观测视线超越(旁离)障碍物有足够的高度(距离)，对于三、四等测量，这个高度(距离)一般为 1.5~2.0m。

(4)新点的位置，应尽量与旧点重合。

(5)选定的导线网，导线点应分布均匀，并覆盖整个测区。

(6)选定的导线网，其边长、图形结构、预计的点位精度，应符合技术要求。

2)埋石的基本要求

(1)标石规格。一、二级平面控制点及三级导线点、埋石图根点等平面控制点标志可采用 $\phi14\sim\phi20$mm、长度为 30~40cm 的普通钢筋制作，钢筋顶端应锯“十”字标记，距底端约 5cm 处应弯成钩状，如图 5.8 所示。

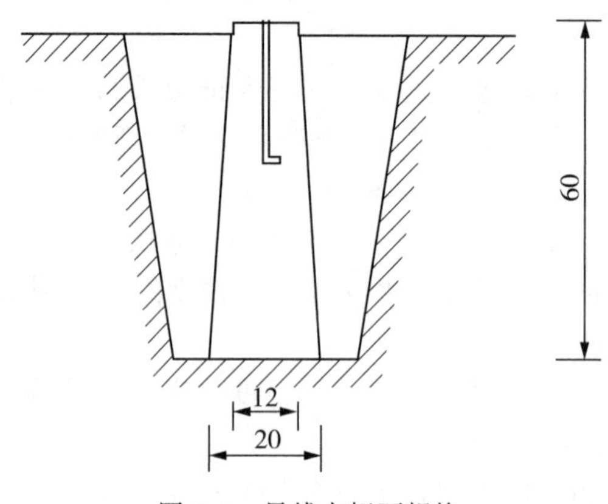

图 5.8　导线点标石规格

(2)填绘点之记。点之记是指示使用控制点的重要资料，应在固定的表格中认真、正确地填绘有关内容(见表 5.9)。

表 5.9　**点之记填绘**

点名	红石山
标石类型	标准钢筋柱石
所在地	北京市房山区燕山公园

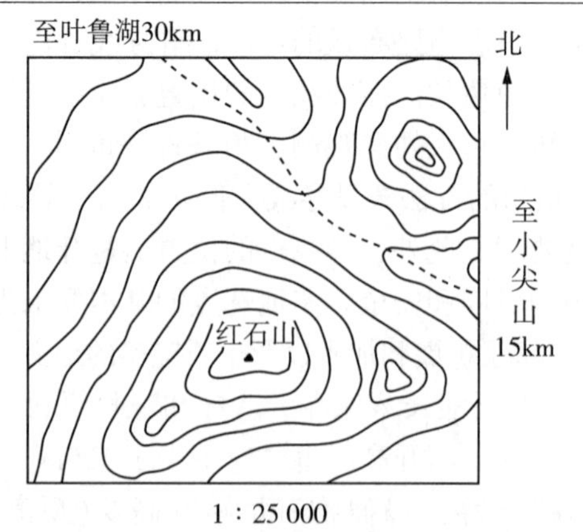

(3)办理委托保管测量标志手续。为了确保测量标志安全地长期保存、方便今后找点和使用，测量主要工作结束后，应向当地政府或有关部门办理土地使用权征用以及测量标志委托保管等手续。

5.3.2 导线测量的外业

1. 边长测量

现在一般都采用全站仪，导线边长测量和角度测量可综合完成，效率比较高。

(1)导线边长测量的精度要求，见表5.5和表5.6所列。

(2)各等级导线边长测量的技术要求，见表5.10和表5.11。

光电测距一测回，是指照准反射棱镜一次，读数若干次(一般为4次)。自动取平均值的仪器，每进行一次平均值测量即为一测回。

不同时间段(或往返)测量的边长较差，应将边长换算到同一高程面上或同一斜面上后进行比较得出。城市导线测量中对该项限差的要求为$\pm 2(a+b\times 10^{-6}\cdot D)$mm。

表5.10　**导线边长测量的时间段和测回数**

等级	仪器级别	时间段	每一时间段测回数
三、四等	Ⅰ、Ⅱ	2	4
一级、二级、三级	Ⅰ、Ⅱ	1	2

注：仪器级别指全站仪的测距中误差，Ⅰ级每千米测距中误差≤5mm，Ⅱ级每千米测距中误差5~10mm。

表5.11　**导线边长观测限差**

项目 / 仪器级别	一测回读数较差(mm)	测回较差(mm)	不同时间段或往返较差(mm)
Ⅰ	5	7	$\sqrt{2}(a+b\cdot D\times 10^{-6})$
Ⅱ	10	15	

(3)边长测量的原始观测数据，厘米及以下数字不得涂改。测距成果超限时，应认真进行分析，找出原因，然后按规定取舍和重测。

2. 水平角观测

1)导线折角观测

导线折角观测的测回数，所使用的全站仪类型和测回数的规定见表5.12。

表 5.12　　各等级各类导线折角观测全站仪类型和测回数的规定

导线	仪器	等级				
		三等	四等	一级	二级	三级
		测回数				
公路勘测导线	J_1	6	4			
	J_2	10	6	2	1	1
城市导线	J_1	8	4			
	J_2	12	6	2	1	1

当采用多测回观测时，每一测回均应按规定变换水平度盘的起始方向的整置位置。

当需要独立观测左、右角时，则左、右角的测回数为总测回数的一半、顺序交换、对度盘的方向一样，但起始照准的方向不一样。在实际工作中需要引起注意。

2)三联脚架观测法

由于导线折角的观测一般只有两个方向，大多采用觇牌(或觇牌与反射棱镜的组合)作为照准目标。为了减小对中误差的影响和提高工作效率，宜采用三联脚架法观测导线的边长和折角。

为适合导线测量的特点，仪器生产厂家大多都将觇牌和反射镜组装在一起，可使得测距、测角工作同时在一测站上先后完成，不必把测距和测角工作分开进行。

如图 5.9 所示，导线测量时一般要用到脚架、全站仪、基座+对点器+棱镜+觇牌的组合(以下简称棱镜组)等设备。基座起到将仪器或棱镜组与脚架联结在一起及强制对中的作用。

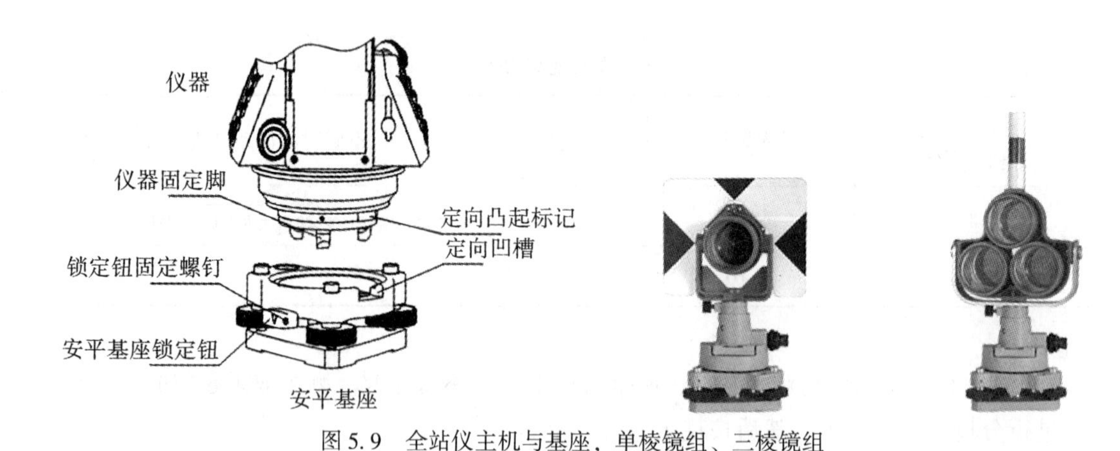

图 5.9　全站仪主机与基座，单棱镜组、三棱镜组

具体方法是：

(1)在导线观测点架设全站仪，在相邻点架设棱镜组；

(2)完成观测记录；

(3)松开主机与基座的联接旋钮，将主机取下来，并将对点器+棱镜+觇牌插入基座，旋紧联接旋钮；

(4)到下一点后，将对点器+棱镜+觇牌取下来，并将主机插入基座，旋紧联接旋钮；

(5)完成本点观测记录；

(6)按(3)~(5)的顺序循环，完成全部导线点观测。

为提高效率，三联脚架法一般需要4个脚架、1台全站仪和3套单棱镜组。如果个别导线点不只两个观测方向，可能需要更多脚架和棱镜组。如图5.10所示。

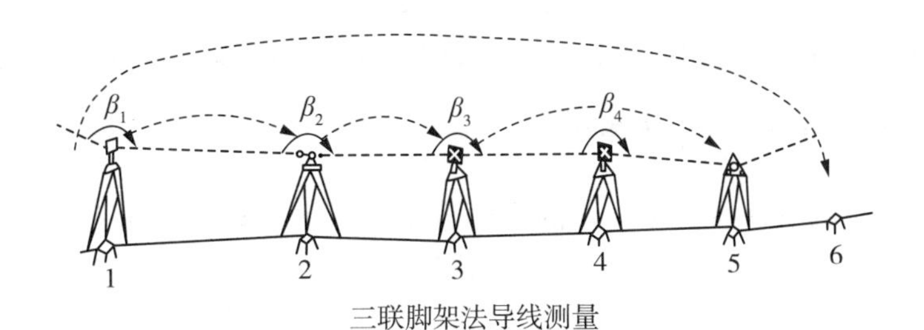

图5.10 三联脚架法导线测量

实践证明，采用三联脚架法进行导线测量，由于减弱了对中误差对测角和测距的影响，可以获得好的观测成果，而且也大大地节省了频繁地整置仪器所花的时间，提高了工作效率。因此，在导线测量工作中，当条件许可时，应尽可能地用三联脚架法测量水平角和导线边长。同时生产单位在购置仪器时，也应考虑到仪器器材的配套及适合三联脚架导线测量的问题。

用全站仪进行导线测量采用三联脚架法，在每一测站观测时应输入气象、两差改正、仪器加常数、乘常数、测距次数、仪器高、目标高等参数。按相应等级导线规定的测角、测边测回数以及其他的技术要求(如度盘配置、测回较差比较等)进行观测，将观测结果直接传输到电子手簿或内存中去。这时可直接记录各测回方向值、平距、高差，在后来的计算中会省去大量繁琐的中间计算过程。如仪器无电子手簿配置或有其他的要求时，可记录在测量手簿中。另外，还需注意以下事项：

(1)仪器要经过检校和检验；

(2)仪器和棱镜都要严格对中；

(3)电子手簿应具有测站限差检验及测站平差的功能；

(4)电子手簿应有记录测站有关参数和归心元素的功能；

(5)观测员观测时，应仔细照准目标，否则对三种观测元素(角度、长度、高度)有影响；

(6)认真量取仪器高和棱镜高；

(7)以前对测角、测边所进行的误差分析及以后对观测高程所进行的误差分析而得出的规律，在这里也都适用。

3)水平角观测方法

为了增加检核条件，当进行导线水平角观测、且导线点上只有两个方向时，在总测回数中应以奇数测回观测导线的左角，偶数测回观测导线的右角(按导线前进方向确定左角和右角)。观测右角时，仍以左角的起始方向为准变换标准度盘位置。

测站平差和检核时，左角和右角分别取中数，并按式(5-2)计算不符值Δ(测站圆周角闭合差)，即

$$\Delta = [左角]_{中} + [右角]_{中} - 360° \tag{5-2}$$

Δ的限值为：

$$\Delta_{限} = \pm 2m_{\beta} \tag{5-3}$$

如三等导线测量时，$\Delta_{限}$为±3.6″(实际采用±3.0″)；四等导线测量时，$\Delta_{限}$为±5.0″。

5.3.3 导线平差与精度评定

导线测量的目的是获得各导线点的平面直角坐标。计算的起始数据是已知点坐标、已知坐标方位角，观测数据为导线的转折角观测值和边长观测值。通常情况下，三、四等导线测量应进行严密平差方法计算，对于一、二、三级导线及其以下等级的图根导线允许对以单一导线、单节点导线网进行近似平差方法计算。导线近似平差的基本思路是将角度误差和边长误差分别进行平差处理，先进行角度闭合差的分配，在此基础上再进行坐标闭合差的分配，通过调整坐标闭合差，以达到处理角度剩余误差和边长误差的目的。

在进行导线测量平差计算之前，首先要按照规范要求对外业观测成果进行检查和验算，以确保观测成果无误并符合限差要求，然后对观测边长进行加常数改正、乘常数改正、气象改正和倾斜改正，以消除系统误差的影响。

测量系统移动终端(MSMT)手机软件具有导线近似平差和严密平差功能，下面通过案例来说明导线近似平差的步骤。

单一导线近似平差程序能对闭合导线、附合导线、单边无定向导线、双边无定向导线、支导线等五种类型的单一导线进行近似平差计算。用户创建一个平差文件，在上述五种导线类型中选择其一，分别输入未知点数、已知数据、观测数据，平差完成后，可导出含全部平差计算中间数据的excel成果文件，可以通过移动互联网QQ、微信发送给好友。

五种类型的单一导线已知点编号与未知点编号规则如图5.11所示，以用户确定的坐标推算路线为基准，水平角位于坐标推算路线左侧时，应输入正数角值；水平角位于坐标推算路线右侧时，应输入负数角值，简称“左正右负”，边长值必须输入正数值。

图5.12所示的单边无定向导线，有3个未知点，观测了4个水平角，4条边长，其中B位于坐标推算路线右侧，为右角，应输入负数角；其余水平角均位于坐标推算路线左侧，应输入正数角。多余观测数$r=n-t=8-6=2$，对应2个坐标增量闭合差f_x，f_y。

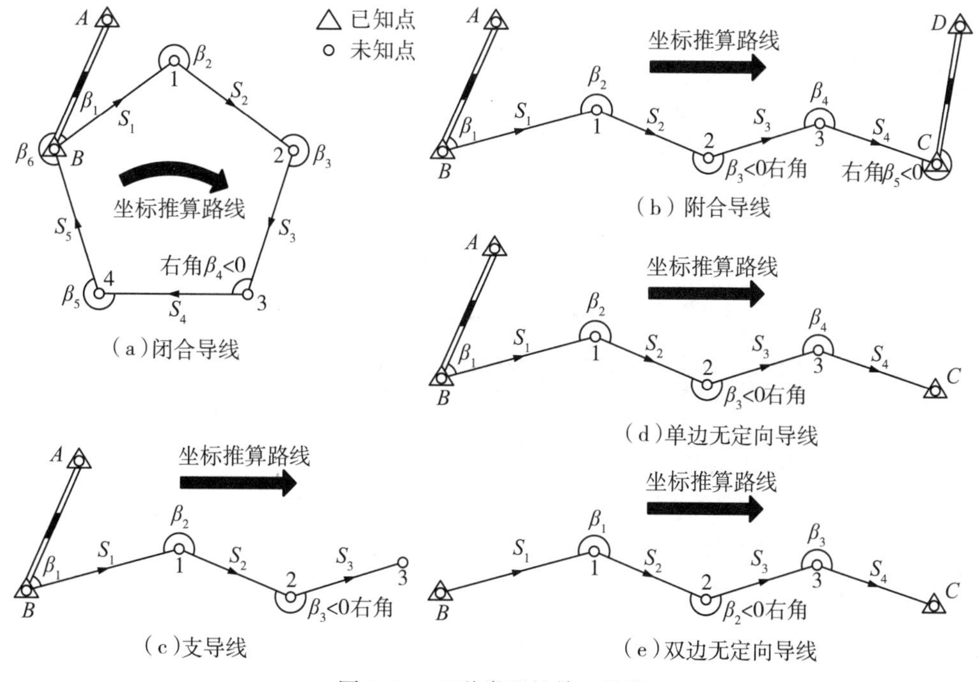

图 5.11　五种类型的单一导线

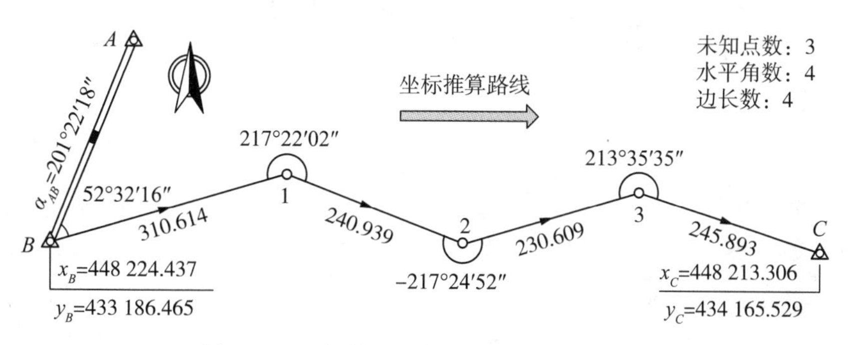

图 5.12　三级单边无定向导线近似平差算例

(1)使用卡西欧 fx-5800P 手动计算，设计如表 5.13 所示的表格，第 1 列为 4 个水平角观测值，第 2 列为 4 条边长观测值，第 3 列为使用水平角观测值第一次推算的导线边方位角，第 4、5 列为使用第 2 列的导线边长与第 3 列的导线边方位角计算出的未知点第一次坐标值，第 6、7 列为未知点坐标平差值。

(2)使用测量系统移动终端(MSMT)平面网平差程序计算，在项目主菜单，点击“平面网平差”，如图 5.13(a)所示，新建“三级单边无定向导线”文件，选择“输入数据及计算”，进入如图 5.13(b)所示界面，输入“已知数据”，再输入“观测数据”，如图 5.13(c)所示，点击“计算”即可得到如图 5.13(d)所示的近似平差结果。

表 5.13　**使用卡西欧 fx-5800P 手动计算单边无定向导线未知点坐标平差值**

列号	1	2	3	4	5	6	7
点名	β	d(m)	α	x'(m)	y'(m)	x(m)	y(m)
A			201°22′18″				
B	52°32′16″	310.614	73°54′34″			448224.437	433186.465
1	217°22′02″	240.939	111°16′36″	448310.526	433484.911	448310.488	433484.925
2	−217°24′52″	230.609	73°51′44″	448223.096	433709.427	448223.027	433709.433
3	213°35′35″	245.893	107°27′19″	448287.193	433930.949	448287.096	433930.966
C				448213.435	434165.519	448213.306	434165.529
$\sum$		1028.055					
备注	坐标闭合差：$f_x=0.1286$m，$f_y=-0.0099$m； 全长闭合差：$f=0.1289866421$m；全长相对闭合差：$K=1/7970$						

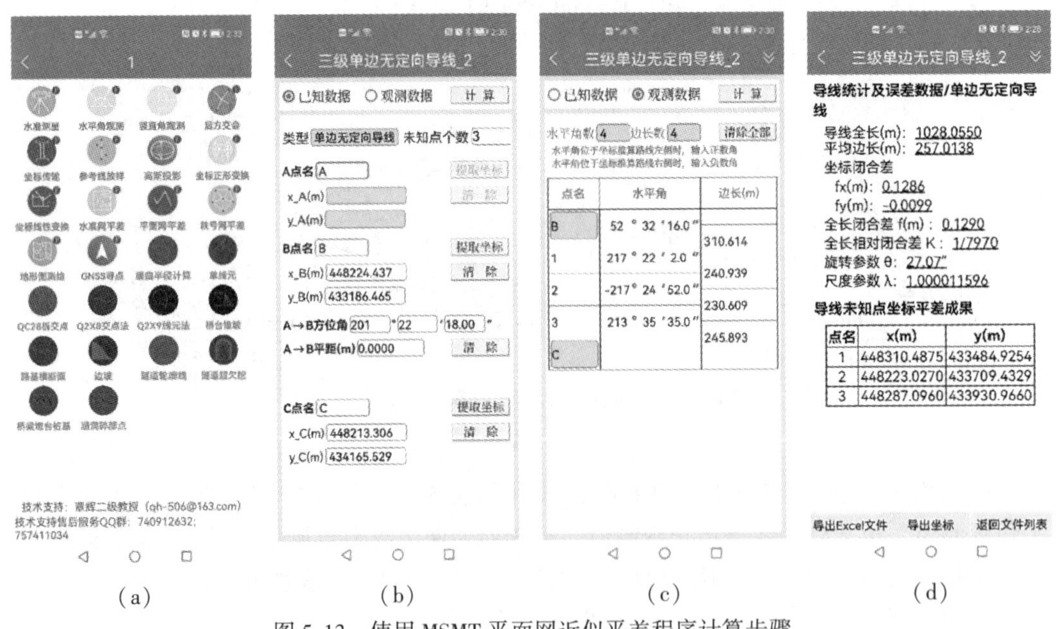

(a)　　(b)　　(c)　　(d)

图 5.13　使用 MSMT 平面网近似平差程序计算步骤

点击左下角“导出 Excel 文件”，将数据“发送”或者“打开”，发送到微信在电脑上打开可得如图 5.14 导线计算结果。

三级单边无定向导线计算成果									
测量员： 记录员： 成像：清晰 天气：晴 仪器型号： 仪器编号：									
点名	水平角β	导线边方位角	平距D(m)	坐标增量		改正后坐标增量		坐标平差值	
	+左角/-右角			Δx(m)	Δy(m)	Δx(m)	Δy(m)	x(m)	y(m)
A		201°22′18.00″						0.0000	0.0000
B	52°32′16.00″	73°54′34.00″	310.6140	86.0886	298.4457	86.0505	298.4604	448224.4370	433186.4650
1	217°22′2.00″	111°16′36.00″	240.9390	-87.4300	224.5164	-87.4604	224.5075	448310.4875	433484.9254
2	-217°24′52.00″	73°51′44.00″	230.6090	64.0973	221.5221	64.0690	221.5331	448223.0270	433709.4329
3	213°35′35.00″	107°27′19.00″	245.8930	-73.7584	234.5700	-73.7900	234.5630	448287.0960	433930.9660
C			ΣD(m)	ΣΔx(m)	ΣΔy(m)	ΣΔx(m)	ΣΔy(m)	448213.3060	434165.5290
			1028.0550	-11.0024	979.0541	-11.1310	979.0640		
	全长闭合差f(m)	全长相对闭合差	平均边长(m)	fx(m)	fy(m)			尺度参数λ	旋转参数θ
	0.1290	1/7970	257.0138	0.1286	-0.0099			1.000011596	27.07″
广州南方测绘科技股份有限公司:http://www.com.southgt.msmt									
技术支持：覃辉二级教授(qh-506@163.com)									

图 5.14 使用 MSMT 平面网近似平差程序计算结果

5.4 自由设站

传统的自由设站是在待定控制点上设站，向多个已知控制点(一般是 3~5 个)观测方向和距离，并按间接平差方法计算待定点坐标的一种控制测量方法。

5.4.1 后方交会

1. 测角后方交会

后方交会如图 5.15 所示，图中 A、B、C 为已知控制点，P 为待定点。如果观测了 PA 和 PC 之间的夹角 α，以及 PB 和 PC 之间的夹角 β，这样 P 点同时位于 $\triangle PAC$ 和 $\triangle PBC$ 的两个外接圆上，必定是两个外接圆的两个交点之一。由于 C 点也是两个交点之一，则 P 点便唯一确定。后方交会的前提是待定点 P 不能位于由已知点 A、B、C 所决定的外接圆(称为危险圆)的圆周上，否则 P 点将不能唯一确定，若接近危险圆(待定点 P 至危险圆圆周的距离小于危险圆半径的五分之一)，确定 P 点的可靠性将很低，野外布设时应尽量避免上述情况。后方交会的布设，待定点 P 可以在已知点组成的 $\triangle ABC$ 之外，也可以在其内。

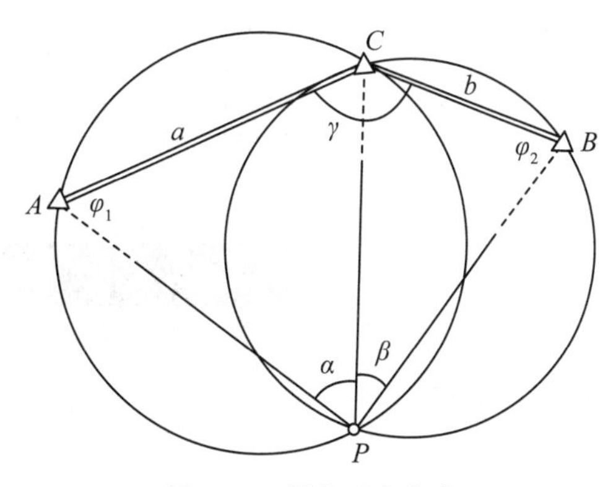

图 5.15 测角后方交会

2. 边角后方交会

全站仪具有测角、测距和计算的强大功能，所以现在采用观测已知两点的边角后方交会更准确、更方便，如果加上第 3 点检查，精度足够，如图 5.16 所示。

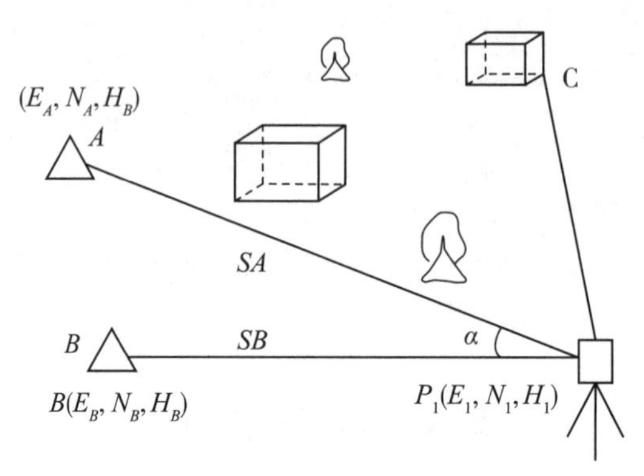

图 5.16　边角后方交会

NTS-552 全站仪的“后方交会”建站操作示例见表 5.14。

表 5.14　**NTS-552 全站仪后方交会建站操作步骤**

操作步骤	按键	界面显示
①在主菜单按“建站”键，选择“后方交会”功能。	“后方交会”	后方交会　C　N　OFF 测量　数据　图形 序号　名称　N　E 测量第1点　计算
②选择“测量”选项，进行第一个控制点的输入和测量工作。在点名一栏输入控制点点名，镜高一栏输入棱镜高度，然后对准棱镜选择“测角&测距”，之后点击“完成”。	“完成”	F　N　OFF 点名：1　+ 镜高：0.000　m HA：150°24′17″ VA：069°10′25″ SD：3.894 m 测角　测角&测距　完成
③继续上述操作，完成第二点或更多点的输入测量工作，完成之后，点击下方“计算”。	“计算”	后方交会　F　N　OFF 测量　数据　图形 序号　名称　N　E 1　1　0.853　2.372 2　2　-2.058　1.492 测量第3点　计算

续表

操作步骤	按键	界面显示
④若测量与数据均无误，则点击“前往建站”，输入测站名并照准最后一个测量点，点击“设置”则建站完成。	“前往建站”	后方交会 C N OFF 测量 数据 图形 点名： 编码： N: m HD: m E: m VD: m Z: m SD: m HA: Deg 前往建站 VA: Deg

5.4.2 超站仪免控建站

超站仪是一款集合全站仪测角功能、测距仪量距功能和 GNSS 定位功能，不受时间地域限制，不依靠控制网，无须设基准站，没有作业半径限制，单人单机即可完成全部测绘作业流程的一体化的地理信息数据采集装备，此装备充分发挥 GNSS 和全站仪两大系统优势，同时弥补各自的缺陷。

基于北斗 GNSS 与精密光电测量的一体化超站集成技术，即在北斗 GNSS 的基础之上，结合精密光电测量技术进行集成，两种技术一体化呈现，相互支撑，能够实现一种自由设站的模式，称之为超站仪的免控建站。

1. 免控建站原理

免控建站是根据超站仪实时获取测站点坐标信息进行设计的建站功能，该建站功能也能通过 RTK 与全站仪联动使用实现。通过该建站方式，架设仪器后，即可直接开始碎部点数据采集，无需通过照准后视点(已知点)建站。

该建站功能的原理为在测区内的合适地方架设超站仪，利用 GNSS 采集获取架站点 A 坐标，开始碎部测量，同时测量公共点 C。到下一架站点 B 并利用 GNSS 采集获取坐标，继续碎部测量，同时测量公共点 C，最后利用软件“归算”功能，对 A、B 两个测站所测碎部点的坐标进行校正，如图 5.17 所示。

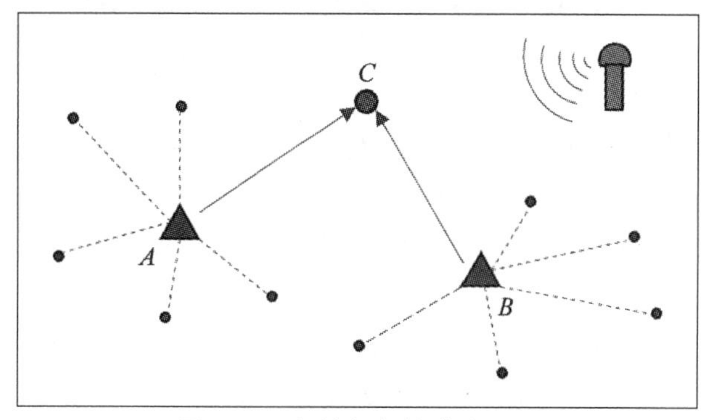

图 5.17 超站仪免控建站原理

2. 免控建站操作步骤

(1)在测站点 *A* 架设好仪器后，在主菜单点击“建站”键，选择“免控建站”功能，如图 5.18 所示。

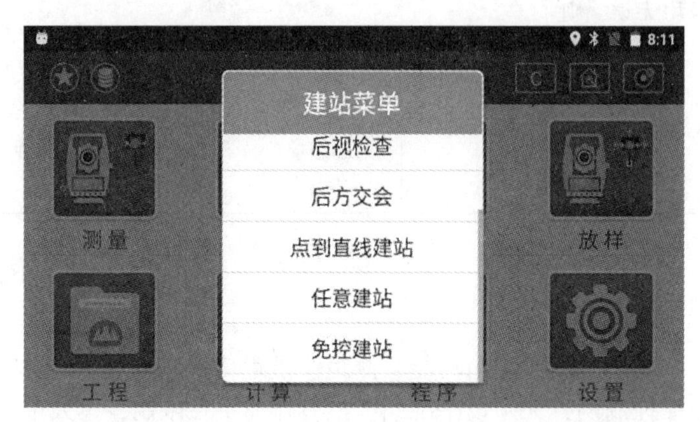

图 5.18　超站仪免控建站步骤(一)

(2)在“免控建站”，点击“+”，选择“GNSS 采集”跳转到 GNSS 采集界面，如图 5.19 所示。

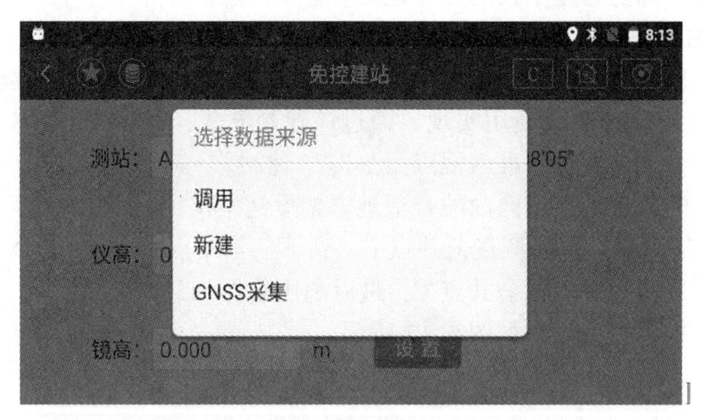

图 5.19　超站仪免控建站步骤(二)

(3)在“GNSS 采集”界面，完成数据链网络或电台连接后，等待搜星，达到固定解则点击“测存”进行采集，如图 5.20 所示。

(4)完成测站点 *A* 的坐标采集后，输入仪器高和棱镜高，点击“设置”，完成免控建站，如图 5.21 所示。

(5)该功能也可以通过全站仪和 RTK 结合使用实现，先用 RTK 采点，完成后将点坐标导入仪器内，建站时直接“调用”，完成建站，如图 5.22 所示。

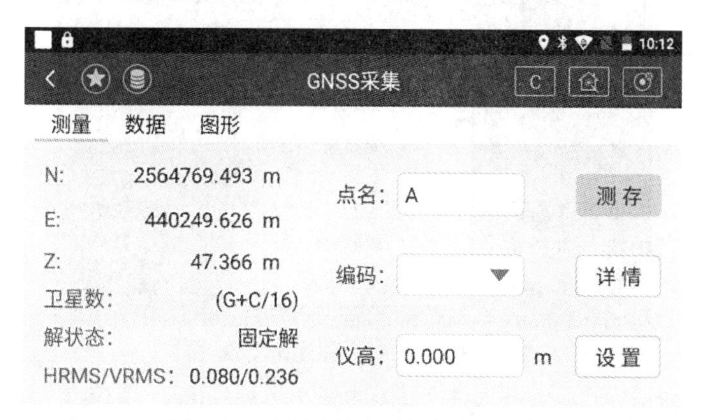

10:12
GNSS采集
C
测量
数据
图形
N:
2564769.493 m
E:
440249.626 m
Z:
47.366 m
卫星数:
(G+C/16)
解状态:
固定解
HRMS/VRMS: 0.080/0.236
点名:
A
测存
编码:
详情
仪高:
0.000
m
设置

图 5.20　超站仪免控建站步骤(三)

9:09
免控建站
C
测站:
A
当前HA:
330°08′07″
仪高:
0.000
m
镜高:
0.000
m
设置

图 5.21　超站仪免控建站步骤(四)

2:00
名称
类型
编码
N
B
测量点
2564714.9749
B
建站点
station
2564714.9749
5
测量点
2564717.0351
6
测量点
2564716.1815
7
测量点
2564715.1777
输入名字查找
取消
确定

图 5.22　超站仪免控建站步骤(五)

(6)完成免控建站后，直接选择合适的方式进行碎部点坐标采集，在采集碎部点坐标时选取一点 C 作为测站 A 与测站 B 的公共点，如图 5.23 所示。

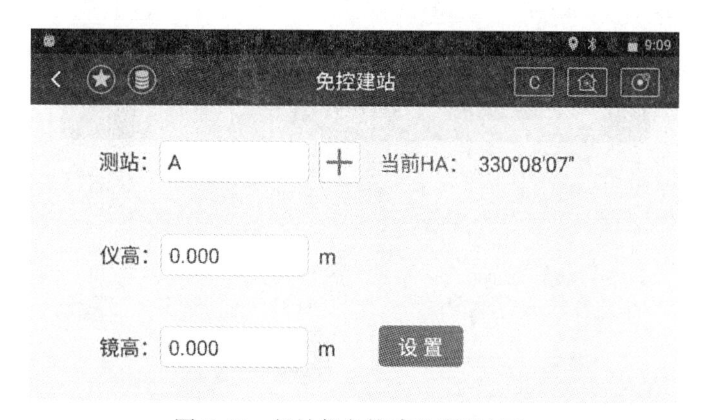

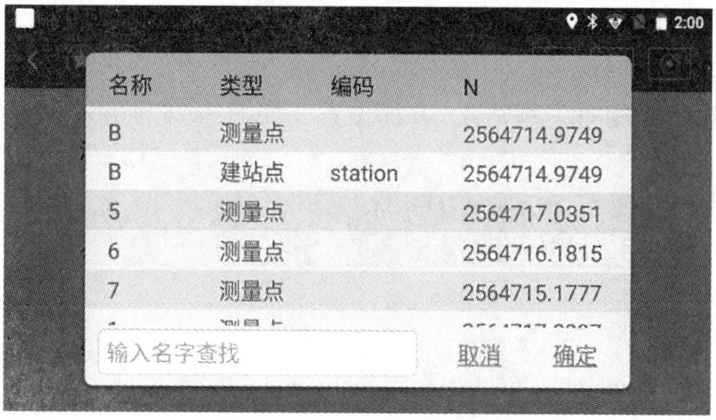

图 5.23　超站仪免控建站步骤(六)

(7)完成测站点 A 的碎部点采集后，在测站点 B 重新设站，重复上述步骤，如图 5.24 所示。

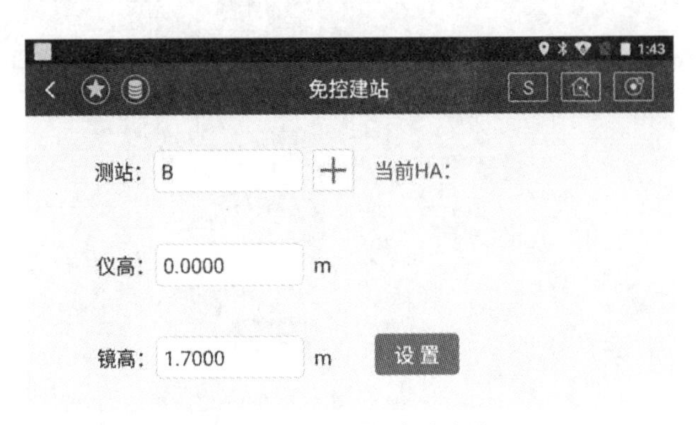

图 5.24　超站仪免控建站步骤(七)

(8)完成 A、B 两个测站的碎部点坐标采集后，在主菜单点击“计算”，选择“归算-免控建站”，点击“+”选择测站 A、B 对应的站点，以及 A、B 测站上分别采集的公共点 C，还要注意公共点 C 相对于测站 A、B 的位置，如图 5.25 所示。

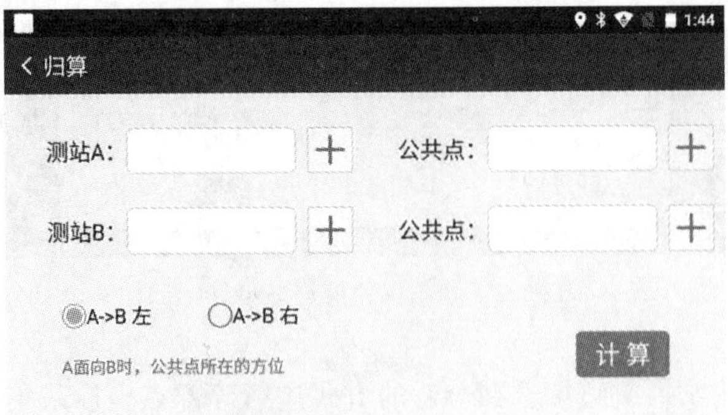

图 5.25　超站仪免控建站步骤(八)

测站 A：作业时通过超站仪 GNSS 采集的第一个建站点坐标；

测站 B：作业时通过超站仪 GNSS 采集的第二个建站点坐标；

公共点：辅助虚拟坐标系定向和碎部点坐标归算的采集点；

A→B 左：当公共点位于 $\overrightarrow{AB}$ 的左侧时(确定归算的方向)；

A→B 右：当公共点位于 $\overrightarrow{AB}$ 的右侧时(确定归算的方向)。

(9)点击“计算”后，自动归算出准确的碎部点坐标，点击“保存”。完成归算，本次作业完成，如图 5.26 所示。

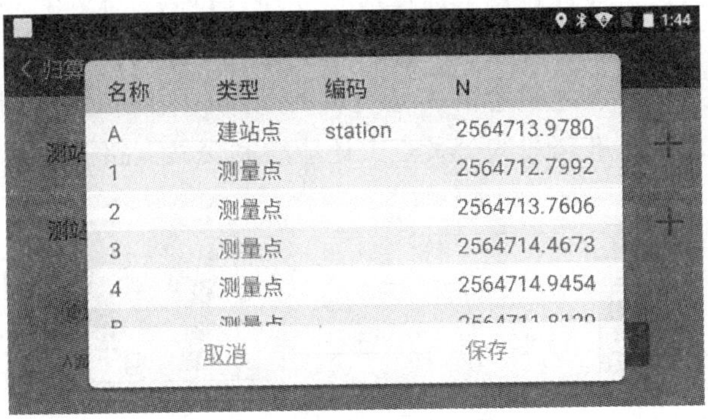

图 5.26　超站仪免控建站步骤(九)

5.5　精密水准测量

5.5.1　水准测量技术设计

技术设计是根据工程实际情况，按规范的有关规定，拟订出最合理的水准测量方案，并编写技术设计书。

1. 技术设计的工作内容

(1)收集有关资料。应项目的地形图、设计图，已有的水准点或高程起算点资料等。

(2)图上设计。根据任务的要求和水准测量规范的有关规定，在图上逐级拟订水准测量路线及水准点的概略位置。

(3)编写技术设计书。技术设计书的主要内容是：任务的性质与用途，技术设计的依据；所设计的各等级水准路线的数量，各类型的标石数量，任务工天的估算；起算和已知水准点及其高程和系统；施测所需仪器装备及各种材料计划数量、人员组织以及质量保证体系等。

(4)技术设计时的注意事项如下：

①水准路线尽量沿公路、铁路和坡度较小、施测方便的道路布设，避开土质松软的地段、河流等不利地形和障碍物。

②拟设水准路线的起点和终点，一般应为已测的高等或同等水准路线的水准点。

③拟设的水准路线和已测水准路线重合时，应尽量利用已有的旧点。

2. 实地选点和埋石

实地选点就是在技术设计的基础上，在实地确定水准路线和水准点的位置。选点前须对技术设计和测区情况进行充分研究，并制订选点工作计划。

选定的水准点位置应能保证埋设的标石稳定、安全和长久保存，并便于观测利用。地势低洼潮湿、土质松软、易受震动的地点，公共活动场地、高压线旁、地势隐蔽及不便观测的地点，均不宜选作水准点位置。

水准点位置选定后，应在点位上埋设或竖立注有点号、水准标石类型的点位标志，水准标石分为基本水准标石、普通水准标石和基岩水准标石，如图5.27所示。

填绘水准点点之记。点之记的格式见表5.15所示。在选定水准路线的过程中，应绘制水准路线图。对于水准路线的交叉点，还应绘制交叉点接测图。

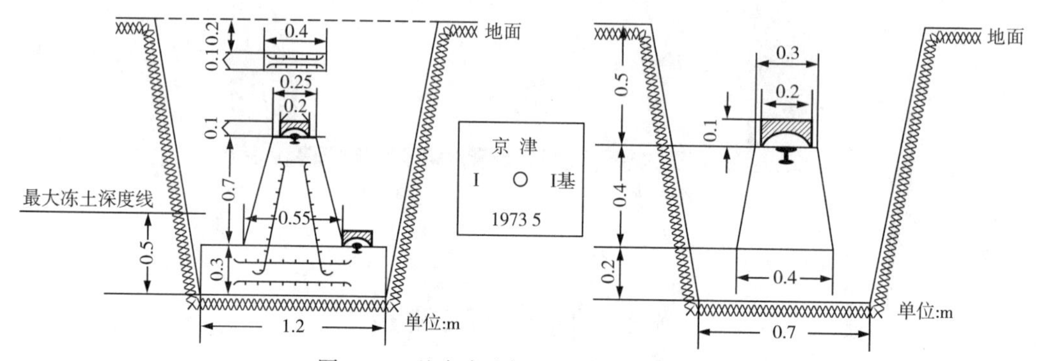

图5.27　基本水准标石、普通水准标石

表5.15　　　　二等水准点点之记

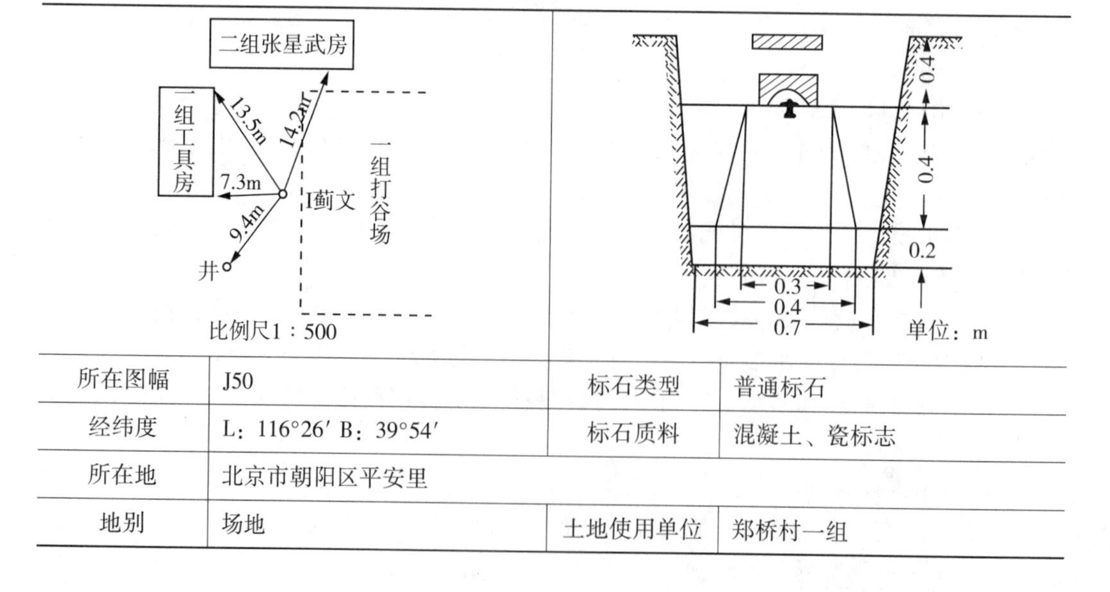

所在图幅	J50	标石类型	普通标石
经纬度	L：116°26′ B：39°54′	标石质料	混凝土、瓷标志
所在地	北京市朝阳区平安里		
地别	场地	土地使用单位	郑桥村一组

续表

交通路线	自文清县沿清宝公路北行 3km				
详细点位说明	1. 距点西一组工具房东南角 7.3m；2. 距点西北一组工具房东北角 13.5m；3. 距点东北二组张星武房 14.2m；4. 距点西南水井中点 9.4m。				
接管单位	郑桥村	保管人	二组 ***		
选点单位	北京测绘院	埋石单位	北京测绘院	观测单位	北京测绘院
选点者	***	埋石者	***	观测者	***
选点日期	1958.4	埋石日期	1958.4	观测日期	1958.11
备注					

注：1. 点位必须用三个以上明显固定的地物交会，距离量至 0.1m；

2. 详细位置图可根据实地情况，在易找到点的原则下，采用适当的比例尺绘制；

3. 标石断面图根据实埋类型和尺寸填绘；

4. 详细点位说明栏中除了说明与三个以上固定地物的方位距离外，还应详细说明指示碑或指示盘与水准标石的相关位置及至相邻水准点的距离等；

5. 点位经纬度从 1/10 万或 1/5 万地形图上量取至分，或用 GNSS 接收机测量，并应与路线图上经纬度相符。

选点、埋石工作结束后，应上交水准点点之记、水准路线图、交叉点接测图、新收集到的有关资料和选点埋石工作的技术总结。须向当地政府机关办理（或补办）土地使用权手续以及办理测量标志委托保管手续，并上交测量标志委托保管书。

5.5.2 精密水准仪与精密水准标尺

1. 精密水准仪的构造特点及系列标准

1）精密水准仪的构造特点和要求

①高质量的望远镜光学系统；②坚固稳定的仪器结构；③高灵敏度的管水准器或高性能的补偿器装置；④数字水准仪除了硬件具备以上的条件和要求外，还要具有功能强大的自动测量系统，包括鉴别、测微、修正、储存、测站限差判断、路线平差、信息输出等。

2）精密水准仪的系列标准

精密水准仪的系列标准见表 5.16。

表 5.16　**常用水准仪及技术参数**

技术参数项目	水准仪系列型号		
	DSZ_{05}、DS_{05}	DSZ_1、DS_1	DSZ_3、DS_3
每千米往返平均高差中误差	≤0.5mm	≤1mm	≤3mm
望远镜放大率	≥40 倍	≥40 倍	≥30 倍

续表

技术参数项目		水准仪系列型号		
		DSZ_{05}、DS_{05}	DSZ_1、DS_1	DSZ_3、DS_3
望远镜有效孔径		≥60mm	≥50mm	≥42mm
管状水准器格值		10″/2mm	10″/2mm	20″/2mm
测微器有效量测范围		5mm	5mm	
测微器最小分格值		0.05mm	0.05mm	
自动安平水准仪补偿性能	补偿范围	±8′	±8′	±8′
	安平精度	±0.1″	±0.2″	±0.5″
	安平时间不长于	2s	2s	2s

2. DSZ2 型精密水准仪

如图 5.28 所示的 DSZ2 型水准仪是一款自动安平精密水准仪，该仪器的特点是主机和测微器是可分离的，当只采用主机、配用普通的水准标尺测量时，M<1.5mm，属于 DS_3 系列，可用于国家的三、四等水准测量。当将主机与测微器 FS1(图 5.29)组装在一起，即 DSZ2+FS1、配用 10mm 分划的线条式因瓦合金标尺时，其 M≤0.7mm，属于 DS_1 系列，可用于国家二等水准测量和沉降变形等精密水准测量工作。

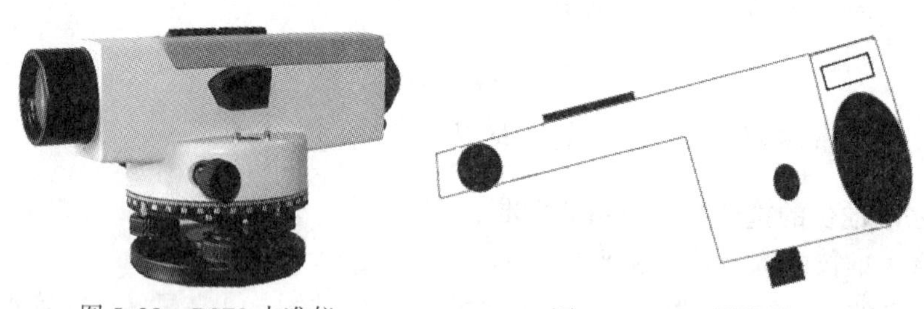

图 5.28　DSZ2 水准仪　　图 5.29　FS1 测微器

该仪器操作简便、结构紧凑、外形美观、视场中标尺呈正像，高质量的温度补偿性能可有效控制温度变化对 i 角产生的影响，保证成果的质量。放大倍率 32×，最短视距 1.6m，补偿工作范围±15′，补偿安平精度≤±0.3″，圆水准气泡格值 8′/2mm，安平时间 2s。

仪器采用摩擦式制动和微动装置，使用方便；设有简易水平度盘，可以进行一些相应的工程放样、定向等工作。

3. DL-2003A 高精度数字水准仪

如图 5.30 所示，DL-2003A 高精度数字水准仪能够用电子测量方法自动测量标尺高度和距离。每个测站测量时只需概略居中圆气泡，只要按压一个键就可触发仪器自动测量，仪器还用高精度的补偿器自动完成对照准视线的水平纠正。当不能用电子测量时，还可以使用本仪器配合米制标尺用传统的光学方法读取并用键盘输入高差读数。

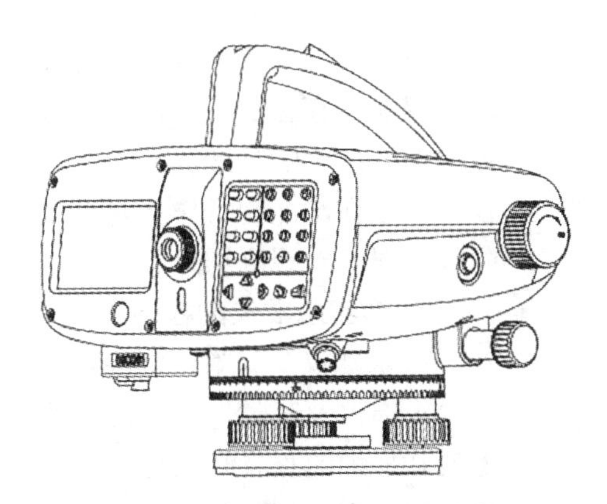

图 5.30 DL-2003A 数字水准仪

该数字水准仪的每千米往返平均高差中误差≤0.3mm，优于 DS_{05}级别的高精度水准仪要求，还体现了数字水准仪的操作简单、无读数记录错误、作业效率高、成果容易达标的优势。

此外，该数字水准仪有很多软件测量功能，既可以利用软件自动测量单一高差，也可以利用软件自动测量线路测量作业的全部测量要素。如果需要，用户可以利用“线路平差”软件直接将测得的成果与已知高程进行比较并进行平差。

4. 精密水准标尺的构造特点

(1)当空气的温度和湿度发生变化时，水准标尺分划间的长度必须保持稳定。一般精密水准尺的分划是漆在因瓦合金带上。

(2)水准标尺的分划必须正确与精密，分划的偶然误差和系统误差都应很小。

(3)水准标尺在构造上应保证全长笔直，并且尺身不易发生长度或弯扭等变形。在水准标尺的底面必须安装坚固耐磨的金属底板。

(4)在精密水准测量作业时，水准标尺应竖立于特制的具有一定重量的尺台或尺桩上。

(5)在精密水准标尺的尺身上应附有圆水准器装置，在尺身上一般还应有扶尺把手装置。

(6)数字水准仪所配用的精密水准标尺除了具有以上的要求外，标尺条纹码分划应清晰，从而为仪器照准、数字影像处理打好基础。

与数字水准仪配套使用的条形码水准尺如图 5.31 所示，各条纹码宽度不同，条纹码的中心(有的标尺是条形码分划的边缘)至标尺底部的精密距离都存储在相对应的数字水准仪的数据库内。测量时通过数字编码水准仪的探测器来识别水准尺上的条形码，再经过数字影像处理，给出水准尺上的读数，取代了在水准尺上的目视读数。

5.5.3 精密水准仪和精密水准标尺的检验

为了保证水准测量成果的精度，对所用的水准仪和水准标尺应按水准测量规范中规定的有关项目进行必要的检验。此外，外界条件的影响，也会使水准仪和水准标尺各部件之间的关系发生变化。所以，定期对所用的水准仪和水准标尺检验是必要的。

图5.31　条形码水准标尺

对水准仪和水准标尺进行检验的目的，是为了研究和分析仪器所存在的误差的性质及对水准测量的影响规律，依据误差的影响程度，从而对水准测量的仪器进行必要的校正，或在水准测量作业时采取相应的措施，以减弱或消除仪器误差对观测结果的影响。

1. 精密水准仪的检验

1)水准仪及其附件的检视

水准仪及其附件的检视，就是对仪器及其附件从总体上展开仔细的查看和核对。检视的内容有：

(1)仪器外表是否良好、清洁，有无碰伤，零件密封性是否良好等；

(2)光学零件表面质量和清洁情况，如有无油污、擦痕、霉点，镀膜是否完整，望远镜成像是否清晰，符合水准器成像和读数设备是否明亮，分划是否清晰、均匀等；

(3)仪器各转动部分如垂直轴、脚螺旋、调焦螺旋、倾斜螺旋、测微螺旋等是否灵活，制动和微动螺旋是否有效；

(4)仪器的附件、备用件是否齐全完好，脚架是否牢固，仪器箱、搭扣、背带是否安全可靠，配件是否完备可用等。

2)视准轴与水准轴相互关系的检验与校正

无论是光学测量还是电子测量，DL-2003A数字水准仪都可能存在视线倾斜误差。对电子测量的标尺读数，仪器按照事先保存的倾斜误差自动改正。而对光学测量，倾斜误差必须通过检校十字丝来削弱或消除。

DL-2003A内置了4种i角检验方法，图5.32是其中的一种，参考仪器操作手册，检验十分简便。

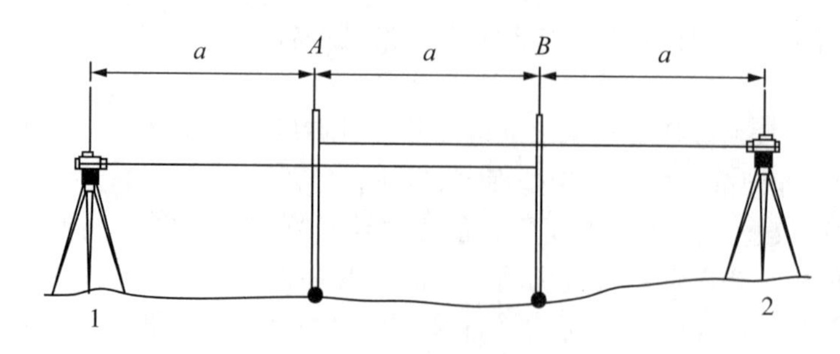

图5.32　DL-2003A的i角检验

3)双轴检校

DL-2003A具有竖轴倾斜传感器，当仪器精确整平后，倾角的显示值应接近于零，否则存在倾斜传感器零点误差，会对测量成果造成影响。包括：

(1)检验：①精确整平仪器；②打开电子气泡界面；③稍候片刻等显示稳定后读取

补偿倾角值 X_1 和 Y_1；④将仪器旋转 180°，等读数稳定后读取自动补偿倾角值 X_2 和 Y_2；⑤按下面的公式计算倾斜传感器的零点偏差值：

$$X\text{方向的偏差} = (X_1 + X_2)/2$$

$$Y\text{方向的偏差} = (Y_1 + Y_2)/2$$

(2)校正：如果所计算偏差值都在±15″以内则不需校正，否则按下述步骤进行校正。进入校准菜单的补偿器，将仪器整平。①进入校准菜单的“双轴检校”功能；②按“确定”，再将仪器旋转 180°；③确认校正改正值是否在校正范围内，如果 X 值和 Y 值均在校正范围内，按“确定”键对改正值进行更新，反之退出校正操作，并与仪器销售商进行联系；④按照检验的①~⑤步骤重新检验，如果检查结果在+15″之内，则校正完毕，否则要重新进行校正，如果校正 2 到 3 次仍然超限，请与仪器销售商联系。

4)分划板十字丝

如果仪器的视线倾斜误差每 30m 超过 3mm，则需要校正仪器。①用拨针调整校正螺旋，直到达到仪器的正确值；②检验倾斜误差：将校准准确的电子测量值与目测值比较，差值即为误差。

5)圆水准器安置正确性的检验和校正

圆水准器安置正确性的检验和校正，按第 2 章的有关内容进行。

2. 精密水准标尺的检验

按水准测量规范规定，在作业前对精密水准标尺应检验的项目为：

(1)标尺的检视；

(2)标尺上的圆水准器的检校；

(3)标尺分划面弯曲差的测定；

(4)标尺尺带拉力的测定；

(5)标尺名义米长及分划偶然中误差的测定；

(6)一对水准标尺零点不等差及基辅分划读数差的测定。

配合数字水准仪的条码尺不需要第(5)(6)检验。对于新购置的水准标尺还须进行标尺中轴线与标尺底面垂直性等项目的检验。

5.5.4 精密水准测量的误差分析与对策

精密水准测量误差按其来源有仪器误差、外界因素引起的误差和观测误差。研究这些误差的目的是发现它们的规律及找出减弱或消除误差影响的方法。

1. 观测误差

观测误差是由于观测员的视觉器官功能的限制，在观测过程中发生的误差对观测成果的影响。观测误差主要有水准器置中误差和照准标尺分划误差。具有符合水准器(或补偿器)和测微设备的精密水准仪，这两种误差都很小。

数字水准仪不存在“水准器置中误差和照准标尺分划误差”这两种误差，与其对应的误差则是补偿误差和分辨误差，一般都是百分之几毫米等较小的数量级。

2. 仪器误差

1)视准轴与水准轴不平行的误差

(1)i 角误差的影响。在一、二等水准观测中，检验 i 角只要把 i 角校正到 15″之内；三、四等水准观测中，检验 i 角只要把 i 角校正到 20″之内。要减弱 i 角误差影响，应定期检校 i 角，减小 i 角的数值，也就减小了对观测高差的影响；各测站前、后视距要基本相等，各测站的前后视距差和前后视距积累差应限制在一定的范围内，见表 5.17。

表 5.17　**水准测量测站限差规定**

项目 等级	视线长度(m)		前后视距差(m)	前后视距积累差 *(m)	视线高度(m)
	仪器类型	视距			
一等	S_{05}	≤30	≤0.5	≤1.5	下丝读数≥0.5
二等	S_1，S_{05}	≤50	≤1.0	≤3.0	下丝读数≥0.3
三等	S_3 S_1，S_{05}	≤75 ≤100	≤2.0	≤5.0	三丝能读数
四等	S_3 S_1，S_{05}	≤100 ≤150	≤3.0	≤10.0	三丝能读数

注：* 指由测段开始至每一测站的前后视距积累差。

(2)交叉误差的影响。当仪器垂直轴处于垂直位置时，即使存在交叉误差，在置平管水准轴后，视准轴也必定水平，不会对标尺读数产生影响。然而观测中用圆水准器概略整平仪器后，垂直轴一般不位于铅垂线上。根据研究可得到减弱交叉误差影响的方法有：

①定期检校交叉误差，以减小其数值。

②定期检校圆水准器，观测时使圆水准气泡严密居中，以减小垂直轴倾斜角。

③一测段的测站数应为偶数。在连续各测站上安置脚架时，应使两脚与路线方向平行，第三脚交替置于路线的左、右两侧(见图 5.33)。

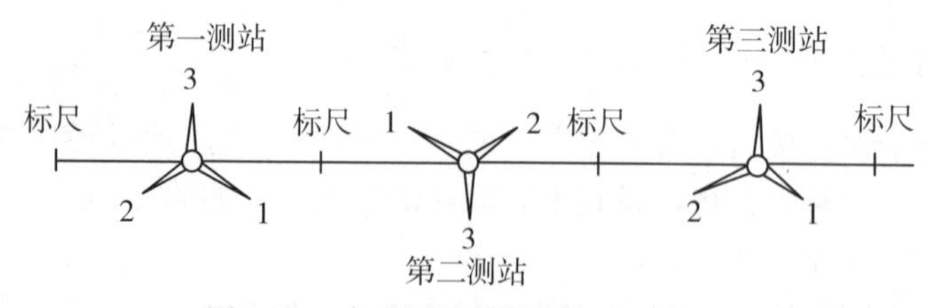

图 5.33　水准测量仪器脚架安置方式

④每站的仪器和前、后视标尺位置应力求在一直线上，前、后视距基本相等，相邻两测站的前后视距差符号相同且数值大致相等。目的是使相邻两站高差误差的数值接近一致，这样与 c 款结合起来，将更好地抵偿交叉误差的影响。然而，当相邻两站前后视距差符号相同时，前后视距累积差将增大。为了使它不致过大而超限，可以用前两站和后两站前后视距差符号相反的方法来解决。

而 DL-2003A 数字水准仪具有的竖轴倾斜传感器，经过检验校正后就能够更好地避免“交叉误差”的影响。

补偿式自动安平水准仪有安平误差，数字水准仪除了安平误差外还存在分辨误差。

2)水准标尺每米间隔真长误差 f 的影响

标尺上 1m 分划间隔的实际长度不等于其名义长度时，用此标尺测出的高差将存在系统性的误差。减弱标尺每米间隔真长误差影响的方法是：

(1)采用合理的方法，定期精确检定标尺的每米间隔真长误差。当 $|f|>0.02$mm 时，则应在测段观测高差中加入相应的改正数。

(2)尽可能布设环线水准网，选择路面坡度平缓的交通线作为水准路线。在高差大的地区，应尽量使用较小和尺长较稳定的标尺进行测量。

(3)作业期间要保护好标尺，防止尺长发生变化。

3)一对水准标尺零点差的影响

两根水准标尺零点不一致，它们之间的差值就称为一对水准标尺零点差。只要一测段的测站数为偶数，且相邻测站间前、后标尺互换，就可以消除一对标尺零点差的影响。

3. 外界因素引起的误差

外界因素的影响主要有下面几种：

1)温度变化对 i 角的影响

综合分析，减弱仪器 i 角受外界温度影响的措施是：

(1)防止仪器在作业中被阳光照射和受热。例如：测量时用白色测伞遮阳，迁站时用白色布罩盖住仪器；在气温突变时停止测量等。

(2)各测段的往、返测分别安排在上午和下午进行。

(3)每站要快速对称观测，奇数测站和偶数测站的观测顺序应相反。

2)地面大气垂直折光的影响

近地面空气层的温度随离地面的高度和时间的变化而改变，使空气层密度的垂直分布不均匀，当标尺分划的光线通过时，便在垂直面上发生弯曲，从而产生大气垂直折光差。减弱大气折光影响的措施包括：

(1)一般应选择日出后半小时至正午前 2.5h(小时)和正午后 2.5h 至日落前半小时内的有利时间内观测为宜。

(2)当观测中遇到大的斜坡和气温变化较大等情况时，也应缩短视线长度为好。

(3)选择坡度平缓的交通路线作为水准路线，并布设成环线网形，有利于减弱大气垂直折光的影响。

(4)作业中观测视线离地面的高度要适当，不应过低或过高。

3)仪器脚架和尺台(尺桩)垂直位移的影响

减弱误差影响的方法有：

(1)水准路线应沿中等密度土壤的道路布设。因为在疏松和十分紧密的土壤上安放脚架和尺台时，垂直位移都较在中等密度土壤上安放脚架和尺台时大。

(2)往、返测应沿同一路线进行，并使用同一类型仪器及尺承。往、返测的测站数要尽量相同且为偶数。

(3)相邻两测站的观测顺序相反。

(4)安置脚架不要有过大的弹性张力。观测员应绕第三脚并离脚架 0.5 之外走动。

(5)精密水准测量时，尽量用尺桩，土质密度大的地区可用不轻于 5kg 的尺台。

(6)扶尺员扶持时，用力要均匀，迁站时，原前视标尺要从尺台(尺桩)上取下，观测读数应在立尺 20~30s 之后进行，扶尺员在离尺台 0.5m 以外走动。

4. 水准观测的一般规则

(1)应沿路面坡度平缓的交通线路进行水准观测，作用是减弱水准标尺每米间隔真长误差，大气垂直折光差。

(2)选择标尺分划像清晰、稳定和气温变化小的时间观测，作用是减弱大气垂直折光差、照准误差和 i 角随气温变化的误差。

(3)观测前半小时整置仪器，设站时打伞，迁站时罩上仪器罩，以减小外界温度的影响，作用是减弱外界温度变化引起角变动的误差。

(4)视线不宜过长，视线高出地面高度不应过低或过高，作用是减弱大气垂直折光差和照准误差。

(5)每站的前、后视距基本相等，作用是减弱 i 角误差、大气垂直折光差和地球弯曲差。

(6)安置脚架应使两脚与水准路线方向平行，第三脚轮换置于路线的左、右两侧，观测员绕第三脚于 0.5m 外走动，作用是减弱交叉误差和仪器脚架垂直位移误差。

(7)每站两次观测前、后视的标尺顺序应对中央时刻成对称，相邻两站观测标尺的顺序相反，作用是减弱与时间成比例变化和单向性逐渐变化的误差，如外界温度总体逐渐变化引起角变动的误差，仪器脚架垂直位移误差和尺承垂直位移的测站误差。

(8)一测段的测站数应为偶数，作用是消除一对标尺的零点差；抵偿相邻两测站高差误差符号相反的各种误差。

(9)各测段应沿同一路线和用同类仪器尺承进行往返测，最好是往、返测的测站和尺承位置相同，作用是减弱往测和返测高差中误差符号相同的尺承转点误差，以及仪器脚架垂直位移误差。

(10)一测段的往测和返测，应分别在上午和下午不同时间段完成，作用是减弱局部性气温变化(单面受热)引起 i 角变动的误差。

三等水准测量，往返观测时间段的安排可不受限制；四等水准观测，除支线外，不需要往返观测。

5.5.5　二等精密水准测量的实施

二等水准测量在工程测量上非常广泛，比如沉降观测，所以要加以重视，采用符合精度要求的数字水准仪测量，更加省时省力。

1. 观测前的准备工作

每天作业前，应检校水准仪的 i 角；作业前还应检校水准标尺圆水准器安置的正确性。

2. 一测站的观测操作

二等水准测量观测时，每站的观测顺序为：

往测：奇数站为后—前—前—后，偶数站为前—后—后—前；

返测：奇数站为前—后—后—前，偶数站为后—前—前—后。

3. 手簿的记录和计算

水准测量基本上都采用电子手簿的方法。对水准测量的每一步工作以及是否达到一定的技术要求、是否符合限差等给以提示，并具有保护数据安全的措施，应用起来非常方便，提高了效率。根据需要，可通过电子手簿的通信接口，传输或打印出全部的测量成果，也可只传输或打印出测段的距离、高差，有关检核实际需要的最后的测量成果和数据。

在使用电子手簿时，应准确地输入有关测站信息、如实地输入观测员读报的读数，避免误操作。

数字水准仪则自动存储观测读数，不必另行输入；有关的信息以人机对话形式在屏幕平台上按提示进行，每一阶段的工作结束，即可通过仪器的通信接口，传输或打印出全部的测量成果；信息也可直接进入计算机的数据处理系统，经平差处理后再输出。

水准测量及平差训练详见附录 A 的相关内容。

4. 观测工作间歇的处理

外业水准测量经常会遇到天气、工作时间的限制等情况，需要暂时停止工作，待条件合适时，再接着测下去。测量上称这一类的问题为观测工作间歇。为了使间歇前后的观测成果正确衔接，间歇后的水准观测应从稳固可靠的间歇点起测。为此，观测工作间歇时，最好结束在水准点上。否则，应选择两个稳固可靠、光滑突出和便于立尺的固定点作为间歇点，并作出标记。间歇后应检测这两个固定点的高差，若检测高差与原先测定的高差之差符合限差要求，即可由前视固定点起测。倘若只能选出一个固定点作为间歇点，间歇后应对其仔细检视，如无任何位移迹象，才能由此起测。

在观测手簿中，检测的记录应用红笔圈出，其高差在正式成果中不予采用。

5. 水准点的观测

当观测到水准点上时，应仔细核对点位，以免发生错误。同时须卸下标尺底面的尺环，把标尺置于水准标石的标志上。

6. 观测注意事项

(1)每个测站上的仪器和前后视标尺位置，应力求接近一条直线。

(2)在同一测站上观测时，不得两次调节望远镜焦距。

(3)每一测段由往测转向返测时，两根水准标尺互换位置，并重新整置仪器。

(4)因瓦合金标尺底部有尺环是为了保护标尺底部不致磨损以及与尺台(尺桩)标志的正确接触，在将标尺放置水准点或其他固定点上时必须卸下来(尺环直径小于水准标志的尺寸)，否则就会出错。

7. 观测限差和超限成果的处理

1)水准观测的限差

除表 5.16 所列观测视线的有关规定外，尚有二、三、四等水准测量测站观测限差

(见表 5.18)；以及往返测高差不符值、路线和环线闭合差、检测已测测段高差限差及左右路线高差不符值的限差等(见表 5.19)。

表 5.18　**水准测量测站限差**

等级 \ 项目	基、辅分划读数的差(mm)	基、辅分划所测高差的差(mm)	上下丝读数平均值与中丝读数之差(mm)	左右路线转点差(mm)	检测间歇点高差的差(mm)
二等	0.4	0.6	3.0		0.7
三等	1.0	1.5		3.0	3.0
四等	3.0	5.0		5.0	5.0

表 5.19　**水准测量检核限差表**

等级 \ 项目	路线测段、往返测高差不符值(mm)	左右路线高差不符值(mm)	附合路线闭合差(mm)	环闭合差(mm)	检测已测测段高差的差(mm)
二等	$\pm4\sqrt{K}$		$\pm4\sqrt{L}$	$\pm4\sqrt{F}$	$\pm6\sqrt{R}$
三等	$\pm12\sqrt{K}$	$\pm8\sqrt{K}$	$\pm12\sqrt{L}$	$\pm12\sqrt{F}$	$\pm20\sqrt{R}$
四等	$\pm20\sqrt{K}$	$\pm14\sqrt{K}$	$\pm20\sqrt{L}$	$\pm20\sqrt{F}$	$\pm30\sqrt{R}$

注：表中 K、L、F、R 分别为测段、路线、环线、检测测段的长度，以 km 为单位。

2)超限成果的处理方法

(1)凡超限的观测结果均应重测。

(2)测站观测限差超限时，若在本站发现，而前尺承(尺台、尺桩、尺垫)未动，可立即重测。若迁站后才发现，则应从水准点或间歇点(须经检测合格)起重新观测。

(3)测段往返测不符值超值时，应先对可靠程度较小的往测或返测进行整测段重测。若重测高差与同方向原测高差的不符值不超过往返测高差不符值的限值，且其中数与另一单程原测高差的不符值亦不超限，则取其中数作为该单程的高差结果(若同向超限则取重测结果)。若该单程重测后仍超限，则重测另一单程。

如果出现同向不超限，但异向间超限的分群现象时，要进行具体分析，找出产生系统误差的原因，然后采取有效措施(如缩短视距、选择最有利的观测时间，加强脚架与尺承的稳固性、检校水准仪和标尺等)再进行重测。

(4)路线和环线闭合差超限时，应先对路线上可靠程度较小的(往返测高差不符值较大或观测条件不佳的)某些测段进行重测，如重测后仍不符合限差要求，则应重测该路线上其余有关测段。

(5)由往返测高差不符值计算的每公里高差中数的偶然中误差 M 超限时，要分析原因，重测有关测段。

(6)单程双转点观测左右路线高差不符值超限时(普通水准可采用该类方法)，可只重测一个单程单线，并与原测结果中符合限差的一个取中数采用；若重测结果与原测结果均符合限差，则取三次结果的中数。当重测结果与原测两个单线结果均超限时，应分析原因，再重测一个单程。

5.5.6 精密水准测量概算

水准测量概算是一项对采集的数据进行必要的外业计算工作，其目的是：检查外业成果的质量；计算水准点的概略高程，可供无需高程精度很高的地形测量或工程测量等应用；为水准网平差准备好必要的数据。

1. 外业手簿的计算

应对外业手簿进行全面认真的检查计算，既要保证正确无误，又要符合限差要求。

2. 高差和概略高程表的编算

高差和概略高程表的编算应由两人对算。计算概略高程时，各测段观测高差应加入以下三项改正：

(1)水准标尺一米间隔真长误差的改正(传统铟钢尺)；

(2)正常水准面不平行改正；

直接的水准观测高差不属于任何系统，需经改正才能归化为正常高高差：

$$H_{常}^{B} - H_{常}^{A} = (H_{测}^{B} - H_{测}^{A}) + \varepsilon + \lambda \tag{5-4}$$

式(5-4)就是根据观测高差计算正常高高差的公式。式中等号右边第一项为水准观测高差；第二项为水准路线的正常位水准面不平行改正；第三项为水准路线上的重力位与正常位的水准面不一致所引起的改正(称为重力异常改正)。

(3)水准路线(或环线)闭合差的改正。

3. 往返测高差不符值及每公里往返测高差中数的偶然中误差的计算

每条水准路线观测结束后，应计算往返测高差不符值及每公里往返测高差中数的偶然中误差 M_{Δ}，以评定和检核测量成果的质量。计算公式为：

$$m_{\Delta} = \pm\sqrt{\frac{1}{4n}\left[\frac{\Delta\Delta}{R}\right]} \tag{5-5}$$

式中，Δ 为各测段的往返高差不符值，以毫米为单位；R 为各测段长度，以千米为单位；n 为测段数。

4. 每公里往返测高差中数的全中误差的计算

所谓全中误差就是偶然误差和系统误差的综合影响。当构成水准网的水准环线个数超过 20 个时，要计算每公里往返测高差中数的全中误差 M_w 的计算公式为：

$$M_w = \pm\sqrt{\frac{1}{N}\left[\frac{WW}{F}\right]} \tag{5-6}$$

式中，W 为各水准环线闭合差，以毫米为单位；F 为各水准环线长度，以千米为单位；N 为环线数。

该项指标的限差值见表 5.18。如超限，则应在分析判断的基础上，对有关的测段进行返工。

练习与思考题

1. 地球椭球与参考椭球的关系是什么？

2. 常见的投影方式有哪几种？

3. 常见的坐标系表现方式有哪几种？

4. 七参数转换具体包含哪七个参数？

5. 建立平面控制网的方法有哪些？各有何优缺点？

6. 高程控制测量的主要方法有哪些？各有何优缺点？

7. 何谓前方交会？何谓后方交会？何谓测边交会？何谓自由设站？

8. 某测区欲布设一条附合水准路线，当每千米观测高差的中误差为5mm，今欲使在附合水准路线的中点处的高程中误差 $m_H \leqslant 10$mm，问该水准路线的总长度不能超过多少？

9. 若设计的等边直伸三等公路勘测附合导线全长为20km，边长为2km，每千米边长测量的偶然中误差为 $m_D = \pm 0.005$m，单位长度相对系统中误差为 $\pm(2\times10^{-6}\cdot D)$ mm [±2mm/km]，试求该导线最弱方位角的中误差和最弱点的纵向、横向中误差及点位中误差。

10. 如图5.34所示，由5条同精度观测水准路线测定 G 点的高程，观测结果见表5.20。若以10km长路线的观测高差为单位权观测值，试求：①G 点高程最或然值；②单位权中误差；③G 点高程最或然值的中误差；④每千米观测高差的中误差。

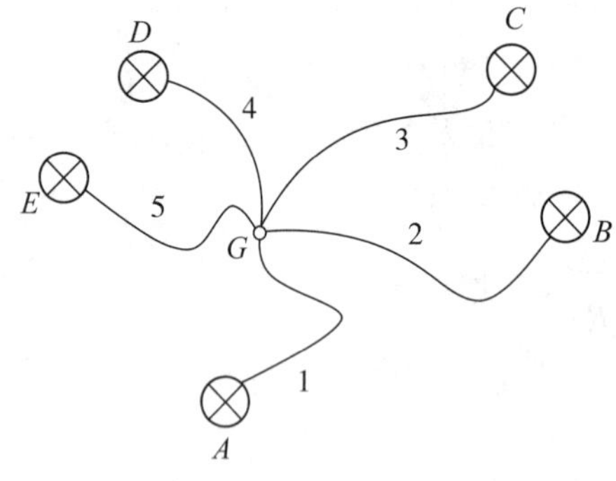

图5.34　单节点水准网示意图

表5.20　水准路线观测高程和路线长

水准路线号	观测高程(m)	路线长(km)
1	112.814	2.5
2	112.807	4.0
3	112.802	5.0
4	112.817	0.5
5	112.816	1.0

第6章 数字测图

6.1 地形图的认识

6.1.1 地图

在日常生活中，大家都见到过一些地图，什么是地图，一般认为：地图是根据一定的法则，按选择的缩小比例，把地球表面的物体和现象表示在平面上的图件。地图与地面写景图或地面照片不同，它具有严格的数学基础，科学的符号系统，完善的文字注记规则，并采用制图综合原则科学地反映出自然和社会经济现象的分布特征及其相互联系。上述定义确切地说明了地图不同于地面写景图或地面照片的特性，所以，地图在国防建设、经济建设和人民生活中，都具有重要作用。

我们知道，地球椭球面是不可展面，测绘地图时，首先必须将地球表面化算到极近似于该面的旋转椭球面上，然后再将旋转椭球表面描写到平面上，这个过程是用数学公式来表示和解决的；它是构成地图的基础(经纬线、坐标网)，这就是地图的数学法则，亦称数学基础。

地图的数学基础还表现在各种地物的位置、形状和大小上，这些都是由精确测算决定的；这就使地图具有足够的精度，来满足各方面使用地图的要求。

测绘或编制地图时，要根据相应的图式，按规定的符号来表示地球表面的一切物体和现象。用符号的好处很多，符号不但把地面上有形的地物、地貌根据需要清楚地表现出来，使地图内容主次分明、清晰易读，而且能把无形的东西如地磁、流速、高程、地名等反映在地图上。这是航摄照片所办不到的，因为航摄照片不能反映出地表面上的无形现象，同时在内容上也主次难分，没有用符号显示地图内容那样清楚。

地图的另一特性是内容的综合。综合包括取舍和概括两种意思。随着地图比例尺的缩小，表示在地图上的各种要素的容量也要随之而减少，这是取舍和概括地图内容的主要原因。一般说来，比例尺较小的地图，内容要简略一些，因为地图的负载量有一定的限度；当然，地图的用途和地区的情况对内容也有决定性的作用。因此综合的体现，就是地图的内容要根据一定的要求，经过选择舍去次要的突出主要的，同时概括出景观的基本特征。

(1)地图(map)：按一定的数学法则，使用符号系统、文字注记，以图解的、数字的或多媒体等形式表示各种自然和社会经济现象的载体。

(2)普通地图(general map)：综合反映地表的一般特征，包括主要自然地理和人文地理要素，但不突出表示其中的某一种要素的地图。

(3)地形图(topographic map)：表示地表居民地、道路网、水系、境界、土质与植被等基本地理要素且用等高线等表示地面起伏的普通地图。

6.1.2 地形图

地图按表示内容分类，可分为普通地图和专题地图。普通地图，是以相对平衡的详细程度表示地球表面各种自然和人文现象中最基本的要素(如水系、地貌、土质植被、居民地、交通网、境界及其他人文标志)的地图。随着比例尺的缩小，其详细程度也不断缩减。

普通地图按其表达形式和详细程度分为地形图和普通地理图。地形图是尽可能详细地表示基本地理要素的地图，又分为：

(1)大比例尺地形图：1：5000及更大比例尺的地形图；

(2)中比例尺地形图：介于1：1万与1：10万之间的地形图；

(3)小比例尺地形图：小于1：10万的地形图。

我国目前确定的国家基本比例尺地形图包括1：100万、1：50万、1：25万、1：10万、1：5万、1：2.5万、1：1万、1：5000、1：2000、1：1000和1：500共11种，详见GB/T 13989—2012《国家基本比例尺地形图分幅和编号》。

1. 比例尺

比例尺是地图上主要的数学要素之一，它决定着实地的轮廓转变为制图表象的缩小程度。地图上线段的长度 l 与实地相应线段 L 的水平长度之比，称为地图比例尺($1/M$)，例如图上长 $l=1\text{cm}$，实地长 $L=1\text{km}$，其比例尺为1：10万。地图上标注的地图比例尺的形式有：

数字式：用阿拉伯数字表示。例如：1：100000(或简写作1：10万)。

文字式：用文字注解的方法表示。例如“百万分之一”，“图上1cm相当于实地10km”等。表达比例尺的长度单位，在地图上通常以cm计，在实地上以m或km计。

图解式：用图形加注记的形式表示的比例尺。例如，地形图上的直线比例尺，如图6.1所示。

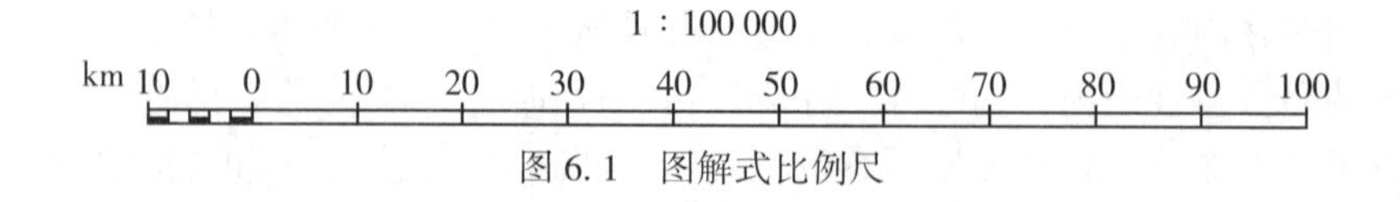

图6.1 图解式比例尺

2. 地形图符号

地球表面的形状是非常复杂的，既有高山、溪流，又有森林、房屋，等等。但总的来说，可将其分为地物和地貌两大类。所谓地形，就是地物和地貌的总称。地物指的是地球表面各种自然物体和人工建(构)筑物，如森林、河流、街道、房屋、桥梁等；地貌是指地球表面高低起伏的形态，如高山、丘陵、平原、洼地等。地形测量的工作任务，就是把错综复杂的地形测量出来，并用最简单、明显的符号表示在图纸上，最后完成一张与实地相似的地形图，上述符号称为地形图符号，只要我们熟悉了这些符号，就可以看懂地形图。

地形图符号可分为：地物符号、地貌符号和注记符号三大类。地形图符号的大小和形状，均因测图比例尺的大小不同而异。各种比例尺地形图的符号、图廓形式、图上和图边注记字体的位置与排列等，都有一定的格式，总称为图式。为了统一全国所采用的图式以及用图的方便起见，国家制定了几种比例尺地形图图式，以供全国各测绘单位使用，如 GB/T20257.1—2017《国家基本比例尺地图图式　第1部分：1∶500　1∶1000　1∶2000 地形图图式》。

1)地物符号

地物符号一般分为比例符号、非比例符号和线状符号(半比例符号)三种：

(1)比例符号。将地面上实物的轮廓，按测图比例尺缩小，然后绘制在图上的符号称为比例符号，又称轮廓符号，如房屋、果园、树林、江河等。这些符号与地面上实际地物的形状相似。

(2)非比例符号。当地物的轮廓很小，以至于不能按照测图比例尺缩小，但这些地物又很重要，不能舍去时，则需按统一规定的符号描绘在图上，这种符号称为非比例符号，如测量控制点、矿井和烟囱等。有些比例符号和非比例符号，随着测量比例尺的不同是可以互相转化的。非比例符号在地形图上的位置，必须与实物位置一致，这样才能在图上准确地反映实物的位置。为此，应该规定符号的定位点，这些定位点在地形图图式上规定如下：

①几何图形符号(圆形、矩形、三角形等)，在其几何图形中心；

②宽度符号(蒙古包、烟囱、水塔等)，在底线上；

③底部为直角形的符号(风车、路标等)，在直角的顶点；

④几种几何图形组成的符号(气象站、无线电杆等)，在其下方图形的中心点或交叉点；

⑤下方没有底线的符号(窑、亭、山洞等)，在其下方两端点间的中心点。

(3)线状符号(半比例符号)。凡是长度能依比例，而宽度不能缩绘的狭长地物符号，称为线状符号或半比例符号。这种符号的长度依真实情况测定，而其宽度和符号样式有专门规定。因此，根据这类符号可以在图上量测地物的长度，但不能量测其宽度，如铁路、高压电线和围墙等。

2)地貌符号

最常用的地貌符号是等高线，关于等高线的原理及其种类，将在后面作详细介绍。

3)注记符号

注记符号是地物符号和地貌符号的补充说明，如城镇、铁路、高程等名称和数字，河流的流向及流速。注记符号可用文字、数字或线段表示。

3. 地貌与等高线

1)等高线

等高线就是地面上高程相等的各相邻点所连成的闭合曲线，也就是水平面(严格来说应是水准面)与地面相截所形成的闭合曲线。我们日常见到的池塘或蓄水库的水面与岸边的交线，就是一条等高线。

把这些等高线都垂直投影在同一个水平面上，并按测图比例尺缩小绘在图纸上，就得到用等高线表示的山头的地形图。用等高线表示地貌，不但能简单而正确地显示地貌的形状，而且还能根据它较精确地求出图上任意点的高程。因此，工程上用的地形图都用等高线表示地貌。

2)等高距和等高线平距

相邻等高线间的高差，称为等高距(或称等高线间隔)，如图6.2中的h。相邻等高线在水平面上的垂直距离，称为等高线平距，如图6.2中的d。为了使用方便，CJJ/T 8—2011《城市测量规范》规定，同一幅图应采用一种基本等高距。

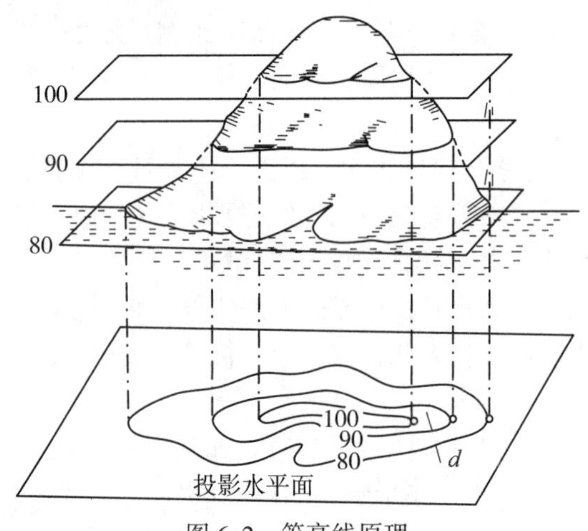

图6.2 等高线原理

用等高线表示地貌时，等高距的选择具有重要意义。若选择的等高距过大，则不能精确地表示地貌的形状；如等高距过小，虽能较精确地表示地貌，但这不仅会增大工作量，而且还会影响图的清晰度，给使用地形图带来不便。因此，在选择等高距时，应结合图的用途、比例尺以及测区地形坡度的大小等多种因素综合考虑。

3)典型地貌的等高线

将地面起伏如形态特征分解观察，不难发现它是由一些地貌组合而成的。会用等高线表示各种典型地貌，才能够用等高线表示综合地貌。

凡是凸出而且高于四周的高地称为山地，高大的称为山峰，矮小的称为山丘。比周围地面低，而且经常无水的地势较低的地方称为凹地，大范围低地称为盆地，小范围低地称为洼地。图6.3(a)是山丘断面图及其等高线图；图6.3(b)是盆地的断面图及其等高线图。

山脊是从山顶到山脚的凸起部分，山脊最高点间的连线称为山脊线。以等高线表示的山脊是等高线凸向低处，雨水以山脊为界流向两侧坡面，故山脊线又称为分水线。山脊及其等高线如图6.4(a)所示，图中虚线为山脊线。

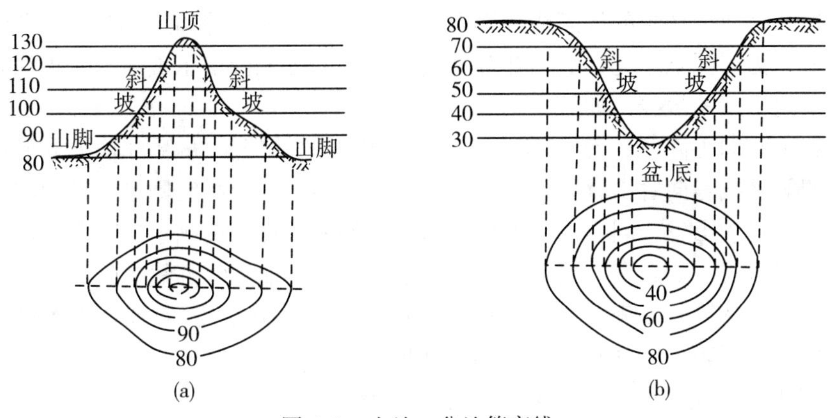

图 6.3　山地、盆地等高线

山谷是沿着一个方向延伸下降的洼地。山谷中最低点连成的谷底线称为山谷线或集水线。如图 6.4(b)所示，图中的虚线为山谷线。

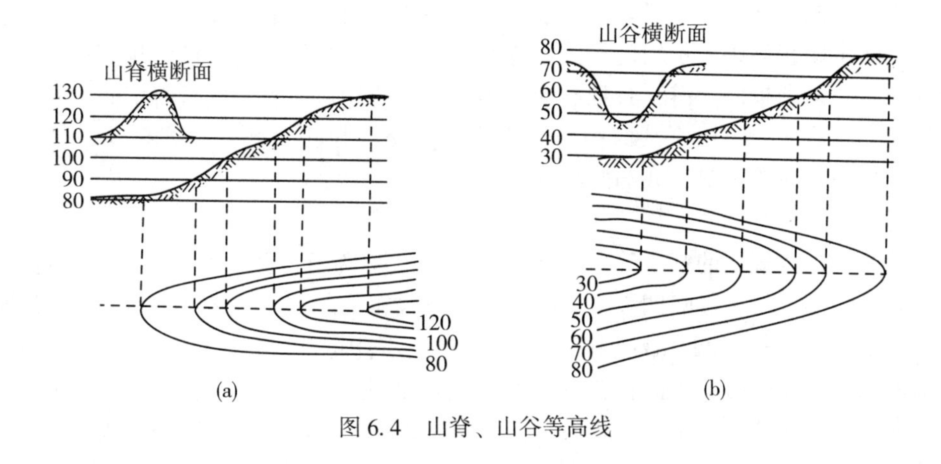

图 6.4　山脊、山谷等高线

介于相邻两个山头之间、形似马鞍的低凹部分，称为鞍部，它是两条山脊线和两条山谷线相交之处。图 6.5 中用虚线表示的部分即为鞍部。

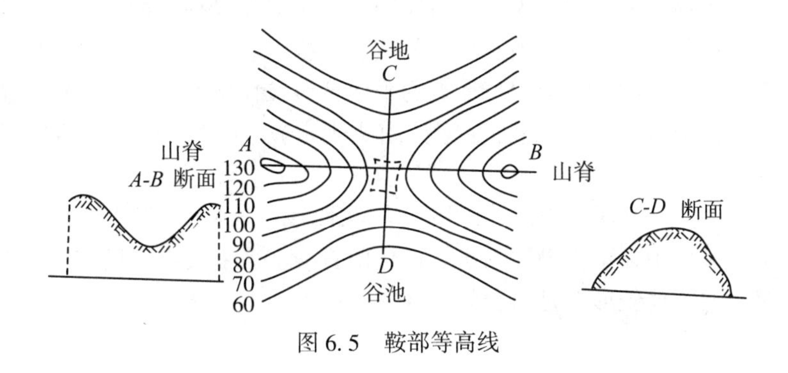

图 6.5　鞍部等高线

从上述几种典型地貌的等高线可以看出：山丘和盆地的等高线都是闭合曲线，两者形状很相似。为了区别起见，必须在等高线上注记高程或画出示坡线。示坡线是垂直于等高线而指向下坡的短线，如图6.5中的短线。

山脊和山谷的等高线，都是朝着一个方向凸出的曲线，两者的形状也很相似。但是，山脊的等高线是向着山脊线降低的方向凸出，山谷的等高线则是向着山谷线升高的方向凸出。山脊和山谷，同样可以根据等高线上的高程注记或画示坡线来加以区别。

有些特殊地貌，如悬崖、峭壁、冲沟、雨裂等，不能用等高线表示，而要用地形图图式中规定的特殊符号来表示，请参阅GB/T20257.1—2017《国家基本比例尺地图图式 第1部分：1：500 1：1000 1：2000地形图图式》。

4)等高线的特性

根据前述用等高线表示地貌的情况，可以归纳等高线的特性：①在同一条等高线上的各点，其高程相等；②等高线必定是一条闭合曲线，不会中断，由于一幅图所示的范围有限，如在本图幅内不闭合，则在相邻图幅内仍最终自成闭合；③一条等高线不能分叉为两条；不同高程的等高线，不能相交或者合并成一条；在悬崖处的等高线虽然相交，但必须有两个交点；④等高线愈密则表示坡度愈陡，等高线愈稀则表示坡度愈缓，等高线之间平距相等则表示坡度相等；⑤经过河流的等高线不能直接跨越而过，应该在接近河岸时，渐渐折向上游，直到与河底等高处才能越过河流，然后再折向下游渐渐离开河岸；⑥等高线通过山脊线时，与山脊线成正交，并凸向低处；等高线通过山谷线时，则应与山谷线成正交，并凸向高处。

5)等高线的种类

①首曲线，按规定的基本等高距测绘的等高线称为首曲线(或基本等高线)；②计曲线，为了用图方便，每隔四级首曲线描绘一根较粗的等高线，称为计曲线(或加粗等高线)。地形图上只有计曲线注记高程，首曲线上不注记高程；③间曲线，当首曲线不能详细表示地貌特征时，则需在首曲线间加绘间曲线。其等高距为基本等高距的1/2，故也称半距等高线，一般用长虚线表示；④助曲线，如采用了间曲线仍不能表示较小的地貌特征时，则应当在首曲线和间曲线间加绘助曲线。其等高距为基本等高距的1/4，一般用短虚线表示。

6)等高线的描绘方法

用等高线表示地貌的程序是先测定后绘图。测定对象是地貌的特征点。所谓地貌特征点是指山顶、鞍部、山脊线与山谷线上的坡度变换点和山脚点、山脚坡度变换点和山坡面倾斜变换点等。将测定的地貌特征点的平面位置按比例尺以垂直投影方法缩绘到图纸上，并在其旁注记该点高程(高程注记按图式规定)，上述工作完成后便可进行等高线描绘。步骤如下：

(1)连接地性线。山顶、鞍部、山脚点与地性线，这些地貌因素决定着山脉的大小、形状和走向。自山顶至山脚用细实线连接山脊线上各变坡点，用细虚线将山谷线上各变坡点连接。通常地貌形态是山脊与山谷间隔排列，即两条分水线夹一条合水线，两条山谷线夹一条山脊线。

(2)求等高线通过点。地性线上各点均为坡度变换点，即相邻两点之间为同一坡度。通常变坡点高程不等于基本等高线高程，需要先求出等高线通过点，再求出基本等高线的位置。在两个变坡之间的等高线通过点的高程可按比例内插求得。

(3)勾绘等高线。在绘图现场图纸上连接地性线，求等高线通过点与勾绘等高线。应边测边绘等高线，对照实地勾绘等高线可逼真地显示地貌形态，并便于检查测绘中的各种错误。对照实地勾绘等高线时要运用概括原则。山坡面上小起伏与变化，按等高线总体走向进行制图综合。特别要注意，描绘等高线时要均匀圆滑，不要有死角或有出刺现象。图6.6(a)为连接地性线和求等高线通过点示意图。图6.6(b)为勾绘等高线图。

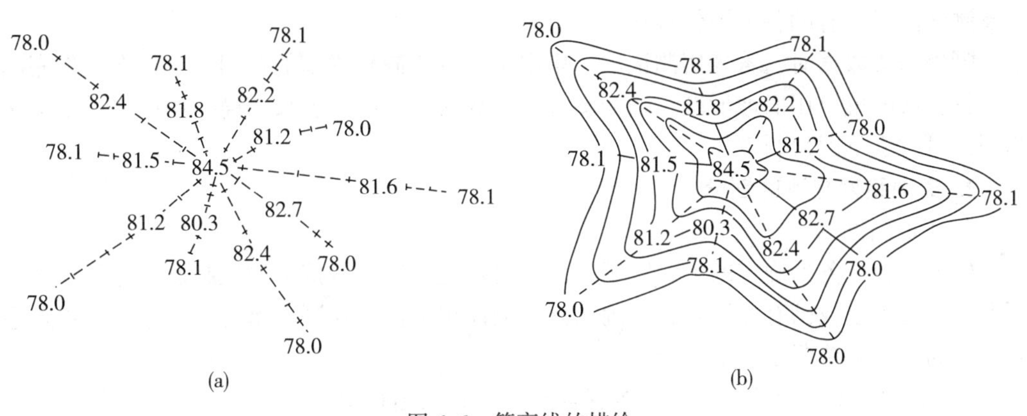

图6.6　等高线的描绘

上述为用等高线表示地貌的方法。如果在平坦地区测图，很大范围内绘不出一条等高线。为表示地面起伏，则需用高程碎部点表示。高程碎部点简称高程点。高程点位置应均匀分布在平坦地区内，各高程点在图上间隔以2~3cm为宜。平坦地区有地物时则以地物点高程为高程碎部点，无地物时则应单独测定高程碎部点。

必须指出的是，了解和掌握等高线的传统测绘方法，对全野外数字测图的地形特征点选取(棱镜或RTK)帮助极大。

6.2　大比例尺数字测图

通常所指的大比例尺测图是指1∶500~1∶5000比例尺测图。从广义上说，数字化测图包括：利用全站仪、RTK等测量仪器进行野外数字化测图；采用数字摄影测量技术对航空摄影、遥感像片进行数字化测图和应用三维激光扫描仪的激光点云进行的数字测图，等等。利用上述技术将采集到的地形数据传输到计算机，并由功能齐全的成图软件进行数据处理、成图显示，再经过编辑、修改，生成符合国标的地形图。最后，将地形数据和地形图分类建立数据库，或者用绘图仪输出地形图及相关数据。

大比例尺数字测图除测绘地形图以外，还有地籍图、房产图等，它们的基本测绘方法是相同的，并具有本地统一的平面坐标系统、高程系统和图幅分幅方法。

6.2.1 准备工作

1. 仪器器材与资料准备

根据任务的要求，在实施外业测量之前精心准备好所需的仪器、器材，控制成果和技术资料等是非常关键的。

(1)仪器、器材：主要包括全站仪、RTK、电子手簿、电脑、脚架、对讲机、棱镜、钢卷尺、皮尺、计算器、测伞等。带到野外的仪器必须经过检查。

(2)控制点成果等技术资料：①已有控制点资料，包括已有控制点的成果数据，如数量、分布，各点的名称、等级、施测单位、保存情况等；②各类图件，应尽量准备测区及测区附近已有的各类图件资料。

野外采集数据时，若采用测记法，则要求现场绘制较详细的草图，也可在工作底图上进行，底图可以用旧地形图、晒蓝图或航片放大影像图。若采用简码法或电子平板法测图，可省去草图绘制工作。

2. 实地踏勘与测区划分

1)实地踏勘

根据项目任务书确定的大致区域，用手机定位功能，按搜集的控制点坐标和点之记等资料，逐点寻找已有控制点，并确认该点的使用价值。在测区跑得多，才能逐步熟悉测区，同时，也要留心以下内容：

(1)交通情况。公路、铁路、乡村便道的分布及通行情况等；

(2)水系分布情况。江河、湖泊、池塘、水渠分布，桥梁、码头及水路交通情况等；

(3)植被情况。森林、草原、农作物的分布及面积等；

(4)居民点分布情况。测区内城镇、乡村居民点的分布，食宿及供电情况等；

(5)当地风俗民情。各民族的分布、民俗和地方方言、习惯及社会治安情况等。

2)测区划分

为了方便多个作业组同时作业，在野外数据采集之前，常将整个测区划分成多个作业区。数字化测图野外采集不需要按图幅，而是以道路、河流、沟渠等明显线状地物地貌为界，将测区划分成若干个作业区，分块测绘。对于地籍测量来说，一般以街坊为单位划分作业区。分区原则是各区之间的数据尽可能独立。对于跨作业区的线状地物(如河流)，应测定其方向线，以供内业编绘。

3. 人员配备及组织协调

(1)人员配备：根据任务的实际情况，往往需要对外业人员进行分组。测绘特别要求团队合作，各项测量过程和成果，都是团队的心血结晶。具体到数字测图，以负责画图的人为主心骨，大家做好配合十分重要。

(2)组织协调：数字测图不仅涉及作业单位内部的分工协调，还涉及委托方和主管部门、测绘单位和测区的各家各户。因此，作业单位在做好内部分工的同时，还必须做好与外部的协调、联系工作。

对于地籍、房产测绘，还应成立专业调查小组。

6.2.2 数字测图技术设计

所谓技术设计，就是根据测图比例尺、测图面积和测图方法以及用图单位的具体要求，结合测区的自然地理条件和本单位的仪器设备、技术力量及资金等情况，灵活运用测绘学的有关理论和方法，制订在技术上可行、经济上合理的技术方案、作业方法和实施计划，并将其按一定格式编写成技术设计书。

1. 技术设计的意义

技术设计的目的是制订切实可行的技术方案，保证测绘成果符合技术标准和用户要求，并获得最佳的经济效益和社会效益。为此，每个测绘项目作业前都应进行技术设计。

数字测图技术设计规范了整个数字测图过程中的技术环节。从硬件配置到软件选配，从测量方案、测量方法及精度等级的确定到数据的记录计算、图形文件的生成、编辑及处理，直到各工序之间的配合与协调和检查验收要求等，以及各类成果数据和图形文件符合规范、图示要求和用户的需要。各项工作都应在数字测图技术设计的指导下开展。

数字测图技术设计是数字测图最基本的工作。技术设计书须呈报上级主管部门或测图任务的委托单位审批，并按规定向测绘主管部门备案，未经批准不得实施。当技术设计需要作原则性的修改或补充时，须由生产单位或设计单位提出修改意见或补充稿，及时上报原审批单位核准后方可执行。

2. 技术设计的主要依据

1)测量任务书或合同书

测量任务书或测量合同是指令性的，它包含工程项目或编号、设计阶段及测量目的、测区范围(附图)及工作量、对测量工作的主要技术要求和特殊要求，以及上交资料的种类和时间等内容的要求。

数字测图技术设计一般是依据测量任务书或测量合同提出的数字测图的目的、精度、控制点密度、提交的成果和经济指标等，结合规范(规程)规定和本单位的仪器设备、技术人员状况，通过现场踏勘，具体确定加密控制方案、数字测图方式、野外数字采集方法以及时间、人员安排等内容。

2)有关技术规范、规程、图式

数字测图测量规范、规程、图式是国家或行业部门制定的技术法规，目前数字测图技术设计依据的规范、规程、图式主要有：《城市测量规范》《工程测量标准》《地籍测绘规范》《房产测量规范》《1：500　1：1000　1：2000 外业数字测图技术规程》《国家基本比例尺地形图图式第 1 部分：1：500　1：1000　1：2000 地形图图式》《地籍图图式》《基础地理信息要素分类与代码》等。

此外，还包括生产定额、成本定额等。

3. 技术设计的基本原则

(1)技术设计方案应先整体后局部，且顾及今后发展；既要满足用户的需求，又要重视社会效益和经济效益。

(2)从测区的实际情况出发，考虑作业单位的人员素质和装备情况，选择最佳作业方案。

(3)广泛收集、认真分析及充分利用已有的测绘成果和资料。

(4)尽量采用新技术、新方法和新工艺，合理选用成图软件。

(5)当测图面积非常大，需要的工期较长时，可根据用图单位的规划和轻重缓急，将测区划分为几个小区域，分别进行技术设计；当测区较小时，技术设计的详略可根据具体情况确定。

4. 技术设计书的主要内容

设计人员必须明确任务的要求和特点、工作量和设计依据及设计原则，认真做好测区情况的踏勘、调查和分析工作，对设计书负责。在此基础上做出切实可行的技术设计。

数字测图的技术设计是根据测区的自然地理条件，本单位拥有的软件和硬件设备，技术力量及资金等情况，运用数字测图的理论和方法制定合理的技术方案、作业方法并拟订作业计划。最后制定的技术设计书是数字测图全过程的技术依据。要求其内容明确，文字简练；对作业中容易混淆和忽视的问题，应重点叙述；使用的名词、术语、公式、代号和计量单位等应与有关规范和标准一致。技术设计书包括以下具体内容：

1)概述

(1)任务来源。说明任务名称、来源、测区范围、地理位置、行政隶属、测图比例尺、拟采用的技术依据、要求达到的主要精度指标和质量要求、计划开工日期和完成期限等。

(2)测区概况。重点介绍测区的社会、自然、地理、经济、人文等方面的基本情况。主要需说明测区高程、相对高差、地形类别和居民地、道路、水系、植被等要素的分布及主要特征，说明气候特点、风雨季节、冻土情况、交通情况及生活条件等。

综合考虑各方面因素并参照有关生产定额，确定测区的困难类别。

(3)已有资料利用情况。对测区已有资料情况需作一个简要说明，包括控制点的等级、精度、数量、分布情况，现有图纸的比例尺、等高距、施测单位和采用的平面、高程系统和图式规范，技术总结等。对已有资料进行质量分析评价后，要提出已有资料的可利用程度和利用的方案。

2)方案设计

(1)作业依据。说明测图作业所依据的规范、规程、图式以及有关部门颁发的技术规定。主要包括：

①测量任务书、数字测图委托书(或合同)；

②本工程执行的规范及图式，其中要说明执行的定额及工程所在地的地方测绘管理部门制定的适合本地区的一些技术规定等；

③收集的测区已有测绘资料。

(2)控制测量方案。控制测量方案包括平面控制测量方案和高程控制测量方案：

①平面控制测量方案。首先需要说明平面坐标系的确定、投影带和投影面的选择。原则上应尽可能采用国家统一的坐标系统，只有当长度变形值大于2.5cm/km时，方可

另选其他坐标系统；对于小测区，可采用简易方法定向，建立独立坐标系统。然后阐述首级平面控制网的等级、施测方法、起始数据的选取，加密层次及图形结构，控制点的密度，标石的规格要求，施测方法和使用的仪器、软件，平差方法，各项主要限差要求及应达到的精度指标，并在 1∶5000 或 1∶1 万地形图上绘制出测区平面控制网的设计图。

②高程控制测量方案。测图高程系统的应采用国家统一的 1985 国家高程基准。高程控制测量方案应说明高程系统的选择，首级高程控制的等级、起始数据的选取，加密层次及图形结构、施测方法，路线长度和点的密度，标石的规格要求，施测方法和使用的仪器，平差方法，各项主要限差要求及应达到的精度指标，并绘制测区高程控制测量路线图。

(3)数字测图方案。介绍数字测图的测图比例尺、基本等高距、地形图采用的分幅与编号方法、图幅大小等，并绘制整个测区的地形图分幅编号图；然后介绍图根控制测量方法及要求、数据采集、数据处理、图形处理和成果输出等主要工序的具体方法，可能碰到的问题及可以采取的应对措施。

①数据采集。

a. 图根控制测量。说明图根控制测量(包括平面、高程)采用的方法、观测要求、图根成果的精度要求及注意事项等。

b. 数据采集作业模式的选择。就地面数字测图而言，采集模式可分为数字测记模式、电子平板测绘模式。数字测记模式可根据作业单位的装备情况、测区地形情况和作业习惯，采用全站仪+RTK 数字测记模式，采用有码作业或无码作业。若测图精度要求不是很高(即相当于模拟测图的精度)，又有精度可靠的旧地形图，可以采用旧图数字化加外业补测作业模式，以提高测图效率，降低测图成本。

c. 碎部测量。首先应说明碎部点坐标和高程的测量方法。根据硬件配置不同，采用的方法也可不同，或采用的测量方法相同而具体作业方法也可能不同。极坐标测量方法仍是碎部坐标测量的主要方法。然后说明碎部测量的设站要求、设站检查的限差要求，野外草图的绘制方法与要求，碎部点测量数据的取位、测距最大长度要求，高程注记点的间距、分布、注记位数要求，测绘内容及取舍要求，外业数据文件及其格式要求及其他应注意的事项等。最后测定用户有特殊要求的碎部点，要有具体可行的保证措施，并在设计中作相应说明。若采用新技术、新方法用于碎部测量，应对其方法和精度进行说明和论证。

②数据处理、图形编辑、成果输出。数据、图形的处理及成果的输出是数字测图工作的重要组成部分，它技术性强、涉及知识面广、操作技巧多。

图形编辑是将数据成果转换成图形文件。它由软件系统来完成，软件系统应具有图廓整饰，绘制线状符号、面状符号、独立地物符号、等高线，图幅裁剪等功能，处理成果是图形文件。图形文件要兼容性好，格式要与国家标准统一，要与数据文件保持一一对应关系并可相互转换，要便于显示、编辑和输出，成果可以共享。

地形图输出就是将图形文件按照选定的分幅与编号方法和图幅大小，利用打印机、绘图仪等输出设备打印出来。所绘地形图的质量要符合规范的要求。

3)质量控制措施及检查验收方案

质量控制的核心是在数字测图的每一个环节采取所制定的技术和管理的措施、方案，控制各环节的质量。应重点说明数字地形图各环节的检查方法、要求。

检查验收是数字测图工作的重要环节，是保证测图成果质量的重要手段之一。检查验收方案应重点说明数字地形图的检测方法、实地检测工作量与要求，中间工序检查的方法与要求，自检、互检、组检方法与要求，各级各类检查结果的处理意见等。

4)工作量统计、作业计划安排和经费预算

工作量统计是根据设计方案分别计算各工序的工作量。作业计划是根据工作量统计和计划投入的人力、物力，参照生产定额，分别列出各期进度计划和各工序的衔接计划。经费预算是根据设计方案和作业计划，参照有关生产定额和成本定额，编制分期经费和总经费计划，并作必要的说明。

5)应提交的资料

数字测图成果不仅包括最终的地形图图形文件(测区总图)、绘出的分幅地形图，还包括说明文件、控制测量成果文件、数据采集原始数据文件、图根点成果文件、碎部点成果文件及图形信息数据文件、技术总结等。根据用户需要，对数字图的成果资料也有具体的要求。

技术设计书中应列出用图单位要求提交的所有资料的清单，并编制成表。

6)建议与措施

每个数字测图项目的实际情况总是不尽相同的，在工程的具体实施过程中势必会出现各种各样的问题，各类突发事件也时常发生。为顺利按时完成测图任务，确保工程质量，技术设计书中不仅应就如何组织力量、保证质量、提高效益等方面提出建议，而且要充分、全面、合理预见工程实施过程中可能遇到的技术难题、组织漏洞和各类突发事件等，并针对性地制订处理预案，提出切实可行的解决方法。

最后应说明业务管理、物资供应、食宿安排、交通设备、安全保障等方面必须采取的措施。

6.2.3 图根控制测量

测区高级控制点的密度不可能满足大比例尺测图的需要，此时应布置适当数量的图根控制点，又称图根点，直接供测图使用。图根控制点的布设，是在各等级控制点的控制下进行加密，图根控制一般不超过两次附合。在较小的独立测区测图时，图根控制点可作为首级控制点。

1. 图根控制点的精度要求和密度

图根点的精度要求是：图根点相对于邻近高等级控制点的点位中误差不应大于图上0.1mm，高程中误差不应大于测图基本等高距的1/10。

图根控制点的数量，应根据测图比例尺、测图方法、地形复杂程度或隐蔽情况，以满足测图需要为原则。根据GB 50026—2020《工程测量标准》，图根控制点(包括高级控制点)的密度，一般应不少于表6.1的要求。

表 6.1 **测图图根点密度**

测图比例尺	图幅尺寸(cm×cm)	图根控制点数量(个)	
		全站仪测图	GNSS RTK 测图
1：500	50×50	2	1
1：1000	50×50	3	1~2
1：2000	50×50	4	2

2. 图根控制测量方法

图根控制测量包含图根平面控制和图根高程控制测量两部分，可同时进行，也可分别施测。图根平面控制可采用图根导线、GNSS RTK、边角交会等测量方法。图根点高程控制可采用图根水准或电磁波测距三角高程等测量方法。

根据 GB 50026—2020《工程测量标准》，图根导线测量的主要技术要求不应超过表 6.2 中的规定。

表 6.2 **图根导线测量的主要技术要求**

导线长度(m)	相对闭合差	测角中误差(″)		方位角闭合差(″)	
		一般	首级控制	一般	首级控制
$\leqslant \alpha \times M$	$\leqslant 1/(2000 \times \alpha)$	30	20	$60\sqrt{n}$	$40\sqrt{n}$
α 为比例系数，取值宜为 1，1：500、1：1000 比例尺测图时，可取 1~2 之间。 M 为测图比例尺的分母。					

GNSS RTK 图根控制测量宜直接测定图根点的坐标和高程，其作业半径不宜超过 5km，每个图根点均应进行两次独立测量，其点位较差不应大于图上 0.1mm，高程较差不应大于基本等高距的 1/10。

图根水准测量的主要技术要求，应符合表 6.3 的规定。

表 6.3 **图根水准测量的主要技术要求**

附合路线长度(km)	水准仪型号	视线长度(m)	观测次数	闭合差(mm)	
				平地	山地
$\leqslant 5$	DS_3	$\leqslant 100$	往一次	$40\sqrt{L}$	$12\sqrt{n}$
L 为水准线路长度(km)，n 为测站数。					

电磁波测距三角高程的主要技术要求，应符合表 6.4 中的规定。

表6.4 **图根电磁波测距三角高程测量的主要技术要求**

附合路线长度(km)	仪器精度等级	中丝法测回数	指标差较差(″)	垂直角较差(″)	对向观测高差较差(mm)	闭合差(mm)
≤5	6″级	2	25	25	$80\sqrt{D}$	$40\sqrt{\sum D}$
D 为电磁波测距边的长度(km)，仪器高和觇标高的量取应精确至1mm。						

3. 测站点的增补

测图时利用各级控制点(包括高等级控制点和图根控制点)作为测站点，或采用自由设站以待定点作为测站点。但由于地表上的地物、地貌有时极其复杂零碎，在各级控制点上测绘所有碎部点往往是很困难的，因此，除了利用各级控制点外，还要增设测站点。尤其是在地形琐碎、小沟、小山脊转弯处，房屋密集的居民地，以及雨裂冲沟繁多的地方，对测站点的数量要求会多一些，但切忌用增设测站点做大面积的测图。

增设测站点是在各级控制点上，采用极坐标法、交会法和支导线测定测站点的坐标和高程。数字测图时，测站点的点位精度，相对于附近图根点的中误差不应大于图上0.2mm，高程中误差不应大于测图基本等高距的1/6。

使用超站仪的免控建站功能，基于一个已知点的单点定向建站，或者无已知点的任意定向建站，可灵活应对不同的作业环境和作业条件。

1)单点定向

如图6.7所示，①在未知点 P_1 架设仪器，使用超站仪GNSS测量系统获取 P_1 点坐标；②调用 P_1 点坐标为测站，输入已知点 P_2 坐标为后视；③瞄准 P_2 点定向；④测量/放样。

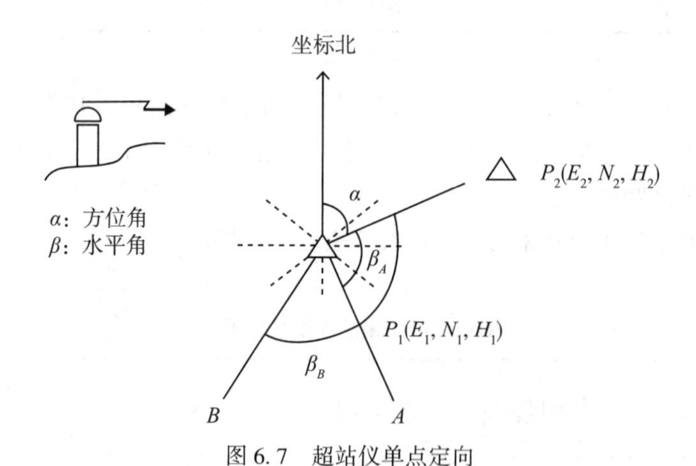

图6.7 超站仪单点定向

2)任意定向

如图6.8所示，①在未知点 P_1 架设仪器，使用超站仪GNSS测量系统获取 P_1 点坐标；②调用 P_1 点坐标为测站，照准下一测站点 P_2 方向初步定向；③在 P_1 点完成所有待测点的观测；④在未知点 P_2 架设仪器，使用超站仪 GNSS 测量系统获取 P_2 点坐标；⑤用 P_1 做后视点进行定向，超站仪重新计算 P_1、P_2 坐标方位角以及在 P_1 测定的碎部点坐标；⑥在 P_2 点进行待测点观测。

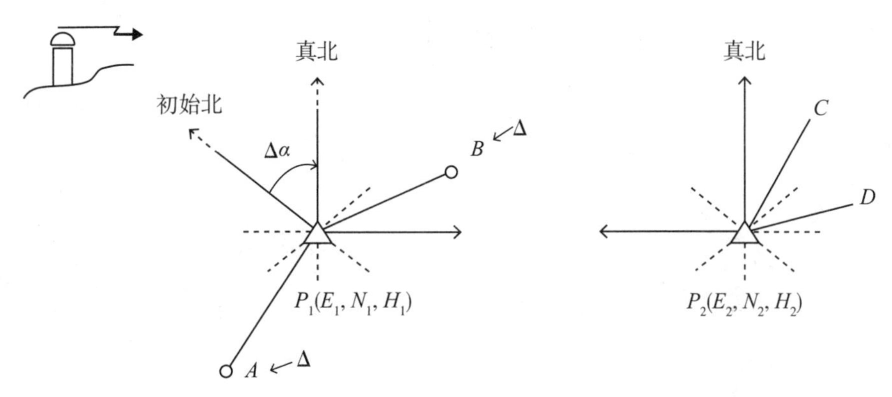

图 6.8 超站仪任意定向

6.2.4 碎部点的数据采集

碎部点的数据采集直接影响着成图质量与效率。地形图的图形由点、线、面三种要素组成。由点按一定顺序相连构成线，线可以围成闭合的面状图形，所以点要素是最基本的图形要素。因此，对地形点(碎部点/细部点)必须同时给出点位信息(测点的三维坐标)及绘图信息(测点的连接关系和属性)。

1. 碎部点的坐标计算

在地面数字测图中，测定碎部点的基本方法主要有极坐标法、方向交会法、量距法、方向距离交会法、直角坐标法等。

1)极坐标法

极坐标法即在已知坐标的测站点(A)上安置全站仪，在测站定向后，观测测站点至碎部点的方向、天顶距和斜距，进而计算碎部点的平面直角坐标。极坐标法测定碎部点，在大多数情况下，棱镜中心能安置在待测碎部点上，如图 6.9 所示。

但在有些情况下，棱镜只能安置在碎部点的周围。可以采用“偏心测量”解决，大多数全站仪都有偏心测量的功能。

(1)角度偏心。如图 6.10 所示，全站仪安置在某一已知点 A，并照准另一已知点 B 进行定向；然后将棱镜设置在待测点 P 的左侧(或右侧)，并使其到测站点 A 的距离与待测点 P 到测站点 A 的距离相等；接着对偏心点进行测量；最后照准待测点方向，仪器就会自动计算并显示出待测点的坐标。

(2)距离偏心。如图 6.11 所示，圆柱中心对应的地面点 A_1 无法直接测得。现欲测定 A_1 点，则将全站仪安置在 A 点，并照准另一已知点 B 进行定向；将反射棱镜设置在待测点 A_1 的附近某一合适位置 P 点，在 AP 方向量取前后偏心距 HD1，然后在与 AP 相垂直的方向量取左右偏心距 HD2；全站仪上选择距离测量功能模块，照准 P 点棱镜，输入偏心距 HD1 及 HD2，得到待测点 A_1 的坐标。

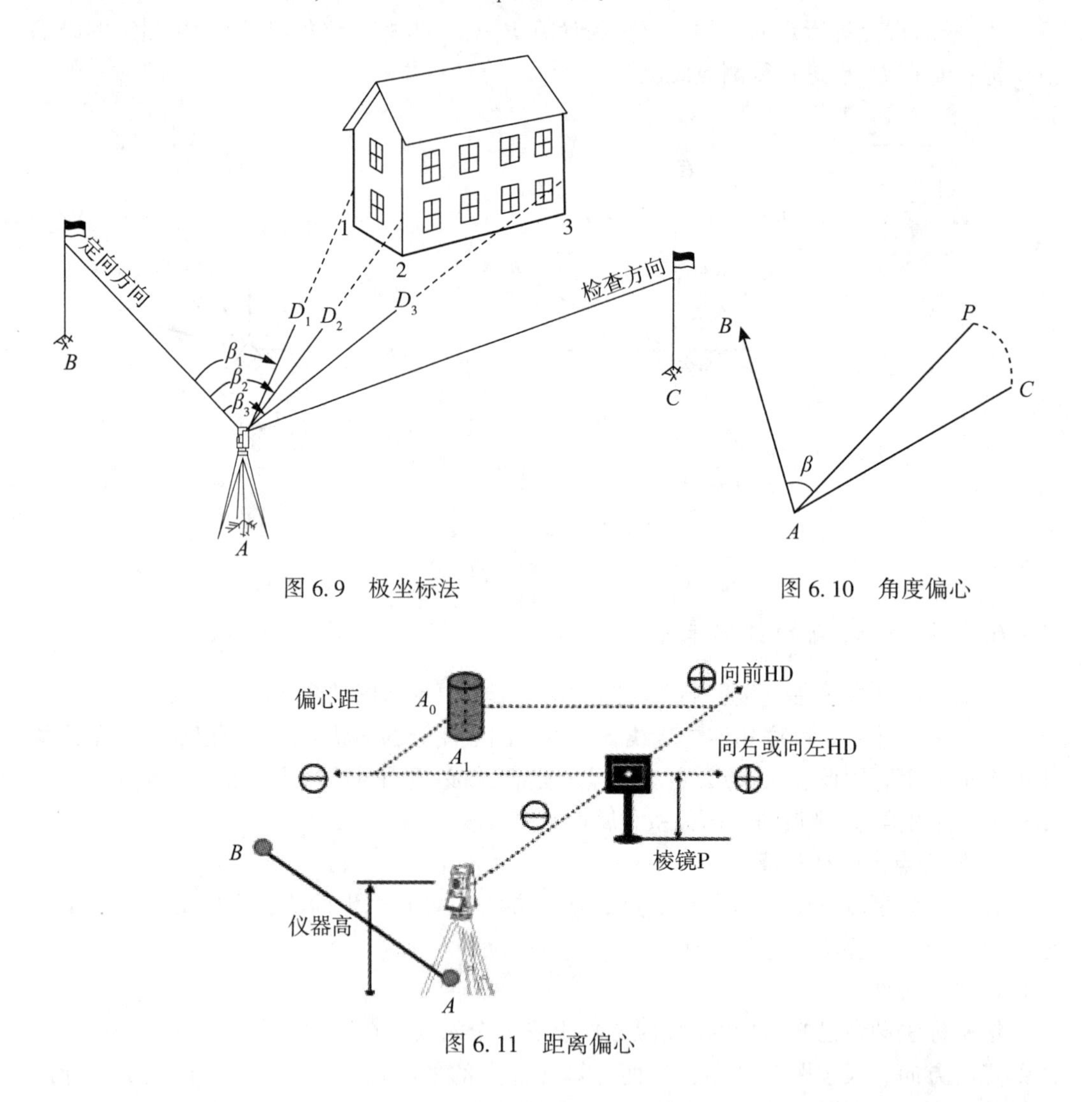

图 6.9 极坐标法

图 6.10 角度偏心

图 6.11 距离偏心

(3)圆柱中心点。如图 6.12 所示，待测点 P_0 为某一圆柱形物体的圆心。观测时，全站仪安置在某一已知点 A，并照准另一已知点 B 进行定向；然后，测量圆柱点 P_2、P_3 的方向角，得出其方位角 β_2、β_3；测量测站 A 到圆柱点 P_1 的距离；全站仪就会自动计算并显示出待测点的坐标(x_P，y_P)或测站点至待测点的距离 D 和方位角 α_{AP}。

(4)平面偏心。如图 6.13 所示，待测点由于其他原因不能放置棱镜，无法直接测量其点位坐标或不能放置棱镜而又需测量其坐标时的一种方式。该测量原理是：首先进入“平面偏心”模式，在待测点所在的同一平面内不在同一直线上的棱镜能到达的地方选择三个点分别放置棱镜，全站仪分别照准棱镜进行测量，仪器会记录、处理并且确定这个平面。然后将望远镜照准需要在该平面上棱镜不能到达的点位。仪器会给出该点的三维坐标及该点到测站的斜距。

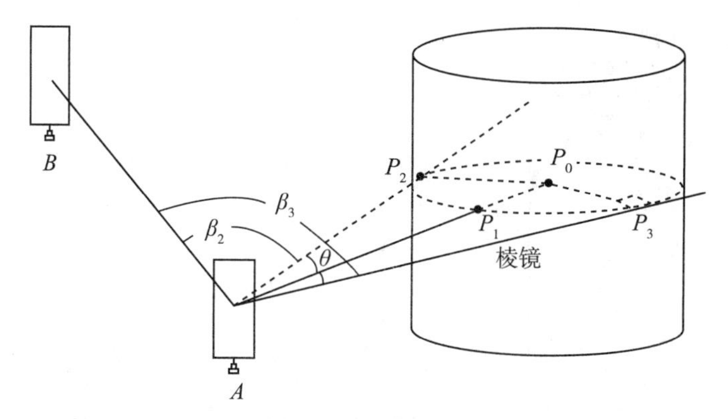

图 6.12　圆柱中心

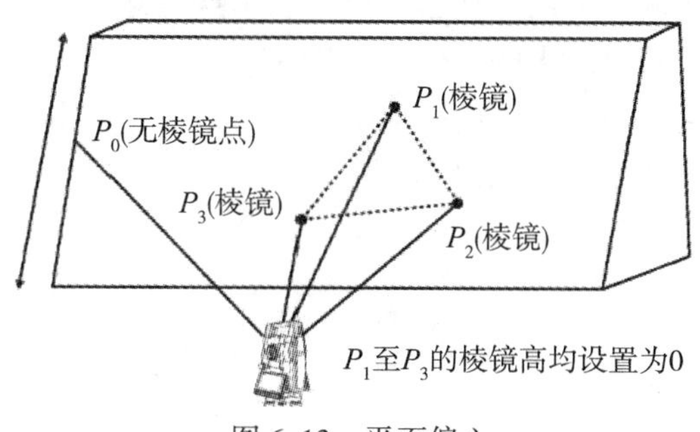

图 6.13　平面偏心

以上功能按照全站仪的提示操作，不需要人工计算，直接保存三维坐标。

2)交会法

实际测量中当有部分碎部点不能到达时，可利用交会法计算碎部点的坐标。交会法包括方向交会和边长交会，方向交会又有前方交会、一个观测方向和一个已知方向的交会，等等。用这些方法获取碎部点的坐标，也不需要人工计算，记录原始数据，内业成图软件有相应的功能编辑，但是这些一般是二维坐标(没有高程)。下面以 SouthMap 为例，如图 6.14 所示，简要介绍这些功能。

(1)前方交会：用两个夹角来交会一点，如图 6.15 所示。

左键点取本菜单后，看命令区提示。

【已知点】：输入两个已知点 A、B 的坐标，可利用按钮在屏幕上点击选取；

【观测值】：输入两个观测角度(单位：度．分秒)；

【P 点位置】：选择交汇点 P 位于 AB 的方向；

【计算 P 点】：鼠标左击该按钮，在结果栏会显示计算得到的 P 点坐标；

【画 P 点】：在屏幕上绘制计算得到的 P 点；

【导入文件】：导入交会的坐标文件，格式为 . DAT；

【导出文件】：将列表中的点坐标导出到 . DAT 文件中；

【批量绘制】：可批量绘制列表中的所有 P 点。

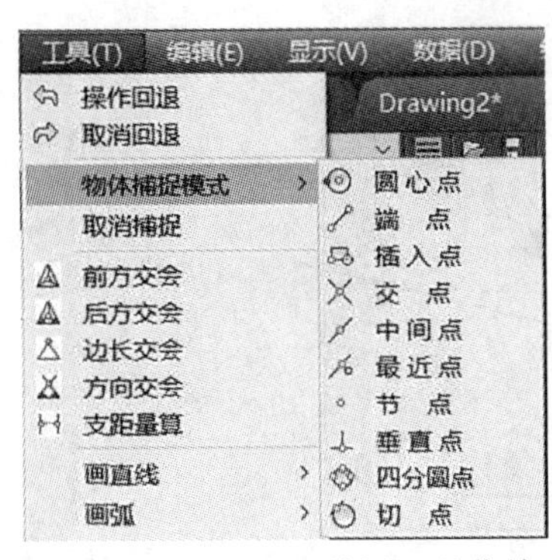

图 6.14 SouthMap 绘图工具菜单

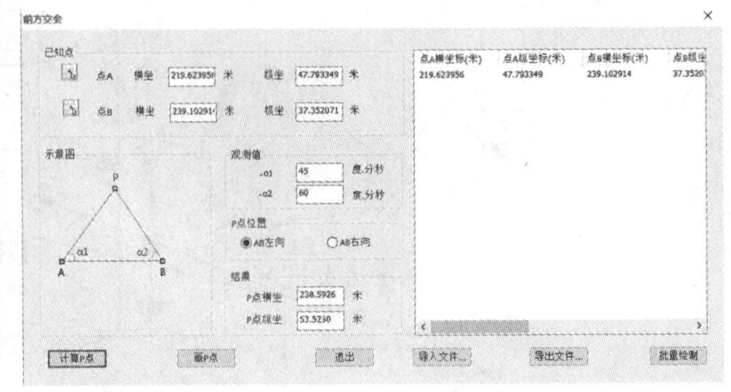

图 6.15 前方交会

(2)后方交会：已知两点和两个夹角，求第三个点坐标。

左键点取本菜单后，弹出如图 6.16 所示界面。

(3)边长交会：用两条边长交会出一点。

左键点取本菜单后，弹出如图 6.17 所示界面。

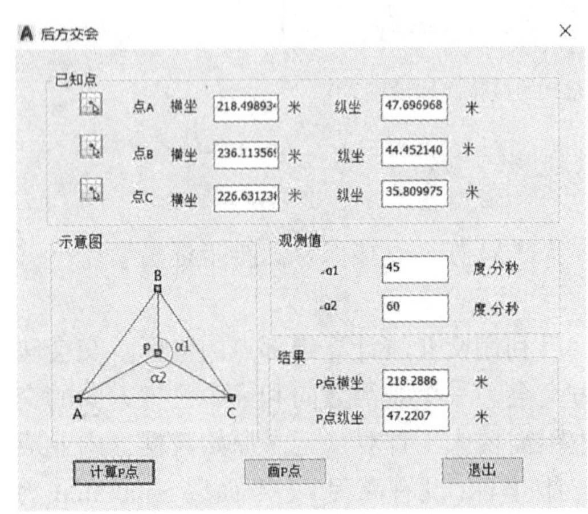

图 6.16 后方交会

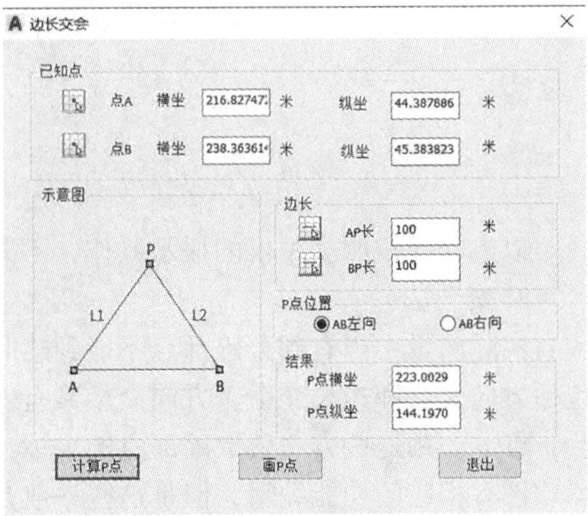

图 6.17 边长交会

注意：两边长之和小于两点之间的距离不能交会；两边太长，即交会角太小也不能交会。

(4)方向交会：将一条边绕一端点旋转指定角度与另一边交会出一点。

左键点取本菜单后，弹出如图 6.18 所示界面。

(5)支距量算：已知一点到一条边垂线的长度和垂足到其一端点的距离得出该点。

左键点取本菜单后，弹出如图 6.19 所示界面。

2. 碎部点高程的计算

全站仪进行数字测图时，已经显示了包括高程的三维坐标，它的计算碎部点高程的公式为：

$$H = H_0 + D\sin\alpha + i - v \tag{6-1}$$

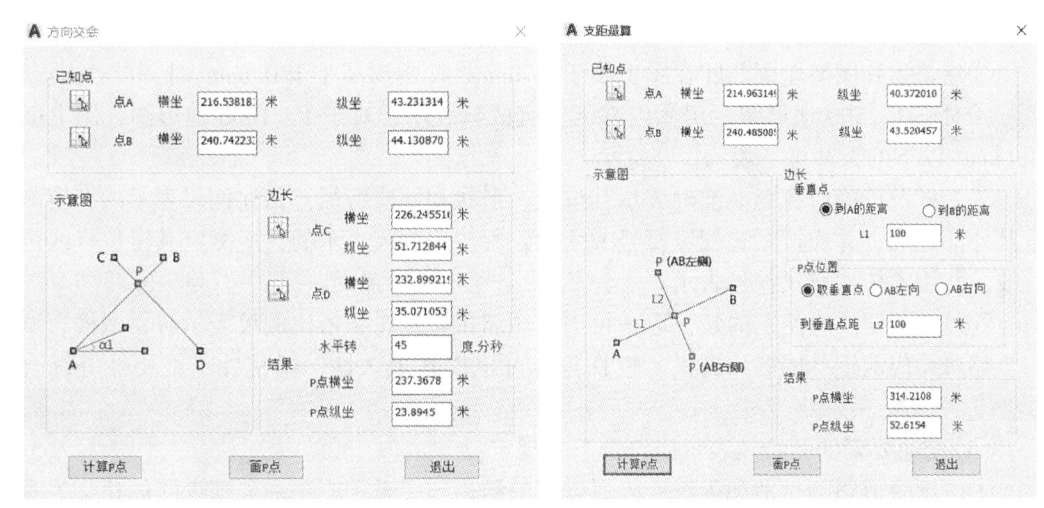

图 6.18 方向交会　　图 6.19 支距量算

式中，H_0 为测站点高程；i 为仪器高；v 为镜高；D 为斜距；α 为垂直角。

因此，需要准确量取仪器高、棱镜高并在全站仪内正确设置。

3. 地形图测绘内容

(1)1∶500、1∶1000、1∶2000 地形图测绘内容应包括测量控制点、水系、居民地及设施、交通、管线、境界与政区、地貌、植被与土质等要素，并应着重表示与城市规划、建设有关的各项要素。

(2)各等级测量控制点应测绘其平面的几何中心位置，并应表示类型、等级和点名。

(3)水系要素的测绘及表示应符合下列规定：

①江、河、湖、海、水库、池塘、沟渠、泉、井及其他水利设施，应测绘及表示，有名称的应注记名称，并可根据需要测注水深，也可用等深线或水下等高线表示。

②河流、溪流、湖泊、水库等水涯线，宜按测绘时的水位测定。当水涯线与陡坎线在图上投影距离小于 1mm 时，水涯线可不表示。图上宽度小于 0.5mm 的河流、图上宽度小于 1mm 或 1∶2000 图上宽度小于 0.5mm 的沟渠，宜用单线表示。

③海岸线应以平均大潮高潮的痕迹所形成的水陆分界线为准。各种干出滩应在图上用相应的符号或注记表示，并应适当测注高程。

④应根据需求测注水位高程及施测日期；水渠应测注渠顶边和渠底高程；时令河应测注河床高程；堤、坝应测注顶部及坡脚高程；池塘应测注塘顶边及塘底高程；泉、井应测注泉的出水口与井台高程，并应根据需求测注井台至水面的深度。

(4)居民地及设施要素的测绘及表示应符合下列规定：

①居民地的各类建(构)筑物及主要附属设施应准确测绘外围轮廓和如实反映建筑结构特征。

②房屋的轮廓应以墙基外角为准，并应按建筑材料和性质分类并注记层数。

1∶500、1∶1000地形图，房屋应逐个表示，临时性房屋可舍去；1∶2000地形图可适当综合取舍，图上宽度小于0.5mm的小巷可不表示。

③建筑物和围墙轮廓凸凹在图上小于0.4mm、简单房屋小于0.6mm时，可舍去。

④对于1∶500地形图，房屋内部天井宜区分表示；对于1∶1000地形图，图上面积6mm^{2}以下的天井可不表示。

⑤工矿及设施应在图上准确表示其位置、形状和性质特征；依比例尺表示的，应测定其外部轮廓，并应按图式配置符号或注记；不依比例尺表示的，应测定其定位点或定位线，并用不依比例尺符号表示。

⑥垣栅的测绘应类别清楚，取舍得当。城墙按城基轮廓依比例尺表示时，城楼、城门、豁口均应测定；围墙、栅栏、栏杆等，可根据其永久性、规整性、重要性等综合取舍。

(5)交通要素的测绘及表示应符合下列规定：

①应反映道路的类别和等级，附属设施的结构和关系；应正确处理道路的相交关系及与其他要素的关系；并应正确表示水运和海运的航行标志，河流的通航情况及各级道路的通过关系。

②铁路轨顶、公路路中、道路交叉处、桥面等，应测注高程，曲线段的铁路，应测量内侧轨顶高程；隧道、涵洞应测注底面高程。

③公路与其他双线道路在图上均应按实宽依比例尺表示，并应在图上每隔150~200mm注出公路技术等级代码及其行政等级代码和编号，且有名称的，应加注名称。公路、街道宜按其铺面材料分别以砼、沥、砾、石、砖、碴、土等注记于图中路面上，铺面材料改变处，应用地类界符号分开。

④铁路与公路或其他道路平面相交时，不应中断铁路符号，而应将另一道路符号中断；城市道路为立体交叉或高架道路时，应测绘桥位、匝道与绿地等；多层交叉重叠，下层被上层遮住的部分可不绘，桥墩或立柱应根据用图需求表示。

⑤路堤、路堑应按实地宽度绘出边界，并应在其坡顶、坡脚适当测注高程。

⑥道路通过居民地应按真实位置绘出且不宜中断；高速公路、铁路、轨道交通应绘出两侧围建的栅栏、墙和出入口，并应注明名称，中央分隔带可根据用图需求表示；市区街道应将车行道、过街天桥、过街地道的出入口、分隔带、环岛、街心花园、人行道与绿化带等绘出。

⑦跨河或谷地等的桥梁，应测定桥头、桥身和桥墩位置，并应注明建筑结构；码头应测定轮廓线，并应注明其名称，无专有名称时，应注记“码头”；码头上的建筑应测定并以相应符号表示。

(6)管线要素的测绘及表示应符合下列规定：

①永久性的电力线、电信线均应准确表示，电杆、铁塔位置应测定。当多种线路在同一杆架上时，可仅表示主要的。各种线路应做到线类分明，走向连贯。

②架空的、地面上的、有管堤的管道均应测定，并应分别用相应符号表示，注记传输物质的名称。当架空管道直线部分的支架密集时，可适当取舍。地下管线检修井宜测绘表示。

(7)境界与政区要素的测绘及表示应符合下列规定:

①地形图上应正确反映境界的类别、等级、位置以及与其他要素的关系。

②县(区、旗)和县以上境界应根据勘界协议、有关文件准确绘出，界桩、界标应精确表示几何位置。乡、镇和乡级以上国营农、林、牧场以及自然保护区界线可按需要测绘。

③两级以上境界重合时，应以较高一级境界符号表示。

(8)地貌要素的测绘及表示应符合下列规定:

①应正确表示地貌的形态、类别和分布特征。

②自然形态的地貌宜用等高线表示，崩塌残蚀地貌、坡、坎和其他特殊地貌应用相应符号或用等高线配合符号表示。城市建筑区和不便于绘等高线的地方，可不绘等高线。

③各种自然形成和人工修筑的坡、坎，其坡度在70°以上时应以陡坎符号表示，70°以下时应以斜坡符号表示；在图上投影宽度小于2mm的斜坡，应以陡坎符号表示；当坡、坎比高小于1/2基本等高距或在图上长度小于5mm时，可不表示；坡、坎密集时，可适当取舍。

④梯田坎坡顶及坡脚宽度在图上大于2mm时，应测定坡脚；测制1∶2000 DLG时，若两坎间距在图上小于5mm，可适当取舍；梯田坎比较缓且范围较大时，也可用等高线表示。

⑤坡度在70°以下的石山和天然斜坡，可用等高线或用等高线配合符号表示；独立石、土堆、坑穴、陡坎、斜坡、梯田坎、露岩地等应测注上下方高程，也可测注上方或下方高程并量注比高。

⑥各种土质应按图式规定的相应符号表示，大面积沙地应采用等高线加注记表示。

⑦高程注记点的分布应符合下列规定:

a. 图上高程注记点应分布均匀，丘陵地区高程注记点间距宜符合表6.5的规定；平坦及地形简单地区可放宽至1.5倍，地貌变化较大的丘陵地、山地与高山地应适当加密；

表6.5 **丘陵地区高程注记点间距(m)**

比例尺	1∶500	1∶1000	1∶2000
高程注记点间距	15	30	50

b. 山顶、鞍部、山脊、山脚、谷底、谷口、沟底、沟口、凹地、台地、河川湖池岸旁、水涯线上以及其他地面倾斜变换处，均应测高程注记点；

c. 城市建筑区高程注记点应测设在街道中心线、街道交叉中心、建筑物墙基脚和相应的地面、管道检查井井口、桥面、广场、较大的庭院内或空地上以及其他地面倾斜变换处；

d. 基本等高距为0.5m时，高程注记点应注至厘米；基本等高距大于0.5m时可注至分米。

(9)计曲线上的高程注记，字头应朝向高处，且不应在图内倒置；山顶、鞍部、凹地等不明显处等高线应加绘示坡线；当首曲线不能显示地貌特征时，可测绘二分之一基本等高距的间曲线。

(10)植被与土质要素的测绘及表示应符合下列规定：

①地形图上应正确反映植被的类别特征和范围分布；对耕地、园地应测定范围，并应配置相应的符号。大面积分布的植被在能表达清楚的情况下，可采用注记说明；同一地段生长有多种植物时，可按经济价值和数量适当取舍，符号配置连同土质符号不应超过三种。

②种植小麦、杂粮、棉花、烟草、大豆、花生和油菜等的田地应配置旱地符号，有节水灌溉设备的旱地应加注“喷灌”“滴灌”等；经济作物、油料作物应加注品种名称；一年分几季种植不同作物的耕地，应以夏季主要作物为准配置符号表示。

③在图上宽度大于1mm的田埂应用双线表示，小于1mm的应用单线表示；田块内应测注高程。

(11)各种名称、说明注记和数字注记应准确注出；图上所有居民地、道路(包括市镇的街、巷)、山岭、沟谷、河流等自然地理名称，以及主要单位等名称，均应进行调查核实，有法定名称的应以法定名称为准，并应正确注记。

6.3 野外数据采集

数字测图通常分为野外数据采集和内业数据处理(图形编辑)两大部分。野外数据采集是数字测图的基础和依据，也是数字测图的重要环节，直接决定成图质量与效率。

地形数据采集主要是获得地物特征点和地貌特征点的空间位置和属性信息。大比例尺数字测图地形数据采集按碎部点测量方法，分为全站仪测量方法和GNSS RTK测量方法。采用全站仪测量时，在高等级控制点、图根点或加密测站点上架设全站仪，经过设站和定向后，观测碎部点上放置的棱镜，得到碎部点坐标并记录。采用GNSS RTK测定碎部点时，直接得到碎部点的平面坐标和高程。

地形数据采集除获得碎部点的空间信息外，还需要有与绘图有关的其他信息，如碎部点的地形要素名称、碎部点连接线型等，以便于计算机进行图形绘制。

6.3.1 地形数据采集模式

1. 编码法

用全站仪或GNSS RTK测量碎部点时，输入该点的编码信息记录到仪器的内存或电子手簿中，内业成图软件会自动成图，再稍加编辑即可完成。这种方法对硬件要求不高，但要求作业员熟记各种复杂的地物编码(或简码)，当地物比较凌乱或者地形较复杂时，用这种方法作业速度慢且容易输错编码，因而这种方法只适用于地形较简单、地物较规整的场合。

为此，测量系统移动终端(MSMT)开启了用菜单点选的方式，把2017版图式的所有类别布置在手簿(手机)屏幕上，内业即可自动分层、注记及连线。详情可参考附录A相关内容。

2. 草图法

测站上用仪器记录碎部点坐标，绘图员现场绘制草图，回到室内利用数字成图软件编辑成图。这种方法弥补了编码法的不足，观测效率较高，外业观测时间较短，硬件配置要求低，但内业工作量大。

3. 电子平板法

将装有数字成图软件的笔记本电脑或掌上电脑(统称电子平板)，通过电缆线(或蓝牙)与仪器连接，所测的碎部点直接在屏幕上显示，如同传统测图，绘图员可在电子平板屏幕上绘图。电子平板法的优点是现场成图，效果直观。但一般的笔记本电脑或掌上电脑在野外屏幕不易看清，实际作业中使用受到限制。

安卓全站仪采用大屏幕彩色显示，配套有测图版软件，实现了一机多能，特别适合修测和补测任务。

6.3.2 全站仪数据采集

全站仪坐标数据采集实质上是极坐标测量方法的应用，即通过测定出已知点(等级控制点、图根点或支站点)与地面上任意一待定点之间的相对关系(角度、距离、高差)，利用全站仪内部自带的计算程序计算出待定点的三维坐标(X，Y，Z)；也可以通过对已知点的观测，用交会的方法求得待定点的坐标。由于全站仪数据采集具有精度高、速度快、测量范围大、人工干预少、不易出错、能进行数据传输等特点，所以它是目前大比例尺数字测图野外采集数据的主要方法。

全站仪坐标数据采集的一般步骤如下(详细操作请参考《NTS-500 系列全站仪　测绘之星操作手册》)：

(1)安置全站仪。将仪器安置(对中、整平)于测站点(等级控制点、图根点或支站点)上，量取仪器高两次取平均值。

(2)全站仪初始设置。测出测量时测站周围环境的温度、气压，并输入全站仪；选择测量模式(反射片、棱镜、无合作目标)，当选择棱镜时，应设置配套的棱镜常数，并检查各基本量的单位设置。

(3)建站。建站是让所采集的碎部点坐标归于所采用的坐标系中，即告诉全站仪所测点是由以测站点为依据的相对关系所得。一般包括输入仪器高、定向、检查等具体内容。在进行碎部点测量前，必须正确设站。

(4)采集。在建站的基础上，开始对碎部点进行坐标测量。

6.3.3 GNSS RTK 数据采集

大量实践证明，在开阔区域，RTK 定位技术有着常规测量技术不可比拟的优势，如速度快、精度高、不要求通视等，所以在数字测图中 RTK 技术已得到了越来越广泛的应用。

极点 RTK，全星全频，内置 IMU 惯性测量传感器，能根据对中杆倾斜方向和角度自动校正坐标，无需对中，点到即测；厘米级高精度全国覆盖，一键快捷登录，秒固定，尽享轻量便携化作业。详细操作请参考第4章4.3节GNSS RTK测量及相关产品说明书。

6.4 内业绘图

6.4.1 地形图上各要素配合表示的一般原则

地形图上各要素配合表示是地形图绘制的一个重要问题。配合表示的原则是：

(1)当两个地物重合或接近难以同时准确表示时，可将重要地物准确表示，次要地物移位0.2mm或缩小表示。

(2)点状地物与其他地物(如房屋、道路、水系等)重合时，可将独立地物完整地绘出，而将其他地物符号中断0.2mm表示；两独立地物重合时，可将重要独立地物准确表示，次要独立地物移位表示，但应保证其相关位置正确。

(3)房屋或围墙等高出地面的建筑物，直接建筑在陡坎或斜坡上的建筑物，应按正确位置绘出，坡坎无法准确绘出时，可移位0.2mm表示；悬空建筑在水上的房屋轮廓与水涯线重合时，可间断水涯线，而将房屋完整表示。

(4)水涯线与陡坎重合时，可用陡坎边线代替水涯线；水涯线与坡脚重合时，仍应在坡脚将水涯线绘出。

(5)双线道路与房屋、围墙等高出地面的建筑物边线重合时，可用建筑物边线代替道路边线，且在道路边线与建筑物的接头处，应间隔0.2mm。

(6)境界线以线状地物一侧为界时，应离线状地物0.2mm按规定符号描绘境界线；若以线状地物中心为界时，境界线应尽量按中心线描绘，确实不能在中心线绘出时，可沿两侧每隔3~5m交错绘出3~4节符号。在交叉、转折及与图边交接处须绘出符号以表示走向。

(7)地类界与地面上有实物的线状符号重合时，可省略不绘。与地面无实物的线状符号(如架空的管线、等高线等)重合时，应将地类界移位0.2mm绘出。

(8)等高线遇到房屋及其他建筑物、双线路、路堤、路堑、陡坎、斜坡、湖泊、双线河及其注记，均应断开。

6.4.2 使用SouthMap软件绘制地形图

结合外业采集的碎部点坐标数据、MSMT简码或草图，完成数据传输、地形绘制和成果输出。工作流程如图6.20所示。

1. 数据传输

将野外采集的坐标数据，包括控制点和碎部点。传输到安装了SouthMap的电脑中。SouthMap支持dat、txt、csv、xls、xlsx格式的坐标文件，大部分外业采集设备，输出的坐标数据，都能直接读取，无需转换，如图6.21所示。

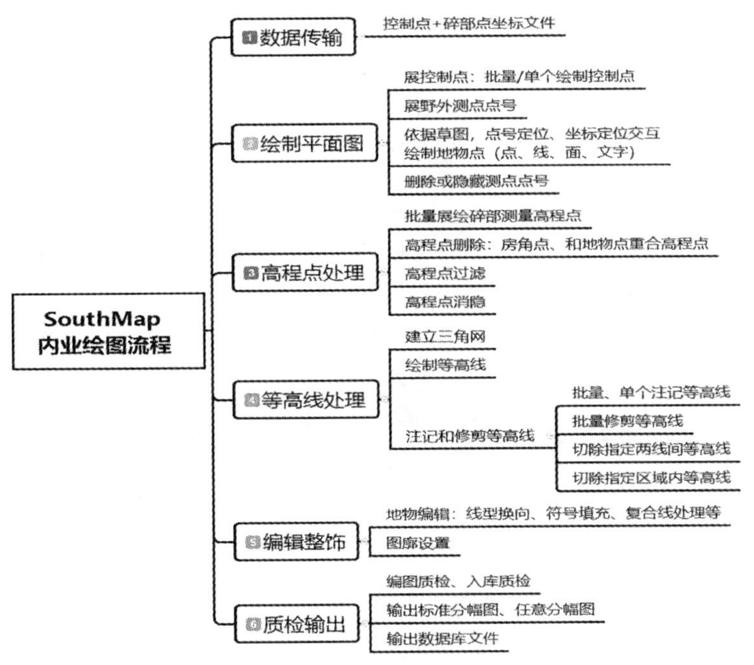

图 6.20 内业绘图流程

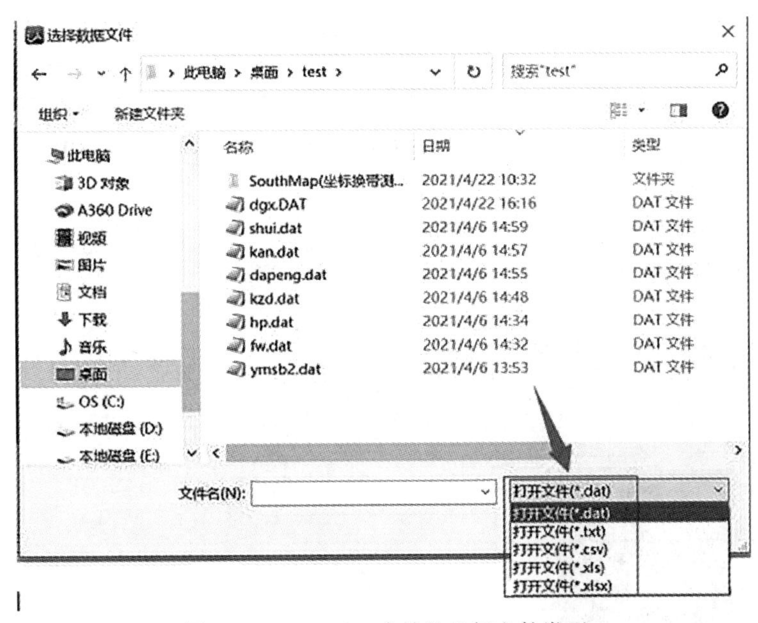

图 6.21 SouthMap 支持的坐标文件类型

2. 绘平面图

1)绘制控制点

操作：点击菜单【绘图处理】→【展控制点】，在图 6.22 界面中，①选择控制点坐标文件；②选择控制点类型；③点击“确定”。批量绘制控制点。

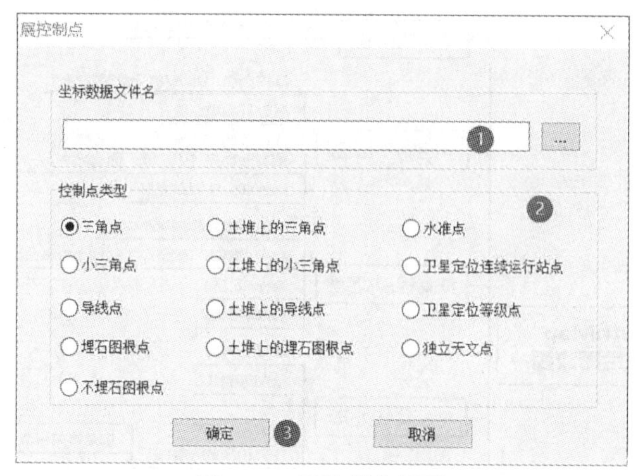

图6.22 展控制点界面

2)绘制平面图

点击菜单【绘图处理-展野外测点点号】，选择外业采集的碎部点坐标文件，批量绘制点号。

(1)在右侧绘图面板，选择【点号定位】或者【坐标定位】，结合草图或者底图，绘制点状、线状和面状地物要素，以及标注文字注记。如图6.23所示。

(2)平面图绘制完成，测点点号可以删除或者隐藏。

3. 高程点处理

高程点的处理包括：批量绘制高程点，高程点删除和高程点消隐等操作。

(1)批量绘制高程点。操作：点击菜单【绘图处理】→【展高程点】，选择外业采集的碎部点坐标文件。

(2)高程点删除。批量删除房角处高程点(见图6.24)、路边线高程点(见图6.25)，和地物点重合高程点(见图6.26)。

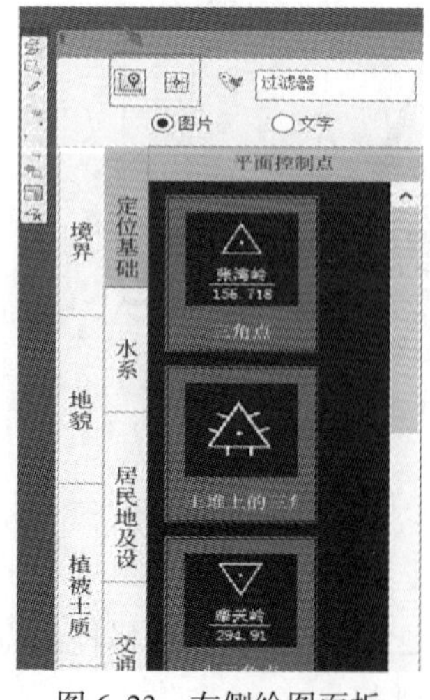

图6.23 右侧绘图面板

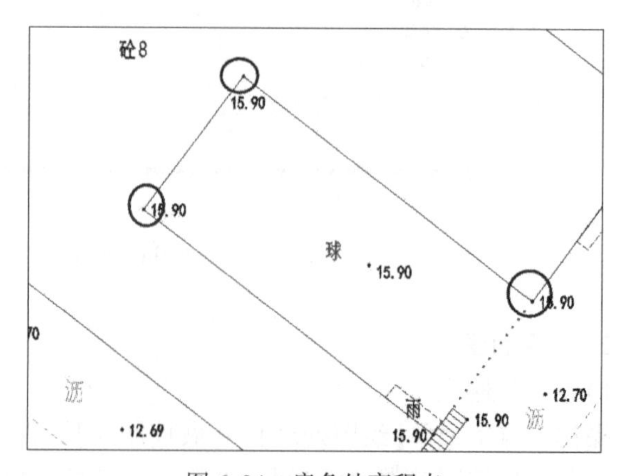

图6.24 房角处高程点

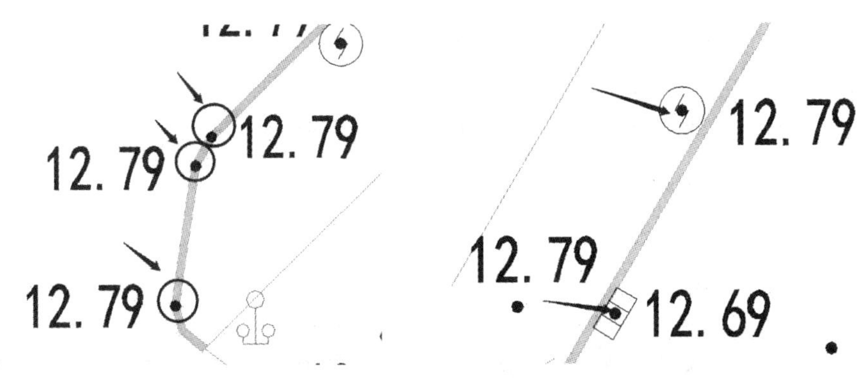

图 6.25　线节点处高程点　　　　图 6.26　和地物点重合高程点

(3)高程点过滤。当高程点过密时，点击菜单【绘图处理】→【高程点过滤】，在图 6.27 界面中设置过滤条件，进行高程点过滤。

(4)高程点消隐。高程点压线时，将高程点位压盖处做消隐处理，效果如图 6.28 所示。

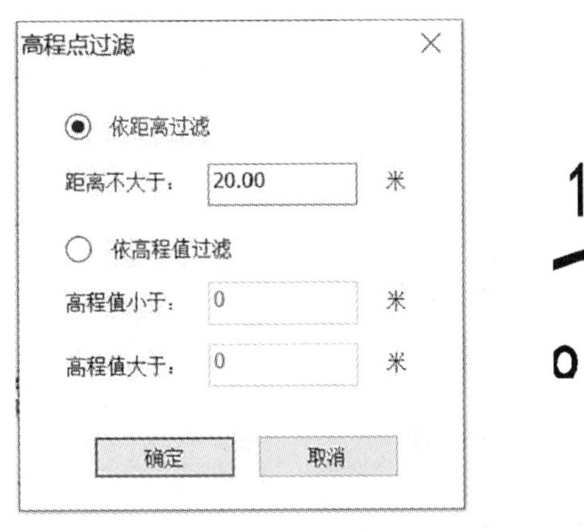

图 6.27　高程点过滤

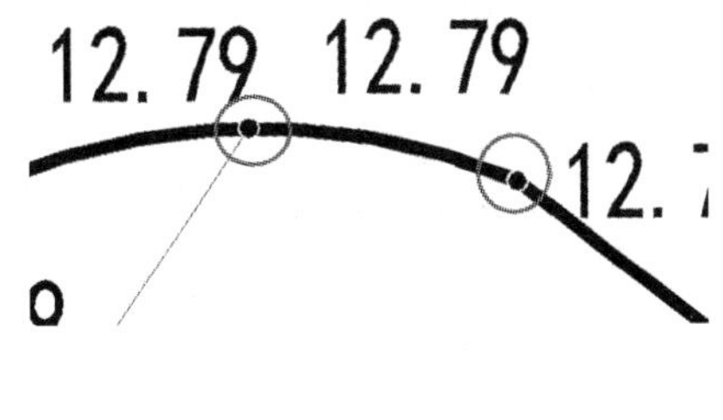

图 6.28　高程点消隐

4. 等高线处理

1)建立三角网

点击菜单【等高线】→【建立三角网】，在图 6.29 界面，①选择建立方式；②设置结果显示方式；③点击【确定】，完成三角网构建。

2)绘制等高线

点击菜单【等高线】→【绘制等高线】，在如图 6.30 所示界面，①设置等高距；②设置拟合方式；③点击【确定】，完成等高线绘制。

此时，可点击菜单【等高线】→【删三角网】来删除全图三角网。

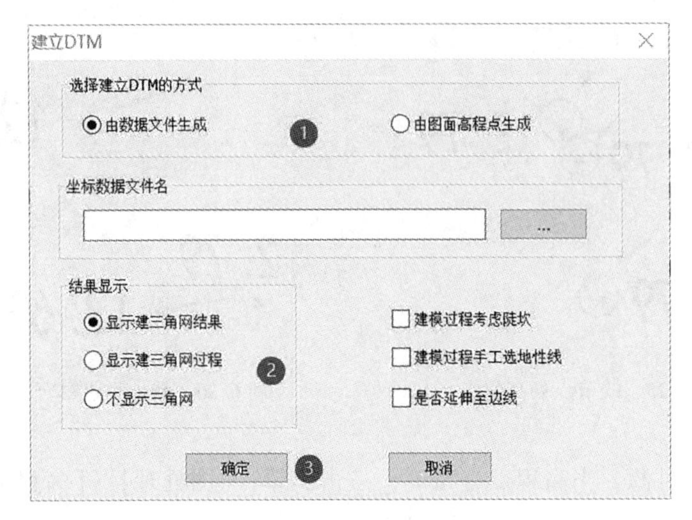

图 6.29 建立三角网

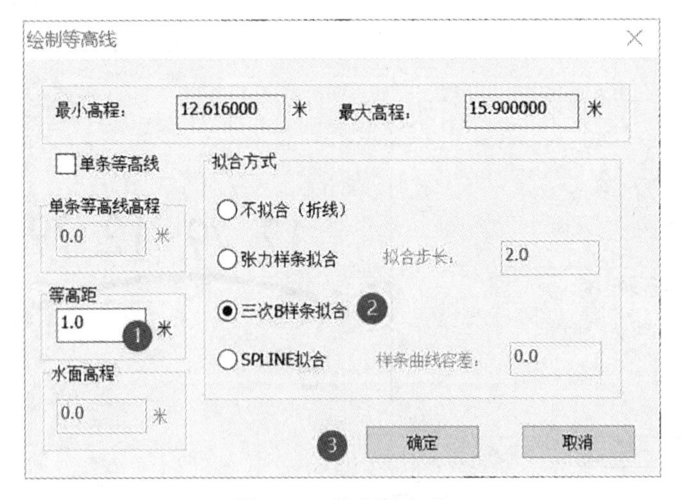

图 6.30 绘制等高线

3)注记等高线

点击菜单【等高线】→【等高线注记】，批量或者单个注记等高线高程。

4)修剪等高线

点击菜单【等高线】→【等高线修剪】→【批量修剪等高线】，在如图 6.31 所示界面设置修剪方式和修剪地物，完成全图自动修剪。

5. 编辑整饰

(1)地物编辑。平面图绘制完成，对图形要素进行编辑。操作：点击菜单【地物编辑】，选择【线形换向】【复合线处理】等菜单进行相关编辑。

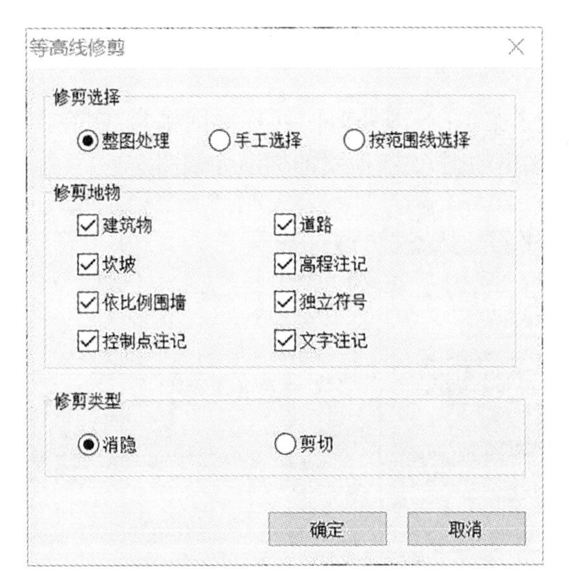

图 6.31　等高线修剪界面

(2)图廓设置。点击菜单【文件】→【参数设置】，选择【图廓属性】，设置图廓注记内容和图廓要素，如图 6.32 所示。

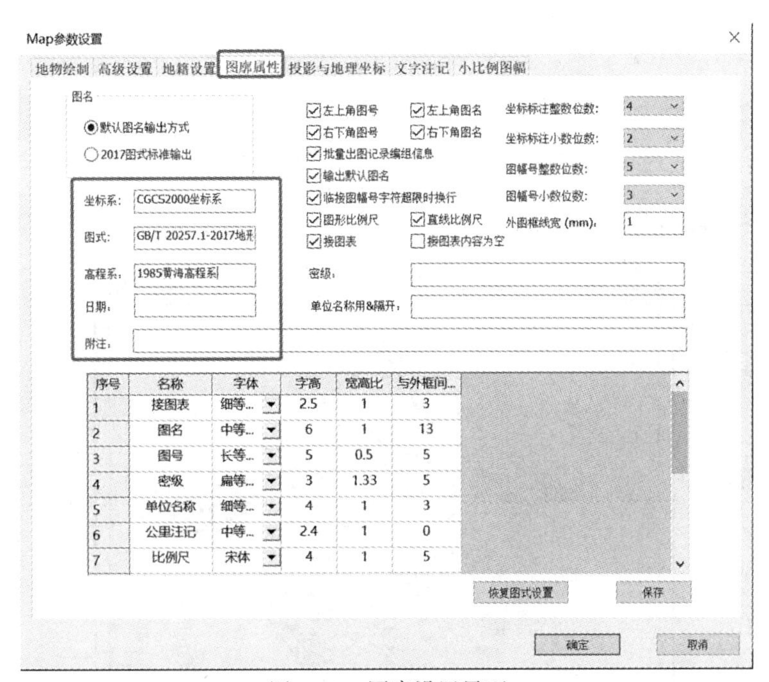

图 6.32　图廓设置界面

6. 质检输出

检查所绘制地形图的错误，输出地形图成果。

(1)数据质检。点击菜单【质检】，加载如图6.33所示的检查方案，根据需要完成编图质检和建库质检。

(2)分幅输出。点击菜单【绘图处理】→【标准图幅】，①在图6.34界面设置图幅参数；②点击【确认】，输出如图6.35所示的标准分幅图。

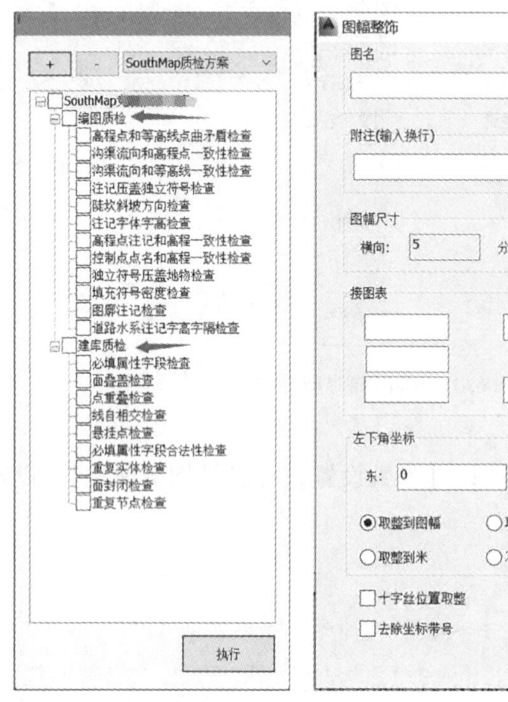

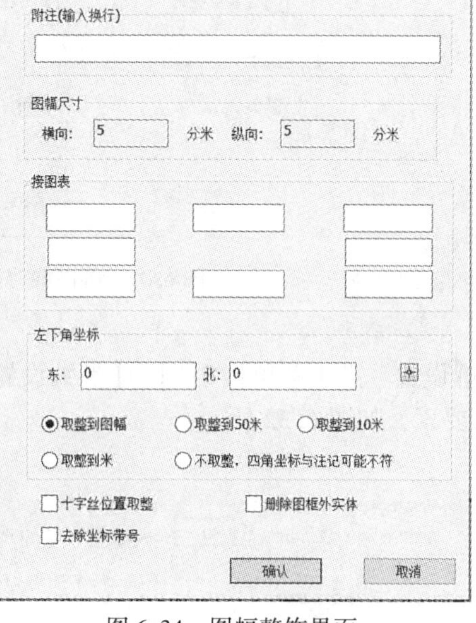

图6.33　质检方案　　　　图6.34　图幅整饰界面

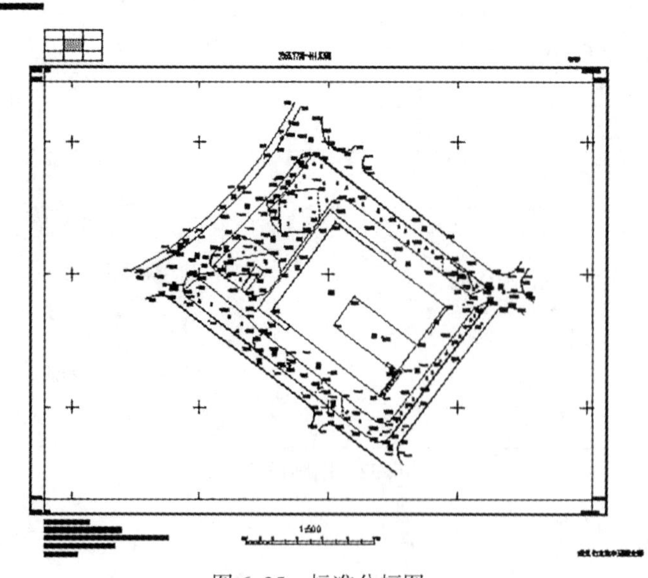

图6.35　标准分幅图

6.5 数据入库

技术路线：数据入库需要先设置入库实体的分类和属性结构。然后完成建库质检，最后输出符合数据库标准的 *.mdb 文件。以 SouthMap 软件为例，讲解数据入库操作流程。

6.5.1 属性结构设置与编辑

点击菜单【检查入库】→【地物属性结构设置】，在如图 6.36 所示界面设置属性表，在如图 6.37 所示界面设置属性图层，在如图 6.38 所示界面设置属性字段。参考标准为 GB/T 20258.1—2019《基础地理信息要素数据字典　第 1 部分：1∶500　1∶1000　1∶2000 比例尺》。

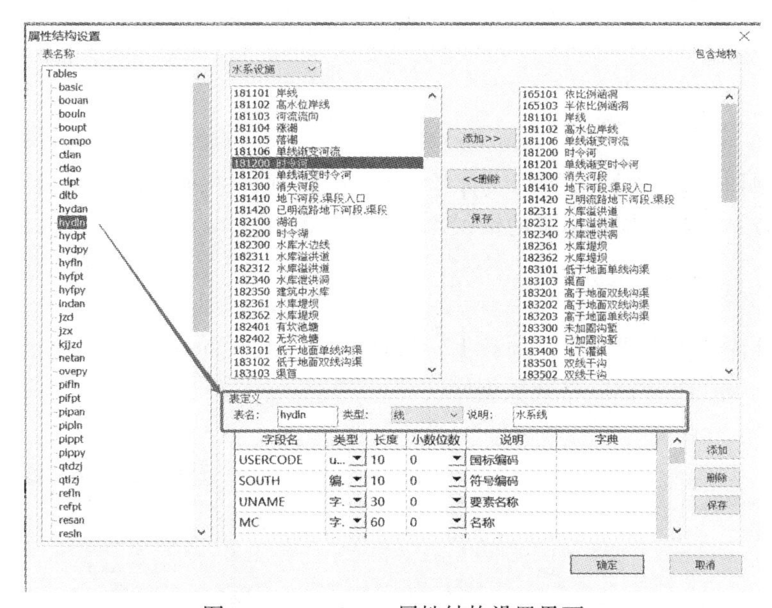

图 6.36　SouthMap 属性结构设置界面

RecNo	table	type	text
1	CTLAO	2	控制点分数线
2	CTLAN	4	控制点高程点名注记
3	TK	2	内图框
4	HYDLN	2	水系线
5	HYDPY	3	水系面
6	HYFLN	2	水系辅助线
7	HYFPT	1	水系辅助点
8	HYDPT	1	水系点
9	HYFPY	3	水系附属面
10	RESLN	2	居民地及设施线
11	RESPT	1	居民地及设施点
12	RESPY	3	居民地及设施面
13	REFPT	1	居民地辅助点
14	REFLN	2	居民地辅助线

图 6.37　SouthMap 属性图层设置

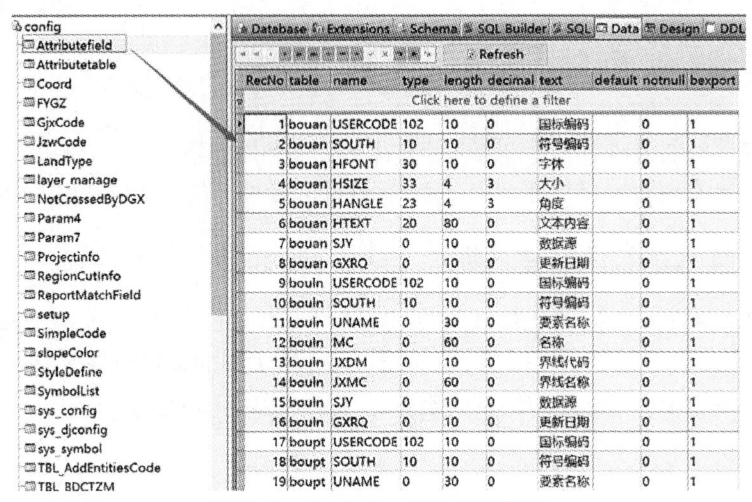

图 6.38　SouthMap 属性字段设置

6.5.2　图形实体检查

点击菜单【检查入库】→【图形实体检查】，在如图 6.39 所示界面，设置检查内容，进行建库检查，并修复检查出来的错误。

6.5.3　数据输出

将完成建库检查和错误修复的数据，转换成数据库文件格式。点击如图 6.40 所示的菜单，输出 shp 或者 mdb 格式数据库文件。

图形实体检查
编码正确性检查
属性完整性检查
图层正确性检查
符号线型线宽检查
线自相交检查
高程注记检查
建筑物注记检查
面状地物封闭检查
首尾节点限差: 0.5
复合线重复点检查
重复点限差: 0.1
等值线高程检查
等高距: 1
自动修改限差: 0.1
批量修改
检查
全选
反选
逐个修改
退出

图 6.39　图形实体检查

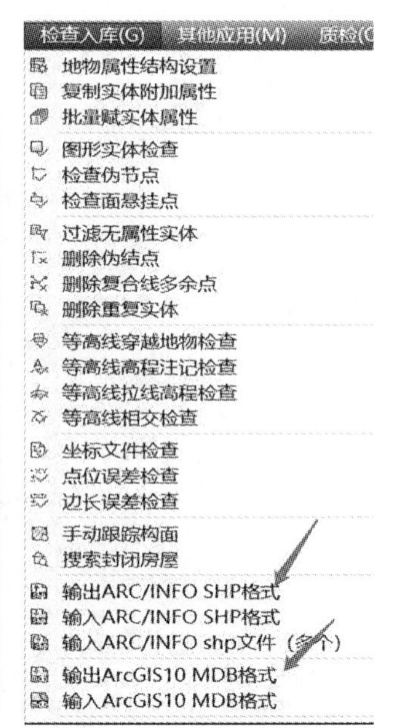

图 6.40　数据入库菜单

练习与思考题

1. 何谓碎部测量？碎部测图的方法有哪些？

2. 简述测记法在一个测站上测绘地形图的作业步骤。

3. 地面数字测图与图解测图相比有何特点？

4. 简述大比例尺数字测图野外数据采集的模式。

5. 大比例尺数字测图野外数据采集需要得到哪些数据和信息？

6. 在大比例尺数字测图中，图根控制测量有什么作用？采用哪些方法进行图根控制测量？

第7章　地形图的应用

7.1　概　　述

7.1.1　国家基本地形图分幅和编号

为了不重复、不遗漏地测绘各地区的地形图；为了能科学地管理和便于使用大量的各种比例尺地形图，必须将不同比例尺的地形图分别按照国家统一规定进行分幅和编号。

关于国家标准地形图的分幅和编号，请参考GB/T 13989—2012《国家基本比例尺地形图分幅和编号》。

7.1.2　地形图的基本应用

传统地形图通常是绘制在纸上的，它具有直观性强、使用方便等优点，但也存在易损、不便保存、难以更新等缺点。数字地形图是以数字形式存储在计算机存储介质上的地形图。与传统的纸质地形图相比，数字地形图具有明显的优越性和广阔的发展前景。随着计算机技术和数字化测绘技术的迅速发展，数字地形图已广泛地应用于国民经济建设、国防建设和科学研究的各个方面，如城市规划、工程建设的设计、交通工具的导航、环境监测和土地利用调查等。

人们在纸质地形图上进行的各种量测工作，利用数字地形图同样能完成，而且精度高、速度快。在计算机软件的支持下，利用数字地形图可以很容易地获取各种地形信息，如量测各个点的坐标，量测闭合多边形的面积，量测点与点之间的距离，量测直线的方位角、点的高程、两点间的坡度和在图上设计坡度线等。

利用SouthMap成图软件，可以查询指定点坐标，查询两点距离及方位，查询线长和实体面积等。

1. 查询指定点坐标

计算并显示指定点的坐标。

说明：屏幕左下角显示的就是实际的坐标，只是x和y的顺序调换。

2. 查询两点距离及方位

计算两个指定点之间的实际距离和方位角。

3. 查询线长

计算并显示线性地物的长度，曲线的线长难以用普通方法测量，本功能就是用于实现这个目的。

4. 查询实体面积

用鼠标点击待查询的实体的边界线即可，要注意实体应该是闭合的。

5. 计算表面积

计算实体的表面积有三种方法：一是根据坐标文件；二是根据图上的高程点；三是根据三角网。

对于不规则地貌，其表面积很难通过常规的方法来计算，在这里可以通过建模的方法来计算，系统通过 DTM 建模，在三维空间内将高程点连接为带坡度的三角形，再通过每个三角形面积累加得到整个范围内不规则地貌的面积。如图 7.1 所示，要计算矩形范围内地貌的表面积，得出表面积计算结果，如图 7.2 所示。

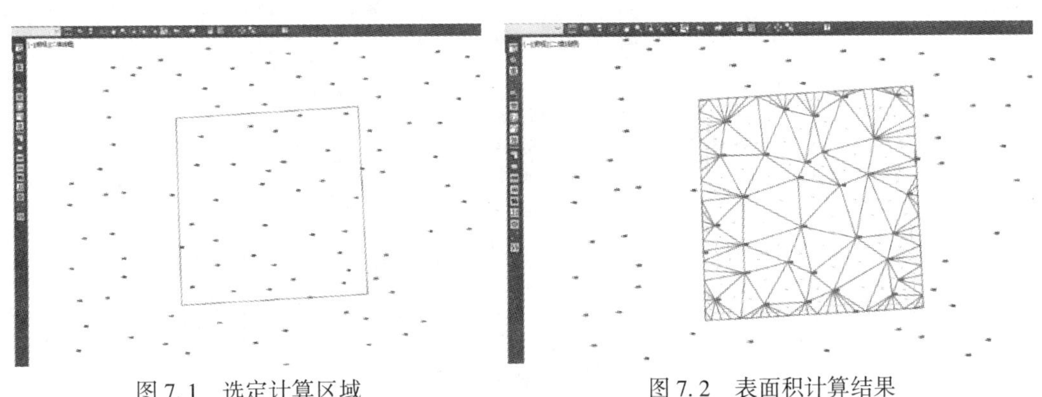

图 7.1　选定计算区域　　　图 7.2　表面积计算结果

另外，计算表面积还可以根据图上高程点，操作步骤相同，但计算的结果会有差异，因为用坐标文件计算时，边界上内插点的高程由全部的高程点参与计算得到，而由图上高程点来计算时，边界上内插点只与被选中的点有关，故边界上点的高程会影响到表面积的结果。到底用哪种方法计算才合理，这与边界线周边的地形变化条件有关，变化越大的，越趋向于由图面上来选择。

7.2　地形图在工程建设中的应用

在国民经济建设中，各项工程建设的规划、设计阶段，都需要了解工程建设地区的地形和环境条件等资料，以便使规划、设计符合实际情况。在一般情况下，都是以地形图的形式提供这些资料的。在进行工程规划、设计时，要利用地形图进行工程建(构)筑物的平面、高程布设和量算工作。因此，地形图是制定规划、进行工程建设的重要依据和基础资料。

7.2.1　公路曲线设计

设计公路曲线参数，生成采样点坐标文件、曲线图，平曲线要素表及里程坐标表，如图 7.3 所示。

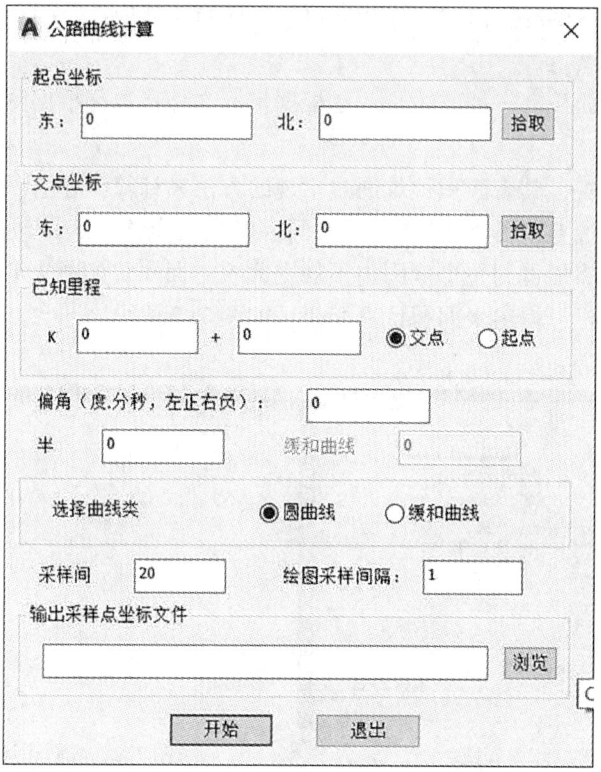

图 7.3　公路曲线计算

7.2.2　断面图绘制

在市政道路工程建设中，需要根据地形图绘制道路的纵断面图和横断面图，来分析道路纵向的地形起伏和道路横向的地形变化情况。

(1)道路纵断面图：沿着道路中桩线刨切，为了明显地反映沿着道路中线地面起伏形状剖面图。

(2)道路横断面图：中桩处垂直于道路中线方向表示地面起伏的剖面图，以横坐标表示里程桩号，纵坐标表示高程，横断面图可以根据横断面测量成果绘制，也可按已有地形图或其他地形数据绘制。

7.2.3　土方量计算

土方量计算是工程施工的一个重要步骤。工程设计阶段必须对土方量进行预算，它直接关系到工程的费用概算及方案选优。土方量计算是利用实测出的地形数据或原有的数字地形数据，考虑地形特征、精度要求以及施工成本等方面的情况，选择合适的计算方法，计算工程施工填挖土方量之和。比较常用的土方量计算方法有：方格网法、DTM

法、断面法和等高线法等。

(1)方格网法，简便直观，易于操作，易于手工验算。因此，这一方法在实际工作中应用得非常广泛。适用于设计面是平面、斜面或不规则面的土方工程。

方格网法计算土方量是根据实地测定的地面点坐标(X, Y, Z)和设计高程，通过生成方格网来计算每一个方格内的填挖方量，最后累计得到指定范围内填方和挖方的土方量，并绘出填挖方分界线。SouthMap 方格网法土方计算首先将方格的四个角上的实际高程和设计高程相减(如果角上没有高程点，通过周围高程点内插得出其高程)，得到值取平均值，然后通过指定的方格边长得到每个方格的面积，再用长方体的体积计算公式得到填挖方量，如图 7.4 所示。

图 7.4 方格网法计算原理示意图

(2)三角网法(DTM 法)适用的工程设计面是平面、平面带边坡，以及两期土方计算。由 DTM 模型来计算土方量是根据实地测定的地面点坐标(X, Y, Z)和设计高程，通过生成三角网来计算每一个三棱锥的填挖方量，最后累计得到指定范围内填方和挖方的土方量，并绘出填挖方分界线。

(3)断面法适用土方工程为用断面法计算的道路、场地、任意断面的狭长区域。以一组等距(或不等距)的相互平行的截面，将拟计算土方工程(如堤、沟渠、路堑、路槽等)分截成“段”，分别计算这些“段”的体积，再将各段体积累加，以求得该计算对象的总土方量。

(4)等高线法。用户将白纸图扫描矢量化后可以得到图形，但这样的图通常只有等高线数据，没有高程数据文件，所以无法用方格网法、三角网法或者断面法计算土方量。等高线法可以解决此类问题，利用已有的等高线地形图，计算等高线所围成的面积，再根据两相邻等高线的高差计算土方量。

(5)土方平衡的功能常在场地平整时使用。当一个场地的土方平衡时，挖掉的土石方刚好等于填方量。以填挖方边界线为界，从较高处挖得的土石方直接填到区域内较低的地方，就可完成场地平整。这样可以大幅度减少运输费用。

7.2.4　面积量算

在各类资源普查类项目中，需要根据地形图绘制图斑并量算面积。

图斑，即地类划分的最小封闭单元，以权属界线、双线道路、河流边线、房屋边线、地类界线、陡坡、田坎等组成的封闭区域。如图 7.5 所示，加载图斑矢量数据，完成单个和批量图斑的面积量算。

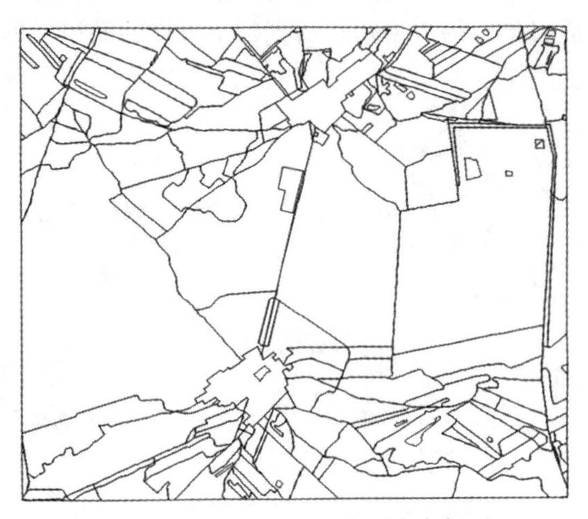

图 7.5　资源普查项目中图斑实例图

(1)单个图斑面积量算。加载包含图斑的矢量图形，鼠标点击到的实体，立马显示“实体面积为 13×××2.67 平方米”，如图 7.6 所示。

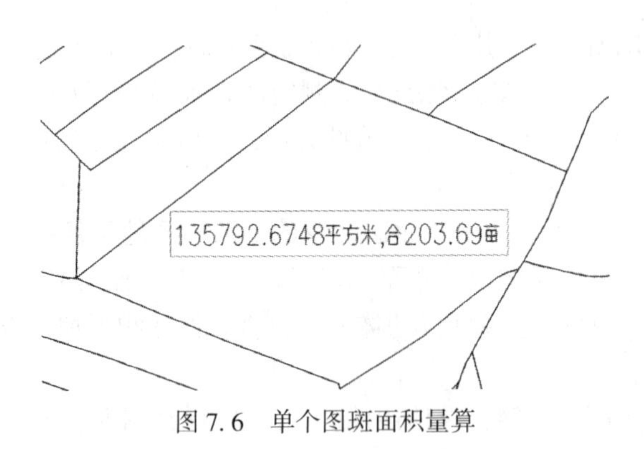

图 7.6　单个图斑面积量算

(2)批量图斑面积量算。加载包含图斑的矢量图形，输出面积统计表，如图 7.7 所示。

7.2.5　设计规定坡度的线路

对管线、渠道、道路等工程进行初步设计时，一般要先在地形图上选线。按照技术

图　斑　统　计　表

统计单位:　　　　　　　　　　　　　　　　　　面积单位：平方米

图斑编号	土地总面积	水域及水利设施用地				其他土地		备注
		小计	河流水面 (1101)	水库水面 (1103)	坑塘水面 (1104)	小计	空闲地 (1201)	
1	18778.602	18778.602	18778.602					
2	3280.529	3280.529		3280.529				
3	10630.512	10630.512		10630.512				
4	3160.562	3160.562			3160.562			
5	5728.141					5728.141	5728.141	
合　计	41578.347	35850.206	18778.602	13911.042	3160.562	5728.141	5728.141	

图 7.7　图斑面积量算表

要求选定一条合理的线路，应考虑的因素很多。这里只说明根据地形图等高线，按规定的坡度选定其最短线路的方法。

如图 7.8 所示，设需在该图上选出由点 A 至点 B(在该线路的任何地方，其倾斜角都不超 3°)的最短线路。此时，通常可首先按公式 $a=h/i$(i 为 3°对应的弧度)计算出相邻两等高线间相应的平距，然后将两脚规的一脚尖立在图中的 A 点上，而另一脚则与相邻等高线交于 m 点；接着，将两脚规的一脚尖立在 m 点上，另一脚尖又与相邻等高线交于 n 点。如此继续，逐段进行直到 B 点。这样，由 Am、mn、no、op……等线段连接成的 AB 线路，就是所选定的、其倾斜角都不超过 3 度的最短线路。

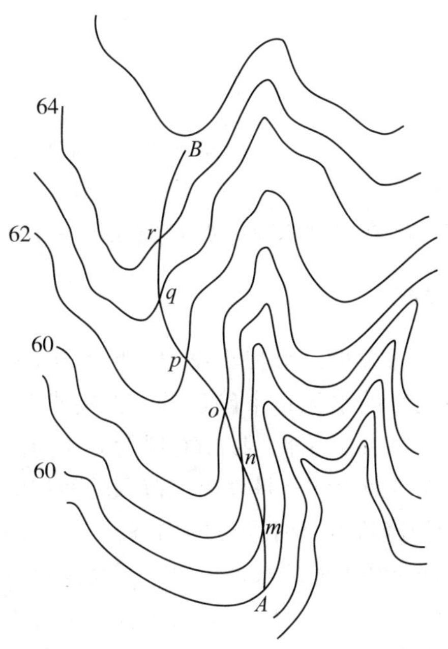

图 7.8　根据等高线确定同坡度线路

从图7.8中可以看出：由A点至B点这段距离上由于任何方向的倾斜角均小于3°，所以应按最短距离来确定。在选定线路时，各线段不应是笔直的，而应当大约相似于等高线的形状。这样，该线路的方向变化处便不会成为急转的折线，而是平缓的圆滑曲线。

7.2.6　确定两地面点间是否通视

要根据地形图来确定是否通视，这在两点间的地形起伏比较简明时，很容易通过观察分析予以判断。但在两点间起伏变化较复杂的情况下，往往难以靠直接观察来判断，而需借助于绘制简略断面图或用构成三角形法来确定其是否通视。下面介绍构成三角形法。

如图7.9所示，为了判定A、B两点(由图知A点的高程小于B点)是否通视，可在地形图上用直线连接A、B两点。然后观察AB线上的地形起伏情况，分析可能影响通视的障碍点，假设为在AB线上的C点，并在图上标明其点位。再自点B和C分别作AB的垂线，按图求得的B、C点对A点的高差h_{AB}、h_{AC}，用同一比例缩小在两垂线上截取相应长的线段$BD=h_{AB}$、$CE=h_{AC}$。最后，连接A、D两点，则直线AD相当于A、B两点在实地上的倾斜线。若AD与垂线CE相交，则A、B两点不通视：若不相交则通视。本例为不通视情况。

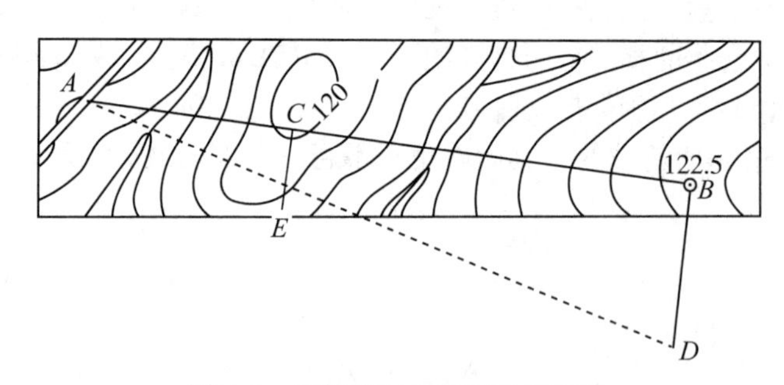

图7.9　用构成三角形来确定通视

很明显：应用此法时，准确地判明障碍点C所在位置是至关重要的。

7.2.7　确定汇水面积

在桥涵设计中桥涵孔径的大小，水利建设中水库水坝的设计位置与水库的蓄水量等，都是根据汇集于这一地区的水流量来确定的。汇集水流量的区域面积称为汇水面积。山脊线也称为分水线。雨水、雪水是以山脊线为界流向两侧的，所以汇水面积的边界线是由一系列的山脊线连接而成的。量算出该范围的面积即得汇水面积。

如图7.10所示，A处为修筑道路时经过的山谷，需在A处建造一个涵洞以排泄水流。涵洞孔径的大小应根据流经该处的水量来决定，而这水量又与汇水面积有关，由图7.10可以看出，由分水线BC、CD、DE、EF及道路FB所围成的面积即为汇水面积。各分水线处处都与等高线相垂直，且经过一系列的山头和鞍部。

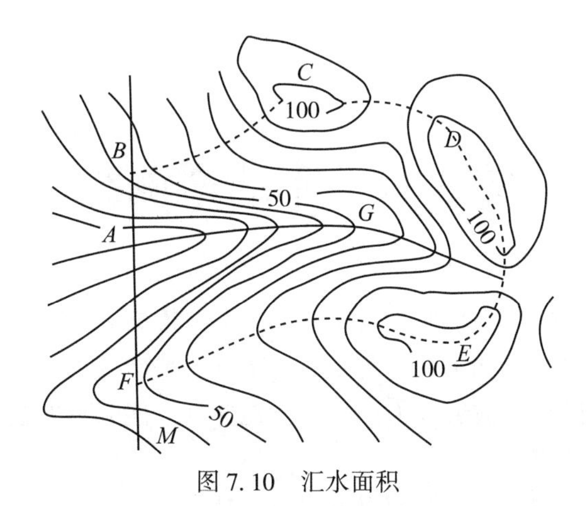

图 7.10 汇水面积

练习与思考题

1. 已知七边形定点的平面坐标见表 7.1，试用 AutoCAD 法计算它的周长和面积。

表 7.1 七边形顶点坐标

点号	*X*	*Y*	*H*
1	383717.328	2502244.059	0
2	383728.244	2502248.993	0
3	383730.466	2502248.862	0
4	383759.283	2502224.706	0
5	383779.342	2502201.822	0
6	383784.145	2502162.552	0
7	383758.153	2502140.939	0

2. 如何根据等高线确定地面点的高程？
3. 如何绘制已知方向的断面图？
4. 什么是数字高程模型？它有何特点？
5. 简述三角网转成格网 EDM 的方法。
6. 数字高程模型有哪些应用？
7. 简述根据格网数字高程模型生成三维透视立体图的步骤。
8. 简述利用地形图确定某直线坐标方位角的方法。
9. 试在 GoogleEarth 上获取安徽巢湖的边界图像，并测量一条基准距离，将获取的边界图像文件导入 AutoCAD，使用所测基准距离校正插入的图像，然后用 AutoCAD 法计算安徽巢湖的周长与面积。

第 8 章　不动产测绘

不动产是具有权属性质的地块和其上建筑物(构筑物)的总称，是指依自然性质或法律规定不可移动的财产，如土地、房屋、探矿权、采矿权等土地定着物、与土地尚未脱离的土地生成物、因自然或者人力添附于土地并且不能分离的其他物。包括物质实体和依托于物质实体上的权益。

不动产测绘，是指对土地、海域以及房屋、林木等定着物进行测绘，为国家开展不动产登记工作提供测绘保障和基础资料。日常不动产测绘工作除房产测绘、行政区域界线测绘、不动产测绘监理等内容外，还包括地籍测量，如建筑面积、用地范围(界址点)、房屋四邻关系以及权利人信息和地籍图绘制，等等。

本章将以"房地一体"项目为蓝本，讲解不动产测绘的项目实施过程，鉴于教材篇幅限制，部分内容将会简要介绍。

8.1　概　　述

8.1.1　"房地一体"基本概念

"房地一体"就是把农村地籍测量、房产测量和权属调查同步开展形成统一标准、统一空间参考、统一成果形式的"三统一"农村土地和房屋空间信息数据来满足农村不动产确权登记发证和权籍管理所要求的空间、拓扑、语义等需要。

权籍调查是以宗地、宗海为单位，查清宗地、宗海及其房屋、林木等定着物组成的不动产单元状况，包括宗地信息、宗海信息、房屋(建、构筑物)信息、森林和林木信息等。

地籍测量是在权属调查的基础上运用测绘科学技术测定界址线的位置、形状、数量、质量，计算面积，绘制地籍图，为土地登记、核发证书提供依据，为地籍管理服务。

房产测量主要是测定和调查房屋及其用地状况，为房产产权、房籍管理、房地产开发利用、征收税费以及城镇规划建设提供测量数据和资料，是常规的测绘技术与房产管理业务相结合的测量工作。

8.1.2　技术路线图

"房地一体"采用"内外业相结合"的方式开展项目生产，内外业穿插进行，重点工作包含“房地测量”“权籍调查”“数据建库”“成果汇交”等。项目技术路线如图 8.1 所示。

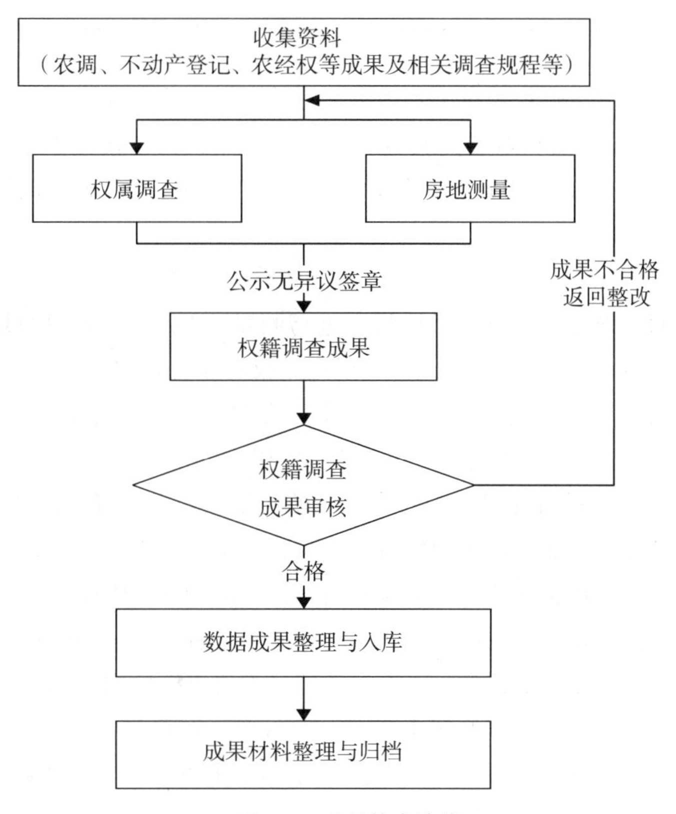

图 8.1　项目技术路线

8.1.3　“房地一体”测绘方法

房地测量中所采用的数据获取手段，可以分为全野外施测法、无人机倾斜测量法、无人机 LiDAR 点云测量法。

1. 全站仪、RTK 全野外施测法

全野外施测法又称全解析法，主要包含两部分工作：

1) 图根控制点测量

图根点是全解析法测量中的基础性工作，需满足以下技术规范：

(1) 布设要求。图根点是直接提供测图使用的平面或高程控制点。测图前应先进行现场踏勘并选好图根点的位置，然后进行图根平面控制和图根高程控制测量。

(2) 图根点密度。参照 GB/T 14912—2017《1∶500　1∶1 000　1∶2 000外业数字测图规程》6.1.6，图根点(包括高级控制点)密度应以满足测图需要为原则，一般不宜低于表 8.1 的规定，采用全球导航卫星系统实时动态测量法(RTK)测图时可适当放宽。

表 8.1　　**平坦开阔地区的图根控制点的密度**

5	1 ∶ 500	1 ∶ 1000	1 ∶ 2000
图根点密度(点/km^2)	64	16	4

地形复杂地区、城市建筑密集区和山区，可适当加大图根点的密度。

(3)精度要求。图根点相对于图根起算点的点位中误差，按测图比例尺 1 ∶ 500 不应大于 5cm；1 ∶ 1 000、1 ∶ 2 000不应大于 10cm。高程中误差不应大于测图基本等高距的 1/10。

2)地物点测量

完成图根点的布设之后就可以对地物点进行测量，“房地一体”项目地物点测量可采用带“倾斜测量”功能的 RTK 设备或者使用全站仪测量方法进行测量，采用全站仪测量时平面坐标可采用极坐标法、支距法或交会法测量。当使用方向交会法测定地物点时，交会方向线宜为三个，其长度不宜大于测站定向距离。

(1)使用倾斜 RTK 设备测量时需注意：①使用带倾斜及惯导功能的 RTK 设备进行地物点测量时，应在整个测量过程中保持仪器倾斜测量功能为打开状态；②测量过程中仪器倾斜的角度应小于设备标称的最大倾斜角度；③测量过程中应随时检查设备在完全竖直与倾斜状态下的测量精度，确保对倾斜功能的随时矫正；④当倾斜测量时水平误差和竖直误差较大时，应稍作等待，直到符合精度要求再进行数据采集记录；⑤测量过程中应避免主机天线被遮挡，天线的截止角不小于 50°；⑥应尽量确保主机连接的卫星数量在 20 颗以上，在信号环境比较恶劣的情况下，应选择全站仪进行地物点的测量。

(2)使用全站仪测量时需注意：①仪器的对中偏差不应大于 5mm，仪器高和反光镜高的量取应精确至 1mm；②应选择较远的图根点作为测站定向点，并施测另一图根点的坐标和高程，作为测站检核。检核点的平面位置较差不应大于图上 0. 2mm，高程较差不应大于基本等高距的 1/5；③保证地形图的精度，碎部采集时采用棱镜片、小棱镜或者使用全站仪的免棱镜技术进行，同时应考虑棱镜常数的影响；④地物点测距最大长度为 150m；在建成区和平坦地区及丘陵地，地物点距离应采用纤维尺量距或丈量，纤维尺丈量最大长度为 50m；在采集条件较困难时，其测距最大长度按规定放长 0. 5 倍；⑤作业过程中和作业结束前，应对定向方位进行检查。

2. 无人机倾斜测量法

可采用无人机倾斜测量法进行“房地一体”测绘，本书不对其具体内容进行详细介绍。

3. 无人机 LiDAR 点云测量法

激光雷达(light detection and ranging，LiDAR)是当今测绘领域先进的遥感测量手段，是继 GNSS 卫星定位之后又一项测绘技术新突破。采用无人机 LiDAR 点云测量法进行“房地一体”测绘，本书不对其具体内容进行详细介绍。

8.1.4 “房地一体”技术设计

1. 编写原则

(1)技术设计应依据设计输入内容，充分考虑顾客的要求，引用适用的国家、行业或地方的相关标准，重视社会效益和经济效益；

(2)技术设计方案应先考虑整体而后局部，且顾及发展；要根据作业区实际情况，考虑作业单位的资源条件(如人员的技术能力和软、硬件配置情况等)，挖掘潜力，选择最适用的方案；

(3)积极采用适用的新技术、新方法和新工艺；

(4)认真分析和充分利用已有的测绘成果(或产品)和资料，对于外业测量，必要时应进行实地勘察，并编写踏勘报告。

2. 对编写人员的基本要求

(1)具备完成有关设计任务的能力，具有相关的专业理论知识和生产实践经验；

(2)明确各项设计输入内容，认真了解、分析作业区的实际情况，并积极收集类似设计内容执行的有关情况；

(3)了解、掌握本单位的资源条件(包括人员的技术能力，软件和硬件装备情况)、生产能力、生产质量状况等基本情况；

(4)对其设计内容负责，并善于听取各方意见，发现问题，应按有关程序及时处理。

3. 编写要求

(1)内容明确，文字简练，对标准或规范中已有明确规定的，一般可直接引用，并根据引用内容的具体情况，标明所引用标准或规范名称、日期以及引用的章、条编号，且应在其引用文件中列出；对于作业生产中容易混淆和忽视的问题，应重点描述；

(2)名词、术语、公式、符号、代号和计量单位等应与有关法规和标准一致；

(3)技术设计书的幅面、封面格式和字体、字号参见规范 CH/T 1004—2005《测绘技术设计规定》。

4. 编写过程

1)设计策划

(1)技术设计实施前，承担设计任务的单位或部门的总工程师或技术负责人负责对测绘技术设计进行策划，并对整个设计过程进行控制。必要时，亦可指定相应的技术人员负责。

(2)设计策划应根据需要决定是否应进行设计验证，例如：房地一体项目是一种综合型全流程的测绘类项目，为了保证技术设计在项目所在地的适宜性，宜选择地形状况和村民配合程度可代表本项目主要特点的2~3个村落作为试点村，先行开展全流程的项目试点工作，试点周期应控制在1个月左右，试点完成后应对试点成果在资料完整性、数据准确性、数据精度等方面进行综合性评判，并形成试点工作总结报告，为项目总体设计和实施提供数据依据。

当设计方案采用新技术、新方法和新工艺时，应对设计输出进行验证，例如：房地一体项目首次采用无人机载 LiDAR 的方式进行调查底图的获取时，就应对机载激光

LiDAR 方式的效率和精度进行验证，以确保新的生产工艺可满足当前项目的要求。

(3)设计的主要阶段，可分为资料收集、初步设计、设计评审、设计验证、设计审批、设计变更，形成最终设计。

①资料收集：该工作的主要作用是完成项目测区信息、相关标准、规范、成果标准、精度要求、已有设计文档、设备、人员及相关可用成果的收集，以辅助项目设计书的编写。该工作一般由项目经理、技术负责和总工共同完成。

②初步设计：该过程是指根据业主对项目的工期、成果数量及质量、服务等的要求，参考已经收集的资料及成果，由单位总工主导，项目经理和技术负责配合，共同完成技术设计的初稿编制工作。

③设计评审：设计评审是由业主组织专家组，对项目生产单位提交的项目设计文档进行评审的工作。主要评审的指标有：设备和人员是否能满足当前项目生产需求、技术手段是否符合行业技术规范、对项目成果的描述是否和项目需求保持一致等。评审工作结束时，专家组针对方案的评审结果给出评审结论，并签字确认。

④设计验证：设计验证是选取实验区域，对技术设计中使用的技术手段，设备，软件等先行开展全流程试点工作，对技术设计的可行性和适宜性进行验证。

⑤设计审批：技术设计方案修改完善之后，先由施工单位总工程师审批签字并加盖施工单位公章，再提交业主单位审批签字并加盖业主单位公章。签字盖章后的设计方案将成为本项目的最终设计方案。

⑥设计变更：在项目实施过程中，如果技术方案发生重要变更，则需要对变更后的技术设计重新进行设计审批工作。

2)设计输入的意义和内容

(1)设计输入是设计的依据。编写技术设计文件前，应首先确定设计输入。

(2)设计输入应由技术设计负责人确定并形成书面文件，并由设计策划负责人或单位总工程师对其适宜性和充分性进行审核。

(3)测绘技术设计输入应根据具体的测绘任务、测绘专业活动而定。通常情况下，测绘技术设计输入包括：①适用的法律、法规要求；②适用的国际、国家或行业技术标准；③对测绘成果(或产品)功能和性能方面的要求，主要包括测绘任务书或合同的有关要求，顾客书面要求或口头要求的记录，市场的需求或期望；④顾客提供的或本单位收集的测区信息、测绘成果(或产品)资料及踏勘报告等；⑤以往测绘技术设计、测绘技术总结提供的信息以及现有生产过程和成果(或产品)的质量记录和有关数据；⑥测绘技术设计必须满足的其他要求。

(4)测绘技术设计输入及其评审的有关内容和要求参见规范 CH/T 1004—2005《测绘技术设计规定》。

3)测绘技术设计输出

主要包括项目设计书、专业技术设计书以及相应的技术设计更改文档。在编写设计书时，当用文字不能清楚、形象地表达其内容和要求时，应增加设计附图或附表。设计附图或附表应在相应的项目设计书和专业技术设计书附录中列出专业技术设计书的内容。

专业技术设计根据专业测绘活动内容的不同分为大地测量、摄影测量与遥感、地形数据采集及成图、地图制图与印刷、工程测量、界线测绘、基础地理信息数据建库等专业技术设计。

专业技术设计书的内容通常包括概述、测区自然地理概况与已有资料情况、引用文件、成果(或产品)主要技术指标和规格、技术设计方案等部分。

5.“房地一体”设计方案主要内容

1)控制测量

设计方案内容主要包括：

(1)GNSS测量：①规定GNSS接收机及其他测量仪器的类型、数量、精度指标以及对仪器校准或检定的要求，规定测量和计算所需的专业应用软件和其他配置；②规定作业的主要过程、各工序作业方法和精度质量要求(确定观测网的精度等级和其他技术指标；规定观测作业各过程的方法和技术要求；规定观测成果记录的内容和要求；外业数据处理的内容和要求；外业成果检查(或检验)、整理、预处理的内容和要求，基线向量解算方案和数据质量检核的要求，必要时需确定平差方案，高程计算方案等；规定补测与重测的条件和要求；其他特殊要求(拟定所需的交通工具、主要物资及其供应方式、通信联络方式以及其他特殊情况下的应对措施))；③上交和归档成果及其资料的内容和要求；④有关附录。

(2)三角测量和导线测量：①规定测量仪器的类型、数量、精度指标以及对仪器校准或检定的要求，规定测量和计算所需的计算机、软件及其他配置；②规定作业的主要过程、各工序作业方法和精度质量要求(说明所确定的锁、网(或导线)的名称、等级、图形、点的密度，已知点的利用和起始控制情况(规定觇标类型和高度，标石的类型；水平角和导线边的测定方法和限差要求；三角点、导线点高程的测量方法，新旧点的联测方案等；数据的质量检核、预处理及其他要求；其他特殊要求：拟定所需的交通工具、主要物资及其供应方式、通信联络方式以及其他特殊情况下的应对措施))；③上交和归档成果及其资料的内容和要求；④有关附录。

2)地籍测绘

设计方案内容主要包括：

(1)规定测量仪器的类型、数量、精度指标以及对仪器校准或检定的要求，规定作业所需的专业应用软件及其他配置；

(2)规定作业的技术路线和流程；

(3)规定作业方法和技术要求：①控制测量，规定平面控制的布设方案，觇标和埋石的规格，观测方法，观测限差，新旧点联测方案及控制网的精度估算；②外业调绘，规定调绘图件(地形图、航摄像片、影像平面图及其他图件)，确定地籍要调绘或调查的内容和方法，各种权属界线的表示和地块的编号方法等；③规定界址点实测和面积量算的方法和技术、质量要求；④测图作业要求，规定测图的作业方法，使用的仪器，精度要求和各项限差；地籍要素和地形要素的表示方法等；⑤其他技术要求。

(4)质量控制环节和质量检查；

(5)上交和归档成果及其资料的内容和要求；

(6)有关附录。

3)房产测绘

设计方案内容主要包括：

(1)规定测量仪器的类型、数量、精度指标以及对仪器校准或检定的要求，规定作业所需的专业应用软件及其他配置；

(2)规定作业的技术路线和流程；

(3)规定作业方法和技术要求：①控制测量，规定平面控制的布设方案，觇标和埋石的规格，观测方法，观测限差，新旧点联测方案及控制网的精度估算；②房产调查(或调绘)，规定房产调查(或调绘)的内容和方法，地块和房屋(幢号)的编号方法，房产调查表的填写要求等；③规定界址点布设、编号和实测的方法和技术质量要求；④房产图绘制和面积量算的方法和技术质量要求；⑤其他技术质量要求。

(4)质量控制环节和质量检查；

(5)上交和归档成果及其资料的内容和要求；

(6)有关附录。

4)数据建库

设计方案内容主要包括：

(1)规定建库的技术路线和流程，应用流程图或其他形式，清晰、准确地规定建库的主要过程及其接口关系；

(2)系统软件和硬件的设计，规定建库的操作系统、数据库管理系统及有关的制图软件等；规定数据库输入设备、输出设备、数据处理设备(如服务器、图形工作站及计算机等)、数据存储设备及其他设备的功能要求或型号、主要技术指标等；规划网络结构(如网络拓扑结构、网线、网络连接设备等)；

(3)数据库概念模型设计，规定数据库的系统构成、空间定位参考、空间要素类型及其关系、属性要素类型及其关系等；

(4)数据库逻辑设计，应规定要素分类与代码、层(块)、属性项及值域范围以及数据安全性控制技术要求等；

(5)数据库物理设计，应描述数据库类型(如关系型数据库、文件型数据库)、软件和硬件平台、数据库及其子库的命名规则、类型、位置及数据量等；

(6)其他技术规定，如用户界面形式、安全备份要求及其他安全规定等；

(7)数据库管理和应用的技术规定；

(8)数据库建库的质量控制环节和检查要求(包括对数据入库前的检查和整理要求)，上交和归档成果及其资料的内容和要求等；

(9)有关附录。

8.2　数据采集及权籍调查

“房地一体”数据采集可以有以下几种方法：

(1)采用全站仪或 GNSS RTK 进行数据采集；

(2)使用高精度倾斜摄影测量方法进行的不动产数据采集；

(3)使用三维激光扫描方法进行的不动产数据采集；

(4)使用测距仪器进行截距法(内外分点法)、距离交会法测量等；

(5)采用正射影像图矢量化。

对于散列式的居民地可采用全站仪或 GNSS RTK 进行数据采集；对于集中式居民地(如街道和大的居民地等)可采用倾斜摄影测量方法进行数据采集；对于偏远地区、分散和独立的居民地或集体建设用地，其平面位置可采用时相较新、分辨率优于 0.2m 的正射影像图采集，界址边长和房屋边长采用测距仪器进行丈量，并确保空间相对位置关系准确，边长和面积准确；对于不动产测量范围外进行道路、河流等地物的示意性采集时可采用分辨率优于 0.5m 的正射影像图采集。

8.2.1 控制测量

在使用全站仪或 GNSS RTK 全野外测量法、无人机倾斜摄影测量法、无人机三维激光扫描方法展开调查底图生产时均需提前测设控制点。

8.2.2 调查底图测制

1. 使用全站仪测量的基本要求

(1)使用全站仪在各级控制点上采用极坐标法施测界址点、地物点、地形点等各类要素，测量距离不超过 200m；

(2)为保证数据采集的精度，应注意棱镜常数和仪器常数的改正；

(3)被采集的界址点到测站的距离应小于定向点到测站点的 3 倍；

(4)全站仪无法施测的点位可用距离交会、方向交会、量距法等方法测定，交会距离不超过 50m；

(5)仪器对中偏差不超过±3mm。

2. 不动产细部测量的内容

不动产权籍调查范围内的(主要是 202(建制镇)、203(村庄用地)、204(盐田及采矿用地))必须全要素采集(项目规定不需采集的除外)，不动产权调查范围外的根据需要采集。

1)控制点及高程点

①各等级控制点按规范图式要求表示；②不采集高程点，不绘制等高线，但所有的等级点和图根点应具有高程信息。

2)界址点、房角点

界址点精度要求很高，应尽量使用解析法测量，少使用或不使用截距法和距离交会法，当使用高精度倾斜摄影测量方法进行的不动产测量时可将界址标志点放大，以确保在内业进行三维立体采集时可直接采集界址点。

房角点测量宜采取与宗地界址点测量同样的技术方法，一并开展。房屋边长丈量在宗地界址边长丈量时一并开展。

3)居民地和垣栅

(1)房屋应逐幢测绘，不同产别、不同建筑结构、不同层数的房屋应分别测量，独立成幢房屋，以房屋四面墙体外侧为界测量；毗连房屋四面墙体，在房屋所有人指界下，区分自有、共有或借墙，以墙体所有权范围为界测量。丈量房屋以勒脚以上墙角为准；测绘房屋以外墙水平投影为准；

(2)房屋附属设施测量，柱廊以柱外围为准；檐廊以外轮廓投影、架空通廊以外轮廓水平投影为准；门廊以柱或围护物外围为准，独立柱的门廊以顶盖投影为准；挑廊以外轮廓投影为准。阳台以底板投影为准(不封闭阳台均需表示)；门墩以墩外围为准；门顶以顶盖投影为准；室外楼梯和台阶以外围水平投影为准，装饰性的柱和加固墙等一般不表示；

(3)与房屋相连的台阶按水平投影表示，不足五阶的不表示；

(4)房角点测量不要求在墙脚上设置标志，可以房屋外墙勒脚以上 100±20cm 处墙脚为测点；

(5)建筑物、构筑物按材质性质类型主要分为钢结构(代码 1，注记“钢”)；钢、钢筋混凝土结构(代码 2，注记“钢砼”)；钢筋混凝土结构(代码 3，注记“砼”)；混合结构(代码 4，注记“混”)；砖木结构(代码 5，注记“砖”)；其他结构(代码 6，注记“其他”)，新建房屋代码 0，注记“建”不计算房屋建筑面积；

(6)围墙用相应的符号表示，围墙下半部为砖结构上半部为铁栅栏，凡砖墙结构超过整个高度一半(含一半)用围墙表示，否则用栅栏符号表示。单位和大居民院落的院门应表示。单位和较大的院落门顶，其宽度大于 2.0m 的要表示，门顶下的门墩应表示；

(7)雨罩不表示；

(8)建筑物以外正规的独立厕所应表示，简易厕所不表示；

(9)非界址线边的建筑物的凸凹部分小于 10cm 的可不表示；

(10)一般台阶(1m×3m 以内)不表示，但大面积的台阶要表示；

(11)建筑物外部装饰性的部分不表示；

(12)调查区内非永久性的建筑物可不表示；

(13)房屋的门牌号要表示，注记在大门附近，房屋(或院落)内。

4)工矿建(构)筑物及其他设施

(1)大的水塔、烟囱应如实表示，铁皮烟囱不表示；

(2)塔形建筑物和贮液设备、散热塔、锅炉等露天设备，独立高大的应单独表示，复杂而密集成群的，可用地类界表示范围，内置符号；

(3)传送带、漏斗、滑轨、天吊、龙门吊等都应表示；

5)农业设施

农村居民地房前屋后的水泥地面积大于 $25m^2$ 的应表示，并加注“水泥”。

6)科教文卫设施

(1)岗亭、气象站、避雷针、卫星地面接收站、电视发射塔、环境监测站、纪念碑、塑像、喷水池、游泳池等均应表示；

(2)垃圾台、楼顶上的微波接收和发射天线、卫视天线、避雷针等均不表示；

(3)路灯、广告牌、宣传窗不表示；

(4)露天体育场内的设施需要表示。

7)交通及附属设施

(1)道路要求等级分明、附属设施齐全，线段曲直、交叉的形态及单位出入口的形状都要反映逼真；

(2)公路按其技术等级注出技术等级代码(用0、1、2、3、4、9表示)、道路编号、公路名称和铺面材料，铺面材料变换处应用点线分开；

(3)高速公路、国道、省道通过城镇时不得中断，其他公路通过城镇主要街道时中断表示，通过农村居民地时不中断；

(4)铁路、建筑中的铁路须正确表示，铁路上的附属设施也应表示；

(5)铁路、高速公路两侧的隔离设施，如墙、铁丝网、栅栏等应表示；

(6)乡镇间实地宽度在5m以上(含路肩)，有铺面的且贯通良好的道路用9级公路表示；

(7)机耕路一般为宽度(一般指两行树间的距离)在3m以上的、无铺面材料或铺面材料较差的道路；

(8)不能通行大车的、宽度在1~3m的连接村庄、居民地的主要道路用乡村路表示；

(9)内部路只表示单位、公园、学校和居民小区等内部经过铺装的主要道路，进出楼道等支叉部分不表示；

(10)人行桥宽度大于1m的，依比例尺表示：宽度小于1m的，用不依比例尺的表示，按覆盖原则，立交桥下的桥墩可不表示。

8)管线及附属设施

(1)电力线、通信线不表示；

(2)地面及架空管线均需表示，并注记输送物质，多条管线并排，图上表示不下时，可舍去次要管线，但两侧外边缘应准确表示；架空管道的支架(墩)按实际位置表示，大于1m的依比例尺表示：支架密时，直线部分可取舍；

(3)污水篦子、上水、下水、电力、通信等地下检修井、消防栓等均不表示。

9)水系及附属设施

(1)河流、水库的水涯线一般按常水涯线表示；

(2)塘的水涯线按塘坎上边沿线绘出，有名称的注名称，无名称的注“塘”或“鱼”；

(3)沟渠长度不满20m的不表示，宽度大于1m的用双线表示，每条沟渠均需加绘流向符号。沟边线可代替田埂线，但不可代替路边线；

(4)农村的压水井不表示。

10)境界

行政境界表示到乡镇界和街道界，两级以上境界重合时，只绘高一级的境界。

11)地貌与植被

(1)斜坡、坎、梯田坎长度大于1m、比高大于0.5m的，均应表示；

(2)所有植被范围边均以地类界或田埂等表示(被替代的田埂例外)；

(3)田埂宽度实地大于1m的用双线表示，小于1m的用单线表示；

(4)田埂与道路重合时，用道路符号表示；

(5)田埂线与水准线重合时，水涯线替代田埂；

(6)耕地内的植被以夏季作物为主进行表示;

(7)水生经济作物,面积大于200m^{2}的,加注名称;果园必须加注树种名,有林地面积大于2500m^{2}的加注树名及树高;

(8)单位、厂矿、学校及道路两侧铺设的草坪,用草地符号表示,加注"草";

(9)花圃应表示,道路中间的安全岛或高出地面的花坛,用实线表示范围,不高出地面的绿化地用地类界表示范围,配置花圃符号;

(10)单位、厂矿、学校内的零星菜地、园地等不表示;

(11)居民地内的零星树不表示。

12)地理名称

(1)在开展权籍调查时应注意地理名称调查,调查时应对居民地、城镇街巷工矿企业、机关学校、医院、农(林)场、大型文化体育建筑、名胜古迹以及山川、沟谷、河流、湖泊、港口等名称,调查核实,正确注记;

(2)居民地应注出当地常用的自然名称。

8.2.3 边长丈量(宗地、建筑物、构筑物、房屋附属)

房屋边长测量与宗地的界址边长丈量同时进行。对于已有户型图的,可通过核实户型图获取房屋内部边长,对于没有户型图的,需实地测量房屋边长。

宜采用实地量距法丈量房屋边长,并为几何要素法计算房屋面积提供数据,也可采用解析房角点的坐标反算房屋边长。直接丈量房屋边长有困难时,可以采用解析法反算边长,也可将实地量距法和解析法配合使用。

丈量房屋边长时,应符合下列要求:

(1)应重复测量不少于两次,其较差应在限差内,并取平均数作为最终结果。

(2)房屋外廓的全长与分段(室内)丈量之和(含墙身厚度)的较差在限差内时,应以房屋外廓数据为准,分段丈量的数据按比例配赋。超过限差须进行复量,限差应满足表8.2中的边长精度要求。

表8.2 **边长精度要求**

房屋边长的精度等级	边长测量误差的限差(m)	适用范围
一级	$\pm(0.014+0.0004D)$	县城以上所在地
二级	$\pm(0.028+0.0014D)$	乡镇所在地
三级	$\pm(0.056+0.004D)$	农村地区

注:当房屋边长大于10m时,D取值为房屋实际边长;当房屋边长小于等于10m时,D取值为10。

(3)房屋边长可以从建筑施工图纸上读取,并应符合下列规定:

①应对房屋边长、分段边长与总边长进行校核,校核不符时,应报告;

②已竣工房屋的实测边长与图纸标注边长的限差满足规定时,可以用图上标注的

边长。

(4)房屋边长的数据采集和注记应符合下列规定：

①住宅或办公楼应分套或分单元进行边长数据采集；

②公用建筑面积的边长数据应分层采集；

③未分户分割的商业用房、仓库、厂房等的建筑面积边长数据应分单元采集，其公用建筑面积边长应分层采集，若企业无要求，则无需分单元及公用部分；

④已分割成若干单元的商业用房、仓库、厂房等的建筑面积边长数据应分层采集；

⑤当一间(单元)房屋或房屋的屋顶或墙体为向内倾斜的斜面，并分成层高在2.20m以上和以下两部分时，应分别测量两部分的边长数值并辅以略图说明；

⑥实测房屋外墙的边长时，除应记录包含外墙装饰贴面厚度的总边长外，当需要装饰贴面厚度时应现场测量、记录装饰贴面厚度，且装饰贴面厚度宜实测；

⑦对地下空间(含地下室)进行房屋边长测量时，因无法测至外墙面，可只实测室内边长，外墙厚度可取建筑施工图的设计值，据此推算地下室空间边长值；

⑧边长外业测量的注录应在实地完成，不应依据事后回忆追记或涂改。

(5)一幢多户楼房或一层多户的平房，建筑面积分户计算时，边长量取应符合下列规定：

①建筑物外墙(含山墙)内侧为公用建筑面积时，公用建筑面积的边长应量取至墙体外侧；

②建筑物墙体外侧为架空空间时，该段墙体应作为外墙，边长量取应符合规定；

③走廊、阳台与套内建筑面积或公用建筑面积之间的隔墙，其墙体一半应计入套内或公用建筑面积，另一半应计入半外墙。

8.2.4 权籍调查

1. 土地权属调查

1)调查内容

(1)宗地权利人情况。调查核实土地权利人的姓名或者土地权利人的名称、权利人类型、证件种类、证件号码等。

(2)宗地权属状况。调查核实确定土地权属性质、使用期限，以及宗地是否有抵押权、地役权等他项权利和共有情况；宗地批准用途和实际用途。权属性质主要调查权利类型和权利性质，权利类型主要包括宅基地使用权和集体建设用地使用权两种类型，权利性质农村宅基地主要是批准拨用。土地权属来源证明材料主要是老的土地证，要认真搜集，并将土地证书编号、宗地号、权利人、宗地面积、建筑占地面积、建筑面积、发证日期和界址、房屋是否变化等情况填入调查表，并在调查记事栏中说明原权利人和现家庭代表的关系。

(3)宗地状况。需进行现场和所有利害人参与的界址调查，并实地核实土地坐落、宗地四至等。

2)指界通知

调查人员按照调查计划、工作进度、时间安排，根据宗地申请材料由村委会通过送达指界通知书或电话、口头方式通知有关当事人，且一并到场指界，指界通知应准确可靠，送达指界通知书应有签名备查，并收取回执。

3）实地调查

调查人员携带调查底图和申报材料等到现场会同该宗地土地使用者及相邻宗地土地使用者（或委托代理人）一起调查核实宗地界址点、线、权属来源和使用情况，实地填写地籍调查表、设置界址点标志、堪丈界址边长。包括：

（1）土地使用者及土地权属性质调查。土地使用者调查是指调查核实土地使用者名称、单位全称或户主姓名，单位性质、土地使用者的通信地址及联系电话，土地使用者名称应与其营业执照或身份证等的记载一致，单位全称应为公章全称（个人用地不填写上级主管部门）。

（2）土地权属来源情况、使用权类型调查。调查人员应初步核实土地来源证明材料是否齐全，合法及与实地情况的一致性，并收集各种证明材料，作为土地登记的依据。使用权类型调查的类型应根据相关材料来填写。

（3）土地坐落、土地用途、共有使用权情况调查。土地用途应按《土地利用现状分类》的规定来调查宗地的实际用途。查清每宗地的实际用途和批准用途是否一致，用地是否合理，是否有改变土地用途、非法出租、非法转让土地等情况，将上述情况填入"不动产权籍调查表"，并记录在工作人员的记录本上。土地坐落应在现场核对其村组名称、道路名称、门牌号等，对共有使用权情况应查清各使用者的分面积，并填写到调查表上。

（4）界址认定。由本宗地及相邻宗地土地使用者亲自到现场共同指定。单位使用的土地由法人代表（须有法人资格证书及身份证明）或委托代理人（有委托书及身份证明）亲自到现场指界，个人使用的土地须由户主出席指界，并出具身份证明和户籍簿。经双方认定的界址，由双方指界人在地籍调查表上签字盖章。认定后的界址点会标在调查底图上，界址点、线不作说明。

（5）界址点实地标定和编号。界址点标记用油漆画一对顶三角形，如果界址点落在位置十分明确的房脚、围墙脚等位置上可以不喷涂界址标记，如果界址点落在不明确的房屋、围墙的直线段或圆弧段等位置不明确或外业测绘人难以分辨的地方，必须涂界址点标记，空地上或悬空的界址点一律不埋界桩，但必须正确丈量地物点到界址点的距离，以方便内业作图，如房屋后面的滴水线、房前屋后的空地等。界址点标记位置应在房屋或围墙勒脚以上 30cm 处，同时要注意整齐美观。界址点落在弧形建筑物上的小弧段设 3 个界址点，大弧段可按两界址点连线的中点到段的垂直距离不超过 10cm 而确定；墙或墙体的凸凹部分大于 10cm 要设立界址点。

外业调查过程中，在调查底图上标注界址点，调查表上只填界址顺序号，不填统编号，待该地籍子区全部调查完毕，再对该籍子区内所有界址点进行统一编号。界址点编号应统一自左向右，自上而下，由"1"开始顺序编号。

（6）土地权属争议的处理。原则上由争议双方协商解决，协商不成的，划出争议区。

（7）违约缺席指界及指界后不签字盖章的处理方法：①一方缺席指界，其宗地界线以另一方指界为准；②双方违约缺席指界，由调查员依据现状及地方习惯确定；将确定界线结果以书面形式送达违约缺席者，如有异议，须于15日内提出重新划界申请，并承担重新划界的全部费用；③逾期不申请，上述①②条款自动生效。

指界后不签字盖章的处理办法按①②③三条款执行。实地调查宗地界线和已登记发证或土地资料权源材料不一致时：对少批多用的，宗地界线按批准用地界线确定；对于多批少用的，原则上按实际使用范围定界，且都要在地籍调查表中说明。

(8)参考已有资料。

当次权属调查是在原调查的基础上进行的，在调查过程中除认真听取权利人、相邻宗地权利人、村组干部的意见外还应与上次调查成果或权源材料进行认真核对，主要核查权利人名称、界址点、界址线变化情况，在没有原则性错误的情况下，界址点、界址线应尽量以上次调查为准。

4)界址边长丈量

(1)应实地丈量界址边长。

(2)解析法测量的界址点，每个界址点至少丈量一条界址点与相邻地物或界址点的关系距离或条件距离。

(3)为保证宗地与宗地之间关系的正确性，每个宗地应至少丈量两条与相邻两宗地之间的距离。若两宗地之间的距离超过20m以上则不需丈量关系距离或条件距离。

5)外业调查记录

调查员在进行权属调查和房屋调查的过程中，应把调查到的所有信息全部记录在外业调查工作底图上，包括权利人信息、权属信息、界址信息、房屋信息，等等。调查结束后应将调查工作底图扫描或拍照为电子材料保存到本导则指定的目录。在外业调查工作底图记录清楚的前提下，不需绘制宗地草图。

6)绘制宗地草图

如果无外业调查工作底图，或者外业调查工作底图不清楚，则需要绘制宗地草图。宗地草图是描述宗地和房屋的位置、属性的重要图件，是界址点、界址线、房屋及相邻宗地关系的实地记录，宗地草图上的边长或距离应为实地调查勘丈的结果。调查草图可以采用绘图软件绘制并打印。宗地草图应包含以下内容：

(1)宗地的宗地号、土地坐落、权利人、土地用途；

(2)宗地界址点、界址点号(宗地内编号)及界址线，宗地内的主要地物；

(3)相邻宗地号、权利人、界址点、界址线和相邻地物；

(4)房屋建筑结构、房屋层数；

(5)相邻地物的名称或类型(如道路、水沟等名称，水田、旱地等地类类型)；

(6)界址边长、房屋边长、界址点与邻近地物的距离；

(7)确定宗地界址点位置、界址点方位所必需的建筑物或构筑物及其条件距离；

(8)有关地理名称，门牌号；

(9)丈量者、丈量日期、检查者、检查日期、概略比例尺、指北针等。

7)宗地实地照片采集

宗地调查结束后应及时对该宗地进行拍照，并将所拍照片嵌入调查表中，照片拍摄要求如下：

(1)根据实地情况，每个宗地应尽量拍摄4张照片：全景照片一张、左侧一张、右侧一张、后面一张。全景照片应尽量把该宗地所有房屋及其附属设施全部拍摄在内，对于拍摄困难的，可以少拍；

(2)照片像素不需太高，普通手机、平板即可，以看清为原则；

(3)照片命名规则：地籍区号+地籍子区号+宗地号+宗地照片+“(主)或左、或右、或后”.JPG；

(4)照片存放路径必须严格遵守规定的成果存放路径；

(5)若采用倾斜摄影，则可以直接在三维模型上截取。

注：各县区根据需要确定是否进行宗地实际照片采集。

8)资料收集与签字确认

调查员在调查过程中应收集各种权源材料复印件或电子扫描件，如果收集到的是老土地证应将土地证书编号、宗地号、权利人名称、宗地面积、建筑占地面积、建筑面积、发证日期和原界址、房屋是否变化等信息填入不动产权籍调查表。收集身份证复印件、户口簿复印件：制作并收集“不动产登记申请书”“不动产权籍调查表”“房屋基本信息调查表”“农村宅基地使用权和房屋所有权确认申请审批表”“不动产登记申请书”“房屋基本信息调查表”“农村宅基地使用权和房屋所有权确认申请审批表”“不动产权籍调查表”等都需要权利人或其代理人签章确认，杜绝代签情况发生。

2. 房屋所有权调查

在房屋调查过程中用“房屋基本信息调查表”代替“房屋调查表”和“房屋用地调查表”。在房屋调查过程中不再设丘，以宗地代替丘，以地籍号代替丘号。

1)房屋调查的内容

包括房屋坐落、产权人、层数、所在层次、建筑结构、建成年份、用途、墙体归属、权源、产别、产权纠纷和他项权利等基本情况。房屋质量相关情况由其权利人承诺，不作为调查内容。

2)房屋调查的方法

房屋调查采取实际查看、询问和相关资料查验相结合的方法。对房屋坐落、层数、所在层次、建筑结构、建成年份、用途、墙体归属等可采取实际查看、询问的方法，对产权人、建成年份、权源、产权纠纷等可采取查验相关资料的方法。

3)房屋产权人

农户所有的房屋，一般按照农户家庭代表的姓名。单位所有的房屋，应注明单位的全称。

4)房屋产别

房屋产别是指根据产权占有不同而划分的类别。农户房屋的产别一般为私有房产，集体建设使用权的房屋产别一般为集体所有房产。

5)房屋产权来源

房屋产权来源是指产权人取得房屋产权的时间和方式，如继承、买受、受赠交换、自建、翻建、征用、拨用等。

6)房屋性质

房屋性质主要指共有产权住房、自建房等，农村宅基地一般为自建房。

7)房屋总层数与所在层次

(1)房屋层数是指房屋的自然层数，一般按室内地坪±0以上计算，采光窗在室外地坪以上的半地下室，其室内层高在2.20m以上的，计算自然层数。房屋总层数为房屋地上层数与地下层数之和；

(2)假层、附层(夹层)、插层、阁楼(暗楼)、装饰性塔楼，以及突出屋面的楼梯间、水箱间不计层数；

(3)所在层次是指第几层。地下层次用负数表示。

8)房屋建筑结构

房屋建筑结构是指根据房屋的梁、柱、墙等主要承重构件的建筑构件的建筑材料划分类别。具体分类参考GB/T 17986.1—2000《房产测量规范 第1单元：房产测量规定》。

9)房屋建成年份

房屋建成年份是指房屋实际竣工年份。拆除翻建的，应以翻建竣工年份为准。一幢房屋有两种以上建成年份，应分别注明。

10)房屋用途

用途分类具体分类参考GB/T 17986.1—2000《房产测量规范 第1单元：房产测量规定》。

11)房屋墙体归属

房屋墙体归属是指房屋四面墙体所有权的归属，分别注明自有墙、共有墙和借墙等三类。

12)房屋调查结果记录要求

(1)房屋权属状况信息和房屋测量结果要记载在“房屋基本信息调查表”中；

(2)在宗地草图、宗地图中要标识房屋，并标注房屋边长，房屋的楼层、结构以及争议情况等信息；

(3)要在地籍图的编绘中将房屋要素纳入；

(4)成果资料的整理归档以及数据库的建设都要将房屋调查和测绘的信息包含在内。

8.3 内　　业

8.3.1 SouthMap绘制权籍图

“房地一体”权籍图包括地籍图、宗地图、房屋分层分户图(房产平面图)。

地籍图是按特定的投影方法和比例关系，采用专用符号，突出表示地籍要素的地图，它是进行“房地一体”权籍调查工作的基础，也是绘制宗地图的基础。宗地图以地籍图为基础绘制，是描述一宗地位置、界址点线、相邻宗地关系以及宗地内房屋、房屋附属等定着物位置关系的图形，是不动产登记和档案的附图。房产分户图是以一户房屋所有权为单位，绘制成的房屋权属范围的细部图。它是以地籍图、宗地图、房产平面图等为工作底图绘制而成的。以下分述这三种权籍图的绘制。

1. 地籍图

地籍图是专题图，它首先要反映地籍和房产要素以及与之有密切关系的地物、地形要素；其次，在图面载荷允许的条件下，适当反映其他内容，权籍要素要反映得充分、明显，其他要素摘要表示，一般可略缩细部、次要的部分。地籍图还应表示数学要素和图廓整饰。

地籍图的绘制，依据地理底图和不动产权籍调查成果绘制。绘制方法按照 TD/T 1001—2012《地籍调查规程》执行。

1)地籍图基本内容

(1)行政区划要素，主要指行政界线和行政区划名称。

(2)地籍要素，包括地籍区界线、地籍子区界线、土地权属界址线、界址点、地籍区号，地籍子区号、宗地号(含土地权属类型代码和宗地顺序号)、地类代码、土地权利人名称、坐落地址等。

(3)地形要素，界址线依附的地形要素(地物、地貌)，包括铁路、高速公路、国道、县乡(含)以上公路、河流、湖泊、水库、水工建筑物以及作为权属界线的农村道路、田坎等线状地物。

(4)数学要素，包括内外图廓线、内图廓点坐标、坐标格网线、控制点、比例尺、坐标系统等。

(5)图廓要素，包括分幅索引、密级、图名、图号、制作单位、测图时间、测图方法、图式版本、测量员、制图员、检查员等。

2)地籍图绘制内容和流程

地籍图绘制内容和流程如图 8.2 所示。

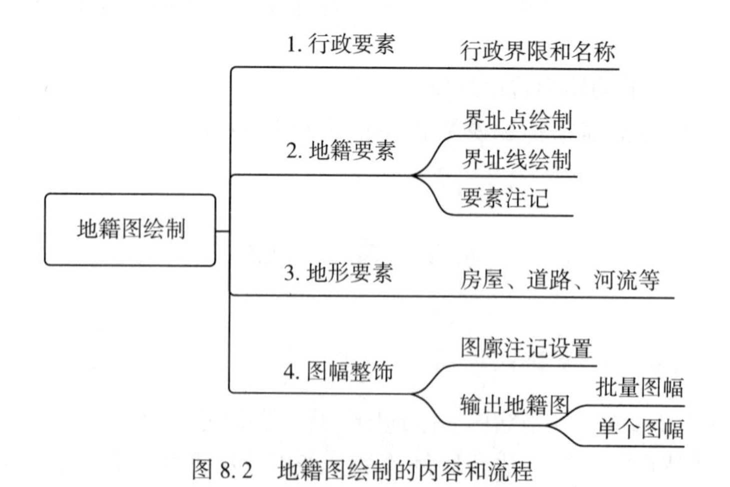

图 8.2　地籍图绘制的内容和流程

(1)行政要素绘制。绘制行政界线及名称注记。权属界线与地籍区或地籍子区界线重合的，只表示地籍区或地籍子区界线；地籍区与地籍子区界线重合的，表示地籍区界线；地籍区界线与县界、市界、省界重合的，只表示高级行政界线。

(2)地籍要素绘制：①界址点绘制。根据权籍调查成果，将界址点位置，使用权籍图绘制软件单个或批量，标注在地形底图上；②界址线绘制。根据地籍调查成果，将已标注的界址点，从每宗地的西北角顺时针绘制界址线，并闭合成宗地面；③地籍要素注记。根据地籍调查成果，使用权籍图绘制软件，标注宗地内注记(权利人名称、宗地代码、土地利用分类代码、宗地面积)、界址线边长、界址点编号。宗地代码，按照TD/T1001—2012《地籍调查规程》编号和注记。土地所有者或使用者，集体土地所有权宗地应注记权属单位名称，国有土地宗地注记"G"。宗地面积，在相应的宗地内注记宗地面积，若宗地跨分幅图时，则每幅图均要注记宗地面积。飞地界线采用相应行政界线或权属界线表示。应注记乡(镇)、行政村名称。

(3)地形要素绘制。结合权籍测绘成果，绘制铁路、高速公路、国道、县乡(含)以上公路、河流、湖泊、水库、水工建筑物以及作为权属界线的农村道路、田坎等线状地物。

(4)图幅整饰。使用权籍图绘制软件，设置图名、比例尺、坐标系、图式、调绘时间、绘图时间、附注等图廓注记。批量或单个生成地籍图。

2. 宗地图

宗地图的绘制，以检查合格的地籍图为工作底图，绘制宗地内部及其周围变化的不动产权籍空间要素和地物地貌要素，并输出宗地图。绘制方法参考TD/T1001—2012《地籍调查规程》执行。

1)主要内容

宗地所在图幅号、宗地代码；宗地权利人名称、面积及地类号；本宗地界址点、界址点号、界址线、界址边长；宗地内的图斑界线、建筑物、构筑物及宗地外紧靠界址点线的附着物；邻宗地的宗地号及相邻宗地间的界址分隔线；相邻宗地权利人、道路、街巷名称；指北方向和比例尺；宗地图的制图者、制图日期、审核者、审核日期等。

2)绘制方法

在检查合格的地籍图中，选择要输出宗地图的宗地，权籍图绘制软件根据宗地范围外扩一定距离，输出宗地图，绘制流程如图8.3所示。

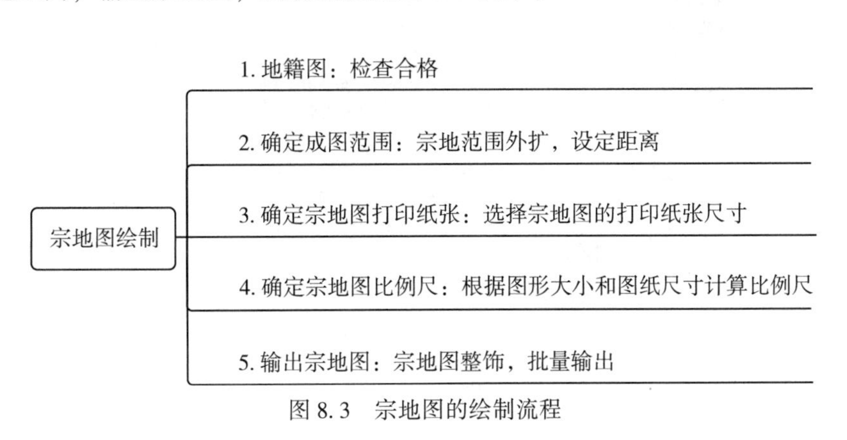

图8.3　宗地图的绘制流程

绘图步骤如下(图 8.4~图 8.6)：

(1)检查地籍图。检查地籍图合格，位置和属性信息正确，无遗漏。

(2)确定成图范围。选择要输出宗地图的界址线，软件自动外扩一定距离，计算成图范围。

(3)确定宗地图打印纸张。选择宗地图输出的纸张尺寸，常用尺寸有 A4 横、A4 竖、A3 横、A3 竖、32K、16K 等。

(4)确定宗地图比例尺。权籍图绘制软件，根据宗地图尺寸和宗地范围，计算宗地图比例尺。比例尺分母以整数为宜。

(5)输出宗地图。用权籍图绘制软件，单个或者批量输出宗地图。

3. 房产分户图的绘制

以地籍图、宗地图(分宗房产图)等为工作底图绘制房产分户图。房产分户图的编制要求和内容参照 GB/T 17986.2—2000《房产测量规范 第 2 单元：房产图图式》执行。

(1)房产分户图的主要内容包括：房屋权界线；四面墙体的归属和楼梯、走道等部位；门牌号、所在次、户号、室号；房屋建筑面积和房屋边长等。

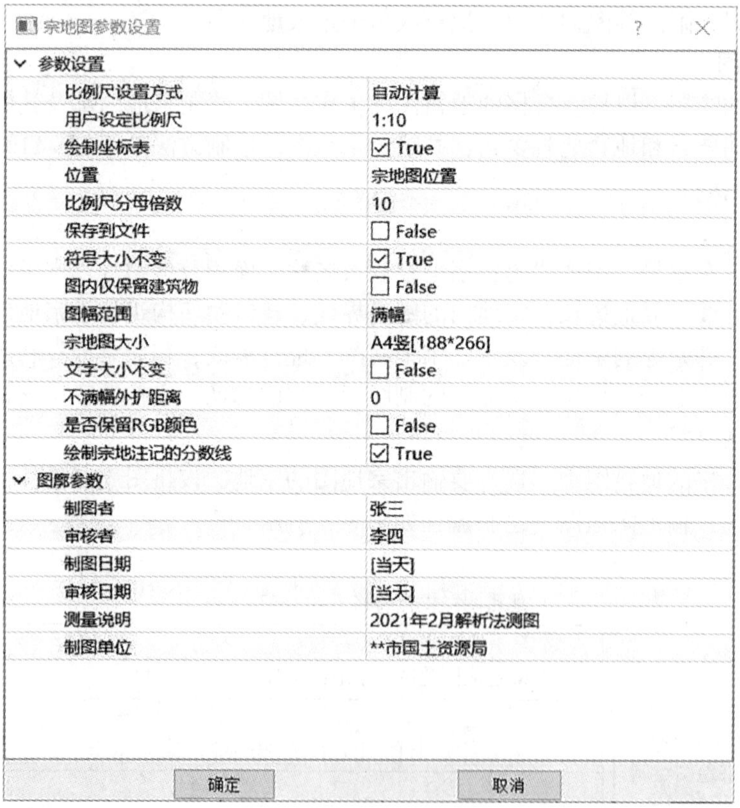

宗地图参数设置

参数设置	
比例尺设置方式	自动计算
用户设定比例尺	1:10
绘制坐标表	☑ True
位置	宗地图位置
比例尺分母倍数	10
保存到文件	☐ False
符号大小不变	☑ True
图内仅保留建筑物	☐ False
图幅范围	满幅
宗地图大小	A4竖[188*266]
文字大小不变	☐ False
不满幅外扩距离	0
是否保留RGB颜色	☐ False
绘制宗地注记的分数线	☑ True
图廓参数	
制图者	张三
审核者	李四
制图日期	[当天]
审核日期	[当天]
测量说明	2021年2月解析法测图
制图单位	**市国土资源局

确定　取消

图 8.4　宗地图参数设置

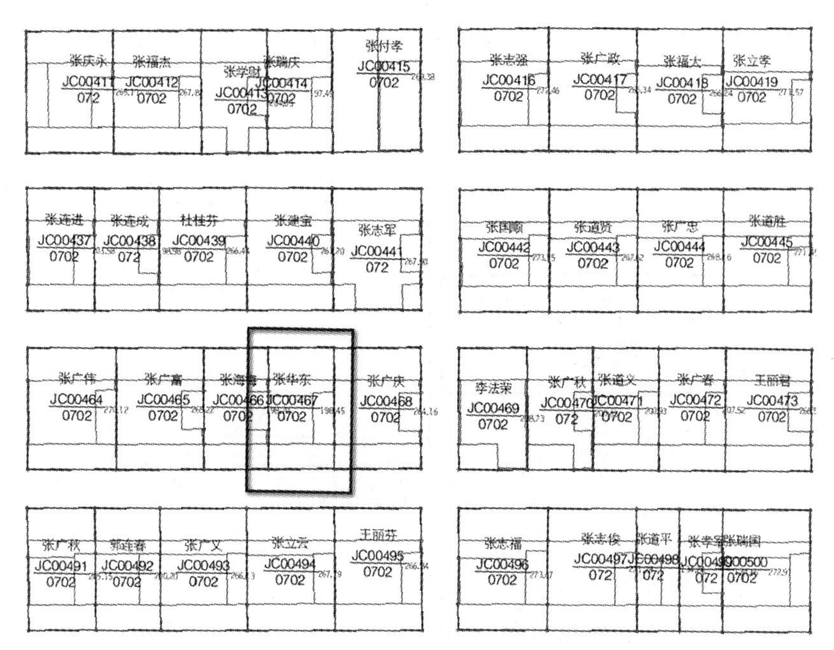

图 8.5　选择宗地并设置外扩范围

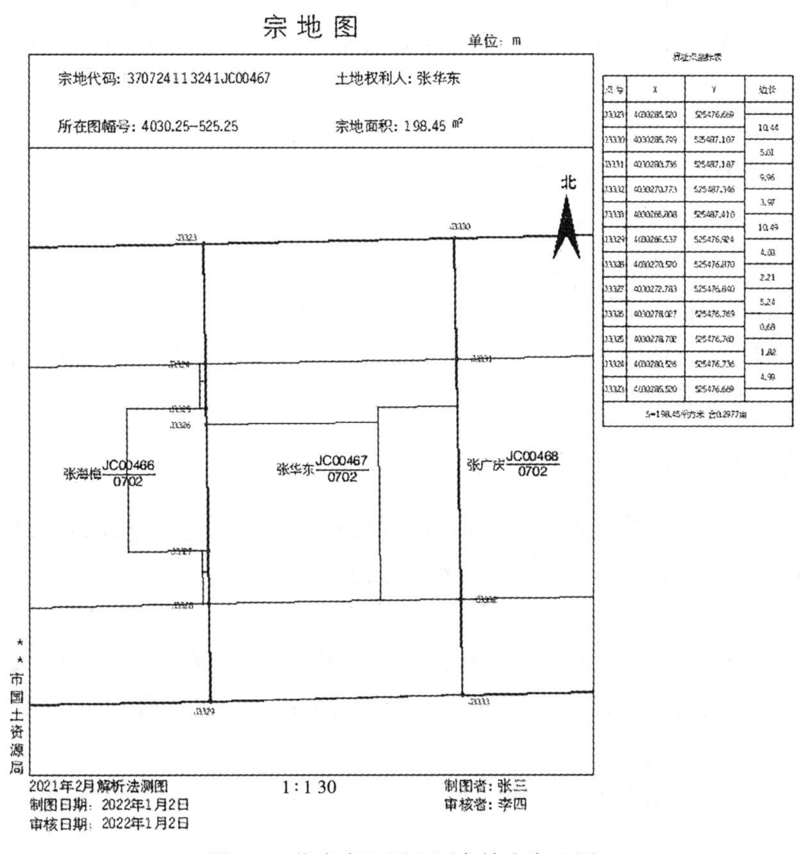

界址点坐标表

点号	X	Y	边长
J3323	4030285.520	525476.669	10.44
J3330	4030285.749	525487.107	5.01
J3331	4030280.736	525487.187	9.96
J3332	4030270.773	525487.346	3.97
J3333	4030266.808	525487.410	10.49
J3329	4030266.537	525476.924	4.03
J3328	4030270.570	525476.870	2.21
J3327	4030272.783	525476.840	5.24
J3326	4030278.027	525476.769	0.68
J3325	4030278.702	525476.760	1.82
J3324	4030280.526	525476.736	4.99
J3323	4030285.520	525476.669	
S=198.45平方米 合0.2977亩			

图 8.6　指定宗地图左下角输出宗地图

(2)绘制方法：在房产分层平面的基础上，绘制房产分户图按照图 8.7 所示流程展开。

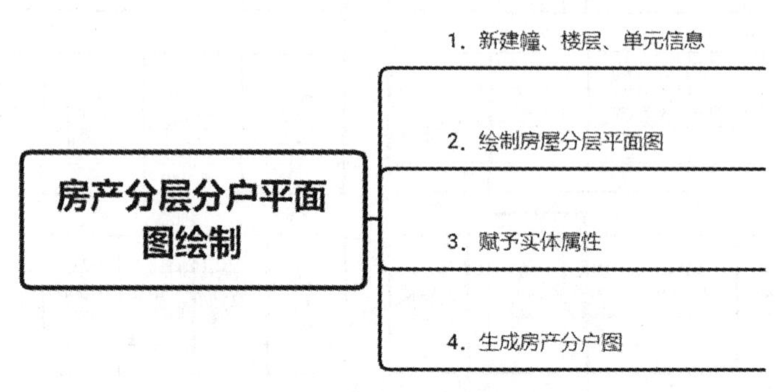

图 8.7　房产分户图绘制流程

①使用权籍图绘制软件，新建和录入修改幢、楼层、单元信息；

②结合权籍测绘结果，用权籍图绘制软件，绘制房产分层平面图。绘制过程应注意以下内容：

户室、楼梯等实体需要绘制墙中线的尺寸；阳台可以绘制中线尺寸也可以绘制外线尺寸；外梯外廊等(在外墙线外的实体)需要绘制外线尺寸；外墙线可以绘制也可以不绘制。

绘制的图形长度以米为单位。如果图纸是从建筑设计图纸转换而来(一般建筑设计图纸长度单位为毫米)，需要对长度尺寸进行调整。将以毫米为单位的图纸缩小 1/1000 倍，换算成以米为单位的图纸。

相同楼层的房产分层图只需要绘制一次。

③创建和识别楼层工作区，并赋予工作区相关属性。

④设置房产分户图的图廓注记内容，用权籍图绘制软件，批量输出符合标准的房产分户图，如图 8.8 所示。

8.3.2　权籍信息录入

在“房地一体”权籍图绘制完成后应按照《农村不动产权籍调查数据库设计规范》的要求在软件中录入宗地信息及房屋权属状况信息。

1. 宗地信息

宗地信息包括宗地的权利人、权利类型、权利性质、土地用途、四至、面积等土地状况。具体内容可参照《农村房地一体不动产权籍调查要素和形式》中的“宗地基本信息表”页。

在房地一体权籍调查软件中可通过修改宗地属性录入相应的宗地信息，如图 8.9 所示。

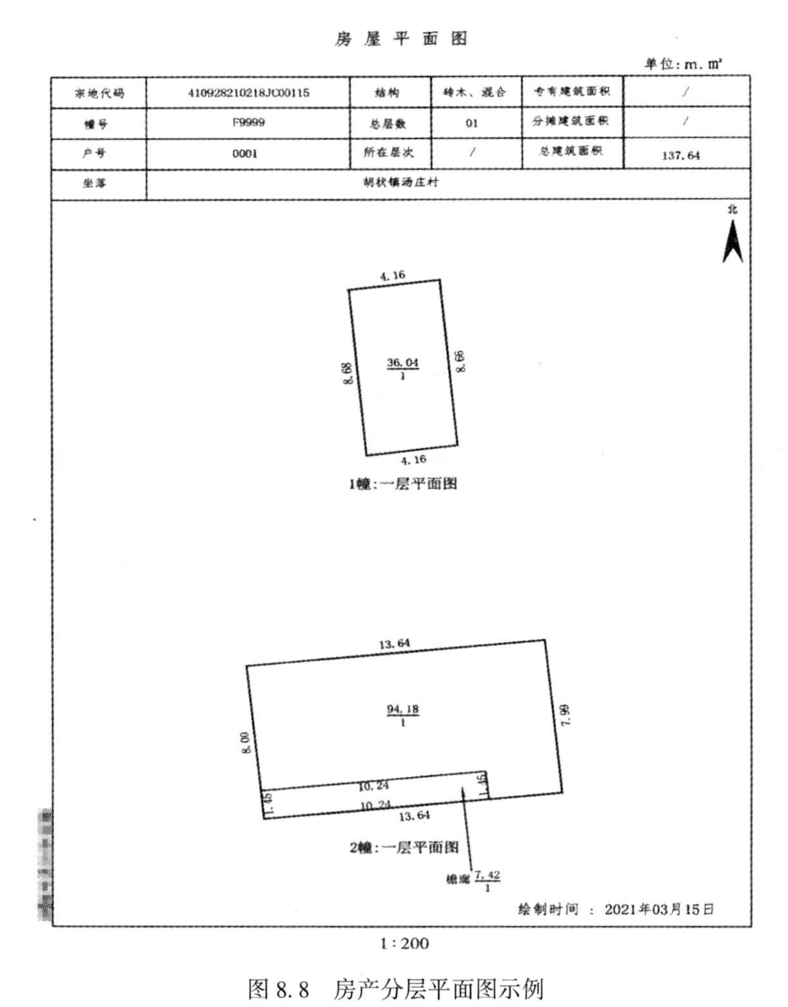

房 屋 平 面 图

单位：m. m²

宗地代码	410928210218JC00115	结构	砖木、混合	专有建筑面积	/
幢号	F9999	总层数	01	分摊建筑面积	/
户号	0001	所在层次	/	总建筑面积	137.64
坐落	胡状镇汤庄村				

1∶200

图 8.8　房产分层平面图示例

宗地属性

基本属性

*宗地代码：XXXXXX103242JC00047

权利人：李XX　证件类型：1 身份证　证件编号：　国民经济行业：

单位性质：　*通信地址：XX县XXX镇XXXX村

法人代表：李XX　证件类型：1 身份证　证件编号：XXXXXXXXXX05062514　电话：13000000000

代理人：　证件类型：　证件编号：　电话：

预编宗地代码：　所在图幅：4026.00-493.50　主管部门：

*土地权属性质：　*使用权类型：

*东至：孙XX　*南至：空地　*西至：空地　*北至：小巷

实际用途：0702 农村宅基地　批准用途：

*土地坐落：XX县XXX镇XXXX村　权属来源：

标定地价（元）：0.00　申报地价（元）：0.00

申报建筑物权属：　土地证号：

起始日期：　终止日期：

宗地面积：205.17　建筑占地面积：171.13　建筑密度：0.6454

土地等级：　建筑面积：171.13　图面　容积率：0.6454

确定　取消

图 8.9　录入宗地基本信息

2. 房屋权属信息

房屋权属状况调查的内容包括权利人、权属来源、房屋性质、房屋坐落、层数、所在层次、建筑结构、建筑年份、房屋用途、房屋面积等内容。具体的调查内容和方法如下：

(1)权利人。调查核实房屋权利人的姓名或名称、单位性质、行业代码、统一社会信用代码、法定代表人(或负责人)姓名及其身份证明、代理人姓名及其身份证明等。

对私人所有的房屋，如果有产权证件，则权利人为产权证上的姓名；如果权利人已死亡，则应注明现权利人或代理人的姓名；如果产权是共有的，应注明全体共有人姓名。单位所有的房屋，应注明单位的全称。两个以上单位共有的，应注明全体共有单位名称。

(2)权属来源。按照权属来源材料确认房屋的权属来源。主要存在继承、购买、受赠、交换、自建、翻建、调拨、拨用等来源形式。

(3)房屋性质：包括市场化商品房、动迁房、配套商品房、公共租赁住房、廉租房、限价普通商品住房、经济适用住房、定销商品房、集资建房、福利房、保障性住房、房改房、自建房、其他。

(4)房屋权属登记情况。若房屋原已办理过房屋所有权登记的，在调查表中注明"房屋所有权证"证号。

(5)房屋坐落。房屋位于小的胡同或小巷时，应加注附近主要街道名称；缺门牌号时，应借用毗连房屋门牌号并加注东、南、西、北方位；当一幢房屋位于两个或两个以上街道或有两个以上门牌号时，应全部注明；单元式的成套住宅，应加注单元号、室号或产号。

(6)房屋的层数。房屋的总层数为房屋地上层数与地下层数之和。地上层数按室内地坪以上起计算。当采光窗在室外地坪线以上的半地下室，室内层高在2.2m以上的，则可计算地下层数。假层、附层(夹层)、插层、阁楼(暗楼)、装饰性塔楼，以及突出屋面的楼梯间、水箱间不计层数。

(7)所在层次：是指本权属单元的房屋在该幢楼房中的第几层；地下层以负数表示。

(8)房屋的结构。如房屋中有两种或两种以上建筑结构组成，能分清楚界线的，则分别注明结构，否则以面积较大的结构为准。

(9)建成年份，是指实际竣工年份。拆除翻建的，应以翻建竣工年份为准。一幢房屋有两种以上建筑年份，应分别调查注明。

(10)房屋用途。一幢房屋有两种以上用途的，应分别调查注明。

(11)房屋面积。按照房地一体面积测算的规定量算房屋的面积。

8.3.3 不动产权籍调查表

使用房地一体权籍调查软件可完成"不动产权籍调查表"的输出工作，权籍调查表的填表说明请参考《农村房地一体不动产权籍调查调查要素和形式》。

8.3.4 图件编制

1. 分幅图的编制

分幅图比例尺可参照调查工作底图比例尺选择。分幅图应表示相关宗地与房屋有关的地籍地形要素与注记等，编制要求可参照 GB/T 17986.2—2000《房产测量规范 第 2 单元：房产图图示》附录 E1《分幅图示例》执行。

2. 宗地图的编制

以农村地籍调查成果的地籍图或实地丈量的成果输出宗地图，要确保相对位置、宗地与房屋的范围准确，对于图解法成果中缺失的周边地形要素等不再进行补测。

编制宗地图，其比例尺和幅面应根据宗地的大小和形状确定，比例尺分母以整百数为宜。宗地图的内容如下：

(1)宗地代码、所在图幅号、土地权利人、宗地面积、地类号等。

(2)本宗地界址点、界址点号、界址线、界址边长、门牌号码。其中门牌号码标注在宗地的大门处。

(3)以幢为单位的房屋要素，包括房屋的幢号、建筑结构、总层数等。其中幢号用(1)、(2)、(3)……表示并标注在房屋轮廓线内的左下角。

(4)用加粗黑线表示建筑物区分所有权专有部分所在房屋的轮廓线。如果宗地内的建筑物，不存在区分所有权专有部分，则不表示。

(5)宗地内的地类界线、建(构)筑物及宗地外紧靠界址点线的定着物、邻宗地的宗地号及相邻宗地间的界址分隔线。

(6)地籍图内已有的房屋的挑廊、阳台、架空通廊等以栏杆外围投影为准，用虚线表示。

(7)相邻宗地权利人、道路、街巷等名称。

(8)指北方向、比例尺、制图者、制图日期、审核者、审核日期、不动产登记机构等。

3. 房屋平面图的编制

房屋平面图包括房屋分层图与分户图。

1)分层图的绘制要求

分层图是表示一幢多层房屋各层房间详细布局的重要图件。其绘制要求如下：

(1)比例尺和幅面应根据房屋的大小和形状确定，比例尺分母以整百数为宜，各层的分层图比例尺应一致。

(2)如果有几层的房屋结构相一致，可绘制成一张图，并注明“第 X-Y 层”。

(3)分层图的方位应使房屋的主要边线与轮廓线平行，按房屋的朝向横放或竖放，分层图的方向应尽可能与分幅图一致，如果不一致，需在适当位置加绘指北方向。

(4)可选用设计图纸复印件作为分层图。

房屋分层图的表示方法：

(1)各个分层图应注明第 X 层或地下室等层次名称。

(2)各分层房屋外围轮廓。

(3)不动产单元号、幢号。

(4)指北方向、比例尺、绘图日期、绘图者、审核者、不动产登记机构等。

(5)注记共有、共用建筑功能区的名称。注明阳台、挑廊封闭情况。

2)分户图的绘制要求

分户图是以宗地图为基础，以层、或套、或间为单位，表示房屋权属范围的细部图。当一幢房屋有多户权利人的情况需绘制分户图。其绘制要求如下：

(1)根据房屋的大小设计分户图的比例尺，一般以整数为宜。

(2)分户图的内容。主要表示房屋的权属界线、四面墙体归属等，以及权利人名称、不动产单元号、幢号、户号、房屋坐落、所在层次、房屋建筑面积、房屋边长、指北方向、绘图员、绘制日期、比例尺、绘制单位及其空间标识等。

3)分户图的表示方法

(1)房屋轮廓线、房屋所有权界线与土地使用权界线三者重合时，用土地使用权界线表示。

(2)房屋的权属界线及其墙体归属按图式要求表示；墙体归属应标示出自墙、借墙、共墙符号等共同部位，并在适当位置加注汉字。

(3)房屋分户图的方位应使房屋的主要边线与图廓线平行，按房屋的朝向横放或竖放，房屋分户图的方向应尽可能与分幅图的北方向一致，如果不一致，需在适当位置加绘指北方向。

8.4　公告公示及审核发证

8.4.1　公示公告

通过已测绘的图件和调查成果，形成村庄权籍图，制作公示图和不动产登记公告，并在本集体经济组织(自然村)范围内以张贴公示等形式公示。

公示内容主要包括：申请人的姓名或者名称、不动产坐落、宗地面积、批准面积、建筑面积等。

公示范围可以是一个村民小组、一个自然庄或一个集镇。张贴地点应选择在村委会、农民经常出入或经常聚集的地点，张贴地点不少于3处，并拍照存档，公示期不少于15个工作日。

公示期满无异议的，进行不动产登记和入库。公示期间，当事人有异议的，应当在提出异议的期限内以书面方式到不动产登记机构指定场所提出异议，并提供相关材料。

调查公示由权籍调查单位完成对于外出务工人员较多的地方，可通过电话、微信等方式将权籍调查结果告知权利人及利害关系人，但要做好电话记录和截图存档工作。

8.4.2　审核发证

审核是在权籍调查作业单位完成不动产权籍调查、“农村宅基地使用权和房屋所有权确认申请审核表”签章、审批结束之后。不动产登记机构受理申请人的申请，根据申请登记事项，按照有关法律、行政法规对申请事项及申请材料做进一步审查，并决定是否予以登记的过程。不动产登记机构审核必须填写“不动产登记审批表”。

审核的内容有以下六个方面：

一是调查程序是否规范，即权属调查、测量、成果审查、整理归档等是否按照技术标准实施；

二是调查成果是否完整，即测绘资料、权属资料、图件和表格资料等是否齐全；

三是调查成果是否有效，包含调查机构是否具有相应资质、调查成果是否经过自检等；

四是调查成果格式是否符合规定要求；

五是调查成果是否正确保持宗地及其房屋定着物之间的内在联系；

六是宗地图和房屋平面图中的空间要素与相邻的界址、地物、地貌是否存在空间位置矛盾。

审核过程主要包括查验、实地查看、调查和公告等过程。审核完成后，不动产登记机构通过不动产登记平台按照房地一体不动产登记发证业务流程及相关业务规范开展不动产发证工作。

8.5 数据建库

“房地一体”不动产权籍调查数据库是房地一体项目核心成果之一，“房地一体”农村宅基地和集体建设用地权籍调查完成后，应将宗地、房屋等数据经整理后形成宗地、房屋(自然幢)等图层，并将数据纳入当地不动产登记平台相应管理系统。

8.5.1 数据质检

在开展数据建库工作之前，应对入库数据进行全面质检，质检内容主要如下：

1. 空间数据检查

(1)图层名称规范性。空间数据分层与命名应与《×××农村房地一体不动产权籍调查数据库标准》中空间数据的命名一致。

(2)点层内拓扑关系。使用权宗地界址点、点状定着物等点层内无拓扑错误。

(3)线层内拓扑关系。行政区界线、使用权宗地界址线、线状定着物等线层内无拓扑错误。

(4)面层内拓扑关系。行政区、地籍区、地籍子区、宗地、房屋、面状定着物等面层内无拓扑错误。

(5)线面拓扑关系。行政区界线与行政区之间、界址线与宗地之间等线面拓扑无错误。

(6)碎片多边形、碎线检查。不存在超限的碎片、碎线。

(7)点线层拓扑关系。界址点与界址线之间、点状定着物与线状定着物之间等点线层无拓扑错误。

(8)点面层拓扑关系。界址点与宗地层之间、界址点与房屋层之间、点状定着物与面状定着物之间等点面层无拓扑错误。

(9)空间要素一致性。行政区、地籍区、地籍子区、宗地、自然幢之间无逻辑错误。

2. 非空间数据检查

(1)属性数据结构一致性。在数据库属性结构表中，属性项的定义应和《×××房地一体不动产权籍调查数据库标准》保持一致，必选属性项的描述应采用《×××房地一体不动产权籍调查数据库标准》的描述，可以适当扩展，但不得冲突。

(2)代码一致性。有明确命名规则、编码规则和数据字典的属性项，应严格执行编码方法，保持编码语义一致。

(3)数值范围符合性。属性项的值域应符合《×××房地一体不动产权籍调查数据库标准》中相关值域的要求。

(4)表内逻辑一致性。对数据表内相关联约束字段进行一致性检查，保证逻辑关系正确。

(5)表间逻辑一致性。对数据表中的关联主键进行检查，保证关联关系正确；相关联的属性项之间没有逻辑错误。

8.5.2　整理入库

1. 数据库标准

数据建库主要依据《不动产登记数据库标准(试行)》执行。

2. 数据库内容

不动产权籍调查数据库内容包括不动产单元数据、权利人数据、权利数据、登记业务数据和其他数据，应以不动产单元为单位进行组织。

对于权利人和宗地界址清楚，四邻无争议，因不符合相关政策不能予以确权登记颁证的，可依实际使用情况记录实际使用人和实际使用范围，在“不动产权籍调查表”说明栏中，注明“该权利人为实际使用人，因不符合××规定暂不予确权登记”。将调查成果录入不动产权籍调查数据库。

空间要素应采用分层的方法进行组织管理，并应符合表8.3的要求。

表8.3　**空间要素分层**

序号	层名	子层名	层要素	几何特征	属性表名	约束条件	说明
1	行政区划		行政区	Polygon	XZQ	M	
			行政区界线	Line	XZQJX	M	
			行政要素注记	Annotation	ZJ	M	
2	地籍分区	地籍区	地籍区	Polygon	DJQ	M	
		地籍子区	地籍子区	Polygon	DJ2Q	M	

续表

序号	层名	子层名	层要素	几何特征	属性表名	约束条件	说明
3	不动产单元	所有权宗地	所有权宗地	Polygon	ZDJBXX	M	
			宗地注记	Annotation	ZJ	O	
			界址线	Line	JZX	M	
			界址线注记	Annotation	ZJ	O	
			界址点	Point	JZD	M	
			界址点注记	Annotation	ZJ	O	
		使用权宗地	使用权宗地	Polygon	ZDJBXX	M	
			宗地注记	Annotation	ZJ	O	
			界址线	Line	JZX	M	
			界址线注记	Annotation	ZJ	O	
			界址点	Point	JZD	M	
			界址点注记	Annotation	ZJ	O	
		宗海（含无居民海岛）	宗海	Polygon	ZHJBXX	M	
			宗海注记	Annotation	ZJ	O	
			界址线	Line	JZX	M	
			界址线注记	Annotation	ZJ	O	
			界址点	Point	JZD	M	
			界址点注记	Annotation	ZJ	O	
		房屋	自然幢	Polygon	ZRZ	M	
			构筑物	Polygon	GZW	M	
		其他定着物	面状定着物	Polygon	MZDZW	O	
			线状定着物	Line	XZDZW	O	
			点状定着物	Point	DZDZW	O	

8.6 成果材料整理与归档

在权籍调查成果审核结束后，应该对成果材料进行整理归档。“房地一体”项目成果清单如图 8.10 所示。

8.6.1 档案数据检查

在进行档案数据归档前，应对所有档案资料开展检查工作，档案数据检查内容主要

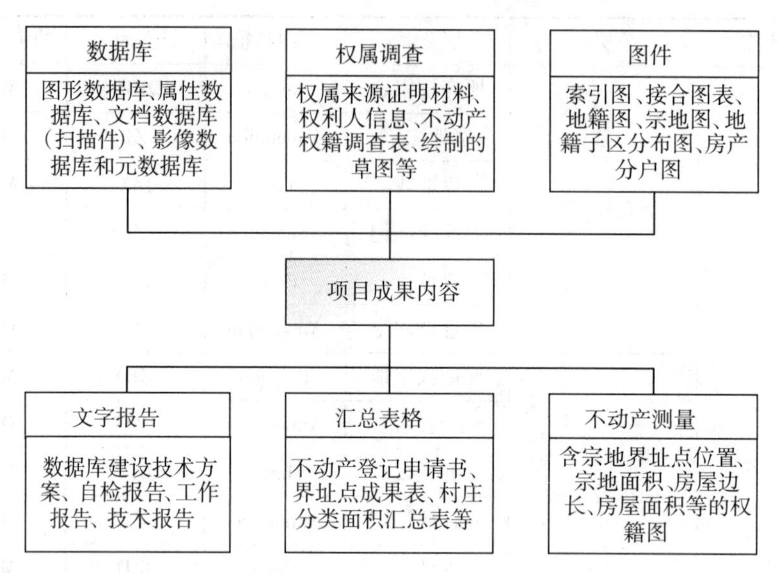

图 8.10　“房地一体”项目成果清单

包括：

(1)纸质档案的数字化。数字化的扫描方式、色彩模式、分辨率等应满足 DA/T31—2017《纸质档案数字化规范》的要求。

(2)目录项目必须完整、目录内容必须规范、准确。档案扫描件的分类及命名必须满足《×××房地一体不动产权籍调查数据库标准》的要求。

(3)扫描件的完整性、图像文件的分辨率、清晰度，图像文件的存储格式、数据关联的准确性等。

(4)纸质档案与图像文件的一致性。

8.6.2　成果材料分类

(1)按照介质分，不动产权籍调查成果应该包括纸质等实物材料和电子数据。

(2)按照类型分，不动产权籍调查成果包括文字、图件、簿册和数据等。文字材料包括工作方案、技术方案、工作报告、技术报告、测量报告、质检报告等；图件材料包括工作底图、地籍图、宗地图、房屋平面图等；簿册材料包括不动产权籍调查外业记录手簿、不动产权籍调查表册、各级质量控制检查记录材料等；电子数据包括不动产权籍调查数据库、数字地籍图、数字宗地图、数字房屋平面图、影像数据、电子表格数据、文本数据、界址点坐标数据、土地分类面积统计汇总数据、房屋分类面积统计数据等。

8.6.3　成果整理归档

成果材料应按照统一的规格、要求进行整理、立卷、组卷、编目、归档等。

1. 立卷

资料立卷宜采用 1 件 1 卷的原则，即 1 个宗地所形成的材料立 1 个卷。卷内材料应按下列顺序排列：

(1)目录；

(2)不动产登记申请书；

(3)不动产权籍调查表；

(4)房屋基本信息调查表；

(5)宗地图；

(6)分层分户图；

(7)农村宅基地使用权和房屋所有权确认申请审核表(农村宅基地使用权)；

(8)集体建设用地使用权和房屋所有权确认申请审核表(集体建设用地使用权)；

(9)身份证复印件；

(10)户口簿复印件；

(11)法定代表人(或负责人)身份证明书(集体建设用地使用权)；

(12)组织机构代码证复印件(集体建设用地使用权)；

(13)营业执照或法人机构复印件(集体建设用地使用权)；

(14)土地证(没有的无需放置)；

(15)用地审批材料(没有的无需放置)；

(16)房产证(没有的无需放置)；

(17)房屋审批材料(没有的无需放置)；

(18)其他材料。

2. 装订

资料装订应符合下列规定：

(1)材料上的金属物应全部剔除干净，操作时不得损坏材料，不得对材料进行剪裁；

(2)破损的或幅面过小的材料应采用 A4 白衬纸托裱，1 页白衬纸应托裱 1 张材料，不得托裱 2 张及以上材料；字迹扩散的应复制并与原件一起存档，原件在前，复制件在后；

(3)幅面大于 A4 的材料，应按 A4 大小折叠整齐，并预留出装订边际；

(4)卷内目录题名与卷内材料题名、卷皮姓名或名称与卷内材料姓名或名称应保持一致。姓名或名称不得用同音字或随意简化字代替；

(5)卷内材料应向左下角对齐，装订孔中心线距材料左边际应为 12.5mm；

(6)应在材料左侧采用线绳装订；

(7)材料折叠后过厚的，应在装订线位置加入垫片保持其平整。

卷内材料与卷皮装订在一起的，应整齐美观，不得压字、掉页，不得妨碍翻阅。

练习与思考题

1. 何谓权籍调查？何谓地籍测量？何谓房产测量？
2. 地籍界址点的精度如何？

3. 地籍调查的目的是什么？房产调查的目的是什么？

4. 不动产测绘包括哪些测量？

5. “房地一体”测绘的方法有哪些？

6. 地籍测量与地形测量有哪些主要的区别？

7. 房产图有哪几种？各种图应包括哪些主要内容？

8. 变更地籍调查与初始地籍调查有何区别？

9. 已知某宗地各顶点的坐标，如图8.11所示，试计算该宗地的面积和面积中误差(假定测定界址点的点位中误差为50mm)。

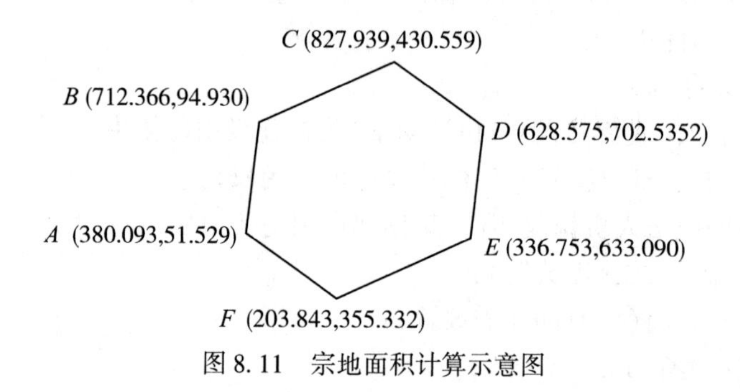

图8.11　宗地面积计算示意图

第9章　施工放样

9.1　概　　述

施工测量的主要任务是放样，放样工作的目的与测图相反，它是将图上所设计的建筑物的位置、形状、大小与高低，在实地标定出来，以作为施工的依据。因此，工作过程中的任何一点差错，将影响施工的进度和质量。所以施工测量人员必须具有很强的责任心。

放样也叫测设，根据施工场地已有的控制点和地物点，依据工程设计图纸，将建(构)筑物的特征点点位在实地标定出来。因此，在测设之前，首先应建立施工控制网，计算测设数据，确定特征点与控制点之间的角度、距离和高程关系；然后利用测量仪器，依据测设数据，将特征点点位在施工场地标定出来。施工测量最基本的工作就是：已知水平角度测设、已知水平距离测设和已知高程测设。随着全站仪和GNSS RTK的普及，大多数水平角度测设、水平距离测设都已经转为坐标放样。

为了达到预期目的，在进行放样之前，测量人员首先要熟悉建筑物的总体布置图和细部结构设计图，找出主要轴线和主要点的设计位置，以及各部分之间的几何关系，再结合现场条件与控制点的分布，研究放样的方法。

9.1.1　施工测量的特点

施工测量不同于地形测量，因为各种各样的工程建设场景，需要相应的施工测量。大的类型包括建筑工程测量、交通工程测量、水利工程测量、市政工程测量、矿山测量，还可细分为工业建筑安装、民用建筑、高层建筑、高耸建筑、道路工程、桥梁工程、隧道工程、铁道工程、地铁工程、大坝、渠道、水闸、航道、管道工程、人防工程，等等。

可以说每一项工程建设都离不开测量，而且每一项工程需要的测量工作不尽相同，既有各自特点、方法、仪器工具，又有一些相同的思路和共性。需要融会贯通，积累知识和经验。主要有以下共同的特点：

(1)成果必须符合设计目的和工程质量要求。

(2)施工测量贯穿于工程施工的全过程，测量工作必须配合施工进度要求。

(3)施工测量易受干扰。施工测量工作要借其他工种间歇时段进行，保证人身、设备、点位安全，保证测量质量可靠。

9.1.2　施工测量的精度

施工测量同样需要遵循“从整体到局部，先控制后碎(细)部”和“步步有检核”的原则，但在数据采集设备和数据精度方面，不遵循“先高级后低级”的原则。比如桥梁或大坝的轴线测量、高铁轨道施工测量，虽然测量等级不高，但是用的仪器精度和观测要求都是最高的。

施工测量根据建筑物的等级、大小、结构形式、建筑材料和施工方法的不同，设置相应的精度要求。在实际施工中，如果精度选择过高，则会增加测量难度，降低工作效率，延缓工期。如果精度选择过低，则会影响质量安全，造成重大安全事故隐患。施工测量时，必须了解设计内容、工程性质以及精度要求等相关信息。

施工测量精度由控制测量精度和施工放样精度两部分组成，取决于建筑限差的大小。通常，工业建筑物放样的精度高于民用建筑物，钢结构建筑物放样的精度高于钢筋混凝土建筑物，装配式建筑物放样的精度高于非装配式建筑物，高层建筑物放样的精度高于低层建筑物，吊装施工的放样精度高于现场浇筑施工。

施工测量贯穿于整个施工阶段，主要内容包括施工控制测量、施工放样、竣工测量等。施工控制测量，即建立施工平面控制网和施工高程控制网。施工控制测量的作用是，为施工放样，施工期间的变形监测、监理和竣工测量等提供统一的坐标基准和高程基准。

施工控制网具有以下特点：控制网大小、形状、点位分布与工程范围、施工对象相适应，点位分布便于施工放样；控制测量坐标系与施工坐标系或设计坐标系一致，投影面与平均高程面或与放样精度要求最高的高程面一致；精度不遵循“先高级后低级”的原则，因此当分级布网时、次级网精度往往比首级网精度高，网中控制点精度不要求均匀，但要保证某几个点位和方向的精度相对较高。

施工控制网与勘测设计控制网密切相关，即勘测、施工、监测控制网的“三网合一”，保证设计的数据准确落到实处。这就要重视卫星定位测量与全站仪测量、三角高程测量与水准测量等衔接工作，各自要符合规范，优于精度指标的同时，衔接也要达标。

9.1.3　归化法放样

归化法是为提高单点放样的精度和避免差错，将放样和测量相结合的一种放样方法。先初步放样出一点，再通过多测回观测获取该点的精确位置，与待放样量比较，获得改正量(归化量)，通过(归化)改正，得到待放样点。

9.2　坐标放样

对于建筑物平面位置的放样，常用的方法有极坐标法、直角坐标法、方向线交会法、前方交会法等。这些方法的基本操作都是边长与角度的放样。高程的放样通常采用水准测量方法。因此可以这样说，放样工作的基本操作就是边长、角度(或方向)与高程的放样。所用的仪器和工具，可以是常规的，也可以是自动化的；可以是通用的，也可以是专用的。放样数据的计算就是求出放样所需要的边长、角度与高差。

在放样实践工作中，对于不同的工程和不同的施工场地，可结合具体条件灵活地选择放样方法。例如，在工业建设场地的施工中，施工场地比较平坦，建筑方格网密集，便于采用钢卷尺量距，故常采用极坐标法和直角坐标法进行放样。随着全站仪和 GNSS RTK 的普及和应用，坐标放样将更加广泛和灵活。

9.2.1 全站仪坐标放样

全站仪放样点位的常用方法有极坐标法、交会法等。其实交会法在全站仪普及之前才常用。

1. 极坐标法

极坐标法是按极坐标原理进行放样的一种点放样方法，如图 9.1 所示，A、B 为已知点，P 为待放样点，其坐标为已知，极坐标法的两个放样元素 β 和 S 可由 A、B、P 三点的坐标反算得到

$$\beta = \alpha_{AP} - \alpha_{AB} = \arctan\left(\frac{y_P - y_A}{x_P - x_A}\right) - \arctan\frac{y_B - y_A}{x_B - x_A} \tag{9-1}$$

$$S = \sqrt{(x_P - x_A)^2 + (x_B - x_A)^2} \tag{9-2}$$

在 A 上架设仪器，放样一个角 β，在放样出的方向上标定一个 P' 点，再从 A 出发沿 AP' 方向放样距离 S，即得待定点 P 的位置。

下面还是以 NTS-500 系列全站仪，说明相关的操作。按键和显示界面如图 9.2 所示。

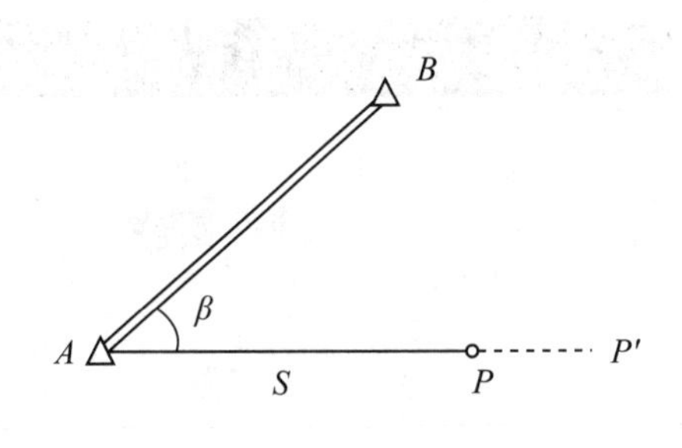

图 9.1 极坐标放样

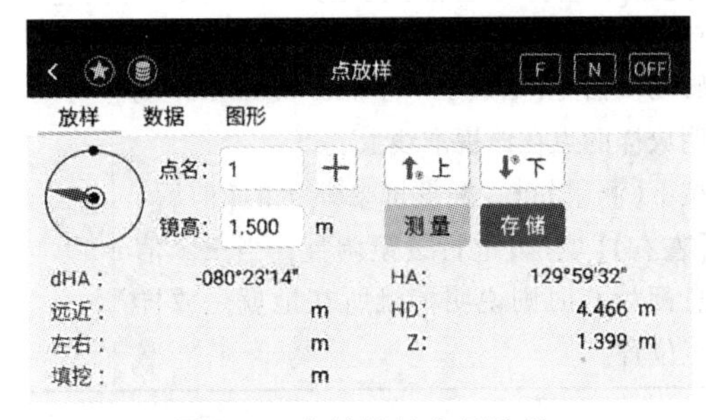

图 9.2 全站仪极坐标放样

【放样】：调用一个已知点进行放样。

【数据】：显示测量的结果。

【图形】：显示放样点，测站点，测量点的图形关系。

【+】：调用、新建或输入一个放样点。

【上】：当前放样点的上一点，当是第一个点时将没有变化。

【下】：当前放样点的下一点，当是最后一个点时将没有变化。

【测量】：进行测量。

【存储】：存储前一次的测量值。

【dHA】：仪器当前水平角与放样点方位角的差值。

移近、移远：棱镜相对仪器移近或者移远的距离。

向右、向左：棱镜向左或者向右移动的距离。

挖方、填方：棱镜向上或者向下移动的距离。

【HA】：放样的水平角度。

注意：建站时以坐标确定的后视点，或者以方位角而不是任意角度确定的后视方向。

【HD】：放样的水平距离。

【Z】：放样点的高程。

注意：建站点是三维坐标(否则只能输入高差)，要输入仪器高和棱镜高。

点放样操作示例见表9.1。

表9.1 **NTS-500点放样操作**

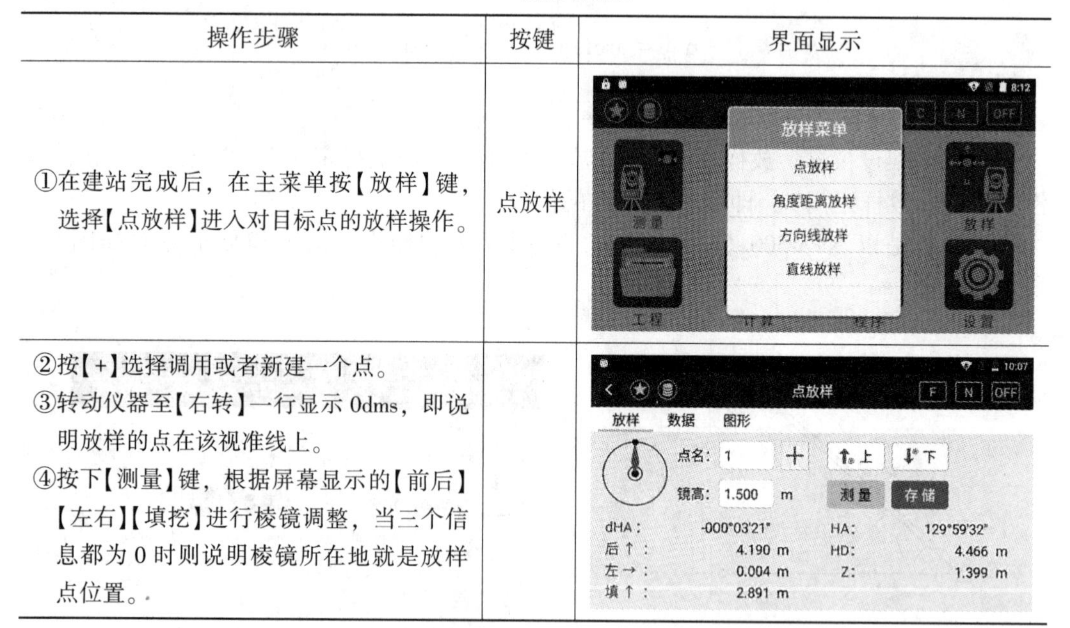

操作步骤	按键	界面显示
①在建站完成后，在主菜单按【放样】键，选择【点放样】进入对目标点的放样操作。	点放样	
②按【+】选择调用或者新建一个点。 ③转动仪器至【右转】一行显示0dms，即说明放样的点在该视准线上。 ④按下【测量】键，根据屏幕显示的【前后】【左右】【填挖】进行棱镜调整，当三个信息都为0时则说明棱镜所在地就是放样点位置。		

一般来说，先指挥方向，然后前后移动。在视线可及地面的时候，棱镜越低越好；或者以带支撑杆的对中杆棱镜放样。

2. 交会法

1)角度交会法(又称方向交会法)

在量距不方便的情况下常用角度交会法放样。如图9.3(a)所示，放样元素(两个交会角β_1、β_2)可根据放样点和已知点的坐标计算得到。在两个已知点上分别架设经纬仪(或全站仪)放样相应的角度，两视线的交点即为待放样点的位置。

2)距离交会法

特别适用于待放样点到已知点的距离不超过测尺长度并便于量距的情况。如图9.3(b)所示，需要先根据放样点和已知点的坐标计算放样距离 S_A、S_B，然后在现场分别以两已知点为圆心，用钢尺以相应的距离为半径作圆弧，两弧线的交点即为待放样点的位置。

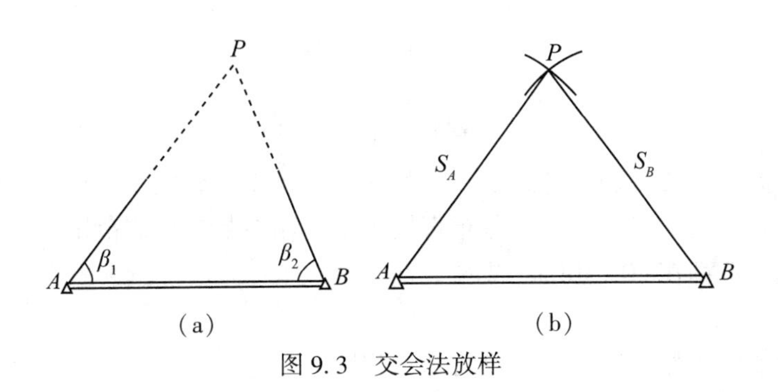

图9.3 交会法放样

9.2.2 GNSS RTK 坐标放样

全球定位系统实时动态定位技术 GNSS RTK 是一种全天候、全方位的新型测量系统，是目前实时、精确地确定待测点位置的最佳方式。该技术是将基准站的相位观测数据及坐标等信息通过数据链方式实时传送给动态用户，动态用户将收到的数据链连同自身采集的相位观测数据进行差分处理，从而获得动态用户的坐标，与设计坐标相比较，可以进行放样。

GNSS RTK 特别适宜顶空障碍较小地区的放样，并且很少产生误差累积，属于直接坐标法的点放样。例如桥墩的施工，尤其是大型桥梁施工；公路的中桩放样、电力线塔基等。根据试验，用一台流动站进行公路中线放样，一天可完成3km，包括主点放样和曲线细部测设，用两台流动站交叉前进放样，一天可放样6~7km。

1. 安置 RTK

有关 RTK 的安置，参考本书第4章4.3节 GNSS RTK 测量。

2. 求转换参数

GNSS 接收机输出的数据是 CGCS2000 经纬度坐标，需要转化到施工测量坐标，这就需要软件进行坐标转换参数的计算和设置，转换参数就是完成这一工作的主要工具。求转换参数主要是计算四参数或七参数和高程拟合参数，可以方便直观的编辑、查看、调用参与计算四参数和高程拟合参数的控制点。

在进行四参数的计算时，至少需要两个控制点的两套不同坐标系坐标参与计算才能最低限度地满足控制要求。高程拟合时，如果使用3个点的高程进行计算，高程拟合参数类型为加权平均；如果使用4~6个点的高程，高程拟合参数类型平面拟合；如果使用7个以上的点的高程，高程拟合参数类型为曲面拟合。

求转换参数的做法大致是这样的：假设我们利用 *A*、*B* 这两个已知点来求转换参数，那么首先要有 *A*、*B* 两点的 GNSS 原始记录坐标和测量施工坐标。*A*、*B* 两点的

GNSS原始记录坐标的获取方式有两种：一种是布设静态控制网，采用静态控制网布设时后处理软件的GNSS原始记录坐标；另一种是GNSS移动站在没有任何校正参数作用时、固定解状态下记录的GNSS原始坐标。其次在操作时，先在坐标库中输入 A 点的已知坐标，之后软件会提示输入 A 点的原始坐标，然后再输入 B 点的已知坐标和 B 点的原始坐标，录入完毕并保存后(保存文件为 *.cot 文件)自动计算出四参数或七参数和高程拟合参数。下面以具体实例来演示求转换参数。

1)四参数

软件中的四参数指的是在投影设置下选定的椭球内GNSS坐标系和施工测量坐标系之间的转换参数。需要特别注意的是，参与计算的控制点原则上至少要用两个或两个以上的点，控制点等级的高低和点位分布直接决定了四参数的控制范围。经验上四参数理想的控制范围一般都在20~30km^{2}以内。

2)七参数

计算七参数的操作与计算四参数的基本相同。

七参数的应用范围较大(一般大于50km^2)，计算时用户需要知道三个已知点的地方坐标和CGCS2000坐标，即CGCS2000坐标转换到地方坐标的七个转换参数。

注意：三个点组成的区域最好能覆盖整个测区，这样的效果较好。

七参数的格式是，X 平移，Y 平移，Z 平移，X 轴旋转，Y 轴旋转，Z 轴旋转，缩放比例(尺度比)。

使用四参数方法进行RTK的测量可在小范围(20~30km^2)内使测量点的平面坐标及高程的精度与已知的控制网之间配合很好，只要采集两个或两个以上的地方坐标点就可以了，但是在进行大范围(比如几十、几百平方公里)测量的时候，往往四参数不能在部分范围起到提高平面和高程精度的作用，这时候就要使用七参数方法，如图9.4所示。

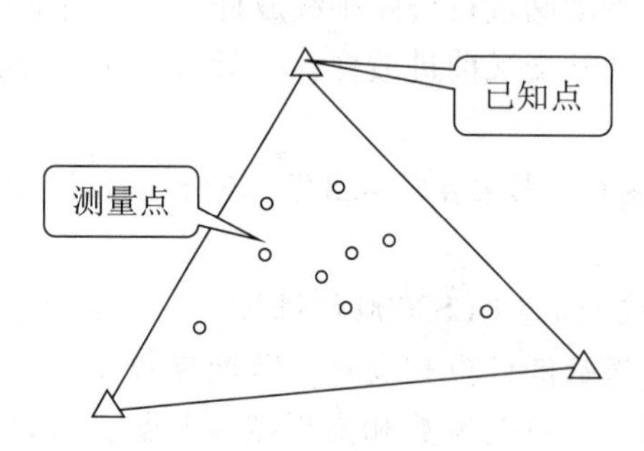

图9.4 三已知点与测区示意图

首先需要做控制测量和水准测量，在区域中的已知坐标的控制点上做静态控制，然后在进行网平差之前，在测区中选定一个控制点 A 作为静态网平差的CGCS2000参考站。使用一台静态仪器在该点固定，且进行24小时以上的单点定位测量(这一步在测区范围相对较小，精度要求相对低的情况下可以省略)，然后再导入到软件里将该点单点定位坐标平均值记录下来，作为该点的CGCS2000坐标，由于做了长时间观测，其绝对精度能达到在 2m 左右。接着对控制网进行三维平差，需要将 A 点的 CGCS2000 坐标作为已知坐标，算出其他点位的三维坐标，但至少三组以上，输入完毕后计算出七参数。

七参数的控制范围和精度虽然增加了，但七个转换参数都有参考限值，X、Y、Z 轴旋转一般都必须是秒级的；X、Y、Z 轴平移一般小于 1000。若求出的七参数不在这个限值以内，一般是不能使用的。这一限制还是很严格的，因此在具体使用七参数还是四参数时要根据具体的施工情况而定。

3. 点放样

点击【测量】→【点放样】，进入放样界面，如图 9.5 所示。

点击【目标】，选择需要放样的点，点击【点放样】，如图 9.6 所示。也可点击右上角【三条黑线】组成的图案，直接放样坐标管理库里的点。

点击【选项】，选择【提示范围】，选择 1m，则当前点移动到离目标点 1m 范围以内时，系统会语音提示，如图 9.7 所示。在放样主界面上也会在三方向上提示往放样点移动多少距离。

放样与当前点相连的点时，可以不用进入放样点库，点击【上点】或【下点】，根据提示选择即可。

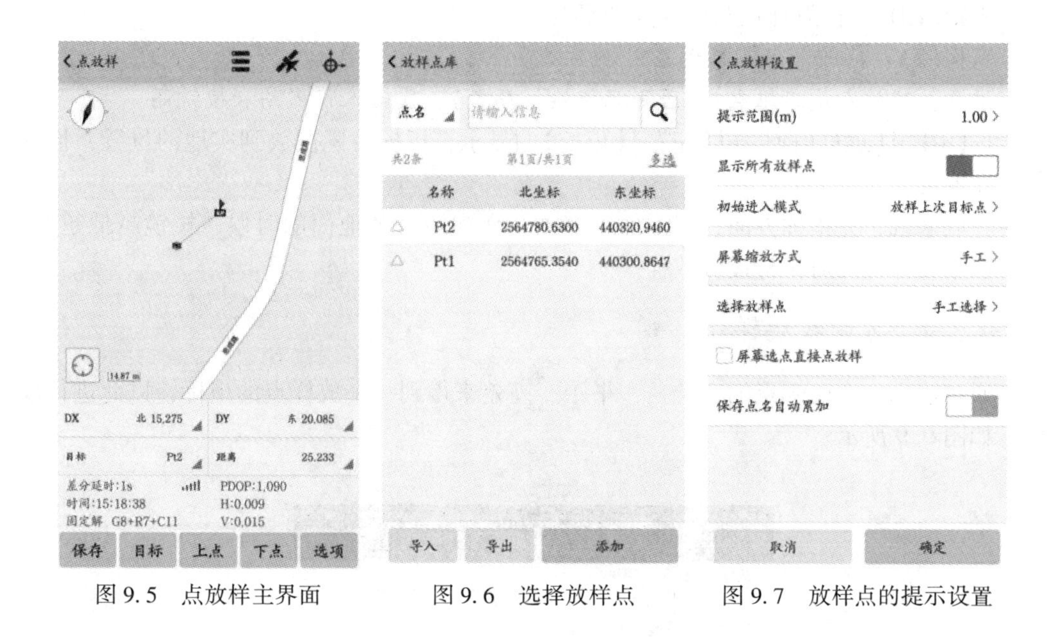

图 9.5　点放样主界面　　图 9.6　选择放样点　　图 9.7　放样点的提示设置

9.3　方向距离放样

方向距离放样是指使用全站仪，在特定方向上(已知点→待放样点方向)，对已知点到待放样点间的距离进行测设的过程。

9.3.1 角度距离放样

通过输入测站与待放样点间的角度、距离及高程值进行放样，如图9.8所示。

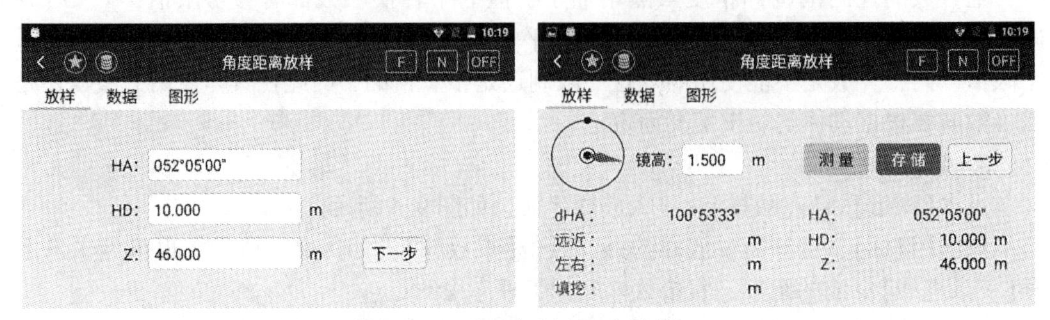

图9.8 全站仪角度距离放样

方位角(HA)：从已知点到待放样点的方位角。

注意：建站时以坐标确定的后视点，或者以方位角而不是任意角度确定的后视方向。

平距(HD)：待放样点与已知点的平距。

高程(Z)：待放样点的高程。

注意：建站点是三维坐标(否则只能输入高差)，要输入仪器高和棱镜高。

按【dHA】【远近(前后)】【左右】【填挖】的显示，指挥棱镜摆放到实地的位置，恰好都为0即可。

一般来说，先指挥方向，然后前后移动。在视线可及地面的时候，棱镜越低越好；或者以带支撑杆的对中杆棱镜放样。

9.3.2 方向线放样

通过输入一个已知点的方位角、平距、高差来得到一个放样点的坐标，以此进行放样，如图9.9所示。

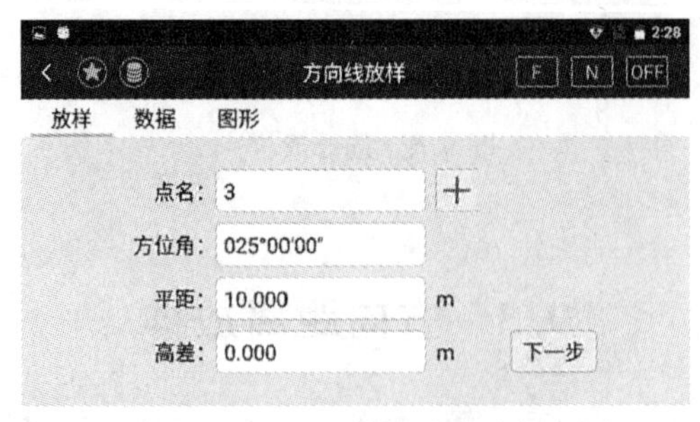

图9.9 全站仪方向线放样

【点名】：输入或者调用一个点作为已知点。

【方位角】：从已知点到待放样点的方位角。

注意：建站时以坐标确定的后视点，或者以方位角而不是任意角度确定的后视方向。

【平距】：待放样点与已知点的平距。

【高差】：待放样点与已知点的高差。

注意：只放样方向线，可输入0。

【下一步】：完成输入，进入下一步的放样的操作。

9.3.3 直线放样

通过两个已知点，及输入与这两个点形成的直线的3个偏差距离来计算得到待放样点的坐标，如图9.10所示。

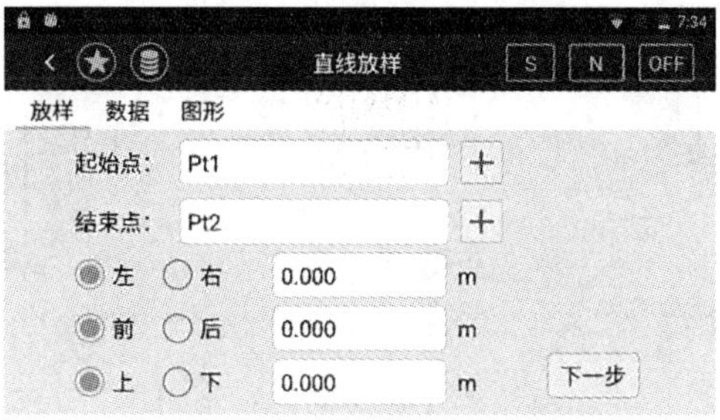

图9.10 全站仪直线放样

【起始点】：输入或调用一个已知点作为起始点。

【结束点】：输入或调用一个已知点作为结束点。

【左】【右】：向左或者向右偏差的距离。

注意：待放样点到已知直线的距离(不是到P1或P2的点距)，以P1P2的方向计左右。

【前】【后】：向前或者向后偏差的距离。

注意：以起始点P1为准，向P2为前。

【上】【下】：向上或者向下偏差的距离。

注意：以起始点P1为准，比P1高为上。

【下一步】：根据上面的输入计算出放样点的坐标，进入下一步的放样界面。

9.4 高程放样

高程放样是把设计图上的高程在实地标记出来。如开挖基坑时要求放样坑底高程，平整场地需按设计要求放样一系列点的高程，建筑施工中要放样房屋基础面的标高、各层楼板的高度等。高程放样有几何水准法和全站仪法，下面进行详细说明。

9.4.1 几何水准法

高程放样时，地面水准点 A 的高程已知，设为 H_A，待定点1、2、3的设计高程为 H_1、H_2、H_3，需要在实地定出与设计高程相应的水平线或待定点顶面。如图9.11所示，将水准仪架设在中间，a 为水准点上水准尺的读数，则待放样点上水准尺的读数为 b_1、b_2、b_3。

$$\left.\begin{aligned} b_1 &= (H_A + a) - H_1 \\ b_2 &= (H_A + a) - H_2 \\ b_3 &= (H_A + a) - H_3 \end{aligned}\right\} \tag{9-3}$$

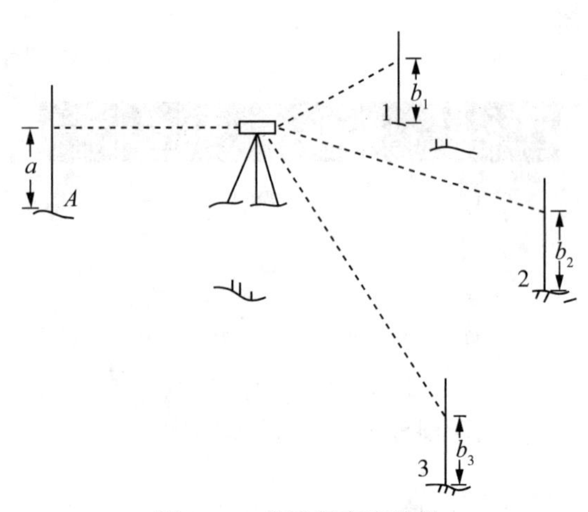

图9.11 水准仪高程放样

9.4.2 三角高程法

对一些高低起伏较大的高程放样，如大型体育馆的网架、桥梁构件、厂房及机场屋架等，用水准仪放样比较困难，可用不量仪器高全站仪法放样高程。

如图9.12所示，为了放样 B 点的高程，在 I 点处架设全站仪，后视已知点 A，设棱镜高 V(当目标采用反射片时，$V=0$)，测出 IA 的斜距 S_a 和垂直角 α_a，可计算得 I 点全站仪中心的高程为：

$$H_I = H_A + V - h_a \tag{9-4}$$

然后测 IB 的斜距离 S_B 和垂直角 α_B，并顾及式(9-4)，可得 B 点的高程为：

$$H_B = H_I + h_B - V = H_A - h_a + h_B \tag{9-5}$$

将测得的 H_B 与设计值比较，指挥并放样出 B 点。

从式(9-5)可见，此方法不需要量测仪器高，而且尽可能想办法让两边的棱镜高一样。

必须指出：当测站与目标点之间的距离超过150m时，以上高差应考虑大气折光和地球曲率的影响，即

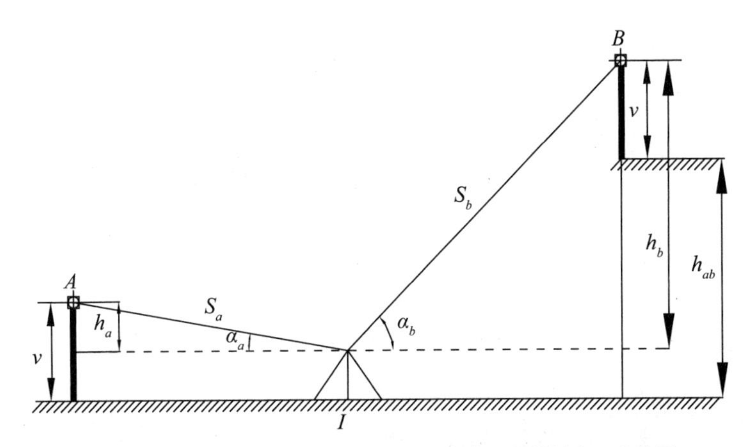

图 9.12　不量仪器高的中间设站三角高程测量原理示意图

$$\Delta h = D \cdot \tan\alpha + (1 - k)\frac{D^2}{2R} \tag{9-6}$$

式中，D 为水平距离；α 为垂直角；k 为大气垂直折光系数，一般取 0.14；R 为地球曲率半径，取 6371km。

练习与思考题

1. 施工测量和地形测绘遵循的原则有何差异？施工控制测量有何特点？

2. 施工测量中，如何分配控制测量误差和施工放样误差？

3. 根据不同的精度要求，角度放样的主要步骤有哪些不同？

4. 简述极坐标放样法的基本步骤。

5. 结合实践教学，简述全站仪坐标放样法和 GNSS RTK 坐标放样法的工作步骤。

6. 已知水准点 $H_A = 37.531\text{m}$，要求放样室内地坪标高 $H_0 = 38.000\text{m}$。试述水准测量高程放样法的工作过程。

7. 已知 $\alpha_{MN} = 300°15'06''$，$X_m = 2036.110\text{m}$，$Y_m = 8192.199\text{m}$，$Y_P = 8086.199\text{m}$。试写出在建筑施工现场放样出 P 点平面位置的工作步骤。

8. 已知水准点 $H_A = 1114.000\text{m}$，$D_{AB} = 75\text{m}$，设计坡度 $i_{AB} = +2\%$，如何放样已知坡度？

第10章　变形监测

10.1　概　　述

10.1.1　变形监测相关概念及其特点

变形是变形体在各种荷载的作用下，其形状、大小及位置在时间域和空间域中的变化。变形是自然界的普遍现象，主要包括沉降、位移、倾斜、挠度(扭曲)、裂缝等。变形量在一定范围内是允许的，如果超出允许范围，则可能引发灾害。自然界的变形灾害如地震、滑坡、岩崩、地表沉陷等，这些变形灾害进一步导致溃坝、桥梁与建(构)筑物的倾覆和坍塌等。

变形体的范畴可大到整个地球，小到一个工程建(构)筑物的块体。在当代工程测量实践中，代表性的变形体有高层或高耸建(构)筑物、桥梁、隧道、轨道交通及其基础设施、大坝、防护堤、边坡、矿区、地表沉降等。

变形监测是对变形体的变形现象进行监视观测的工作。变形监测具有实用和科学两方面意义。实用意义在于掌握各种建(构)筑物和地质构造的稳定性，为安全诊断提供必要信息，及时发现安全隐患，采取应对措施。科学意义包括更好地理解变形机理，检验工程设计理论及地壳形成和运动假说，进而设计并建立有效的变形预报模型。

10.1.2　引起变形体变形的主要原因

影响工程建筑物变形的因素有外部因素和内部因素两个方面。外部因素主要是指由于建筑物负载及其自重的作用使地基不稳定，震动或风力等因素引起的附加载荷，地下水位的升降及其对基础的侵蚀作用，地基土的载荷与地下水位变化影响下产生的各种工程地质现象以及地震、飓风、滑坡、洪水等自然灾害引起的变形或破坏。内部因素主要是指建筑物本身的结构、负重、材料以及内部机械设备震动作用。此外，由于地质勘探不充分、设计不合理、施工质量差、运营管理不当等引起的不应有的额外变形和人为破坏也是重要因素。

10.1.3　变形监测技术发展趋势

现代科学技术的飞速发展，促进了变形监测技术手段的更新换代。以测量机器人、地面三维激光扫描为代表的现代地上监测技术，改变了经纬仪、全站仪等人工观测技术，实现了监测自动化。以测斜仪、沉降仪、应变计等为代表的地下监测技术，正实现数字化、自动化、网络化。以 GNSS 技术、合成孔径雷达干涉差分技术和机载激光雷达技术为代表的空间对地观测技术，正逐步得到发展和应用。同时，有线网络通信、无线移动通信、卫星通信等多种通信网络技术的发展，为工程变形监测信息的实时远程传输、系统集成提供可靠的通信保障，现代变形监测正逐步实现多层次、多视角、多技术、自动化的立体监测体系。总之，现代变形监测技术发展趋势有以下几个方面的特征：

(1)多种传感器、数字近景摄影、全自动跟踪全站仪和 GNSS 的应用，将朝着实时、连续、高效率、自动化、动态监测系统的方向发展。

(2)变形监测的时空采样率会得到大大提高，变形监测自动化为变形分析提供了极为丰富的数据信息。

(3)高度可靠、实用、先进的监测仪器和自动化系统，要求在恶劣环境下长期稳定可靠地运行。

(4)实现远程在线实时监控，在大坝、桥梁、边坡体等工程中将发挥巨大作用，网络监控是推动重大工程安全监控管理的必由之路。

10.1.4　几种新型技术在变形监测中的应用

1. 测量机器人技术

测量机器人(见图 10.1)，即智能全站仪可进行高精度测角、测距。它拥有自适应液晶显示器及背光式键盘，不受光线亮度制约，夜间也可以工作；高性能马达驱动系统，可实现 24h×7d 连续观测；棱镜预扫描技术与棱镜就近照准技术结合，360°范围自动寻标和照准；有线或无线通信方式控制仪器操作；内置数据采集、坐标计算、变形监测等应用软件；大容量内存/USB 存储方式。

在基准点或工作基点上安置智能全站仪，周期性或连续性对变形体监测点进行三维坐标监测，对监测目标不同时间的三维坐标(X_i，Y_i，Z_i)与参考坐标(X_0，Y_0，Z_0)求差，得到坐标差(ΔX_i，ΔY_i，ΔZ_i)即为相应时间的变形量。

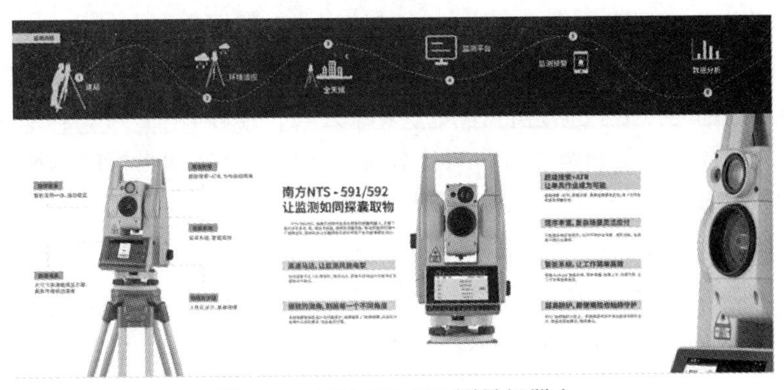

图 10.1　NTS-591/592 测量机器人

2. GNSS 技术

利用 GNSS 技术，可以获得监测目标的高精度三维坐标信息，对监测目标进行周期性重复观测或连续观测。根据监测对象的不同特点，GNSS 监测技术可选不同的监测模式。周期性重复监测模式最常用，按照设计周期和网型，对基准点和监测点依时段进行静态观测，完成 GNSS 静态网平差。计算各周期之间的监测点坐标差，分析变形大小和速度，进行安全性评价。固定连续测站阵列模式在重点和关键区域(如地震活跃区、滑坡危险地段)或敏感部位(如大坝、桥梁、高层建(构)筑物)布设永久的 GNSS 监测站(见图 10.2)，在这些测站上展开 GNSS 连续观测，并进行数据处理。实时动态监测模式主要是指利用 GNSS RTK 技术实时监测工程对象的动态变形，如动荷载作用下的桥梁变形。采样时间间隔短(1 次/s)，数据处理采用动态载波相位模糊度解法(On-The-Fly, OTF)。观测开始经几分钟初始化，解得整周模糊度，然后计算每一历元的位置，从而分析监测对象的变形特征。

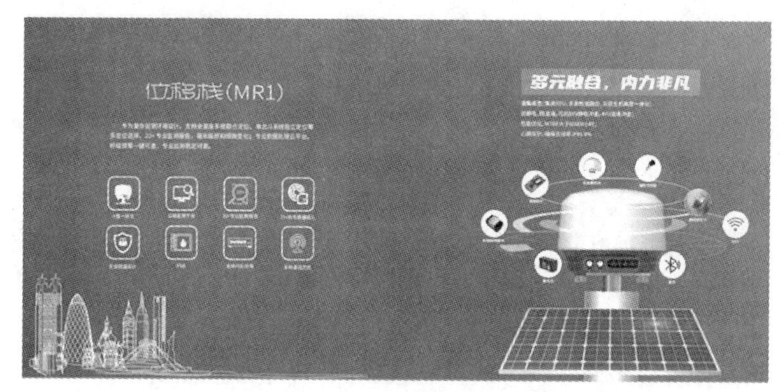

图 10.2 位移栈 MR1

3. 三维激光扫描技术

可以密集地记录监测目标的表面三维坐标、反射率和纹理信息，对整个变形空间进行三维测量，如图 10.3 所示。其特点是非接触，确保作业安全；面测量，数据量大，点云丰富，精度高(毫米级)；速度快(每秒百万点)，数据获取自动化。

将三维激光扫描仪安置在基准点上，后视基准方向，对变形空间完成扫描获得点云数据。对每期扫描的点云数据进行拼接、去噪处理，建模评估。以首期扫描点云为基准，分别与其他周期的点云数据进行对比分析，从而得到监测目标的变形分布和趋势。

4. 合成孔径雷达

合成孔径雷达(Synthetic Aperture Radar, SAR)是 20 世纪 50 年代末研制成功的一种微波传感器，如图 10.4 所示。以此为基础，60 年代末出现了合成孔径雷达干涉技术(Interferometric Synthetic ApertureRada, InSAR)，它是 SAR 与射电干涉测量技术的结合。后经差分技术、GNSS 技术和步进频率连续波(SF-CW)技术的融合，形成了快速、经济的空间对地监测技术系列。

图 10.3　SD-1500 三维激光扫描测量系统

图 10.4　高分三号卫星

10.2　沉降监测

10.2.1　沉降监测的意义

随着工业与民用建筑业的发展，各种复杂而大型的工程建筑物日益增多，工程建筑物的兴建，改变了地面原有的状态，并且对于建筑物的地基施加了一定的压力，这就必然会引起地基及周围地层的变形。为了保证建(构)筑物的正常使用寿命和建(构)筑物的安全性，并为以后的勘察设计施工提供可靠的资料及相应的沉降参数，建(构)筑物沉降观测的必要性和重要性愈加明显。

10.2.2　沉降监测的基本原理

通过定期测定沉降监测点相对于基准点的高差，求得监测点各周期的高程；不同周期、相同监测点的高程之差，即为该点的沉降值，即沉降量。通过沉降量还可以求出沉降差、沉降速度、基础倾斜、局部倾斜、相对弯曲及构件倾斜等。

假设某建筑物上有一沉降监测点1在初始周期、第 $i-1$ 周期、第 i 周期的高差分别为 h^1、$h^{[i-1]}$、$h^{[i]}$，即可求出相应周期的高程为：

$$H_1^{[1]} = H_A + h^{[1]},\ H_1^{[i-1]} = H_A + h^{[i-1]},\ H_1^{[i]} = H_A + h^{[i]} \tag{10-1}$$

从而可得目标点1第 i 周期相对于第 $i-1$ 周期的本次沉降量为：

$$S^{i,\ i-1} = H_1^{[i]} - H_1^{[i-1]} \tag{10-2}$$

目标点1第 i 周期相对于初始周期的累计沉降量为：

$$S^i = H_1^{[i]} - H_1^{[1]} \tag{10-3}$$

其中，当 S 的符号为负号时，表示下沉；为正号时，表示上升。

若已知该点第 i 周期相对于初始周期总的观测时间为 Δt，则沉降速度为：

$$\mathrm{v} = \frac{S^i}{\Delta t} \tag{10-4}$$

现假设有 m、n 两个沉降观测点，它们在第 i 周期的累计沉降量分别为 S_m^i，S_n^i，则第 i 周期 m、n 两点间的沉降差 ΔS 为：

$$\Delta S = S_m^i - S_n^I \tag{10-5}$$

10.2.3 沉降监测网(点布设)

JGJ8—2016《建筑变形测量规范》对沉降监测网点的布设做出了以下规定：

(1)沉降观测应设置沉降基准点。特等、一等沉降观测，基准点不应少于4个；其他等级沉降观测，基准点不应少于3个。基准点之间应形成闭合环。

(2)沉降基准点的点位选择应符合：

①基准点应避开交通干道主路、地下管线、仓库堆枝、水源地、河岸、松软填土、滑坡地段、机器振动区以及其他可能使标石、标志易遭腐蚀和破坏的地方。

②密集建筑区内，基准点与待测建筑的距离应大于该建筑基础最大深度的2倍。

③二等、三等和四等沉降观测，基准点可选择在满足前款距离要求的其他稳固的建筑上。

④对地铁、高架桥等大型工程，以及大范围建设区域等长期变形测量工程，宜埋设2~3个基岩标作为基准点。

(3)沉降基准点和工作基点标石、标志的选型及埋设应符合下列规定：

①基准点的标石应埋设在基岩层或原状土层中，在冻土地区，应埋至当地冻土线0.5m以下。根据点位所在位置的地质条件，可选埋基岩水准基点标石、深埋双金属管水准基点标石、深埋钢管水准基点标石或混凝土基本水准标石。在基岩壁或稳固的建筑上，可埋设墙上水准标志。

②工作基点的标石可根据现场条件选用浅埋钢管水准标石、混凝土普通水准标石或

墙上水准标志。

(4)沉降基准点观测宜采用水准测量。对三等或四等沉降观测的基准点观测，当不便采用水准测量时，可采用三角高程测量方法。

10.2.4 沉降监测网(点)标志的规格及埋设要求

1. 沉降监测基准点的构造与埋设

基准点应埋设在工程建筑物所引起的变形范围以外，尽可能埋设在稳定的基岩上。当观测场地覆盖土层很浅时，基准点可采用如图10.5所示的岩层水准基点标石，或者采用如图10.6所示的混凝土基本水准标石。

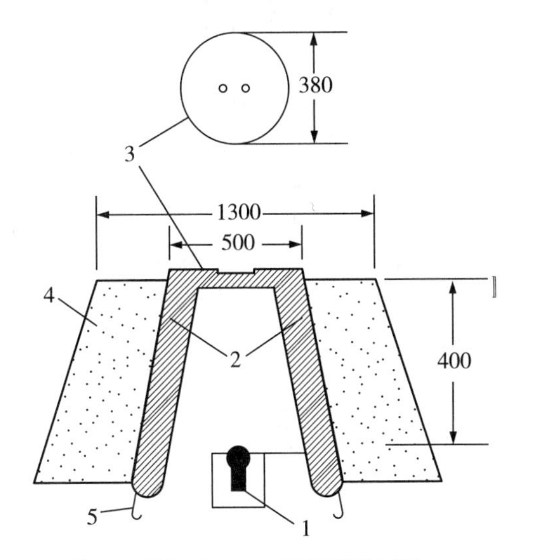

1—抗蚀金属标志；2—钢筋混凝土圈；
3—井盖；4—砌石土丘；5—井圈保护层

图10.5 岩层水准基点标石(单位：mm)

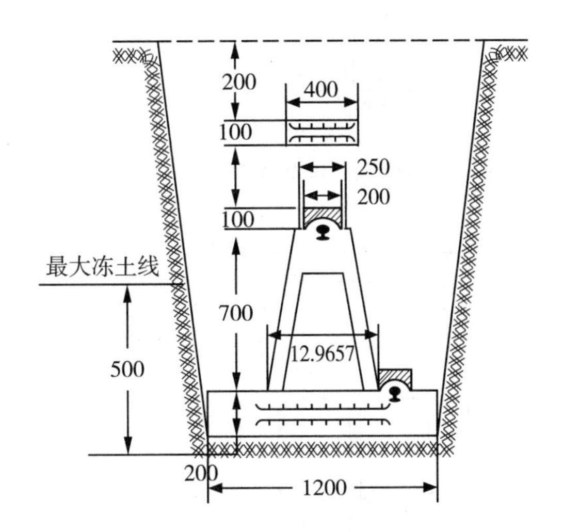

图10.6 混凝土基本水准标石(单位：mm)

当覆土层较厚时，可采用如图10.7所示的深埋钢管水准基点标石。为了避免温度变化对观测标志高程的影响，还可采用图10.8所示的深埋双金属管水准基点标石。

2. 沉降监测工作基点的构造与埋设

工作基点的标石可按点位的不同要求选埋如图10.9所示的浅埋钢管标石，或者选埋如图10.10所示的混凝土普通水准标石。工作基点埋设时，与邻近建筑物的距离不得小于建筑物基础深度的1.5~2.0倍。

在实际工程中，沉降监测工作基点还可以埋设成如图10.11所示的地表工作基点形式或图10.12所示的建筑物上工作基点形式。

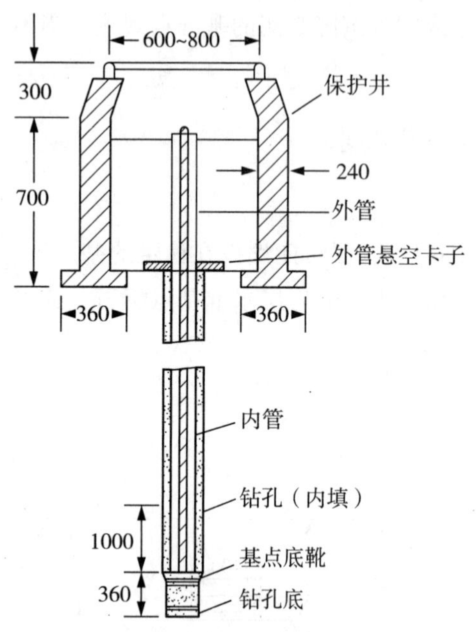

图 10.7 深埋钢管水准基点标石(单位：mm)

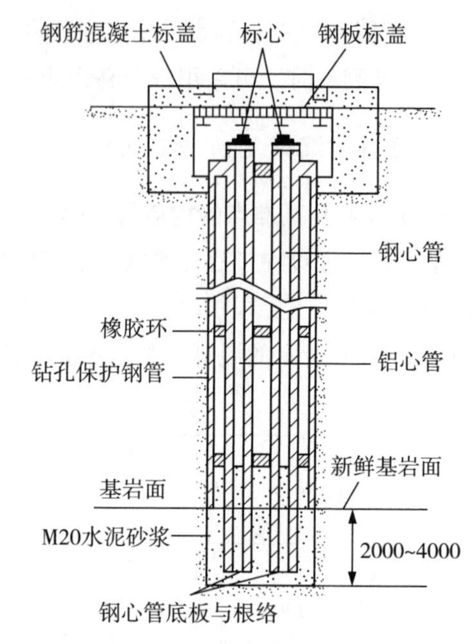

图 10.8 深埋双金属管水准基点标石(单位：mm)

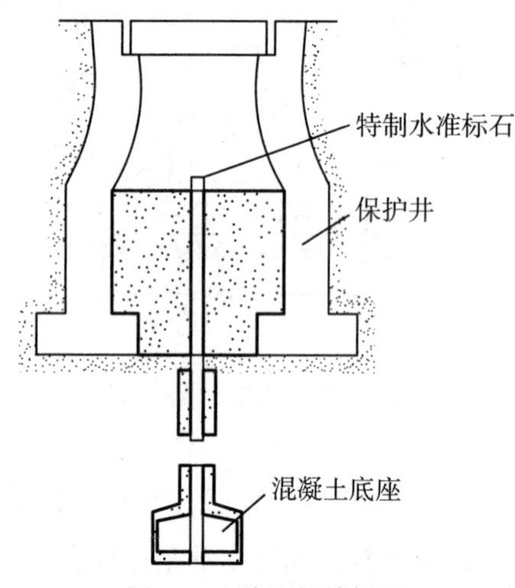

图 10.9 浅埋钢管标石

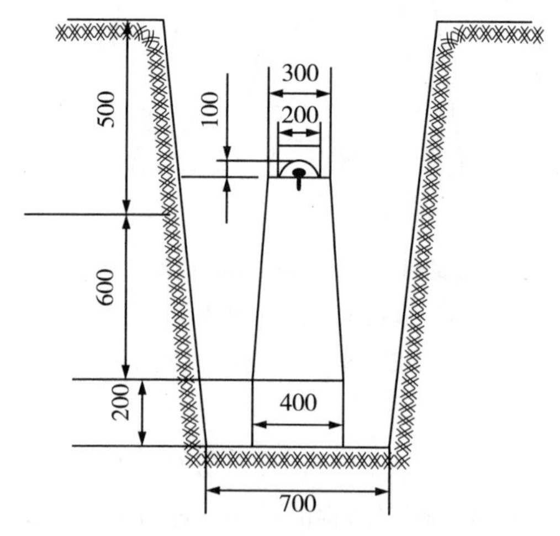

图 10.10 混凝土普通水准标石(单位：mm)

3. 沉降监测点的构造与埋设

工程沉降监测点通常使用隐蔽式和显式标志，隐蔽式标志包括窑井式、盒式标志和螺栓式标志。窑井式标志适用于建筑内部埋设，如图 10.13 所示；盒式标志适用于设备基础上埋设，如图 10.14 所示；螺栓式标志适合于墙体上埋设，如图 10.15 所示；埋设在建筑物墙上或基础地面上的沉降监测点，如图 10.16 所示。

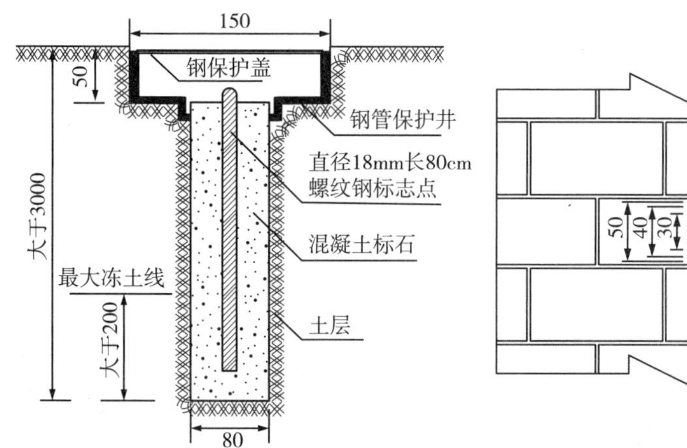

图 10.11 地表工作基点(单位：mm)

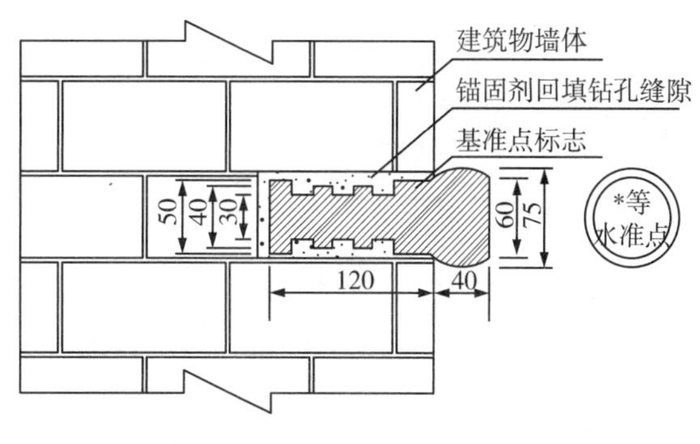

图 10.12 建筑物上工作基点(单位：mm)

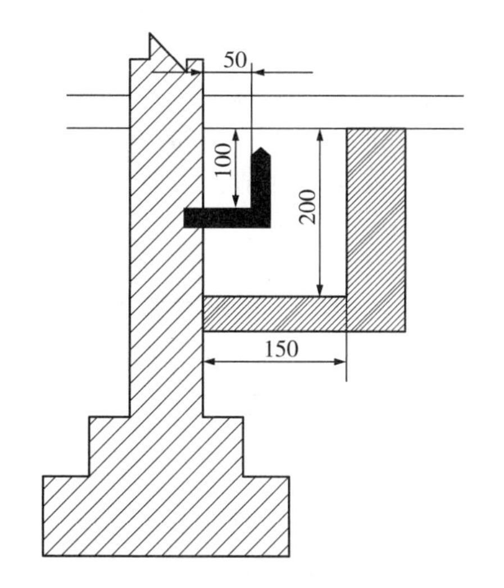

图 10.13 窑井式标志(单位：mm)

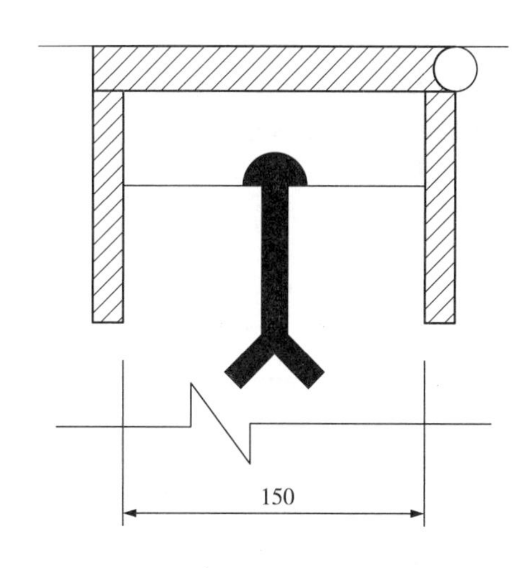

图 10.14 盒式标志(单位：mm)

10.2.5 沉降监测常用方法

1. 几何水准测量法

GB/T 12897—2006《国家一、二等水准测量规范》中规定，一等和二等水准测量属于精密水准测量。

2. 液体静力水准测量法

1)液体静力水准测量的适用条件

液体静力水准测量又称为连通管测量，经常应用在不便于使用几何水准测量的情况下进行沉降监测，其优点是两测点间无需通视，观测精度高，可实现自动化观测。如在人不能达到、爆炸危险、内部通道窄小、通视状况不佳、光线昏暗、严重污染、超量辐射的地方，用液体静力水准测量比较有利。

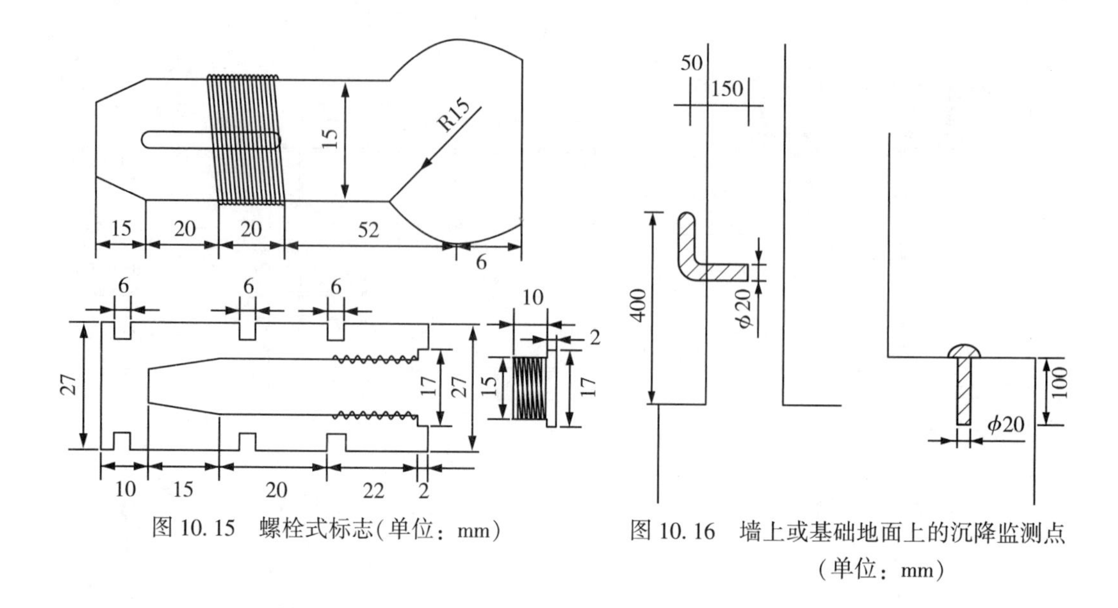

图 10.15　螺栓式标志(单位：mm)

图 10.16　墙上或基础地面上的沉降监测点(单位：mm)

液体静力水准测量是利用静止液面原理来传递高程，利用连通器原理测量各点位容器内液面高差，以测定各点沉降，可以测出两点或多点间的高差，经常应用于混凝土坝基础廊道和土石坝表面沉降观测，也可应用在地震、地质、电站、大坝、核电站、地铁、隧道等科学研究领域和精密工程监测领域，如图 10.17 所示。

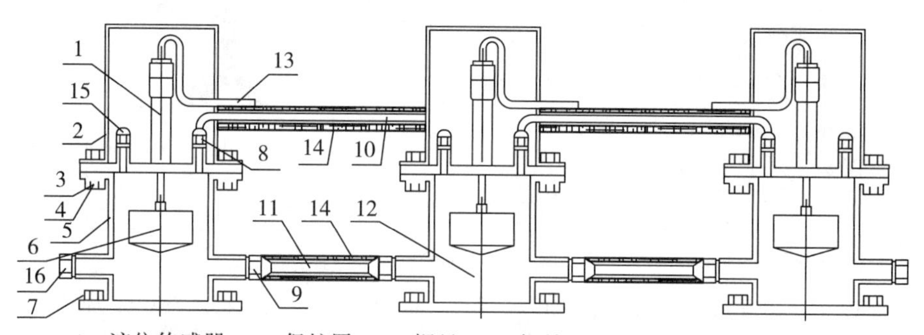

1—液位传感器；2—保护罩；3—螺母；4—螺栓；5—液缸；6—浮筒；
7—地脚螺栓；8—气管接头；9—液管接头；10—气管；11—液管；
12—防冻液；13—导线；14—PVC 钢丝软管；15—气管堵头；16—液管堵头

图 10.17　埋入式液体水准测量示意图

2)液体静力水准测量的计算方法

液体静力水准由液缸、浮筒、精密液位计、保护罩等部件组成，适用于测量参考点与测试点之间土体的相对位移，主要用于各种过渡段线形成沉降，沿纵向对结构物之间的沉降差进行监测。静力水准仪利用连通液的原理，多支通用连通管连接在一起的储液罐的液面总是在同一水平面，通过测量不通储液罐的液面高度，经过计算可以得出各个静力水准仪的相对差异沉降。

3. 精密三角高程测量法

尽管精密水准测量是沉降监测的最主要方法，但在一些高差起伏较大、路线状况较差的地区，水准测量实施将很困难，而随着可自动照准的高精度全站仪的发展，使得电磁波测距三角高程的应用更加广泛，若能用精密三角高程代替精密水准测量进行沉降监测，则可大大降低工作强度，提高效率。

10.3 水平位移监测

10.3.1 水平位移监测的意义

大型工程建筑物由于本身的自重、混凝土的收缩、基础的沉陷、地基的不稳定及温度的变化等因素，其基础将受到水平方向应力的影响，从而使建筑物本身产生平面位置的相对移动。适时地监测建筑物的水平位移量，能有效监控建筑物的安全运行状况，并可根据实际情况采取适当的加固措施，防止事故发生。水平位移监测既可以是在某个轴线上的变化量，也可以是点位的变化量。

水平位移是指建筑物及其地基在水平应力作用下产生的水平移动。水平位移监测是指监测变形体的平面位置随时间而产生的位移大小及方向，并提供变形预报而进行的测量工作。

10.3.2 水平位移监测的基本原理

假设建筑物上某个观测点在第 i 次水平位移监测中测得的坐标为（X_i，Y_i），此点的原始坐标为（X_0，Y_0），则该点的水平位移为：

$$\left.\begin{aligned}\delta_x &= X_i - X_0\\ \delta_y &= Y_i - Y_0\end{aligned}\right\} \tag{10-6}$$

假设在时间 t 内水平位移值的变化用平均变形速度来表示，则在第 i 和 j 次观测相隔的观测周期内，水平位移监测点的平均变形速度为：

$$V_{均} = \frac{\delta_i - \delta_j}{t} \tag{10-7}$$

假若时间段 t 以年或月作为单位，则 $V_{均}$ 为年平均变形速度和月平均变形速度。

10.3.3 水平位移监测网(点)布设

JGJ8—2016《建筑变形测量规范》对水平位移监测网点的布设做出了以下规定：

(1)水平位移观测、基坑监测或边坡监测，应设置位移基准点。基准点数对特等和一等不应少于4个，对其他等级不应少于3个。当采用视准线法和小角度法时或不便设置基准点时，可选择稳定的方向标志作为方向基准。

(2)根据位移观测现场作业的需要，可设置若干位移工作基点。位移工作基点应符合下列规定：

①应便于埋设标石或建造观测墩。

②应便于安置仪器设备。

③应便于观测人员作业。

(3)采用导航卫星定位测量进行变形测量作业，其点位选择应符合下列规定：

①视场内障碍物的高度角不宜超过15°

②离电视台、电台、微波站等大功率无线电发射源的距离不应小于200m，离高压输电线和微波无线电信号传输通道的距离不应小于50m，附近不应有强烈反射卫星信号的大面积水域、大型建筑以及热源等。

③通视条件好，应便于采用全站仪等手段进行后续测量作业。

(4)位移基准点、工作基点标志的形式及埋设应符合下列规定：

①对特等和一等位移观测的基准点及工作基点，应建造具有强制对中装置的观测墩或埋设专门观测标石。强制对中装置的对中误差不应超过0.1mm。

②照准标志应具有明显的几何中心或轴线，并应满足图像反差大、图案对称、相位差小和本身不变形等要求。应根据点位的不同情况，选择重力平衡球式标、旋入式杆状标、直插式觇牌、屋顶标和墙上标等形式的标志。

(5)位移基准点的测量可采用全站仪边角测量或导航卫星定位测量等方法。当需测定三维坐标时，可采用导航卫星定位测量方法，或采用全站仪边角测量、水准测量或三角高程测量组合方法。位移工作基点的测量可采用全站仪边角测量、边角后方交会以及导航卫星定位测量等方法。

10.3.4　平面控制点标志及标识的埋设规格

1. 平面控制点标志

(1)二、三、四等平面控制标志可采用瓷质或金属等材料制作瓷质标志规格(见图10.18)和金属规格(见图10.19)。

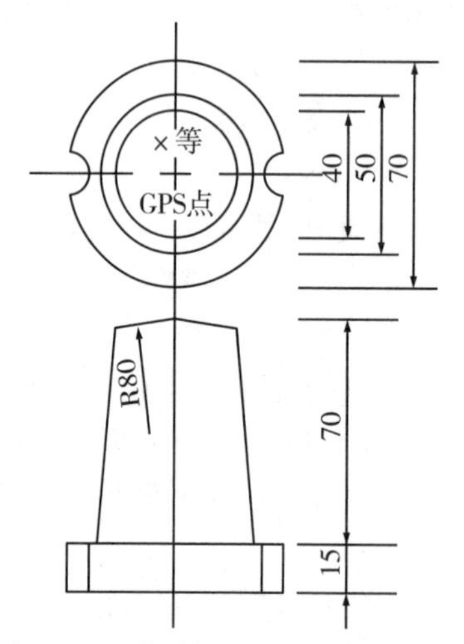

图10.18　瓷质标志规格(单位：cm)

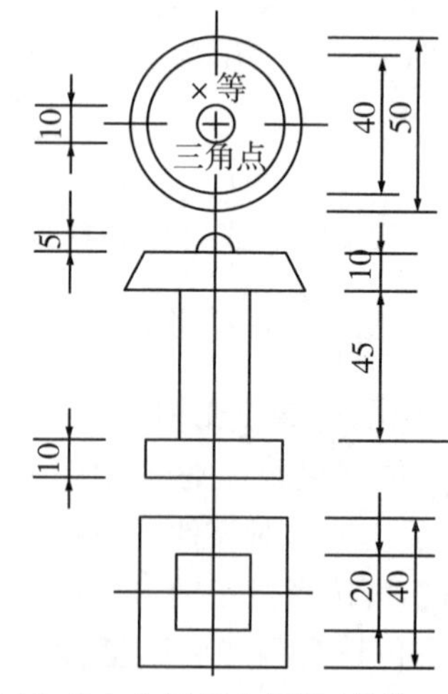

图10.19　金属标志规格(单位：cm)

(2)一、二级小三角点，一级及以下导线点、埋石图根点等平面控制点标志可采用$\phi14\sim\phi20$、长度为300~400mm的普通钢筋制作，钢筋顶端应锯"十"字标记，距底端约50mm处应弯成钩状。

2. 平面控制标石埋设

(1)二、三等平面控制标点标石规格及埋设结构应符合(见图 10.20)。

(2)一、二级平面控制标点标石规格及埋设结构应符合(见图 10.21)。

3. 变形监测观测墩结构图

(1)变形监测观测墩制作规格应符合图 10.22 的规定。

(2)墩面尺寸可根据强制归心装置尺寸而定。

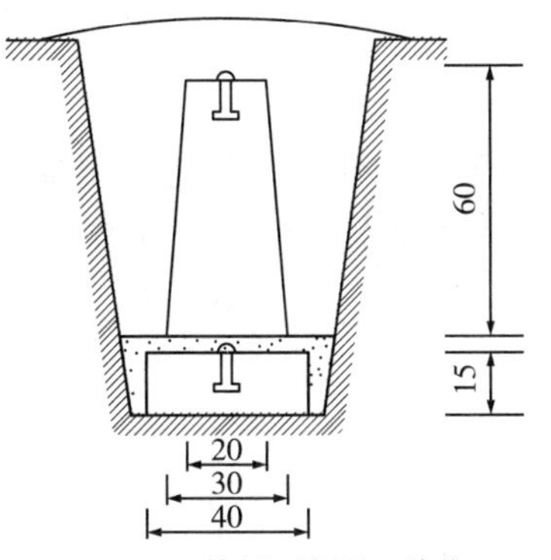

图 10.20　二三等标石规格(单位：cm)

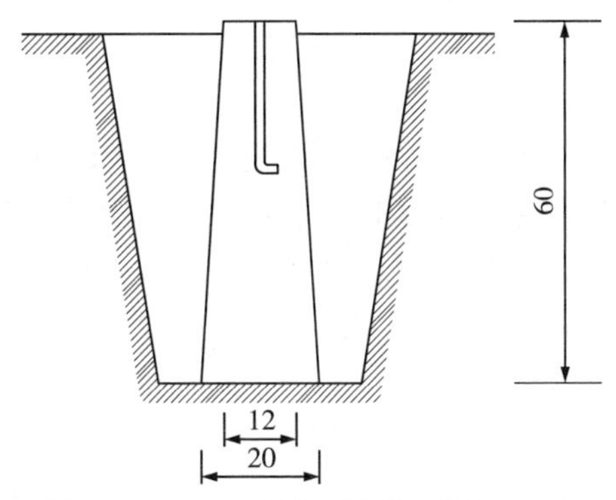

图 10.21　一二级标石规格(单位：cm)

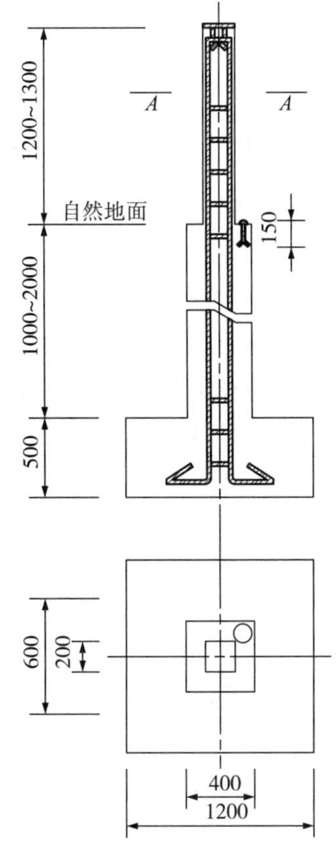

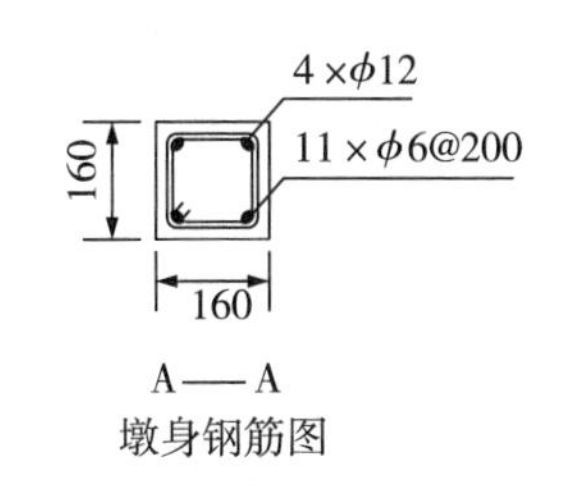

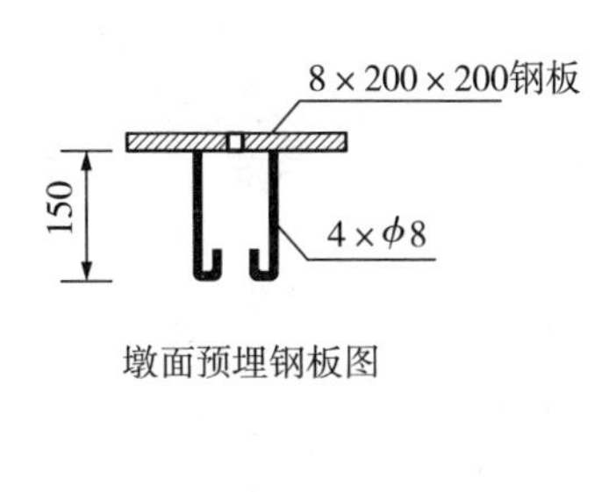

图 10.22　变形监测观测墩制作规格(单位：mm)

10.3.5　水平位移监测的常用方法

1. 常规大地测量法

传统大地测量法是水平位移监测的传统方法，主要包括交会法、精密导线测量法、三角形网测量法。大地测量法的基本原理是利用交会法、三角测量法等方法重复观测监测点，利用监测点坐标的变化量计算水平位移量，从而判断建筑物的水平位移情况。这种方法通常需要人工观测，工作强度大，效率较低。交会法受到观测条件限制，图形强度差，不易达到很高的精度。

1)测角前方交会

如图 10.23 所示，测角前方交会通常采用三个已知点和一个待定点组成两个三角形。P 为待定点，A、B、C 是三个已知点，在三个已知点上分别设站观测 α_1、β_1、α_2、β_2 四个角。可求出 $P(x_p, y_p)$。通常情况下，通过 α_1、β_1 和 α_2、β_2 分别算出两组 P 点坐标，从而进行校核。

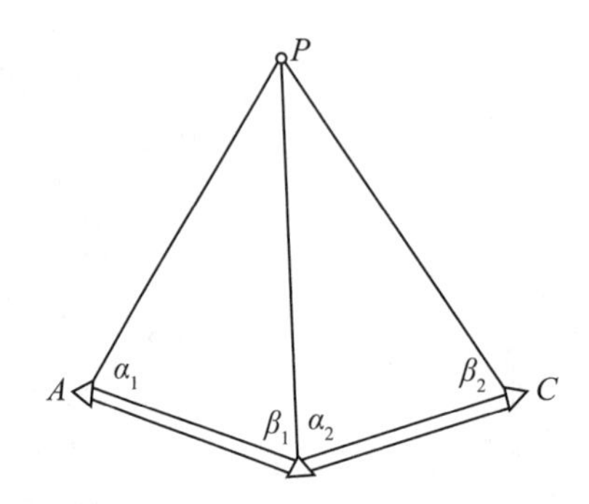

图 10.23　测角前方交会原理图

2)测边前方交会

如图 10.24 所示，测边前方交会通常采用三个已知点和一个待定点组成两个三角形。P 为待定点，A、B、C 是三个已知点，在三个已知点上分别设站观测 S_a、S_b、S_c 三条边。可求出 $P(x_p, y_p)$。通常情况下，通过 S_a、S_b 和 S_b、S_c 分别算出两组 P 点坐标，从而进行校核。

3)测角后方交会

如图 10.25 所示，在待定点 P 安置全站仪，观测水平角 α、β、γ，则可计算待定点 P 的坐标(x_p, y_p)。

4)导线法

导线法是监测曲线形建(构)筑物(如拱坝等)水平位移的有效方法。因布设环境限制，通常两个端点之间不通视，无法进行方位角联测，只能布设为无定向导线。无定向导线的位移需要采用倒垂线、前方交会法、GNSS 测量等方法进行控制和校核。按照观测方法和原理不同，导线法分为无定向导线法和弦矢导线法。无定向导线法是根据导线边长和转折角观测值计算监测点的变形量。弦矢导线法则是根据导线边变化和矢距变化的观测值来求得监测点的变形量。

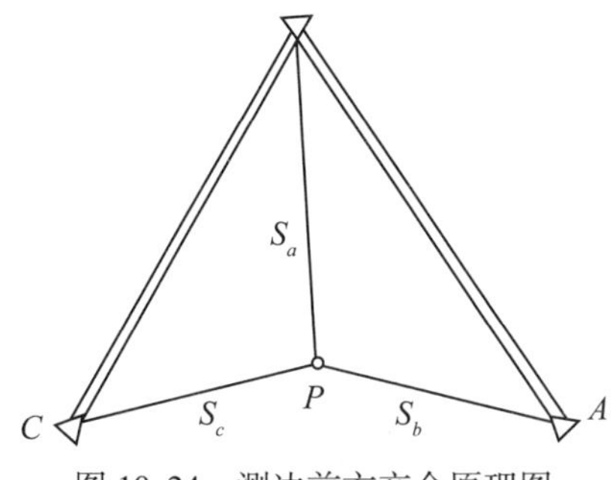

图 10.24　测边前方交会原理图

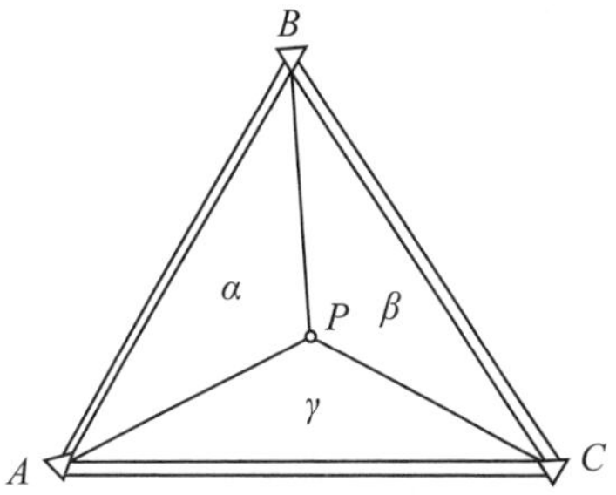

图 10.25　测角后方交会原理图

5) 三角网法

三角网具有图形强度高的优点，采用高精度测角仪器多测回观测可以达到较高的精度，也是水平位移监测常用的方法，常用在水库、滑坡体、露天矿等工程变形监测中。

2. 基准线法

基准线法用来测定变形点到基准线的几何垂直距离，通过距离变化量判断建(构)筑物的水平位移情况。这种方法特别适用于直线型建(构)筑物的水平位移监测，如大坝水平位移监测等。其主要类型包括视准线法、引张线法和激光准直法。

1) 视准线小角法

利用精密测角仪器精确地测出基准线方向与测站点到观测点的视线方向之间所夹的小角，从而计算变形观测点相对于基准线的偏移值。

图 10.26 所示为待监测的基坑周边建立的视准线小角法监测水平位移的示意图。A、B 为视准线上所布设的工作基点，将精密全站仪安置于工作基点 A，在另一工作基点 B 和变形监测点 P 上分别安置观测觇牌，用测回法测出 $\angle BAP$。设初次的观测值为 β_0，第 i 期观测值为 β_i，计算出两次角度的变化量 $\Delta\beta = \beta_i - \beta_0$，即可计算出 P 点水平位移 d_p。其位移方向根据 $\Delta\beta$ 的符号确定，其水平位移量为

$$d_p = \frac{\Delta\beta \times d}{\rho''}(\rho'' = 206265) \tag{10-8}$$

式中，d 是 AP 的水平距离；$\Delta\beta$ 是两次监测水平角之差，$\Delta\beta = \beta_i - \beta_0$。

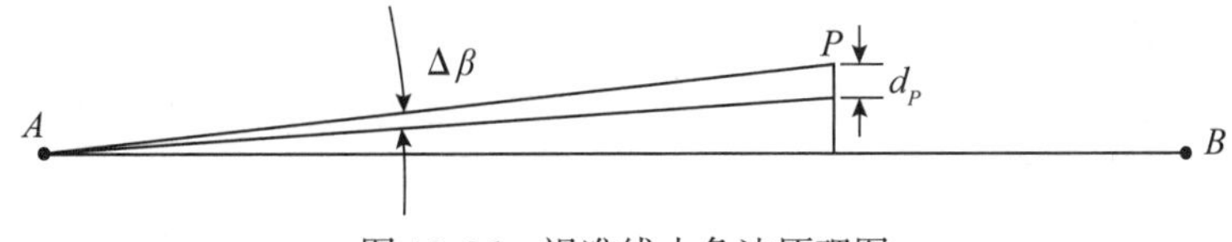

图 10.26　视准线小角法原理图

2) 引张线法

在两个固定点之间用一根拉紧的金属丝作为固定的基准线，来测定监测点到基准线的偏离距离，从而确定监测点的水平位移的方法，其原理如图 10.27 所示。由于各监测

点上的标尺与建筑物固连在一起，所以对于不同的观测周期，金属丝在标尺上的读数变化值就是该监测点在垂直于基准线方向上的水平位移量。引张线法常用在大坝变形监测中，引张线安置在坝体廊道内，不受风力等外界因素的影响，观测精度较高，但这种方法不适用于室外受风力影响较大的环境中。

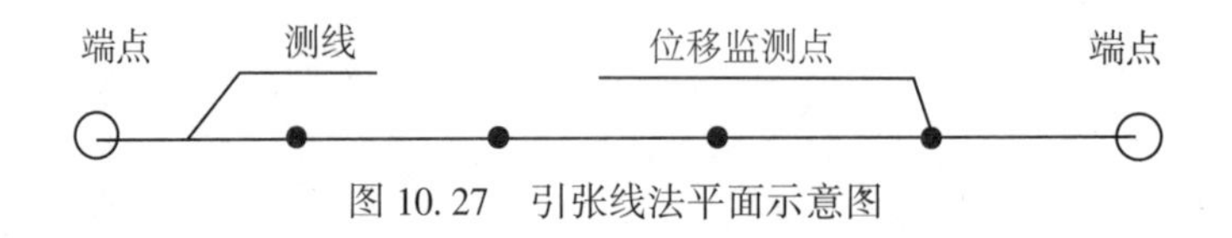

图 10.27　引张线法平面示意图

3) 真空管激光准直法

真空管激光准直系统分为激光准直系统和真空管道系统两部分，其原理如图 10.28 所示，其结构如图 10.29 所示。

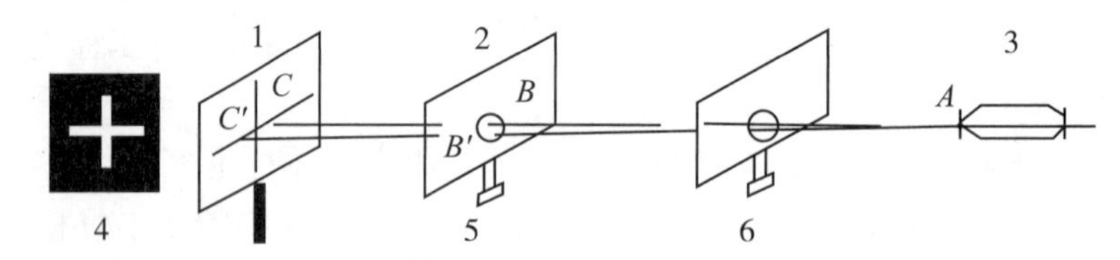

1—激光探测器；2—波带板；3—激光点源；4—十字亮丝；5—测点 1；6—测点 2

图 10.28　真空管激光原理示意图

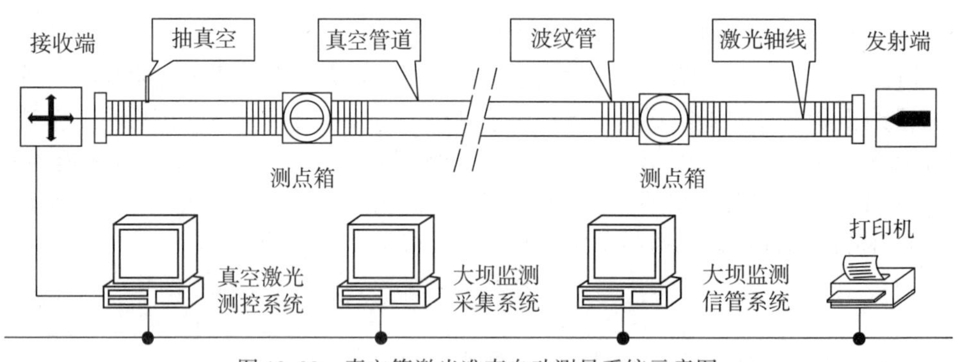

图 10.29　真空管激光准直自动测量系统示意图

3. GNSS 测量法

GNSS 以其全天候观测、自动化程度高、观测精度高等优点，逐步成为水平位移监测的主要方法。利用 GNSS 有助于实现全自动的水平位移监测，这项技术已在我国的部分工程监测中得到应用。这种方法要求监测点布设在卫星信号良好的地方。

4. 测量机器人法

测量机器人就是一种能代替人进行自动搜索、辨识、跟踪和精确照准目标，并自动获取角度、距离、坐标以及影像等信息的智能型电子全站仪，在实际变形监测中，包括固定式全自动持续监测方式和移动式半自动监测方式两种。

10.4 在线监测系统

10.4.1 影响安全的因素

各种工程建设在建期间和竣工运营过程中，影响安全的因素都是复杂的。其施工技术和工艺、施工质量、安全意识、运营过程的管理和维护、外部环境等因素都会影响安全。因此，安全监测应尽可能地利用科学技术，监测所能估计的影响因素及其变化，分析不同因素对工程安全的影响，以便针对主要因素采取应对措施，确保工程施工安全和工程运营安全。图 10.30 给出的是公路、桥梁工程安全影响因素示意图。

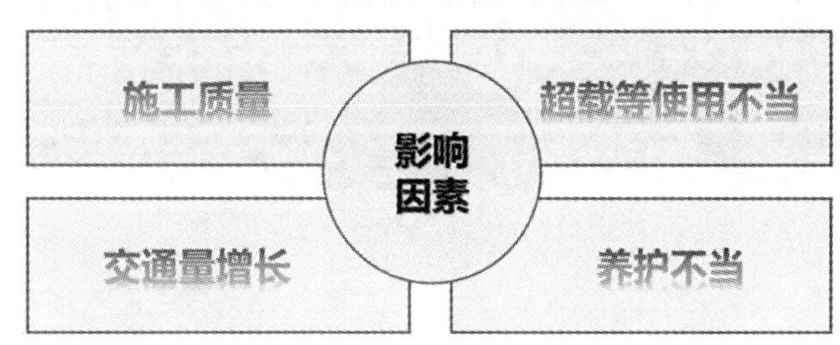

图 10.30 公路、桥梁工程安全影响因素

10.4.2 在线监测系统

在线监测系统是在建过程和竣工运营过程中，通过设置在基准点和监测点上不同的传感器，获取变形及相关数据，并通过计算机(云计算)处理，从而评估施工过程的安全性和主体结构运营过程的主要性能指标(如可靠性、耐久性等)的自动化技术系统。

在线监测系统结构关系如图 10.31 所示，各类传感器包含了所能顾及的监测参数：变形参数、环境参数、应力应变参数、振动参数等(见表 10.1)。现场连续采集的数据通过通信网络传输到云计算平台，再通过控制服务器解译，实时显示与分析解译后的物理变量，并与预警值实时比较，从而实现自动报警。

表 10.1 **监测系统的基本构成及主要功能**

子系统名称	主 要 功 能
传感器子系统	由各种不同类型的传感器构成，将不同形式的被测物理量转变成便于记录和再处理的电压、电流或光等信号
数据采集与传输子系统	负责信号的采集、传输、处理和分析控制
数据分析子系统	由数据分析软件集成，通过对采集数据分析，负责对结构危险状态进行预警，对结构状态参数和损伤状况进行识别，对结构综合性能进行评估，给出后期维护建议；完成数据的归档、查询、存储、维护和打印输出等工作

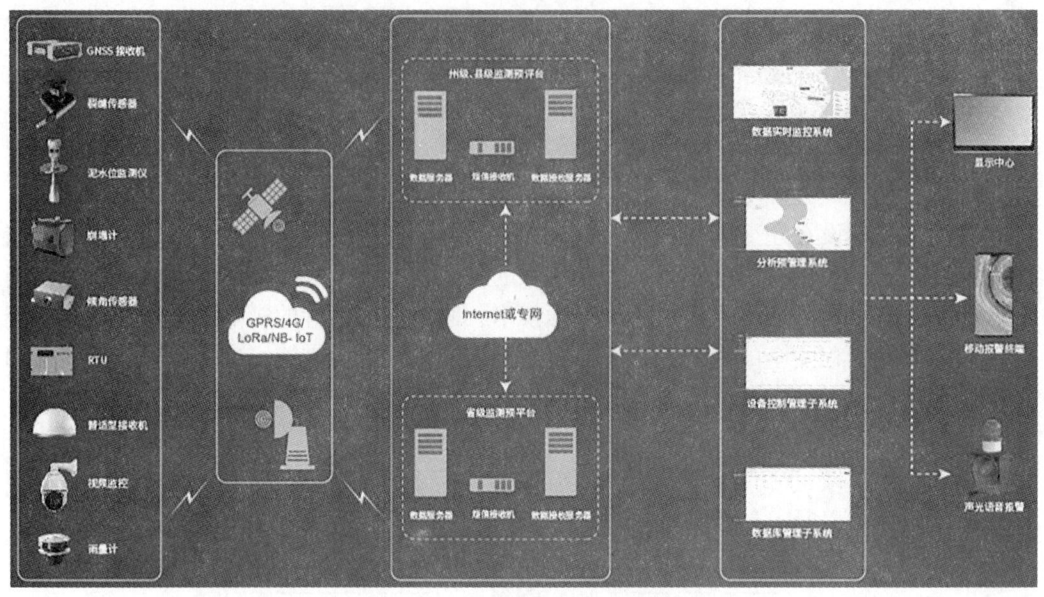

图 10.31 在线监测系统结构关系

10.4.3 常用监测传感器

1. 测斜仪/倾斜仪

测斜类仪器通常包括测斜仪和倾斜仪两类。测斜仪(见图 10.32)是用于钻孔中测斜管(见图 10.33)内的仪器。倾斜仪是设置在基岩或建筑物表面，用来测定某一点转动或某一点相对于另一点垂直位移量的仪器。测斜仪包括伺服加速度计式、电阻应变片式、电位器式、钢弦式、电感式等。倾斜仪包括梁式倾斜仪和倾角计(见图 10.34)等。

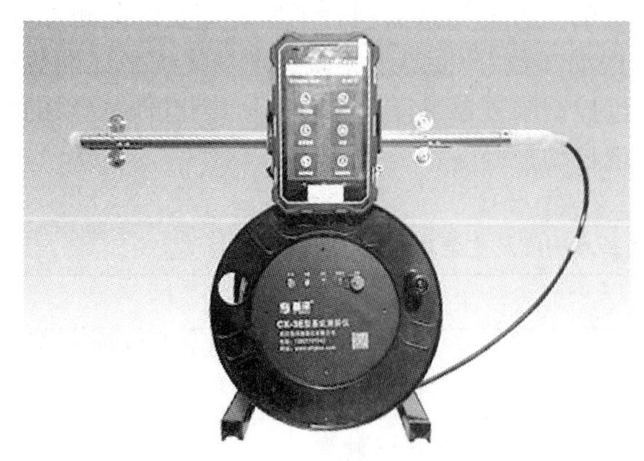

图 10.32 测斜仪

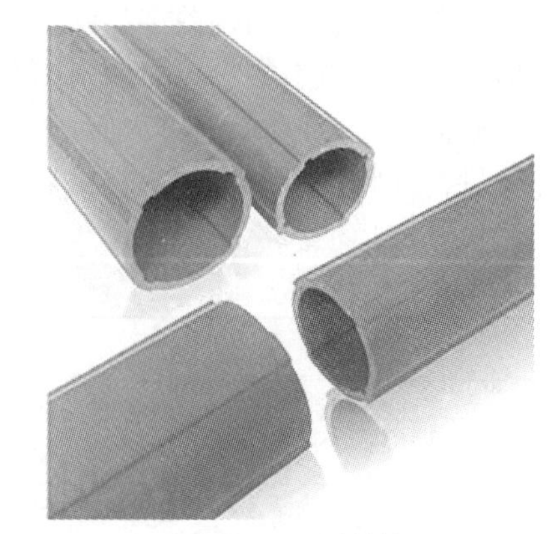

图 10.33 测斜管

2. 测缝计

测缝计适用于长期埋设在水工建筑物或其他混凝土建筑物内或表面，测量结构物伸缩缝或周边缝的开合度(变形)以及裂缝两侧体块间相对位移。根据工作原理，测缝计可分为差动电阻式测缝计、振弦式测缝计(见图 10.35)、埋入式测缝计、钢弦式测缝计、电位器式测缝计等。

图 10.34 无线倾角传感器

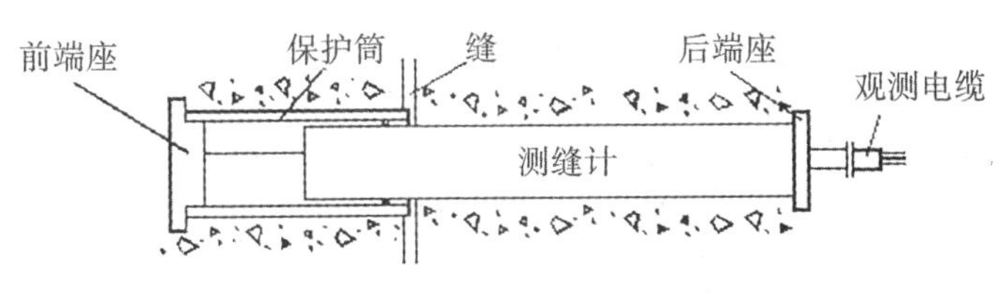

图 10.35 振弦式测缝计组成

3. 应变、应力计

观测应力、应变的目的在于了解建筑物及基岩内部应力的实际分布，求得最大拉应力、压应力和剪应力的位置、大小和方向。常用的应变计主要有振弦式应变计(见图 10.36)、无应力式应变计和表面应变计(见图 10.37、图 10.39)。从工作原理上分，有差动电阻式应变计、振弦式钢筋应变计(见图 10.38)、差动电感式应变计、差动电容式应变计、电阻应变片式应变计等。

图 10.36 振弦式应变计

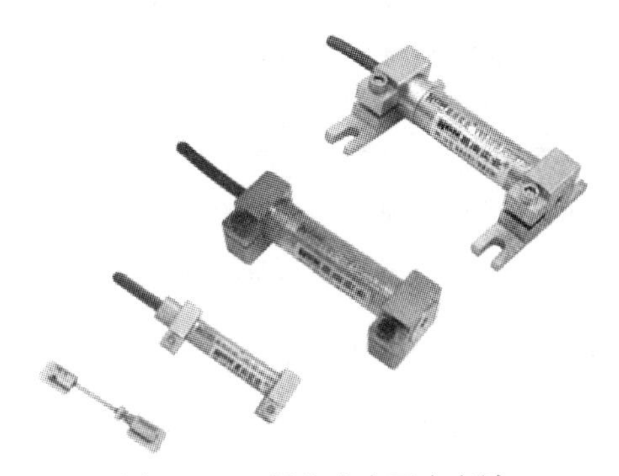

图 10.37 振弦式表面应变计

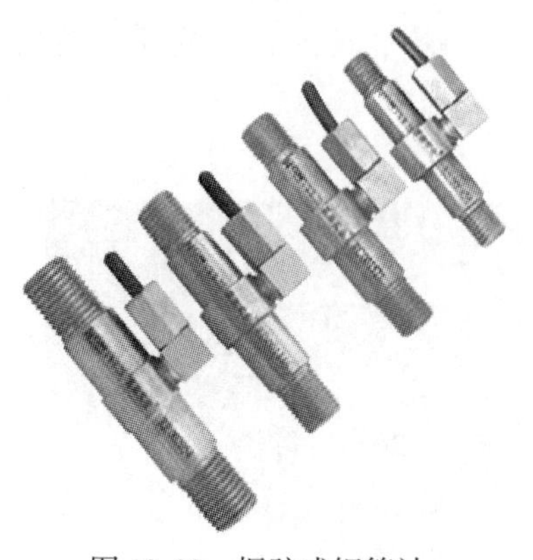

图 10.38 振弦式钢筋计

图 10.39 振弦式表面锚索计

10.5 建(构)筑物安全监测

10.5.1 建(构)筑物安全监测的必要性与意义

加强对危险性房屋及高层(楼宇)建筑物及其他构筑物的实时安全监测，保障人民财产安全，真正做到早发现、早预警、早处置，更加有效地保证了广大群众的生命财产安全，实时自动化危房监测方式是通过先进的信息化技术手段，对建(构)筑物倾斜变形过程中的数据进行实时采集、实时传输、对采集的数据进行动态处理及异常超标报警，尽可能降低或避免事故造成的人员伤亡等损失。

建(构)筑物智能监测系统，将从根本上解决危房监测数据采集困难、相关机构人手少、业务压力大等诸多问题，提高了对重点隐患点的监测和监控能力，同时也提高了对危房突发事件的应对能力。建(构)筑物智能监测系统具有以下特点：

(1)全方位的监测系统。利用先进的物联网技术，将各种环境要素进行全面、全方位的监测监控，将监测监控现场的数据及时地采集到后台，大大提高了监测监控的实时性。

(2)标准、统一的数据转换平台。利用数据抽取、数据导入、数据清洗等数据处理技术，将各种不统一的监测数据集中按照标准转换到数据中心，统一的、标准的数据提高了数据的利用效率。

(3)直观、形象的展示平台。监测、监控数据与 GIS 的紧密结合，隐患区域和监测数据可以更加直观和形象地得到展示。同时，利用质量预测系统，可形象地在 GIS 上进行预测演练，动态地查看影响范围。

10.5.2 监测依据

(1)GB 50292—1999《民用建筑可靠性鉴定规范》；

(2)GB 50344—2004《建筑结构检测技术标准》；

(3)JGJ 8—2016《建筑变形测量规范》；

(4)GB 50026—2007《工程测量规范》;
(5)GB 50007—2011《建筑地基基础设计规范》;
(6)JGJ 125—99《危险房屋鉴定标准》。

10.5.3 监测内容

建(构)筑物安全监测的项目及内容见表10.2。

表10.2 工业与民用建筑变形监测项目及内容

阶段	监测项目	主要监测内容
施工前期	场地沉降监测	沉降
基坑开挖期	基坑支护边坡监测	沉降、水平位移
	基坑地基回弹监测	基坑回弹
基坑开挖期的降水期	基坑地下水位监测	地下水位
主体施工期至竣工初期	基坑分层地基土沉降监测	分层地基土沉降
	建(构)筑物基础变形监测	基础沉降、基础倾斜
竣工初期	建(构)筑物主体变形监测	水平位移、主体倾斜、日照变形
发现裂缝初期	建(构)筑物主体变形监测	建筑裂缝

10.5.4 常见建(构)筑物安全问题及其产生的原因

1. 温度裂缝

温度变化会引起房屋变形裂缝，温度的变化会引起材料的热胀冷缩，当约束条件下温度变形引起的温度应力足够大时，墙体就会产生温度裂缝。最常见的温度裂缝是在混凝土平屋盖房屋顶层两端的墙体上，如门窗洞边的正八字斜裂缝，平屋顶下或屋顶圈梁下沿砖(块)灰缝的水平裂缝，以及水平包角裂缝(包括女儿墙)。导致平屋顶温度裂缝的原因是，顶板的温度比其下的墙体高得多，而混凝土顶板的线胀系数又比砖砌体大得多，故顶板和墙体间的变形差，在墙体中产生很大的拉力和剪力。剪应力在墙体内的分布为两端较大，中间渐小，顶层大，下部小。温度裂缝是造成墙体早期裂缝的主要原因。这些裂缝一般经过一个冬夏之后才逐渐稳定，不再继续发展，裂缝的宽度随着温度变化而略有变化。

2. 地基不均匀沉降

随着地下空间的开展，以及地下水等较为复杂地质结构，导致地基不均匀沉降。房屋表现在墙体中下部区域的斜裂缝。建筑中部压力相互影响高于边缘处，且边缘处非荷载区地基对荷载区下沉有剪切阻力作用，故地基受到上部传递的压力时，地基反力在边缘区较高，引起地基的沉降变形呈凹形。这种沉降使建筑物形成中部沉降大、端部沉降小的弯曲。结构中下部受拉，端部受剪，当端部的剪应力较大时，墙体由于剪应力形成的主拉应力破裂，裂缝通过窗口的两个对角向沉降较小的方向倾斜。垮塌的梁带动周围预制板一起下落，预制板的下落导致其相邻的梁失去侧向支撑，在地震作用下向掉落预制板一侧发生偏移；发生侧移的梁导致其上下的墙体损毁、倒塌，墙体垮塌后，造成其他墙体压力增大，引发结构连续倒塌后，出现大面积垮塌，另外，倒塌梁下部和门窗角部开裂较严重。梁下部开裂是由于梁在水平力作用下有发生转动的趋势，会导致周围砖墙开裂；而门窗角部开裂是由于角部应力集中。墙体中下部区域有水平裂缝。由于墙体中上部受压并形成“拱”作用，墙体裂缝越靠近地基和门窗越严重，且中下部开裂区上侧的墙体有自重下坠作用，造成垂直方向拉应力。当垂直方向拉应力超过块材与砂浆之间的粘结强度时，就形成了水平裂缝。

3. 结构物应力变化

早期房屋结构因其建筑年代久远，建筑材料经过长期老化性能衰减，不合理使用、拆改承重结构等因素，导致整体性差，结构松散，一旦受外力如震动、地基沉降影响，将对安全使用造成巨大隐患。

4. 沿海城市风荷载

风是紊乱的随机现象，对建筑物的作用十分复杂，是结构设计中必然考虑的因素。随着经济的发展，近年来高层建筑尤其是构造复杂的超高层建筑得到了蓬勃发展。一般而言，高层建筑物占地面积少，建筑面积大，造型独特，相对集中。这一特点使得高层建筑物在人口稠密的大城市迅速发展。但是高层建筑物上风荷载也越来越大，导致水平荷载不断增大。因此，高层建筑物需要较大的承载力和刚度来解决水平荷载的问题。特别是对于沿海城市房屋建筑，长期受风荷载作用，一方面，引起建筑物表面风化，海风、海水中携带的盐分加速了钢结构和结构钢筋的腐蚀；另一方面，风荷载是一种非周期性的动荷载，对建筑物特别是古旧建筑物的结构安全产生了很大影响，长期作用会降低结构承载力，加速建筑裂缝的发展，降低结构寿命。

5. 附近工地不利因素

随着我国经济的快速发展和旧城区改造推进新建房屋的规模越来越大，建筑物相邻间的距离也越来越近，常常会出现新建房屋施工对周边建筑物产生不利影响，尤其是对一些建造时间久、建筑标准低的民房影响尤为严重。主要有：桩基的影响，各类挤土桩的施工对周围房屋地基产生扰动；深基坑开挖施工中，如果没有采用刚度较大的基坑支护结构，基坑变形大，会使周边房屋产生倾斜、开裂；施工过程中降水会使周边房屋地基沉降；施工中的振动可能导致附近地基土液化；新建房屋的荷载导致地基沉降引起周边建筑物的沉降或倾斜。

10.5.5 系统组成

建(构)筑物安全监测系统组成如图10.40所示。

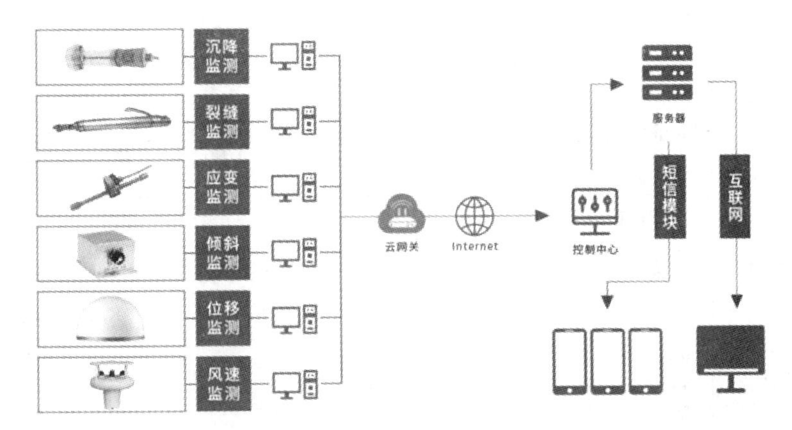

图 10.40　建(构)筑物安全监测系统

10.6　桥梁安全监测

10.6.1　桥梁安全监测的必要性与意义

建立桥梁安全监测诊断系统，实时采集桥梁所处的静态、动态、环境、荷载等信息，为桥梁安全预警、安全分析评估提供数据支持，及时了解结构缺陷与损伤，并分析评估其在所处环境条件下的可能发展势态及其对结构安全运营造成的潜在风险，实现对桥梁结构运营期的监测和管理。为养护需求、养护措施等决策提供科学依据，以达到运用有限的养护资金获得最佳养护效果，确保结构安全运营的目的。实现以下功能：

(1)能够实现远程自动化监测，无需人员进行监控，采集方式有定时间采集、特殊事件采集等。远程自动化采集可以实现远程采集监测，无需人员多次进入桥梁现场。

(2)实现测试数据信息化管理，相关人员可以通过不同权限登入以太网或者利用手机取得现场结构安全数据及安全评估信息等。

(3)通过实施监测得到丰富的数据样本，通过系统的自动分析功能，可以分析环境因素(温度、湿度等因素)的影响，从而得出结构的实际变化发展趋势，了解大桥结构的安全状况等其他信息。

(4)当结构出现异常信息时，系统自动进行预报警，在监控中心以声音以及警示灯(屏幕警示)方式的进行报警，并通过短信方式将信息及时地传达给相关管理人员。

10.6.2　监测内容

桥梁类型较多，即使同类型桥梁可能受影响因素的不同，监测的内容也不相同。可参考表 10.3、表 10.4、图 10.41、图 10.42、图 10.43、图 10.44，进行监测配置和测点布设。

表 10.3　**桥梁安全监测配置**

类别		主要参数	桥型选择			
			梁桥	拱桥	斜拉桥	悬索桥
荷载与环境	车辆荷载	断面交通流、车型、车轴重、轴数、车辆总重、车速	●	●	●	●
		空间分布	○	○	○	○
	船舶撞击	桥墩加速度	○	○	○	○
	风速、风向	桥面	○	○	●	●
		拱顶	—	○	—	—
		塔顶	—	—	●	●
	风压	梁表面风压	—	—	○	○
	地震	桥岸地表场地加速度	○	○	○	○
		承台顶或桥墩底部加速度	○	○	○	○
	温度	箱梁内外环境温度	●	●	●	●
		混凝土温度	●	○	●	○
		钢结构温度	○	○	●	●
		主拱温度	—	●	—	—
		主缆温度	—	—	—	●
		锚室内温度	—	—	—	●
		鞍罩内温度	—	—	—	●
	湿度	桥面铺装层温度	○	○	○	○
		箱梁内湿度	●	●	●	●
		环境湿度	●	●	●	●
		索塔锚固区湿度	—	—	●	—
		主缆内湿度	—	—	—	●
		锚室内湿度	—	—	—	●
	雨量	鞍罩内湿度	—	—	—	●
		降雨量	—	—	○	—

续表

类别		主要参数	桥型选择			
			梁桥	拱桥	斜拉桥	悬索桥
结构整体响应	振动	主梁竖向振动加速度	●	●	●	●
		主梁横向振动加速度	●	●	●	●
		主梁纵向振动加速度	○	○	○	○
		桥墩顶部纵向和横向振动加速度	○	—	—	—
		拱顶三向振动加速度	—	●	—	—
		塔顶水平双向振动加速度	—	—	●	●
		吊杆(索)振动加速度	—	●	—	●
		斜拉索振动加速度(面内、面外)	—	—	●	—
	变形	主梁挠度	●	●	●	●
		主梁横向变形	○	○	●	●
		墩顶偏位	○	—	—	—
		拱顶偏位	—	●	—	—
		拱脚偏位	—	○	—	—
		塔顶偏位	—	—	●	●
		主缆偏位	—	—	—	●
	位移	支座位移	○	○	○	○
		梁端纵向位移	○	○	○	○
		锚碇位移	—	—	—	●
	转角	塔顶截面倾角	—	—	○	○
结构局部响应	应变	主梁关键截面应变	●	●	●	●
		体内、体外预应力	○	—	—	—
		主拱关键截面应变	—	●	—	—
	裂缝	混凝土结构	○	○	○	○
	基础冲刷	流速、基础冲刷深度	○	○	○	○
	腐蚀	混凝土侵蚀深度	○	○	○	○
		钢结构、拉索、主缆及锚具腐蚀	○	○	○	○
	索力	吊杆(索)	—	●	—	●
		系杆	—	●	—	—
		斜拉索	—	—	●	—
		拉索断丝	○	○	○	○
	支座反力	支座反力	○	○	○	○
	疲劳	斜拉索	—	—	●	—
		主梁	—	—	●	●
		吊索	—	●	—	●
		伸缩缝	○	○	●	●

注："●"为必选监测项,"○"为宜选监测项,"—"为不包含项。

表10.4 **监测项及设备测点布设**

监测项	传感器	测点布设
挠度监测	变形测量传感器	桥墩、桥塔、梁体、拱圈等
倾斜监测	测斜仪	桥墩、桥塔、梁体、拱圈等
应力监测	应变计	梁身、桥塔、桥墩等
索力监测	磁通量传感器	主塔拉杆、主跨吊
振动监测	磁电式传感器	桥墩、桥塔、桥身等
裂缝监测	裂缝计	最大缝宽处
温湿度	温湿度传感器	桥面、桥底、梁体
风速风向	风速风向仪	塔顶、跨中

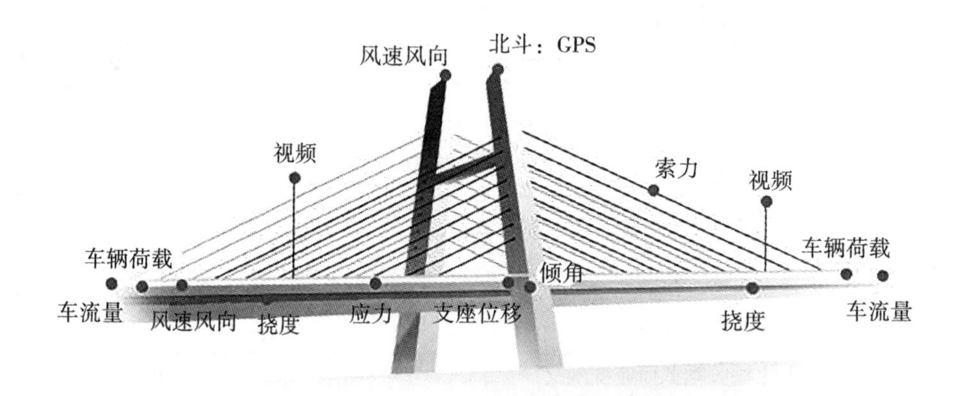

图10.41 斜拉桥监测示意图

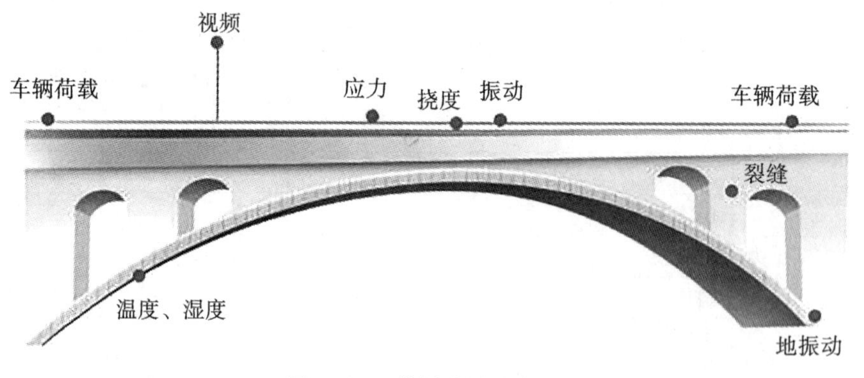

图10.42 拱桥监测示意图

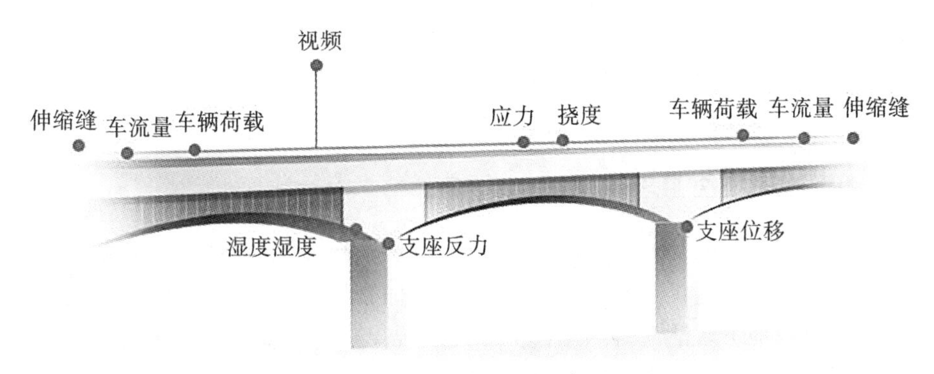

图 10.43　梁桥监测示意图

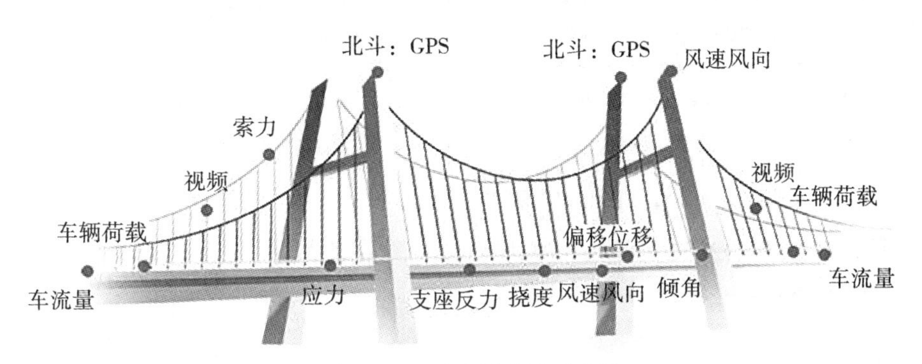

图 10.44　悬索桥监测示意图

10.6.3　系统组成

桥梁安全监测系统组成，如图 10.45 所示。

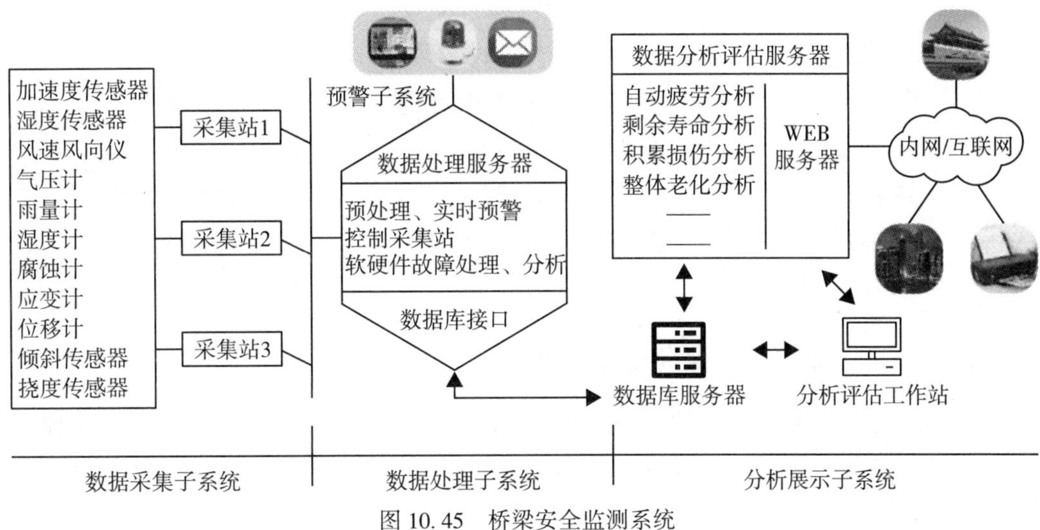

图 10.45　桥梁安全监测系统

10.7 地质灾害(边坡)安全监测

10.7.1 边坡安全监测的必要性与意义

边坡动态监测的目的是通过监视坡体的稳定与安全，研究坡体的变形发展过程，为设计、施工、养护决策提供和积累可靠的资料。通过动态监测可以较准确地把握坡体变形、应力变化以及地下水活动等动态特征和发展规律，进一步查明坡体病害的性质、规模、成因、滑面形态和滑坡推力等；分析判断坡体稳定性状态及其发展趋势；必要时可进行监测预警或灾害预测预报，以指导边坡工程建设和保障边坡运营安全。边坡动态监测也是边坡防护加固或整治工程效果评估与预测的重要手段之一。

10.7.2 监测依据

(1)YS 5230—96《边坡工程勘察规范》;
(2)YS 5229—96《岩土工程监测规范》;
(3)GB/T 18314—2009《全球定位系统(GPS)测量规范》;
(4)GB/T 15314—94《精密工程测量规范》;

10.7.3 监测内容

参考表10.5、图10.46、图10.47，进行地质灾害(边坡)安全监测的测点布设。

表10.5 **监测项及设备测点布设**

监测项	监测内容	传感器
位移监测	监测地表整体沉降和位移	GNSS
深部位移监测	监测滑坡体内侧向位移	测斜仪
裂缝监测	监测裂缝伸缩量和错位情况	裂缝计
地下水位监测	监测地下水动压力、水位	渗压计
土壤含水率	监测土壤中水分含量情况	土壤含水率计
视频监测	监测滑坡体的影响动态信息	摄像监控

10.7.4 公路边坡灾害的发生及表现形式

在公路运营过程中，大量路堑边坡工程处在复杂环境因素作用下，随着防护工程功能的退还，边坡技术状况不断劣化，尤其在台风暴雨等极端气候条件下，极易引起滑坡、崩塌等地质灾害问题，如图10.48、图10.49、图10.50、图10.51所示。

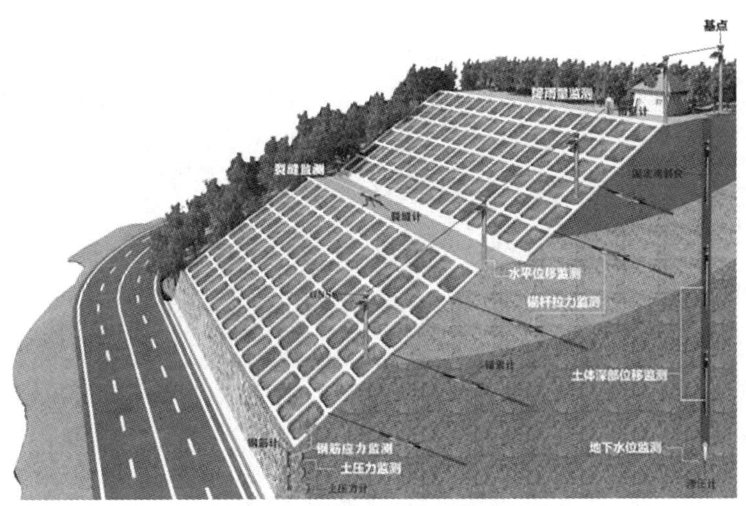

图 10.46 边坡监测场景示意图

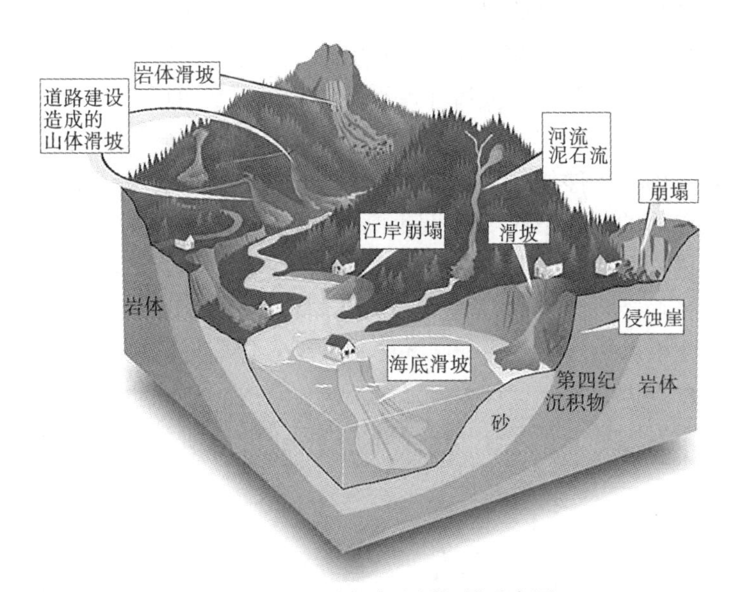

图 10.47 地质灾害监测场景示意图

图 10.48 路堑边坡崩塌

图 10.49 公路边坡滑坡

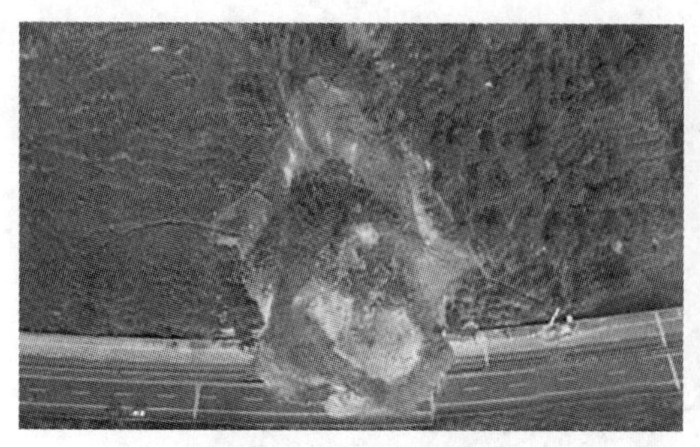

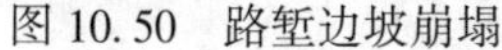

图 10.50　路堑边坡崩塌

图 10.51　公路边坡滑坡

无论是自然边坡还是人工边坡，边坡的稳定性程度和变形破坏规律均与坡体组成物质及其结构状态直接相关，即边坡岩土体结构特征是边坡稳定性的主要地质基础条件之一。边坡岩土体结构特点主要体现在其不连续性、非均质性、不利结构面控制特性、遇水软化或弱化特性、渐进性破坏特性以及开挖卸荷松弛特性等。

边坡发生变形破坏，要有形成潜在变形、滑动面(带)的条件，在这样的面(带)以上岩土体才可能在重力或者其他因素作用下沿其发生滑动变形和破坏。但针对边坡的破坏变形而言，这些内部条件仅是必要条件，还需要具备外部条件，即触发因素。引发路堑边坡发生变形破坏的外部条件或触发因素主要为大气降雨、人工开挖等。大气降雨将增加坡面雨水入渗，弱化岩土强度，加剧动静水压作用；人工开挖则会改变边坡外形，破坏坡体的力学平衡条件，结合其他外因的共同作用，将引发边坡的变形和破坏。因此，边坡失稳产生滑坡等病害变形和破坏的触发因素包括自然触发和人为触发因素两个方面。总结自然触发因素主要有：大气降雨、风化营力、河流冲刷、水位升降和地震作用等。归纳人为触发因素主要有：开挖卸荷、坡面堆载、地下采空、爆破振动、灌溉入渗和植被破坏等。

10.7.5　系统组成

地质灾害(边坡)安全监测系统组成如图 10.52 所示。

1. 地表位移

地表位移监测是变形监测最直接反映变形监测结构体安全与否的监测项目，是变形监测系统中不可缺少的监测项目。GNSS 位移监测是目前应用范围最广的监测技术，采用的是静态相对定位的测量方式，如图 10.53 所示。

2. 深部位移

测斜仪(如图 10.54、图 10.55)的工作原理是测量测斜管轴线与铅垂线之间的夹角变化，从而计算被测结构在不同深度的水平位移。长期监测过程中，套管从初始位置偏移至新的位置，通过比较初始测量角度与当前实时测量角度得出位移发生的深度及大小，从而提前进行预警，防范事故发生。

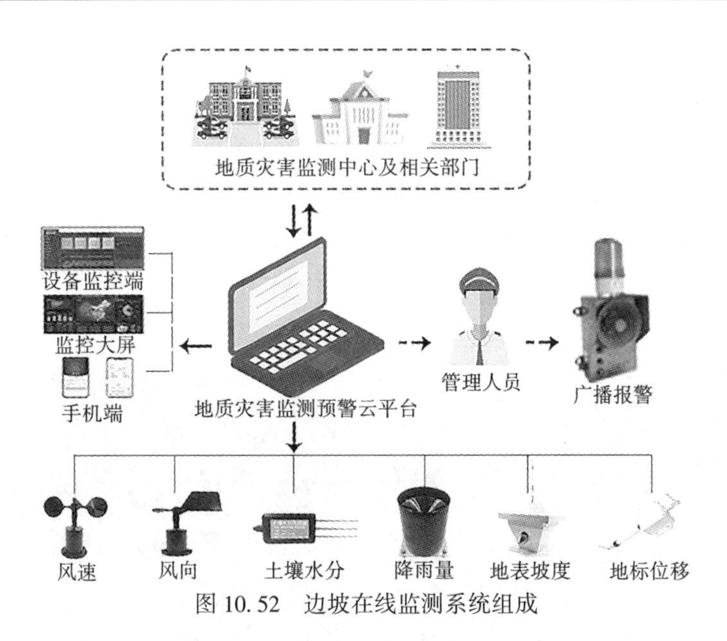

图 10.52 边坡在线监测系统组成

图 10.53 地表位移监测站

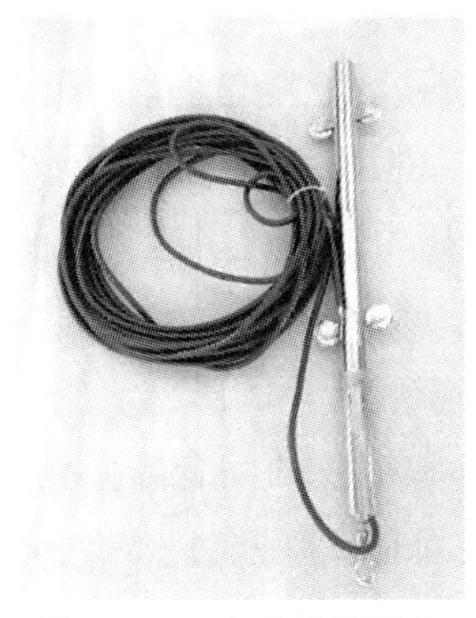

图 10.54 串联式测斜仪

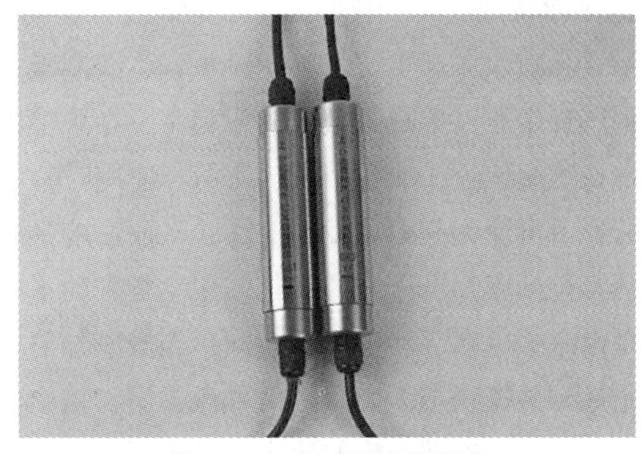

图 10.55 杆式固定测斜仪

3. 地表裂缝

振弦式测缝计(图10.56)由前后端座、保护筒、信号传输电缆、振弦及激振电磁线圈等组成。当被测结构物发生变形时将会带动测缝计变化，通过前、后端座传递给振弦使其产生应力变化，从而改变振弦的振动频率。电磁线圈激振振弦并测量其振动频率，频率信号经电缆传输至读数装置，即可测出被测结构物的变形量。同时可同步测量埋设点的温度值。

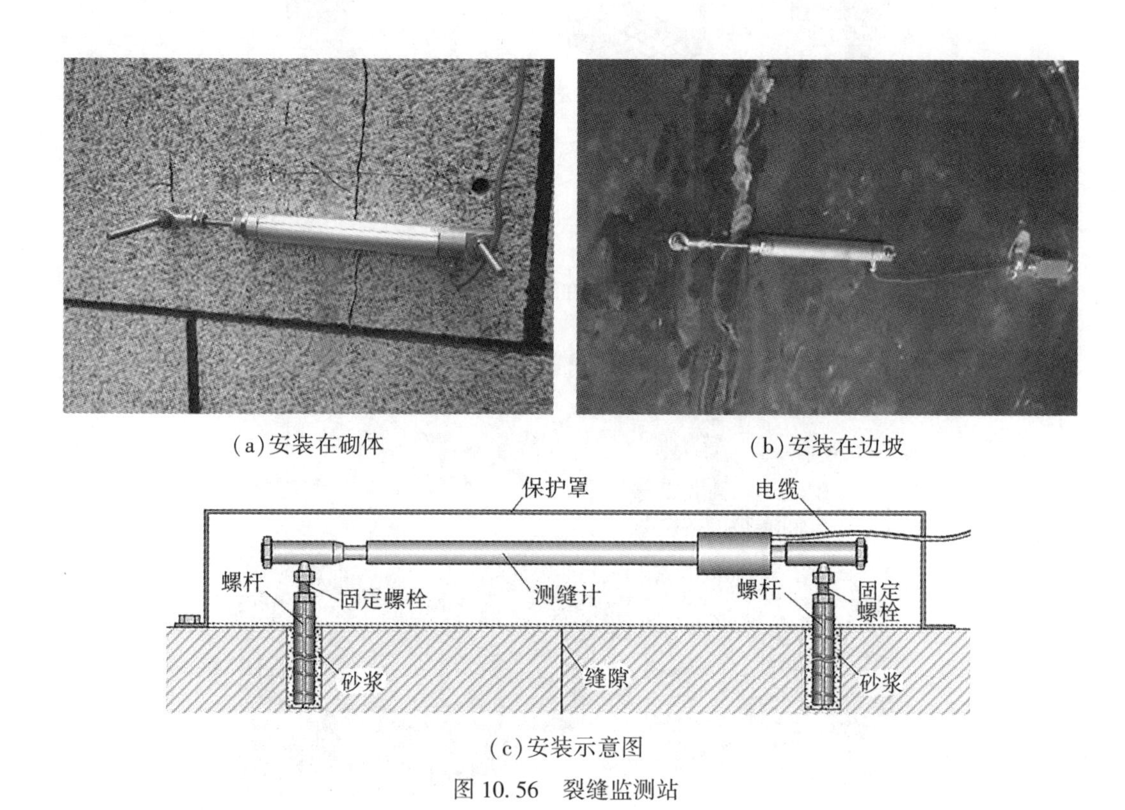

图10.56　裂缝监测站

4. 地下水位

振弦式孔隙水压计主要由不锈钢护管、线圈架、承压膜、高强度钢丝等组成。振弦式孔隙水压计中有一个高灵敏的承压膜片，在膜上固定有一根高强度钢丝，钢丝的另外一端固定在线圈架上，如图10.57所示。使用时，膜片上压力的变化引起膜片变形，这个微小变形量可使钢弦张力发生变化，从而影响钢弦的振动频率，通过测量振荡频率的变化可换算得到膜片上压力的变化。振动频率的平方正比于膜片上的压力。振弦式孔隙水压计是由激振电路驱动传感器线圈，当激励信号的频率和钢弦的固有频率相接近时，钢弦迅速达到共振状态。当激振信号撤去后，钢弦仍以其固有频率振动一段时间。用采集仪表监测电路对振动产生的感应信号进行滤波、放大、整形后采集，通过测量感应信号脉冲周期，即可测得弦的振动频率。

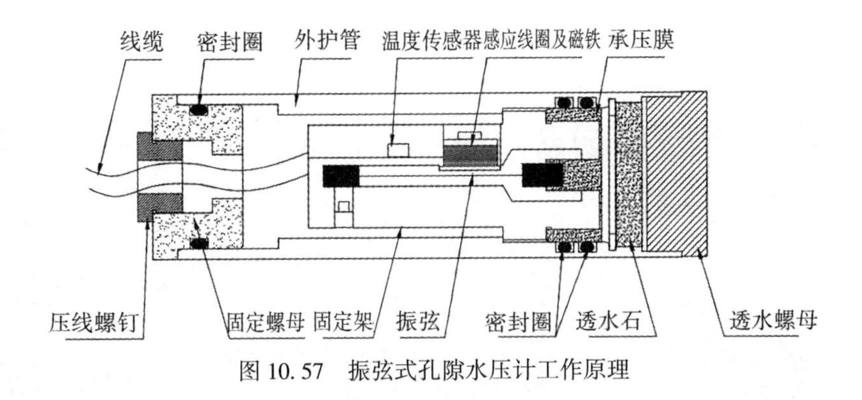

图 10.57 振弦式孔隙水压计工作原理

5. 土压力

振弦式土压力计主要由承压膜、密封盖、感应线圈、高强度钢丝等组成，在承压膜上有两个夹弦器，上面连接钢弦，如图 10.58 所示。使用时，结构物上压力的变化引起承压膜变形，这个微小变形量可使钢弦张力发生变化从而影响钢弦的振荡频率，通过测量振荡频率的变化可换算得到承压膜上压力的变化。

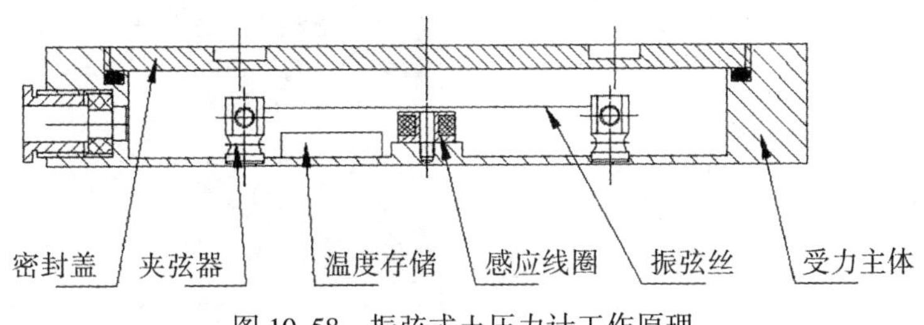

图 10.58 振弦式土压力计工作原理

6. 土壤含水率

土壤含水率的测定是边坡地质灾害监测的一项重要内容，如图 10.59 所示。土壤的内摩擦系数和黏聚力均与土壤的含水率有关，当土壤中含水率增大并趋向饱和时，土壤的黏聚力减小，摩擦阻力也减小，从而导致剪切强度减小。土壤含水量率的变化直接影响边坡体结构的稳定性。

7. 降雨量监测

降雨量监测由安装在监测站的雨量计自动完成，如图 10.60 所示。雨量计的工作原理是：承水器收集—经过进水阀—进入贮水室—水位上升—浮子上升—容栅传感器读取数据—微机控制电路输出无源脉冲(每当降雨量 0.1mm 时，集电极开路电路导通一次，即输出一个脉冲，宽度为 320mm，电平由后面连接的采集器输入电路决定)。如果连续降雨，贮水室的水位继续上升到特定水位的时候，进水电动阀关闭、而后排水电动阀打开，开始放水(放水过程大概12s)；待放水完毕，排水电动阀关闭，同时进水电动阀打开，继续降雨计量。

图10.59　土壤含水率监测站

(a)雨量计外观　　(b)雨量计原理　　(c)降雨量监测站

图10.60　降雨量监测站

练习与思考题

1. 变形监测有何意义？变形监测是如何分级的？
2. 什么是变形异常？变形异常如何处理？
3. 什么是沉降监测？简述深基坑及周边支护结构沉降监测的技术方法和工作程序。
4. 简述基坑沉降的报警值与报警处理。
5. 基础及上部结构的沉降监测周期是如何确定的？
6. 简述水平位移的几种监测方法。
7. 什么是倾斜监测？倾斜监测有哪些方法？
8. 裂缝监测有哪些方法？
9. 三维位移监测有哪些技术方法？可以应用于哪些监测项目？

第 11 章　测绘质量控制与成果提交

11.1　测绘质量管理

测绘质量管理内容包括：测绘产品从技术设计、仪器设备、生产实施直至产品使用全过程的质量管理。

测绘生产质量管理工作的主要任务是：负责测绘生产质量管理的落实措施，测绘产品质量的控制、监督与管理，建立健全测绘产品质量保证体系，制定测绘产品质量规划与计划，进行质量教育，增强质量意识，遵守职业道德，严格执行技术标准，组织测绘产品的检验和评优工作，以及广泛组织开展群众性的质量管理活动等。

11.1.1　测绘生产质量管理

提高测绘生产质量管理水平，确保测绘产品质量，测绘单位从承接测绘任务、组织准备、技术设计、生产作业直至产品交付使用全过程实施质量管理。测绘生产质量管理贯彻"质量第一、注重实效"的方针，以保证质量为中心，满足需求为目标，防检结合为手段，全员参与为基础，促进测绘单位走质量效益型的发展道路。

1. 技术设计与新产品的质量管理

测绘生产单位应坚持先设计后生产，不许边设计边生产，禁止无设计就生产。技术设计中涉及放宽技术标准和改变生产工艺等问题而可能影响到产品质量时，设计书的审批应征求质量管理部门的意见。在生产中应用的新技术、开发的新产品，必须通过正式鉴定，重大技术改进应经上级主管部门批准后方可用于生产。

2. 生产过程中的质量管理

各级领导、管理干部、检验人员应深入作业现场，抓好每个生产环节的质量管理。参加作业及担任各级检查、验收工作的人员，要经过培训考核合格后，方可上岗工作。作业前必须组织有关人员学习技术标准、操作规程和技术设计书，并对生产使用的仪器、设备进行检验的校正。严格执行技术标准，做到有章可依，按章执行，违章必究，不准随意放宽技术标准。作业员对所完成作业的质量要负责到底。

测绘生产基层单位要结合承担的任务，成立质量管理小组，开展各种形式的质量攻关活动。检查或验收人员发现产品中的问题要提出处理意见，交被检验单位改正。当意见分歧时，检查中的问题由测绘生产单位的总工程师(主任工程师)裁决，验收中的问题由测绘生产单位上级行政主管部门的质量管理机构裁定。

测绘单位必须制定完整可行的工序管理流程表，测绘生产单位各工序的产品必须符合相应的技术标准和质量要求，并由质检人员按规定签署意见后，方可转入下一工序使用。下工序有权退回不符合要求的产品，上工序应及时进行改正。重大测绘项目应实施首件产品的质量检验，对技术设计进行验证。

测绘单位应当在关键工序、重点工序设置必要的检验点，实施工序产品质量的现场检查。对检查发现的不合格品，应及时进行跟踪处理，做出质量记录，采取纠正措施。不合格品经返工修正后，应重新进行质量检查；不能进行返工修正的，应予报废并履行审批手续。

要保证测绘仪器、设备、工具和材料(包括航摄底片)的质量，产品的品种、规格和性能满足生产要求。仪器设备要建立定期检修保养制度。

3. 产品使用过程中的质量管理

测绘生产单位交付使用的产品必须是合格产品。测绘单位要主动征求用户对产品质量的意见，建立质量信息反馈网络，并为用户提供咨询服务。测绘单位应对测绘产品质量负责到底，在质量问题上与用户产生分歧且经协商不能解决时，可请相应测绘行政主管部门的质量管理机构裁决。

11.1.2　质量管理机构设置及其职责

1. 测绘单位质量管理机构设置

测绘单位必须建立以质量为中心的技术经济责任制，明确各部门、各岗位的职责及相互关系，规定考核办法，以作业质量、工作质量确保测绘产品质量。必须健全质量管理的规章制度，甲级、乙级测绘资格单位应当设立质量管理或质量检查机构。必须建立内部质量审核制度，经成果质量过程检查的测绘产品，必须通过质量检查机构的最终检查，评定质量等级，编写最终检查报告。

2. 单位行政领导质量管理职责

负责本单位的全面质量管理；建立健全质量保证体系；对全体职工进行经常性的质量意识和职业道德教育；深入生产第一线，检查了解产品质量状况，贯彻有关质量管理法规；保证上交产品质量全部合格；在产品的检查报告上签署意见；对本单位产品质量负责等。

3. 单位总工程师(主任工程师)质量管理职责

负责本单位质量管理方面的技术工作，处理重大技术问题，深入生产第一线，督促生产人员严格执行质量管理制度和技术标准，及时发现和处理作业中带普遍性的质量问题；组织编写和审核技术设计书，并对设计技师负责；审定技术总结和检查报告；组织业务培训，对作业人员和质量检查人员的业务技术水平进行考核等。

4. 单位质量管理检查机构的职责

负责本单位产品的最终检查，编写质量检查报告；负责制订本单位的产品质量计划和质量管理法规的实施细则；经常深入生产第一线，掌握生产过程中的质量状况，并帮助解决作业中的质量问题；组织群众性的质量管理活动；对作业和检查人员进行业务技术考核；收集产品信息等。

5. 单位各级检验人员职责

忠于职守，实事求是，不徇私情，对所检验的产品质量负责；严格执行技术标准和产品质量评定标准；深入作业现场，了解和分析影响质量的因素，督促和帮助生产单位不断提高产品的质量等，并有权越级反映质量问题。

测绘单位应当建立质量奖惩制度。对违章作业，粗制滥造甚至伪造成果的有关责任人；对不负责任，漏检错检甚至弄虚作假、徇私舞弊的质量管理、质量检查人员，依照《测绘质量监督管理办法》相应条款进行处理。

11.2 工程测量成果质量元素及错漏分类

以检查与验收规范为导向，倒推测量过程中的细节，是测绘工作质量管理的一种方法。

以 GB/T 24356—2009《测绘成果质量检查与验收》为例，用成果质量元素、质量子元素，并对每个子元素进行 A、B、C、D 四个级别的错漏分类等指标，然后加权汇总评分，进行检查验收。

表 11.1、表 11.2、表 11.3 分别列出了平面控制测量成果质量元素及错漏分类、高程控制测量成果质量元素及错漏分类和大比例尺地形图成果质量元素及错漏分类。其他工程测量成果质量元素及错漏分类请参考相关规范。

表 11.1　　平面控制测量成果质量元素及错漏分类表

质量元素	质量子元素	验收检查项	错漏分类			
			A 类	B 类	C 类	D 类
数据质量	数学精度	1. 点位中误差与规范及设计书的符合情况； 2. 边长相对中误差与规范及设计书的符合情况	1. 点位中误差超限； 2. 边长相对中误差超限； 3. 测角中误差超限； 4. 方位角闭合差超限			
	观测质量	1. 仪器计量检定和检验项目的齐全性，检验方法的正确性； 2. 观测方法的正确性，观测条件的合理性； 3. GNSS 点水准联测的合理性和正确性； 4. 归心元素、天线高测定方法的正确性； 5. 卫星高度角、有效观测卫星总数、时段中任一卫星有效观测时间、观测时段数、时段长度、数据采样间隔、PDOP 值、钟漂、多路径影响等参数的规范性和正确性； 6. 观测手簿记录和注记的完整性和数字记录、划改的规范性．数据质量检验的符合性； 7. 水平角和导线测距的观测方法，成果取舍和重测的合理性和正确性； 8. 天顶距(或垂直角)的观测方法、时间选择，成果取舍和重测的合理性和正确性； 9. 规范和设计方案的执行情况； 10. 成果取舍和重测的正确性、合理性	1. GNSS 网布设严重不符合设计要求； 2. 原始记录中连环涂改、划改“秒”、“毫米”等观测数据； 3. 天线高量取方法不正确； 4. 仪器参数设置错误，影响计算； 5. 导线曲折度超限，又未得到批准； 6. 违反 GNSS 测量作业基本技术规定； 7. 违反水平角方向观测法技术要求； 8. 违反导线测量主要技术要求； 9. 违反测距的主要技术要求； 10. 其他严重的错漏	1. 成果取舍、重测不合理； 2. 仪器次要技术指标有轻微超限； 3. 电子记录程序的输出格式不规范； 4. 时段划分比例轻微超限； 5. 测量使用仪器设备自检自校项目中非主要项未检或经检验非主要项目技术指标不符合要求； 6. 观测条件不符合规定； 7. 导线测量的导线长度、平均边长、测距相对中误差超限； 8. 记录修改不符合规定； 9. 归心元素测定方法不正确； 10. 其他较重的错漏	1. 观测条件掌握不严，不符合规定； 2. 观测记录中的注记错漏； 3. 其他一般的错漏	其他轻微的错漏
	计算质量	1. 起算点选取的合理性和起始数据的正确性； 2. 起算点的兼容性及分布的合理性； 3. 坐标计算方法的正确性； 4. 数据使用的正确性和合理性； 5. 各项外业验算项目的完整性、方法正确性，各项指标符合性	1. 影响成果质量的计算错误； 2. 坐标系统错误、起算数据错误； 3. 外业验算缺项； 4. 导线各条件自由项超限； 5. 方位角条件闭合差超限； 6. 计算方法错误，采用指标及各类参数错误，计算结果、分析结论不正确； 7. 其他严重的错漏	1. 数据检验后，有关条件不满足要求； 2. 数据剔除不符合规定； 3. 计算中数字修约严重不符合规定； 4. 起算数据或原始观测数据录用错误(毫米级)； 5. 其他较重的错漏	1. 不影响成果质量的计算错误或对结果影响较小的计算错误； 2. 方位角条件自由项大于限差的 4/5； 3. 基线条件自由项大于限差的 4/5； 4. 其他一般的错漏	其他轻微的错漏

续表

质量元素	质量子元素	验收检查项	错漏分类			
			A类	B类	C类	D类
点位质量	选点质量	1. 点位布设及点位密度的合理性； 2. 点位满足观测条件的符合情况； 3. 点位选择的合理性； 4. 点之记内容的齐全、正确性	1. 点位条件完全不符合要求； 2. 其他严重的错漏	1. 漏绘点之记； 2. 点位选择不合理，有高度角大于15度的障碍物，且水平投影大于60度； 3. 其他较重的错漏	1. 点之记内容漏项、缺项； 2. 漏注或错注重要注记或小数点； 3. 选点展点图缺项； 4. 其他一般的错漏	其他轻微的错漏
	埋石质量	1. 埋石坑位的规范性和尺寸的符合性； 2. 标石类型和标石埋设规格的规范性； 3. 标志类型、规格的正确性； 4. 托管手续内容的齐全、正确性	1. 标石规格严重不符合规定； 2. 标石埋设完全不符合要求； 3. 其他严重的错漏	1. 上、下标志中心超限； 2. 标志类型、规格存在明显缺陷； 3. 标志不符合规定； 4. 其他较重的错漏	1. 标石规格或浇注不规范； 2. 标石面埋设倾斜大于10度； 3. 标石外部未整饰； 4. 标石埋设或浇注深度不符合要求； 5. 没有点位托管手续； 6. 其他一般的错漏	其他轻微的错漏
资料质量	整饰质量	1. 点之记和托管手续、观测手簿、计算成果等资料的规整性； 2. 技术总结整饰的规整性； 3. 检查报告整饰的规整性	1. 成果资料文字、数字错漏较多，给成果使用造成严重影响； 2. 其他严重的错漏	1. 成果资料重要文字、数字错漏； 2. 成果文档资料归类、装订不规整； 3. 其他较重的错漏	1. 成果资料装订及编号错漏； 2. 成果资料次要文字、数字错漏； 3. 其他一般的错漏	其他轻微的错漏
	资料完整性	1. 技术总结编写的齐全和完整情况； 2. 检查报告编写的齐全和完整情况； 3. 按《规范》或《设计书》上交资料的齐全性和完整情况	1. 缺主要成果资料； 2. 其他严重的错漏	1. 缺成果附件资料； 2. 缺技术总结或检查报告； 3. 上交资料缺项； 4. 其他较重的错漏	1. 无成果资料清单，或成果资料清单不完整； 2. 技术总结、检查报告内容不全； 3. 其他一般的错漏	其他轻微的错漏

表 11.2　**高程控制测量成果质量元素及错漏分类表**

质量元素	质量子元素	验收检查项	错漏分类			
			A 类	B 类	C 类	D 类
数据质量	数学精度	1. 每公里高差中数偶然中误差的符合性； 2. 每公里高差中数全中误差的符合性； 3. 相对于起算点的最弱点高程中误差的符合性	1. 每公里全中误差超限； 2. 每公里偶然中误差超限； 3. 相对于起算点的最弱点高程中误差超限； 4. GNSS 拟合高程精度超限； 5. 三角高程附合或环形闭合差超限			
	观测质量	1. 仪器、标尺检验项目的齐全性，检验方法的正确性； 2. 测站观测误差的符合性； 3. 测段、区段、路线闭合差的符合性； 4. 对已有水准点和水准路线联测和接测方法的正确性； 5. 观测和检测方法的正确性； 6. 观测条件选择的正确、合理性； 7. 成果取舍和重测的正确、合理性； 8. 记簿计算正确性、注记的完整性和数字记录、划改的规范性	1. 检测已测测段高差的误差超限； 2. 测段、区段、路线高差不符值超限； 3. 仪器、标尺测前、测后和过程未按要求进行检验； 4. 原始记录中连环涂改或修改(毫米级)； 5. 上、下午重站数比例严重超限； 6. 接测点未按要求进行检测； 7. 三角高程测量的测回数、观测方法不正确； 8. 三角高程测量指标差较差、垂直角较差、对向观测高差较差超限； 9. 其他严重的错漏	1. 成果取舍、重测不合理； 2. 仪器、标尺测前、测后和过程检验，次要技术指标超限； 3. 仪器检验项目缺项； 4. 上、下午重站数比例轻微超限； 5. 水准观测视线离地面高度不符合要求； 6. 水准测量路线长度或观测次数不符合要求； 7. 水准观测前后视累积差、前后视较差超限； 8. 其他较重的错漏	1. 原始数据划改不规范； 2. 对结果影响较小的计算错误； 3. 原始观测记录中的注记错漏； 4. 观测条件掌握不严； 5. 其他一般的错漏	其他轻微的错漏
	计算质量	1. 外业验算项目的齐全性，验算方法的正确性； 2. 已知水准点选取的合理性和起始数据的正确性； 3. 环闭合差的符合性	1. 改正项目不全，水准测量外业计算没进行水准标尺长度误差改正、正常水准面不平行改正、路(环)线闭合差改正或高山地区没进行重力异常的归算改正； 2. 验算方法不正确，对结果影响较大的计算错误； 3. 观测成果采用不正确； 4. 环线闭合差超限； 5. 平差软件中数学模型或主要技术指标不符合要求； 6. 起闭点精度不符合要求或起闭点数据或原始观测数据录用错误(厘米级) 7. 其他严重的错漏	1. 外业验算项目缺项； 2. 水准标尺长度误差改正、正常水准面不平行改正、路(环)线闭合差改正或高山地区的重力异常的归算改正错、漏； 3. 起闭点数据或原始观测数据录用错误(毫米级)； 4. 计算中数字修约严重不符合规定； 5. 对结果影响较小的计算错误； 6. 其他较重的错漏	1. 数字修约不规范； 2. 其他一般的错漏	其他轻微的错漏

续表

质量元素	质量子元素	验收检查项	错漏分类			
			A类	B类	C类	D类
点位质量	选点质量	1. 水准路线布设、点位选择及点位密度的合理性； 2. 水准路线图绘制的正确性； 3. 技术设计的合理性和正确性； 4. 点之记内容的齐全、正确性	1. 点位地质、地理条件极差，极不利于保护、稳定和观测； 2. GNSS 拟合高程起算点或水准联测点数量严重不符合规范、设计要求； 3. 其他严重的错漏	1. 点位地理、地质条件不利于保护、稳定和观测； 2. 漏绘点之记； 3. 点位密度不合理； 4. 其他较重的错漏	1. 水准路线图、水准路线结点接测图错漏； 2. 点之记中一般项目内容错误或缺项； 3. 其他一般的错漏	其他轻微的错漏
	埋石质量	1. 标石类型的规范性和标石质量情况； 2. 标石埋设规格的规范性； 3. 托管手续内容齐全性	1. 标石规格极不符合规定； 2. 标石严重倾斜； 3. 标志严重不符合规定； 4. 现场浇注标石未使用模具(非岩石类)； 5. 其他严重的错漏	1. 标石规格不符合规定； 2. 标石倾斜较大； 3. 标志不符合规定； 4. 标石埋设或浇注深度不符合要求； 5. 其他较重的错漏	1. 标石外部整饰不规范； 2. 指示盘或指示碑不规整； 3. 标石规格或浇注不规范标石略有倾斜； 4. 没有点位托管手续； 5. 其他一般的错漏	其他轻微的错漏
资料质量	整饰质量	1. 观测、计算资料整饰的规整性、各类报告、总结、附图、附表、簿册整饰的完整性； 2. 成果资料的整饰规整性； 3. 技术总结整饰的规整性； 4. 检查报告整饰的规整性	1. 成果资料文字、数字错漏较多，给成果使用造成严重影响； 2. 其他严重的错漏	1. 成果资料重要文字、数字错漏； 2. 成果文档资料归类、装订不规整； 3. 其他较重的错漏	1. 成果资料装订及编号错漏； 2. 成果资料次要文字、数字错漏； 3. 其他一般的错漏	其他轻微的错漏
	资料完整性	1. 技术总结、检查报告编写内容的全面性及正确性； 2. 提供成果资料项目的齐全性	1. 缺主要成果资料； 2. 其他严重的错漏	1. 缺成果附件资料； 2. 缺技术总结或检查报告； 3. 上交资料缺项； 4. 其他较重的错漏	1. 无成果资料清单，或成果资料清单不完整； 2. 技术总结、检查报告内容不全； 3. 其他一般的错漏	其他轻微的错漏

表 11.3　**大比例尺地形图成果质量元素及错漏分类表**

质量元素	质量子元素	验收检查项	错漏分类			
			A类	B类	C类	D类
数学精度	数学基础	1. 坐标系统、高程系统的正确性； 2. 各类投影计算、使用参数的正确性； 3. 图根控制测量精度； 4. 图廓尺寸、对角线长度、格网尺寸的正确性； 5. 控制点间图上距离与坐标反算长度较差	1. 坐标或高程系统采用错误、独立坐标系统投影计算或改算错误； 2. 平面或高程起算点使用错误； 3. 图根控制测量精度超限			
	平面精度	1. 平面绝对位置中误差； 2. 平面相对位置中误差； 3. 接边精度	1. 地物点平面绝对位置中误差超限； 2. 相对位置中误差超限； 3. 接边中误差超限			
	高程精度	1. 高程注记点高程中误差； 2. 等高线高程中误差； 3. 接边精度	1. 高程注记点高程中误差超限； 2. 等高线高程插求点高程中误差超限； 3. 接边中误差超限			
数据及结构正确性		1. 文件命名、数据组织正确性； 2. 数据格式的正确性； 3. 要素分层的正确性、完备性； 4. 属性代码的正确性； 5. 属性接边质量	1. 数据无法读取或数据不齐全； 2. 文件命名、数据格式错误； 3. 属性代码普遍不接边； 4. 漏有内容的层或数据层名称错误； 5. 其他严重的错漏	1. 数据组织不正确； 2. 部分属性代码不接边； 3. 其他较重的错漏	1. 个别属性代码不接边； 2. 其他一般的错漏	其他轻微的错漏

续表

质量元素	质量子元素	验收检查项	错漏分类			
			A类	B类	C类	D类
地理精度		1. 地理要素的完整性与正确性； 2. 地理要素的协调性； 3. 注记和符号的正确性； 4. 综合取舍的合理性； 5. 地理要素接边质量	1. 注记普遍错漏达到20%以上； 2. 县及以上境界错漏达图上15cm； 3. 错漏比高在2倍等高距以上，图上长度超过15cm的陡坎； 4. 漏绘面积超过图上$4cm^2$的二层及以上房屋，$6cm^2$的一层房屋； 5. 图幅普遍不接边，或等级河流、道路和县级及县级以上境界等要素不接边； 6. 存在普遍的综合取舍不合理； 7. 地貌表示严重失真； 8. 漏绘一组等高线； 9. 其他严重的错漏	1. 双线河、双线道路、乡镇级居民地名称错漏； 2. 行政村及以上行政名称错漏； 3. 图根点密度、埋石点数量不符合设计或规范要求； 4. 注记错漏达10%~20%； 5. 有方位意义的重要独立地物错漏； 6. 管线（30cm以上）类别、转折点错漏； 7. 高程注记点密度与规定不符； 8. 地物、地貌各要素主次不分明，线条不清晰，位置不准确，交待不清楚，造成判读困难； 9. 各种地物、地貌符号用错； 10. 多数特征位置漏注高程注记； 11. 比高在2倍等高距以上，图上长度超过10cm的陡坎错漏； 12. 自然及人工水体及其主要附属物错漏； 13. 较高经济价值的植被图上$15cm^2$错漏； 14. 漏绘面积图上$2cm^2$二层及以上房屋，$4cm^2$的一层房屋； 15. 乡及以上境界错漏达图上10cm； 16. 主要地物、地貌不接边； 17. 漏绘高压线、通讯线超过图上5cm； 18. 漏绘垣栅超过图上5cm； 19. 标石完好的国家等级控制点，在图上标注错漏； 20. 漏绘双线道路或水系超过图上10cm； 21. 主要地物、地貌明显的综合取舍不合理； 22. 其他较重的错漏	1. 错漏比高在2倍等高距以上，图上长度超过5cm的陡坎； 2. 双线道路路面材料错漏； 3. 水系流向错漏； 4. 错漏小片明显特征地貌； 5. 漏绘双线道路或水系超过图上5cm、双线桥梁及其附属建筑物； 6. 错漏较高经济价值的植被图上$10cm^2$； 7. 漏绘面积达图上$1cm^2$二层及以上房屋，$2cm^2$的一层房屋； 8. 漏绘垣栅超过图上2cm； 9. 自然村及以下地名错漏； 10. 其他一般的错漏	其他轻微的错漏

续表

质量元素	质量子元素	验收检查项	错漏分类			
			A 类	B 类	C 类	D 类
整饰质量		1. 符号、线划、色彩质量； 2. 注记质量； 3. 图面要素协调性； 4. 图面、图廓外整饰质量	1. 图名、图号同时错漏； 2. 符号、线划、注记规格与图式严重不符； 3. 其他严重的错漏	1. 图廓整饰明显不符合图式规定； 2. 图名或图号错漏； 3. 部分符号、线划、注记规格不符合图式规定； 4. 其他较重的错漏	1. 图廓整饰不符合图式规定； 2. 符号、线划、注记规格不符合图式规定； 3. 漏绘注记、符号； 4. 其他一般的错漏	其他轻微的错漏
附件质量		1. 元数据文件的正确性、完整性； 2. 检查报告、技术总结内容的全面性及正确性； 3. 成果资料的齐全性； 4. 各类报告、附图(接合图、网图)、附表、簿册整饰的规整性； 5. 资料装帧	1. 缺主要成果资料； 2. 其他严重的错漏	1. 缺成果附件资料； 2. 缺技术总结或检查报告； 3. 上交资料缺项； 4. 其他较重的错漏	1. 无成果资料清单，或成果资料清单不完整； 2. 技术总结、检查报告内容不全； 3. 其他一般的错漏	其他轻微的错漏

11.3 测绘成果检查验收和质量评定

测量任务完成后，应按照 GB/T 24356—2009《测绘成果质量检查与验收》进行检查和验收并编写检查验收报告。然后进行质量评定。

测绘成果实行过程检查、最终检查和验收的“二级检查一级验收”制度。过程检查由生产单位检查人员承担，最终检查由生产单位的质量管理机构负责实施，验收工作由任务的委托单位组织实施，或由该单位委托具有检验资格的检验机构验收。

11.3.1 测绘成果整理提交

1. 技术总结

技术总结是在测量任务完成后，对技术设计书和技术标准执行情况、技术方案、作业方法、技术的应用、完成质量和主要问题的处理等进行分析和总结。它是与测绘成果有直接关系的技术性文件，是永久保存的重要技术档案。

技术总结按照要求编写，并由单位主要技术负责人审核签名，方可上交。

2. 资料提交

经过检查验收后的控制测量成果，应按路线进行清点整理、装订成册、编制目录，开列清单，上交资料管理部门。

1)上交资料的要求

数据文件应正确、完整，文档资料规范、清晰且满足以下基本要求：

(1)即时性：随时记录和反映项目的设计与实施以及数据生产各环节中遇到的各种问题。

(2)一致性：技术设计及生产过程的前后工序之间以及与其他相关标准之间的名词、术语、符号、计算单位等均应与有关法规和标准保持协调一致，同一项目中文档的内容应协调一致，不能有矛盾。

(3)完整性：要求的文档资料应齐全、完整。

(4)可读性：文字简明扼要，公式、数据及图表准确，便于理解和使用。

(5)真实性：内容真实，对技术方案、作业方法和成果质量应做出客观的分析和评价。

凡资料不全或数据不完整者，承担检查或验收的单位有权拒绝检查验收。

2)控制测量上交资料

(1)技术设计书；

(2)点之记的纸质文本及其数字化后的电子文本；

(3)线路图、节点接测图及其数字化后的电子文本；

(4)测量标志委托保管书(2 份)；

(5)全站仪、水准仪、GNSS 接收机、水准标尺检验资料及标尺长度改正数综合表；

(6)观测手簿、磁盘、光盘等能长期保存的其他介质，重力测量资料(如有)；

(7)测量外业概算和精度估算(2 份)；

(8)外业计算资料；

(9)外业技术总结；

(10)检查报告。

3)地形图上交资料

(1)项目设计书、技术设计书、技术总结等；

(2)成果说明文件；

(3)数据文件，包括原始数据文件、图根点成果文件、碎部点成果文件、图廓内外整饰信息文件、元数据文件等；

(4)地形图图形文件；

(5)输出的检查图；

(6)检查报告。

11.3.2　测绘成果检查与验收

检查、验收记录包括质量问题的记录、问题处理的记录以及质量评定的记录等。记录必须及时、认真、规范、清晰。检查、验收工作完成后，须编写检查、验收报告。

1. 内业检查与验收

1)各等级控制测量(平面和高程)成果的检验

检验内容包括控制网点的密度、位置的合理性；标石的类型和质量；手簿的记录和注记的正确、完备性；电子记录格式的正确性和输出格式的标准化程度；各项误差与限差的符合情况；各项验算的正确性、资料的完整性等，以及对控制网平差计算采用的软件的检验。

2)各种数据文件的检验

(1)数据采集原始信息资料的可靠性、正确性检验是检查、验收的重要内容之一，它包括对数据采集原始数据文件、图根点成果文件和碎部点成果文件的检查。

(2)图根点、碎部点成果文件的检验，即是对所有图根点和碎部点的三维坐标成果检验核对。

(3)仪器设备检验的项目、方法、结论和计量核定等方面的原始记录和文件的检查。

3)各项电子成果资料的检查验收

数字测图的大部分成果是存储在计算机中的图形文件，除特殊需要须将成果输出外，多数情况下均是用计算机进行处理、传输、共享及提交的。因此，在数字测图成果的检查、验收中，电子成果资料的检查、验收是必不可少的关键环节。

大体上，数字测图电子成果资料的检查、验收包括以下内容：

(1)属性精度的检测：

①检查各个层的名称是否正确，是否有漏层。

②逐层检查各属性表中的属性项是否正确，有无遗漏。

③按地理实体的分类、分级等语义属性检索，在屏幕上将检测要素逐一显示，并与

要素分类代码核对来检查属性的错漏，用抽样点检查属性值、代码、注记的正确性。

④检查公共边的属性值是否正确。

(2)逻辑一致性检测：

①用相应软件检查各层是否建立拓扑关系及拓扑关系的正确性。

②检查各层是否有重复的要素。

③检查有向符号和有向线状要素的方向是否正确。

④检查多边形闭合情况，标识码是否正确。

⑤检查线状要素的节点匹配情况。

⑥检查各要素的关系表示是否合理，有无地理适应性矛盾，是否能正确反映各要素的分布特点和密度特征。

⑦检查水系、道路等要素是否连续。

(3)整饰质量检查：

①检查各要素是否正确，尺寸是否符合图式规定。

②检查图形线划是否连续光滑、清晰，粗细是否符合规定。

③检查要素关系是否合理，是否有重叠、压盖现象。

④检查各名称注记是否正确，位置是否合理，指向是否明确，字体、字大、字向是否符合规定。

⑤检查注记是否压盖重要地物或点状符号。

⑥检查图面配置、图廓内外整饰是否符合规定。

2. 外业检查与验收

外业检查是在内业检查的基础上进行的，重点检测数字地形图的测量精度，包括数学精度的检测和地理精度的检测。

数字地形图平面检测点应是均匀分布，随机选取的明显地物点。平面和高程检测点数量视地物复杂程度等具体情况确定，每幅图一般选取20~50个点。

检测点的平面坐标和高程采用外业散点法按测站点精度施测，用钢尺或测距仪量测相邻地物点距离，量测边数每幅图一般不少于20处。检测中如发现被检测的地物点和高程点具有粗差时，应视其情况重测。当一幅图检测结果算得的中误差超过“地形图精度”的有关规定，应分析误差分布的情况，再对邻近图幅进行抽查。中误差超限的图幅应重测。

11.3.3 测绘成果质量评定

测绘成果在检查验收以后，应按照GB/T 24356—2009《测绘成果质量检查与验收》要求进行质量评定。

1. 质量评分方法

1)数学精度评分方法

采用表11.4规定的分段直线内插的方法计算质量分数；多项数学精度评分时，单项数学精度得分均大于60分时，取其算术平均值或加权平均。

表 11.4　　**数学精度评分标准**

数学精度值	质量分数
$0 \leqslant M \leqslant 1/3 \times M_0$	$S=100$ 分
$1/3 \times M_0 < M \leqslant 1/2M_0$	90 分$\leqslant S<100$ 分
$1/2 \times M_0 < M \leqslant 3/4 \times M_0$	75 分$\leqslant S<90$ 分
$3/4 \times M_0 < M \leqslant M_0$	60 分$\leqslant S<75$ 分

注：M 为成果中误差的绝对值；
S 为质量分数(分数值根据数学精度的绝对值所在区间进行内插)。

其中：

$$M_0 = \pm \sqrt{{m_1}^2 + {m_2}^2} \tag{11-1}$$

式中：M_0 为允许中误差的绝对值；m_1 为规范或相应技术文件要求的成果中误差；m_2 为检测中误差(高精度检测时取 $m_2=0$)。

2)成果质量错漏扣分标准

成果质量错漏扣分标准按表 11.5 执行。其中“差错类型”来自上一节的“成果质量错漏分类表”。

表 11.5　　**成果质量错漏扣分标准**

差错类型	扣分值
A 类	42 分
B 类	$12/t$ 分
C 类	$4/t$ 分
D 类	$1/t$ 分

注：一般情况下取 $t=1$。需要调整时，以困难类别为原则，按《测绘生产困难类别细则》进行调整(平均困难类别 $t=1$)。

3)质量子元素评分方法

(1)数学精度：根据成果数学精度值的大小，按要求评定数学精度的质量分数，即得到 S_2。

(2)其他质量子元素：首先将质量子元素得分预置为 100 分，根据要求对相应质量子元素中出现的错漏逐个扣分。S_2 的值按式(11-2)计算。

$$S_2 = 100 - \left[a_1 \times \frac{12}{t} + a_2 \times \frac{4}{t} + a_3 \times \frac{1}{t}\right] \tag{11-2}$$

式中：S_2 为质量子元素得分；a_1、a_2、a_3 为质量子元素中相应的 B 类错漏、C 类错漏、D 类错漏个数；t 为扣分值调整系数。

4)质量元素评分方法

采用加权平均法计算质量元素得分。S_1 的值按式(11-3)计算。

$$S_1 = \sum_{i=1}^{n} (S_{2i} \times p_i) \tag{11-3}$$

式中：S_1、S_{2i}为质量元素、相应质量子元素得分；p_i 为相应质量子元素的权；n 为质量元素中包含的质量子元素个数。

5)单位成果质量评分

采用加权平均法计算单位成果质量得分。S 的值按式(11-4)计算：

$$S = \sum_{i=1}^{n} (S_{1i} \times p_i) \tag{11-4}$$

式中：S、S_{1i}为单位成果质量、质量元素得分；p_i 为相应质量元素的权；n 为单位成果中包含的质量元素个数。

2. 单位成果质量评定

(1)当单位成果出现以下情况之一时，即判定为不合格：

①单位成果中出现 A 类错漏；

②单位成果高程精度检测、平面位置精度检测及相对位置精度检测，任一项粗差比例超过 5%；

③质量子元素中质量得分小于 60 分。

(2)根据单位成果的质量得分，按表 11.6 划分质量等级。

表 11.6　**单位成果质量等级评定标准**

质量等级	质量得分
优	$S \geqslant 90$ 分
良	75 分 $\leqslant S < 90$ 分
合格	60 分 $\leqslant S < 75$ 分
不合格	$S < 60$ 分

练习与思考题

1. 测绘质量管理包括哪些内容？
2. 测绘生产质量管理工作的主要任务是什么？
3. 简述质量管理机构设置及其职责。
4. 测绘成果整理提交的资料有哪些？其要求是什么？
5. 内外业检查验收各包括哪些内容？
6. 简述测绘质量评分方法。
7. 简述测绘成果等级标准。

附录A　零基础测、算、绘三大技能培训方案

（线上虚拟仿真+线下实物测量仪器）

培训时间30天：线上20天，线下10天

一、线上虚拟仿真测、算、绘三大技能训练所用软件

如附图1所示，虚拟仿真测绘技能训练需要使用三个软件：①虚拟仿真测绘系统PC机软件；②MSMT手机软件；③SouthMap数字测图PC机软件。

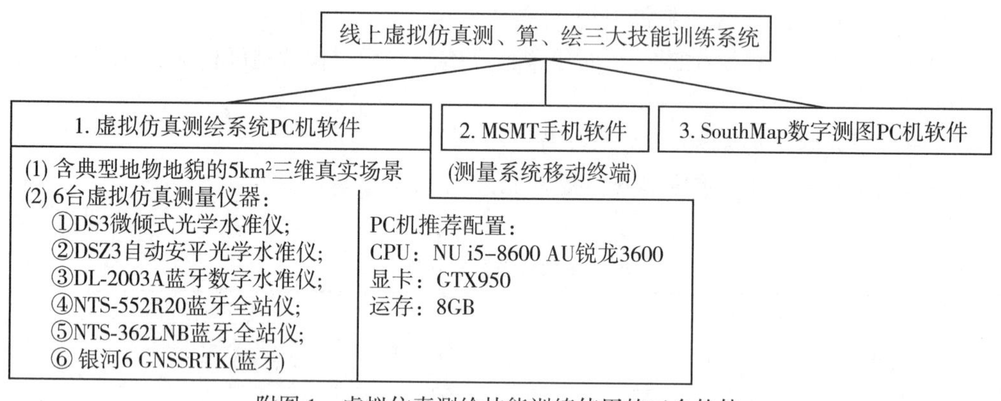

附图1　虚拟仿真测绘技能训练使用的三个软件

测绘技能包括测量、计算、绘图技能，简称测、算、绘三大技能，使用附图1的三个软件训练学员测、算、绘三大技能的内容如下：

"测量"技能训练：用MSMT的相应程序，蓝牙启动虚拟数字水准仪、全站仪、GNSS RTK采集观测数据，当使用虚拟光学水准仪时，需要人工读取虚拟光学水准仪视场的水准尺读数，手工输入MSMT水准测量文件的记录手簿。

"计算"技能训练：用MSMT的相应程序，进行单一导线的近似平差计算、平面网的间接平差计算（严密平差）、秩亏自由网平差计算、交通施工测量计算（含隧道超欠挖测量计算）。

"绘图"技能训练：用MSMT的**地形图测绘**程序，蓝牙启动虚拟全站仪或虚拟GNSS RTK采集碎部点的三维坐标，并赋值源码，在南方SouthMap展绘MSMT导出的展点文件，实现地物自动分层及其连线。

MSMT手机软件测量、计算、绘图成果都可以通过移动互联网QQ或微信发送给好友，实现移动互联网信息化测量。

1. 虚拟仿真测绘系统 PC 机软件

该软件由含典型地物地貌、面积约为 5km^2 的三维真实场景+6 台虚拟测量仪器组成，用户可以在虚拟场景中选择一款虚拟测量仪器，按真实的操作步骤进行对中、整平及其读数训练。

2. MSMT 手机软件

MSMT 手机软件的英文全称是 Measuring System Mobile Terminal（测量系统移动终端），如附图 2 所示，其项目主菜单有 28 个程序模块，可以进行测、算、绘三大技能训练，实现移动互联网信息化测量。

附图 2　南方 MSMT 的 28 个程序模块

3. SouthMap 数字测图 PC 机软件

在 AutoCAD 平台技术研发的 GIS 前端数据处理系统，能应用于地形成图、地籍成图、工程测量应用、空间数据建库和更新、市政监管等领域。

二、水准测量技能训练

水准测量技能训练内容包括：水准仪粗平的原理与方法，微倾式水准仪管水准气泡居中的原理与方法，厘米分划区格式水准尺读数原理，各等级水准测量的原理与方法。

1. 微倾式光学水准仪测量与读数原理训练

如附图 3 所示，在虚拟仿真测绘系统软件中，安置虚拟 DS_3 微倾式水准仪，可以训练下列基础技能：

附图3　虚拟 DS_3 微倾式水准仪圆水准气泡、管水准器符合气泡、望远镜瞄准厘米分划区格式水准尺读数视场

(1)右手大拇指旋转脚螺旋方向为圆水准气泡运动方向，左手食指旋转脚螺旋方向为圆水准气泡运动方向。

(2)完成虚拟水准仪粗平后，旋转微倾螺旋，使管水准气泡双边影像符合。

(3)厘米分划区格式虚拟水准尺的读数原理与方法。

2. 使用光学水准仪展开水准测量及其近似平差训练

(1)在安卓手机上启动 MSMT 软件，点击 **水准测量** 按钮，新建一个光学水准仪、四等水准测量文件，执行最近新建文件的【测量】命令，进入一站水准测量观测界面。

(2)国家水准测量规范要求的每站观测顺序(后后前前)，依次从虚拟水准仪望远镜视场读取相应的读数；使用手机数字键，依次输入观测数据，完成一站水准测量观测后，点击 保存搬站 按钮，进入下一站观测界面。

(3)如果水准测量文件是观测一条闭合或附合水准路线，完成水准路线观测后，在水准测量文件界面点击文件名，并在弹出的快捷菜单中点击【近似平差】，输入闭合或附合水准路线已知点高程，完成近似平差计算。

(4)点击文件名，在弹出的快捷菜单点击【导出 Excel 成果文件】命令，程序在手机内置 SD 卡的工作文件夹生成本文件的 xls 格式成果文件，点击 **发送** 按钮，通过手机的移动互联网 QQ 或微信发送给好友。

附图4所示98站四等水准成果，由同学在虚拟仿真测绘系统操作虚拟 DS_3 微倾式水准仪观测并读数，输入 MSMT 水准测量记录表格。98站闭合水准路线的闭合差为11mm，这说明虚拟仿真测绘系统的高程系统尺度正确，虚拟 DS_3 微倾式水准仪达到了仿真效果。附图5为导出的 Excel 成果文件案例单一附合水准路线近似平差成果。

	A	B–C	D–E	F	G	H	I	J	K	L
1	四等水准测量观测手簿(DS3,上下丝)									
2	测自 gp01 至 gp01　日期：2021/03/21　开始时间：10:52:08　结束时间：18:13:55　天气：晴　成象：清晰									
3	仪器型号：虚拟DS3微倾式水准仪　仪器编号：123456　观测者：20建工2班卓海越　记录员：19造价1班黄国宇									
4	测站编号	后尺 上丝	前尺 上丝	方向及尺号	中丝读数		K+黑-红	高差中数	高差中数累积值∑h(m) 路线长累积值∑d(m) 及保存时间	水准测段统计数据
5		下丝	下丝							
6		后视距	前视距		黑面	红面				
7		视距差d	Σd							
8	1	1626	1498	后尺A	1575	6263	-1		∑h(m)=0.13200	
9		1524	1389	前尺B	1443	6231	-1		∑d(m)=21.1	测段起点名：gp01
10		10.2	10.9	后-前	132	32	0	132	保存时间：2021/03/21/ 10:52	
11		-0.7	-0.7							
12	2	2072	586	后尺B	2035	6824	-2		∑h(m)=1.61500	
13		1999	521	前尺A	553	5240	0		∑d(m)=34.9	
14		7.3	6.5	后-前	1482	1584	-2	1483	保存时间：2021/03/21/ 11:02	
15		0.8	0.1							
16	3	2053	469	后尺A	2024	6711	0		∑h(m)=3.19900	
17		1994	412	前尺B	440	5227	0		∑d(m)=46.5	
18		5.9	5.7	后-前	1584	1484	0	1584	保存时间：2021/03/21/ 11:05	
19		0.2	0.3							
20	4	2649	1501	后尺B	2620	7406	1		∑h(m)=4.35100	
21		2592	1434	前尺A	1467	6155	-1		∑d(m)=58.9	
22		5.7	6.7	后-前	1153	1251	2	1152	保存时间：2021/03/21/ 11:08	
23		-1.0	-0.7							
24	5	2134	1278	后尺A	2106	6794	-1		∑h(m)=5.20450	
25		2080	1227	前尺B	1253	6040	0		∑d(m)=69.4	
26		5.4	5.1	后-前	853	754	-1	853.5	保存时间：2021/03/21/ 11:11	
27		0.3	-0.4							
28	6	1886	1172	后尺B	1850	6637	0		∑h(m)=5.91550	
29		1814	1108	前尺A	1139	5826	0		∑d(m)=83.0	
30		7.2	6.4	后-前	711	811	0	711	保存时间：2021/03/21/ 11:13	
31		0.8	0.4							
32	7	2184	907	后尺A	2103	6791	-1		∑h(m)=7.19050	
33		2023	750	前尺B	829	5615	1		∑d(m)=114.8	
34		16.1	15.7	后-前	1274	1176	-2	1275	保存时间：2021/03/21/ 11:15	
35		0.4	0.8							
392	97	2182	474	后尺A	2071	6758	0		∑h(m)=0.37600	
393		1956	239	前尺B	357	5143	1		∑d(m)=2028.3	
394		22.6	23.5	后-前	1714	1615	-1	1714.5	保存时间：2021/03/21/ 18:12	
395		-0.9	-1.5							
396	98	1492	1875	后尺B	1320	6108	-1		∑h(m)=-0.01100	测段终点名：gp01
397		1150	1538	前尺A	1708	6394	1		∑d(m)=2096.2	测段高差h(m)=36.7695
398		34.2	33.7	后-前	-388	-286	-2	-387	保存时间：2021/03/21/ 18:13	测段水准路线长L(m)
399		0.5	-1.0							=679.7

水准测量观测手簿 / 近似平差L / 近似平差n

附图 4　导出的 Excel 成果文件【水准测量观测手簿】选项卡的内容

	A	B	C	D	E	F
1	单一水准路线近似平差计算(按路线长L平差)					
2	点名	路线长L(km)	高差h(m)	改正数V(mm)	h+V(m)	高程H(m)
3	gp01	0.3858	-6.5695	2.0245	-6.5675	43.7200
4	08	0.3046	-29.5970	1.5984	-29.5954	37.1525
5	09	0.2025	-11.1415	1.0626	-11.1404	7.5571
6	10	0.5236	10.5275	2.7476	10.5302	-3.5833
7	11	0.6797	36.7695	3.5668	36.7731	6.9469
8	gp01					43.7200
9	∑	2.0962	-0.0110	11.0000		43.7200
10	闭合差	-11.0000				
11	限差(mm)	平原:28.9565				

水准测量观测手簿 / 近似平差L / 近似平差n

	A	B	C	D	E	F
1	单一水准路线近似平差计算(按测站数n平差)					
2	点名	测站数n	高差h(m)	改正数V(mm)	h+V(m)	高程H(m)
3	gp01	24	-6.5695	2.6939	-6.5668	43.7200
4	08	22	-29.5970	2.4694	-29.5945	37.1532
5	09	8	-11.1415	0.8980	-11.1406	7.5587
6	10	18	10.5275	2.0204	10.5295	-3.5819
7	11	26	36.7695	2.9184	36.7724	6.9476
8	gp01					43.7200
9	∑	98	-0.0110	11.0000		43.7200
10	闭合差fh(mm)	-11.0000				

水准测量观测手簿 / 近似平差L / 近似平差n

附图 5　导出的 Excel 成果文件【近似平差 L】和【近似平差 n】选项卡的内容

①使用 MSMT 手机软件记录水准测量数据的好处是，程序自动按国家水准测量规范的要求对每站观测数据进行测站检核，如果超限，程序给出超限提示，确保了每站观测数据一定符合国家规范要求；②与学员在真实场景使用真实光学水准仪测量时，每站记录计算和导出水准路线测量文件的操作方法是相同的。确保了使用虚拟仿真系统训练内容与真实场景测量内容的一致性。

3. 使用虚拟 DL-2003A 数字水准仪进行水准测量及其近似平差训练

如附图 6 所示：

(1)在 MSMT 主菜单点击 水准测量 按钮，新建一个数字水准仪、一等水准测量文件，执行最近新建文件的【测量】命令，进入一站水准测量观测界面。

(2)点击粉红色 蓝牙读数 按钮，完成手机与虚拟 DL-2003A 数字水准仪的蓝牙连接后，变成蓝色 蓝牙读数 按钮，并返回测量界面。

(3)使虚拟 DL-2003A 数字水准仪瞄准后视虚拟条码尺，点击 蓝牙读数 按钮，蓝牙启动虚拟 DL-2003A 测量，测量结果自动填入水准测量记录表格的相应栏；完成一站水准测量观测后，点击 保存搬站 按钮，进入下一站观测界面。完成水准路线测量后，点击 结束测段 按钮，返回文件列表界面。

(4)点击文件名，在弹出的快捷菜单点击【导出 Excel 成果文件】命令，程序在手机内置 SD 卡的工作文件夹生成本文件的 xls 格式成果文件，点击 发送 按钮，通过手机的移动互联网 QQ 或微信发送给好友。

附图 6　虚拟 DL-2003A 数字水准仪圆水准气泡、管水准器符合气泡、望远镜瞄准条码水准尺视场

附图 7 为导出 14 站一等水准观测手簿选项卡内容，是由同学在虚拟仿真测绘系统操作虚拟 DL-2003A 数字水准仪照准虚拟条码尺，操作 MSMT 水准测量程序蓝牙启动虚拟 DL-2003A 数字水准仪读数，程序自动记入观测表格。14 站闭合水准路线的闭合差为 0. 259mm，这说明虚拟仿真测绘系统的高程系统尺度正确，虚拟 DL-2003A 数字水准仪达到了仿真效果。

①与虚拟光学水准仪比较，使用虚拟数字水准仪 DL-2003A 测量时，每次观测只需点击“蓝牙读数”按钮即可自动提取观测数据；②与学员在真实场景，使用实物 DL-2003 数字水准仪观测时，其操作方法是相同的。

一等水准测量观测手簿

测自　GP01　至　GP01　　日期：2021/03/24　　开始时间：16:16:59　　结束时间：16:48:50　　天气：晴　　成象：清晰

测量方向：往测　　温度：24　　云量：多云　　风向风速：东 0级(无风0~0.2m/s)　　道路土质：坚实土　　太阳方向：前

仪器型号：虚拟仿真DL-2003A数字水准仪 仪器编号：A123456 观测者：19级建筑工程4班陈润锋 记录员：19级建筑工程4班陈培铭

、	后尺 后视距 视距差d	前尺 前视距 Σd	方向及尺号	中丝读数 一次	中丝读数 二次	一次减二次	高差中数	高差中数累积值∑h(m) 路线长累积值∑d(m) 及保存时间	水准测段统计数据
1			后尺A	1.07077	1.07076	0.10		∑h(m)=-0.286039	测段起点名：GP01
			前尺B	1.35681	1.356797	0.13		∑d(m)=21.407	
	11.083	10.324	后-前	-0.286040	-0.286037	-0.03	-0.286039	保存时间：2021/03/24/ 16:16	
	0.759	0.759							
2			后尺B	0.383753	0.38376	-0.07		∑h(m)=-1.529229	测段中间点名：GP02
			前尺A	1.626947	1.626947	0.00		∑d(m)=58.002	测段高差h(m) =-1.529229
	18.411	18.184	后-前	-1.243194	-1.243187	-0.07	-1.243190	保存时间：2021/03/24/ 16:21	测段水准路线长L(m) =58.002
	0.227	0.986							测段站数n = 2
3			后尺A	1.505377	1.505297	0.80		∑h(m)=-1.671837	
			前尺B	1.647943	1.647947	-0.04		∑d(m)=86.121	
	14.487	13.632	后-前	-0.142566	-0.142650	0.84	-0.142608	保存时间：2021/03/24/ 16:23	
	0.855	1.841							
4			后尺B	1.021637	1.021643	-0.06		∑h(m)=-2.019794	
			前尺A	1.369603	1.36959	0.13		∑d(m)=109.669	
	12.259	11.289	后-前	-0.347966	-0.347947	-0.19	-0.347957	保存时间：2021/03/24/ 16:25	
	0.970	2.811							
5			后尺A	1.43446	1.434463	-0.03		∑h(m)=-2.141636	
			前尺B	1.556307	1.5563	0.07		∑d(m)=152.993	
	21.232	22.092	后-前	-0.121847	-0.121837	-0.10	-0.121842	保存时间：2021/03/24/ 16:29	
	-0.860	1.951							
6			后尺B	1.257683	1.257693	-0.10		∑h(m)=-2.197233	测段中间点名：GP02
			前尺A	1.31328	1.31329	-0.10		∑d(m)=186.509	测段高差h(m) =-0.668004
	16.773	16.743	后-前	-0.055597	-0.055597	0.00	-0.055597	保存时间：2021/03/24/ 16:34	测段水准路线长L(m) =128.507
	0.030	1.981							测段站数n = 4
7			后尺A	1.521347	1.521337	0.10		∑h(m)=-2.158264	
			前尺B	1.48237	1.482377	-0.07		∑d(m)=207.272	
	10.419	10.344	后-前	0.038977	0.038960	0.17	0.038969	保存时间：2021/03/24/ 16:35	
	0.075	2.056							
8			后尺B	1.424253	1.42427	-0.17		∑h(m)=-2.201903	测段中间点名：GP03
			前尺A	1.467897	1.467903	-0.06		∑d(m)=238.298	测段高差h(m) =-0.004670
	15.337	15.689	后-前	-0.043644	-0.043633	-0.11	-0.043639	保存时间：2021/03/24/ 16:37	测段水准路线长L(m) =51.789
	-0.352	1.704							测段站数n = 2
9			后尺A	1.498207	1.498093	1.14		∑h(m)=-2.151466	
			前尺B	1.447727	1.4477	0.27		∑d(m)=284.104	
	22.904	22.902	后-前	0.050480	0.050393	0.87	0.050436	保存时间：2021/03/24/ 16:39	
	0.002	1.706							
10			后尺B	1.520663	1.520653	0.10		∑h(m)=-1.982673	
			前尺A	1.35187	1.35186	0.10		∑d(m)=328.092	
	22.088	21.9	后-前	0.168793	0.168793	0.00	0.168793	保存时间：2021/03/24/ 16:42	
	0.188	1.894							
11			后尺A	1.77096	1.770957	0.03		∑h(m)=-1.189825	
			前尺B	0.978117	0.978103	0.14		∑d(m)=349.000	
	10.699	10.209	后-前	0.792843	0.792854	-0.11	0.792849	保存时间：2021/03/24/ 16:43	
	0.490	2.384							
12			后尺B	1.656977	1.656997	-0.20		∑h(m)=-0.072354	
			前尺A	0.539483	0.53955	-0.67		∑d(m)=363.737	
	7.205	7.532	后-前	1.117494	1.117447	0.47	1.117470	保存时间：2021/03/24/ 16:45	
	-0.327	2.057							
13			后尺A	1.360323	1.360313	0.10		∑h(m)=0.054577	
			前尺B	1.23338	1.233393	-0.13		∑d(m)=378.885	
	7.298	7.85	后-前	0.126943	0.126920	0.23	0.126932	保存时间：2021/03/24/ 16:48	
	-0.552	1.505							
14			后尺B	1.258843	1.258843	0.00		∑h(m)=0.000259	测段终点名：GP01
			前尺A	1.313163	1.31316	0.03		∑d(m)=394.990	测段高差h(m) =2.202162
	8.127	7.978	后-前	-0.054320	-0.054317	-0.03	-0.054319	保存时间：2021/03/24/ 16:48	测段水准路线长L(m) =156.692
	0.149	1.654							测段站数n = 6

水准测量观测手簿 / 近似平差L / 近似平差n

附图 7　导出的 Excel 成果文件【水准测量观测手簿】选项卡的内容

三、全站仪测量技能训练

全站仪测量技能训练内容包括：激光对中全站仪的安置方法、水平角观测方法、垂直角观测方法、坐标测量方法、坐标放样方法。

1. 激光对中虚拟全站仪安置训练

(1)粗对中：在测点上方放置三脚架，使三脚架头平面基本水平，将虚拟全站仪放置在架头平面，旋紧中心螺旋，打开虚拟全站仪电源，打开虚拟全站仪的对中激光，平移三脚架，使激光基本对准地面点。

(2)精对中：旋转脚螺旋，激光精确对准地面点。

(3)粗平：伸缩脚架腿，使虚拟全站仪圆水准气泡居中。

(4)精平：旋转照准部，使照准部管水准气泡与一对脚螺旋平行，旋转脚螺旋使照准部管水准气泡居中，规律是：右手大拇指旋转脚螺旋方向为管水准气泡运动方向，或左手食指旋转脚螺旋方向为管水准气泡运动方向。旋转照准部 90°，用另一个脚螺旋居中照准部管水准气泡，如附图 8 所示。

(5)再次精对中：松开中心螺旋，平移虚拟全站仪，使对中激光精确对准测点中心。

附图 8　虚拟 NTS-552 全站仪圆水准气泡、管水准器符合气泡、望远镜瞄准棱镜视场

2. 虚拟全站仪测回法水平角观测训练

在 MSMT 手机软件主菜单点击【水平角观测】按钮，新建一个测回法水平角观测文件并进入文件测量界面。

(1)在测站点安置虚拟全站仪 NTS-552，盘左瞄准 P1 点棱镜中心，设置水平盘读数为 0°00′30″，在手机点击粉红色 蓝牙读数 按钮，完成手机与虚拟全站仪 NTS-552 的蓝牙连接，再点击蓝色 蓝牙读数 按钮，提取虚拟全站仪的水平盘读数，点击 下一步 按钮。

(2)盘左瞄准 P2 点棱镜中心，在手机点击 蓝牙读数 按钮，提取虚拟全站仪的水平盘读数，点击 下一步 按钮。

(3)盘右瞄准 P2 点棱镜中心，在手机点击 蓝牙读数 按钮，提取虚拟全站仪的水平盘读数，点击 下一步 按钮。

(4)盘右瞄准 P1 点棱镜中心，在手机点击 蓝牙读数 按钮，提取虚拟全站仪的水平盘读数，点击 下一步 按钮；点击 蓝牙读数 按钮，启动虚拟全站仪测距并提取平距值。

(5) 盘右瞄准 P2 点棱镜中心，点击【蓝牙读数】按钮，启动虚拟全站仪测距并提取平距值。

完成测回法第一测回观测后，在测量界面点击【+】按钮，可新增第二测回观测界面，操作方法同上。点击手机退出键，返回水平角观测文件列表界面；点击文件名，在弹出的快捷菜单点击【导出 Excel 成果文件】命令，点击 发送 按钮，通过手机移动互联网 QQ 或微信发送给好友。附图 9 为测回法观测 4 方向两测回导出的 xls 成果文件。

	A	B	C	D	E	F	G	H	I
1	测回法水平角观测手簿								
2	测站点名：E304　观测员：王贵满　记录员：林培效　观测日期：2020年09月17日								
3	全站仪型号：南方NTS-362R8LNB　出厂编号：S131805　天气：晴　成像：清晰								
4	测回数	觇点	盘左	盘右	水平距离	2C	平均值	归零值	各测回平均值
5			(° ′ ″)	(° ′ ″)	(m)	(″)	(° ′ ″)	(° ′ ″)	(° ′ ″)
6	1测回	P1	0 00 29	180 00 37	137.029	-8	0 00 33	0 00 00	
7		P2	63 32 08	243 32 18	92.675	-10	63 32 13	63 31 40	
8		P3	95 04 40	275 04 42	22.000	-1	95 04 41	95 04 08	
9		P4	138 12 10	318 12 04	278.000	+5	138 12 07	138 11 34	
10	2测回	P1	90 00 29	270 00 40	137.028	-11	90 00 34	0 00 00	0 00 00
11		P2	153 32 17	333 32 27	92.675	-10	153 32 22	63 31 48	63 31 44
12		P3	185 04 39	5 04 44	22.278	-5	185 04 42	95 04 07	95 04 07
13		P4	228 12 12	48 12 09	57.981	+2	228 12 11	138 11 36	138 11 35

水平角观测手簿

附图 9　导出 Excel 成果文件【水平角观测手簿】选项卡的内容

手机蓝牙提取虚拟全站仪各方向水平盘读数到文件的观测表格、启动虚拟全站仪测距并提取平距值到文件的观测表格，完成观测后，导出观测文件的 xls 成果文件，并通过手机移动互联网 QQ 或微信发送给好友。

3. 虚拟全站仪全圆方向法水平角观测训练

在 MSMT 手机软件主菜单点击 水平角观测 按钮，新建一个全圆方向法水平角观测文件并进入文件测量界面。

以观测四个点为例，操作虚拟全站仪盘左观测顺序为 A→B→C→D→A，盘右观测顺序为 A→D→C→B→A，其余操作方法与测回法相同。

4. 虚拟全站仪垂直角观测训练

在 MSMT 手机软件主菜单点击 竖直角观测 按钮，新建一个垂直角观测文件并进入文件测量界面。

(1) 盘左分别瞄准 P1、P2、P3、P4 点棱镜中心，点击 蓝牙读数 按钮，提取竖盘读数，点击 下一步 按钮。

(2) 盘右分别瞄准 P4、P3、P2、P1 点棱镜中心，点击 蓝牙读数 按钮，提取竖盘读数，点击 下一步 按钮。盘右观测最后一点 P1 点时，再次点击 蓝牙读数 按钮，启动虚拟全站仪测距，提取平距值。

(3) 盘右分别瞄准 P2、P3、P4 点棱镜中心，点击 蓝牙读数 按钮，启动虚拟全站仪测距，提取平距值。附图 10 为观测 4 个方向垂直角一测回导出的 xls 成果文件。

	竖直角观测手簿								
测站点名：E304 仪器高：1.555m 观测员：王贵满 记录员：李飞 观测日期：2020年09月18日									
全站仪型号：南方NTS-362R8LNB 出厂编号：S131805 天气：晴 成像：清晰									
测回数	觇点	盘左	盘右	水平距离	觇高	指标差	竖直角	各测回平均值	高差
		(° ′ ″)	(° ′ ″)	(m)	(m)	(″)	(° ′ ″)	(° ′ ″)	(m)
1测回	P1	92 53 08	267 07 03	137.027	1.720	+5	-2 53 02	-2 53 02	-7.068
	P2	82 57 27	277 02 43	92.673	1.580	+5	7 02 38	7 02 38	11.426
	P3	78 00 25	281 59 45	22.277	1.650	+5	11 59	11 59 40	4.638
	P4	85 18 23	274 41 50	57.981	1.760	+6	4 41 44	4 41 44	4.557

竖直角观测手簿

附图 10　导出 MS-Excel 成果文件【垂直角观测手簿】选项卡的内容

☞手机蓝牙提取虚拟全站仪各方向竖盘读数到文件的观测表格、启动虚拟全站仪测距并提取平距值到文件的观测表格，完成观测后，导出观测文件的 xls 成果文件，并通过手机移动互联网 QQ 或微信发送给好友。

四、SouthMap 数字测图软件源码识别数字测图训练

1. MSMT 蓝牙启动虚拟全站仪 NTS-552 采集碎部点坐标并源码、注记与连线码训练

设附图 11 为某测区虚拟三维场景数字地形图，共有 216 个碎部点。在 G8 点安置全站仪，分别采集 1~60 号碎部点的坐标；在 G16 点安置全站仪，分别采集 61~75 号碎部点的坐标；在 G10 点安置全站仪，分别采集 76~198 号碎部点的坐标；在 G9 点安置全站仪，分别采集 199~216 号碎部点的坐标。可以新建“G8 数字测图 210613_1”文件采集 216 个碎部点的坐标，也可以为每个测站点新建一个数字测图文件，每个新建数字测图文件的碎部点起始点号应与前一个文件的点号保持连续。

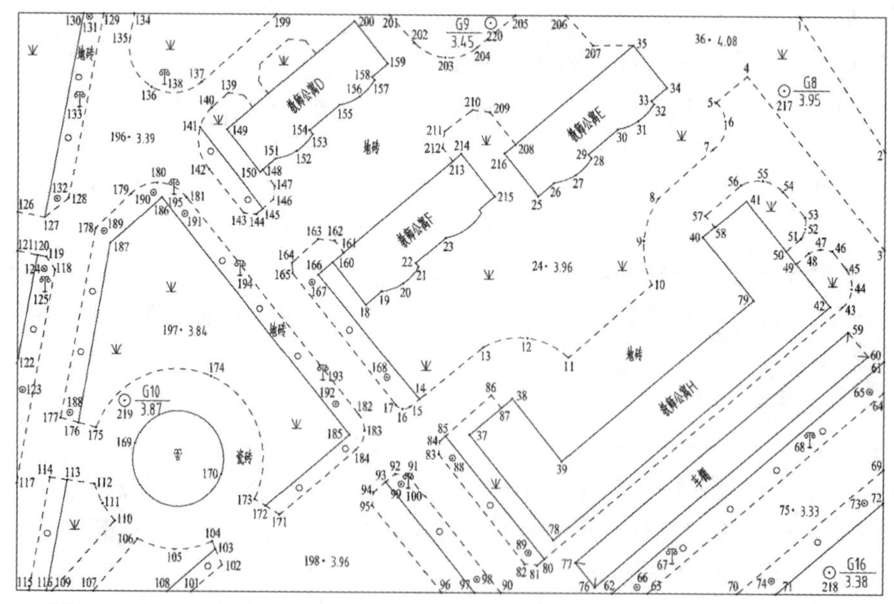

附图 11　全站仪采集碎部点测绘校园小区地形图(216 个碎部点+4 个三级导线点)

(1)MSMT蓝牙启动虚拟全站仪NTS-552测量碎部点三维坐标并赋源码案例。

在MSMT手机软件主菜单点击**地形图测绘**按钮，新建一个数字测图文件并进入文件测量界面，如附图12(a)所示，完成手机与虚拟全站仪NTS-552蓝牙连接，如附图12(b)所示，在1号碎部点安置棱镜对中杆，使虚拟全站仪NTS-552瞄准1号碎部点的棱镜中心，点击**蓝牙读数**按钮，蓝牙启动虚拟全站仪NTS-552测量碎部点的三维坐标，系统缺省设置的编码字符为“+”，它为自动与前一点连线操作码。

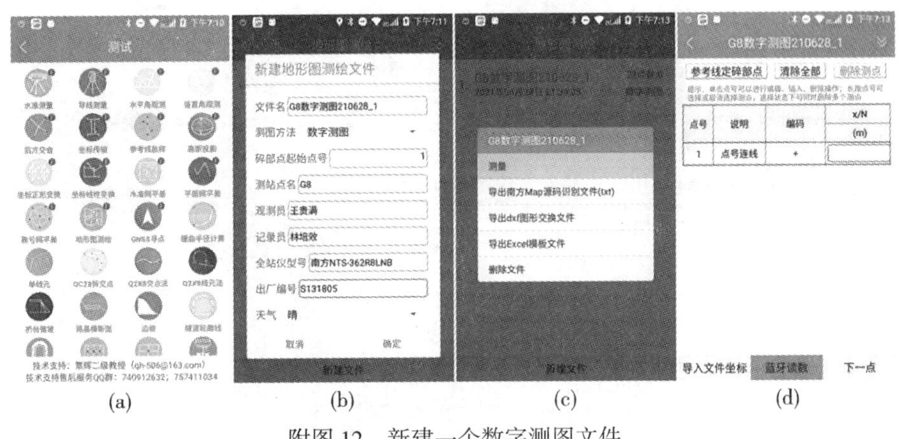

附图12　新建一个数字测图文件

1号碎部点为校园内部道路，点击1号碎部点【地物类型】栏，在屏幕左侧弹出的快捷菜单点击【线面状地物】，在展开的菜单中点击“4.4交通”，如附图13(b)所示，进入线面状地物“4.4交通”源码菜单，共有5页菜单131种线面状地物源码按钮，向左滑动菜单屏幕至第2页，点击【内部道路】按钮，如附图13(c)所示，为1号碎部点编码赋值“164400&L”(附图13(d))。其中，“164400”为SouthMap定制的“内部道路”源码，&L表示用直线连接其后的碎部点。

(2)MSMT“地形图测绘”程序源码、注记与连线码说明。

MSMT“地形图测绘”程序严格按国家2017版地形图图式的章节号编排地物与地貌源码按钮，包括：八种点状地物与地貌源码菜单、七种线面状地物与地貌源码菜单，以及注记与连线码菜单。

(3)导出数字测图文件的坐标展点文件。

在“G8数字测图210613_1”文件完成216个碎部点三维坐标采集与赋编码操作后，在MSMT返回地形图测绘文件列表界面，点击文件名，在弹出的快捷菜单中点击【导出SouthMap源码识别文件】命令，通过移动互联网发送给好友。

(4)在SouthMap执行源码识别命令展绘碎部点坐标文件。

在PC机启动SouthMap数字测图软件，执行【绘图处理/源码识别】下拉菜单命令，如附图14左侧所示，在命令行输入测图比例尺分母值(缺省设置为1∶500)，在弹出的【选择文件】对话框中选择“G8数字测图210628_1.txt”文件，鼠标左键点击 打开(O) 按钮，SouthMap从该文件读入数据并根据编码自动分层、自动连线、自动注记绘制地形图。

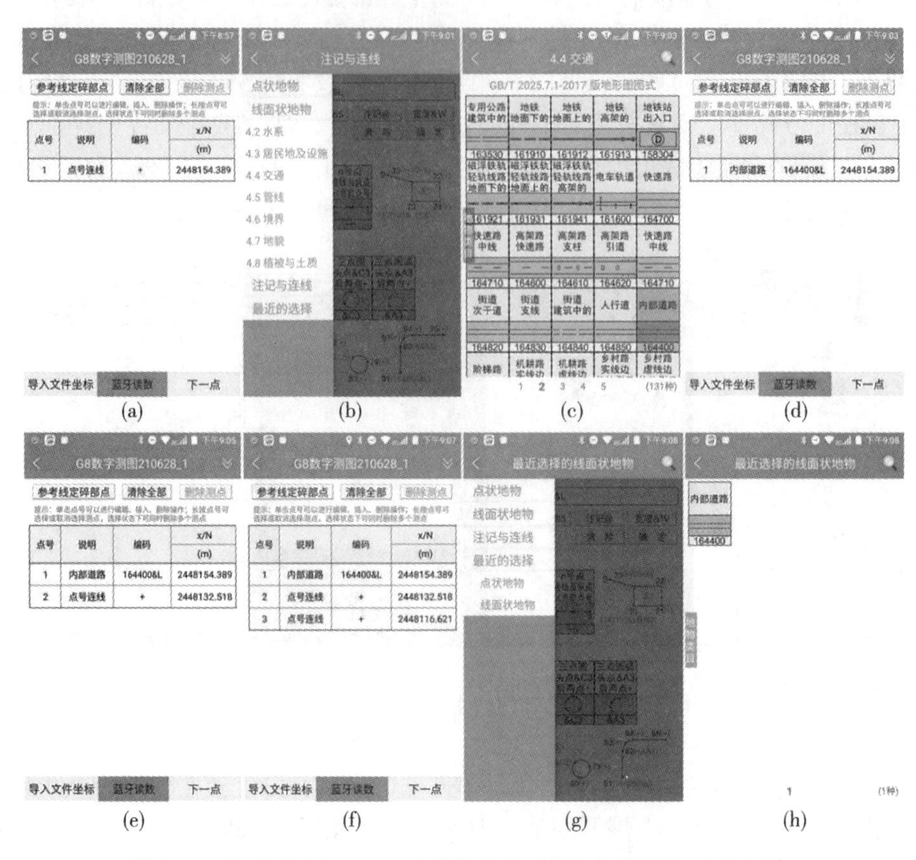

附图 13　分别测量 1，2，3 号碎部点的三维坐标并赋源码及连线码

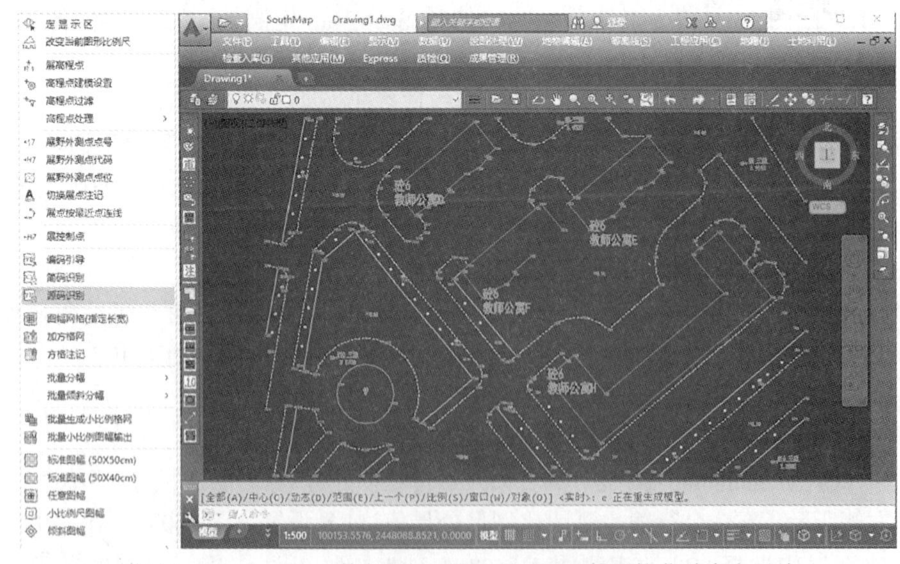

附图 14　在 SouthMap 执行【绘图处理/源码识别】下拉菜单命令展绘“G8 数字测图 210628_1. txt”文件

2. 蓝牙提取虚拟 GNSS RTK 采集碎部点坐标并赋源码、注记与连线训练

使用虚拟全站仪测量碎部点的三维坐标存在通视问题，因此，要完成一幅数字地形图的测绘，需要在测区设置多个测站。使用虚拟 GNSS RTK 测量碎部点的坐标，不存在通视问题，可以先将一个地物的特征点全部采集完。

五、控制网平差训练

1. 任意水准网间接平差(严密平差)训练

使用虚拟水准仪完成水准测量观测后，在 MSMT 导出水准路线观测 Excel 成果文件，绘制观测略图，案例如附图 15 所示。

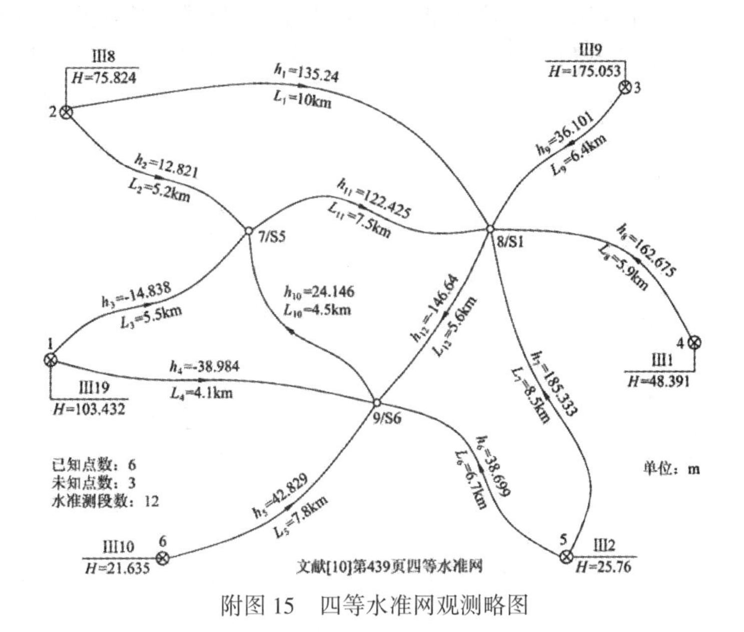

附图 15　四等水准网观测略图

在 MSMT 主菜单，见附图 2，点击 **水准网平差** 按钮，新建一个水准网平差文件，输入如附图 15 所示的已知数据和观测数据，点击 **计算** 按钮，导出该水准网平差文件的 Excel 成果文件，结果如附图 16 所示。

水准网间接平差(严密平差)计算成果

水准等级：一等　已知点数：6　未知点数：3　测段高差数：12

1、水准测段高差观测值及其平差值

测段号	测段起讫点号	路线长L(km)	高差h(m)	改正数v(mm)	高差平差值(m)
1	2→8	10.0000	135.2400	25.9069	135.2659
2	2→7	5.2000	12.8210	-21.0739	12.7999
3	1→7	5.5000	-14.8380	29.9261	-14.8081
4	1→9	4.1000	-38.9840	11.5857	-38.9724
5	6→9	7.8000	42.8290	-4.4143	42.8246
6	5→9	6.7000	38.6990	0.5857	38.6996
7	5→8	8.5000	185.3330	-3.0931	185.3299
8	4→8	5.9000	162.6750	23.9069	162.6989
9	3→8	6.4000	36.1010	-64.0931	36.0369
10	9→7	4.5000	24.1460	18.3404	24.1643
11	7→8	7.5000	122.4250	40.9808	122.4660
12	8→9	5.6000	-146.6400	9.6788	-146.6303

2、未知点高程平差成果

点号	点名	高程H(m)	中误差(mm)
1	Ⅲ19	103.4320	已知点
2	Ⅲ8	75.8240	已知点
3	Ⅲ9	175.0530	已知点
4	Ⅲ1	48.3910	已知点
5	Ⅲ2	25.7600	已知点
6	Ⅲ10	21.6350	已知点
7	S5	88.6239	15.64
8	S1	211.0899	14.20
9	S6	64.4596	14.00

3、验后单位权中误差：m0=±12.50(mm/km)

水准网间接平差 / 未知点高程协因数矩阵

附图 16　导出的 Excel 成果文件【水准网间接平差】选项卡内容

2. 单一导线近似平差训练

MSMT 的“平面网平差”程序可以进行单一导线的近似平差计算，任意导线网、三角网、边角网、测边网的间接平差计算。选择单一导线近似平差计算时，单一导线的类型可以是：闭合导线、附合导线、单边无定向导线、双边无定向导线、支导线，其中支导线只计算坐标，不存在平差问题。

使用虚拟全站仪完成单一导线的水平角和平距观测后，在 MSMT 导出水平角和平距观测 Excel 成果文件，绘制观测略图。附图 17 所示的二级闭合导线需要虚拟仿真测绘系统分别在 KZ3，P1，P2，P3 等四点安置虚拟 NTS-552 全站仪进行水平角和平距测量，由同学操作虚拟 NTS-552 全站仪照准虚拟棱镜，操作 MSMT 手机软件水平角观测程序，蓝牙启动虚拟 NTS-552 全站仪测量并自动提取读数获得，完成全部 4 站水平角观测后，分别导出 4 个水平角观测文件的 Excel 成果文件，再根据成果文件绘制如附图 17 所示的观测略图。

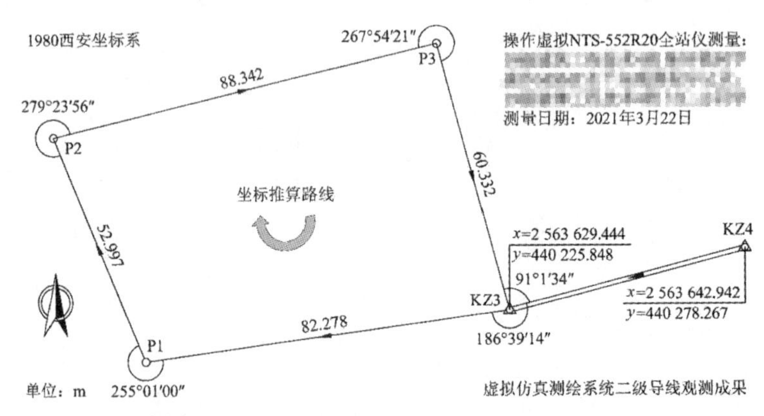

附图 17　在虚拟仿真测绘系统观测含 3 个未知点的二级闭合导线略图

在 MSMT 主菜单，如附图 2 所示，点击 **平面网平差** 按钮，新建一个单一闭合导线近似平差文件，输入如附图 17 所示的已知数据和观测数据，点击 **计算** 按钮，导出该水准网平差文件的 Excel 成果文件，结果如图 18 所示。

二级闭合导线计算成果

测量员：19级建筑工程技术4 陈培铭 记录员：19级装饰工程技术4班 付仁志 成像：清晰 天气：晴 仪器型号：虚拟NTS-552全站仪 仪器编号：133971

点名	水平角β	水平角β	水平角β	导线边方位角	平距D(m)	坐标增量		坐标增量改正数		改正后坐标增量		坐标平差值	
	+左角/-右角	改正数vβ	平差值			Δx(m)	Δy(m)	δΔx(m)	δΔy(m)	Δx(m)	Δy(m)	x(m)	y(m)
KZ4				255°33′35.73″								2563642.9420	440278.2670
KZ3	186°39′14.00″	-1.00″	186°39′13.00″	262°12′48.73″	82.2780	-11.1471	-81.5194	-0.0008	-0.0013	-11.1479	-81.5207	2563629.4440	440225.8480
P1	255°1′0.00″	-1.00″	255°0′59.00″	337°13′47.73″	52.9970	48.8667	-20.5116	-0.0005	-0.0009	48.8662	-20.5125	2563618.2961	440144.3273
P2	279°23′56.00″	-1.00″	279°23′55.00″	76°37′42.73″	88.3420	20.4303	85.9472	-0.0008	-0.0015	20.4295	85.9457	2563667.1624	440123.8148
P3	267°54′21.00″	-1.00″	267°54′20.00″	164°32′2.73″	60.3320	-58.1473	16.0884	-0.0006	-0.0009	-58.1479	16.0875	2563687.5919	440209.7605
KZ3	91°1′34.00″	-1.00″	91°1′33.00″	75°33′35.73″	ΣD(m)	ΣΔx(m)	ΣΔy(m)	ΣδΔx(m)	ΣδΔy(m)	ΣΔx(m)	ΣΔy(m)	2563629.4440	440225.8480
KZ4	Σvβ	-5.00″			283.9490	0.0026	0.0046	-0.0027	-0.0046	-1E-04	-7.1E-15	2563642.9420	440278.2670
	角度闭合差fβ		全长闭合差f(m)	全长相对闭合差	平均边长(m)	fx(m)	fy(m)						
	5.00″		0.0052	1/54732	70.9873	0.0025	0.0046						

二级闭合导线

附图 18　成果文件“二级闭合导线_1. xls”内容

由附图 17 可知，该闭合导线的角度闭合差为 5″，全长相对闭合差为 1/54732，这说明虚拟仿真测绘系统的平面模型尺度正确，虚拟 NTS-552 全站仪也达到了仿真效果。

3. 任意导线网间接平差训练

使用虚拟全站仪完成任意导线网的水平角和平距观测后，在 MSMT 导出水平角和平距观测 Excel 成果文件，绘制观测略图，案例如附图 19 所示。

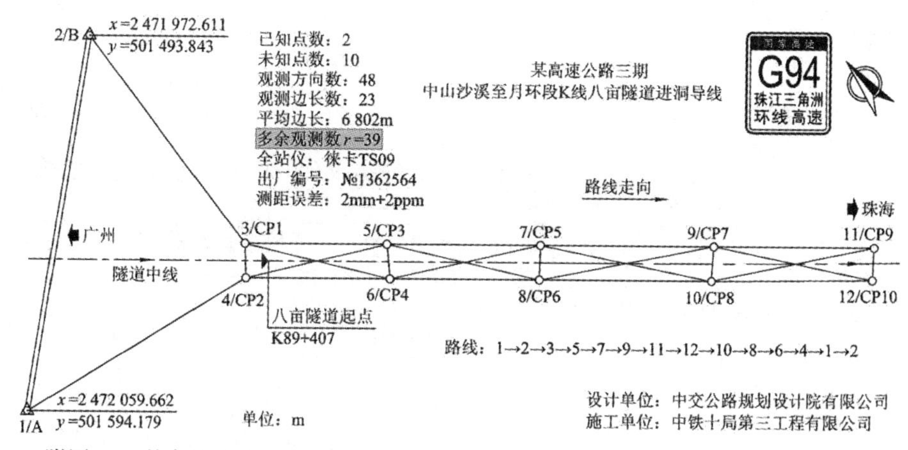

附图 19　某高速公路三期中山沙溪至月环段 K 线八亩隧道进洞双侧导线观测略图

MSMT 主菜单如附图 2 所示，点击 **平面网平差** 按钮，新建一个导线网间接平差文件，输入如附图 19 所示的已知数据和观测数据，点击 **计算** 按钮，导出该水准网平差文件的 Excel 成果文件，结果如附图 20 所示。

	A	B	C	D	E	F	G	H
1	一级导线网间接平差(严密平差)计算成果							
2	测量员：中铁十局三公司　记录员：中铁十局三公司　成像：清晰　天气：晴							
3	仪器型号：徕卡TS09　仪器编号：1362564　日期：2020-12-28 20:36:09							
4	1、已知点坐标、全站仪标称测距误差、验后单位权中误差							
5	点号	点名	x(m)	y(m)	全站仪测距误差			
6	1	A	2472059.6620	501594.1790	a0(mm)	b0(mm)		
7	2	B	2471972.6110	501493.8430	2.00	2.00		
8					多余观测数	两次验后单位权中误差		
9					r	m01(s)	m02(s)	
10					39	2.7414	2.2128	
11	2、未知点近似坐标推算路线及其闭合差							
12	路线1：1→2→3→5→7→9→11→12→10→8→6→4→1→2							
13	路	fx(m)	fy(m)	f(m)	∑S(m)	平均边长	f/∑S	fβ(s)
14	1	-0.0057	-0.0003	0.0057	641.9570	58.3597	1/112343	4.00
15	3、未知点坐标平差成果及其误差椭圆元素							
16	点	点名	x(m)	y(m)	长半轴(cm)	短半轴(cm)	长轴方位角	
17	3	CP1	2472064.2300	501496.9841	0.1113	0.0872	35°07'55.75"	
18	4	CP2	2472073.6819	501504.3892	0.1127	0.0844	63°24'17.54"	
19	5	CP3	2472096.7998	501458.1992	0.1584	0.1163	45°42'10.09"	
20	6	CP4	2472106.7377	501465.0254	0.1609	0.1169	52°03'26.55"	
21	7	CP5	2472131.7890	501416.5334	0.2231	0.1438	42°56'55.42"	
22	8	CP6	2472140.7430	501424.5309	0.2238	0.1434	48°07'06.52"	
23	9	CP7	2472171.5751	501369.0403	0.3090	0.1673	41°17'01.98"	
24	10	CP8	2472180.3383	501377.3794	0.3088	0.1667	45°24'57.17"	
25	11	CP9	2472208.5901	501325.0758	0.3984	0.1879	40°49'35.37"	
26	12	CP10	2472216.9433	501332.7325	0.3982	0.1874	43°40'35.75"	

坐标 / 方向值 / 边长值 / 未知点坐标协因数矩阵

附图 20　导出的 Excel 成果文件【坐标】选项卡内容

六、线上虚拟仿真培训时间安排

线上虚拟仿真测、算、绘三大技能训练见附表1。

附表1 **线上虚拟仿真测、算、绘三大技能训练学时分配(20天，8学时/天，共160学时)**

序	题目/天数	培训内容	考核内容与方法
1	虚拟DS_3微倾式光学水准仪测量技能训练/2天	微倾式水准仪测量原理，安置方法，区格式木质水准尺黑红面注记原理，读数原理，三、四等水准测量限差，及其观测方法	2人一组，在虚拟仿真测绘系统，按教师统一布设的水准路线，测量一个四等闭合水准路线，用MSMT水准测量程序记录并完成近似平差，导出Excel成果文件，通过移动互联网发送至培训教师指定的QQ地址
2	虚拟DL-2003A精密数字水准仪测量技能训练/1天	虚拟DL-2003A精密数字水准仪中丝读数位数设置方法，蓝牙读数设置方法一、二等水准测量限差及其观测方法	2人一组，在虚拟仿真测绘系统，按教师统一布设的水准路线，测量一个二等闭合水准路线，用MSMT水准测量程序记录并完成近似平差，导出Excel成果文件，通过移动互联网发送至培训教师指定的QQ地址
3	虚拟NTS-552 R20全站仪测量技能训练/3天	全站仪激光对中整平方法，水平角测量原理，垂直角测量原理，坐标测量原理，NTS-552R20全站仪“测绘之星/测量”程序五种模式的使用方法：角度、距离、坐标、点放样、文件	①2人一组，在虚拟仿真测绘系统，按教师统一布设的单一闭合导线设站，用MSMT水平角观测程序测量导线的水平角与平距并导出文件的Excel成果文件； ②绘制导线略图，从Excel文件摘取导线观测数据，用MSMT平面网平差程序/近似平差对观测的单一闭合导线进行近似平差计算并导出文件的Excel成果文件； ③2人一组，在虚拟仿真测绘系统，按教师统一布设的单一闭合导线设站，使用MSMT垂直角观测程序测量导线的垂直角与平距并导出文件的Excel成果文件
4	虚拟NTS-552R20全站仪数字测图训练/3天	虚拟NTS-552R20全站仪建站的原理，坐标测量原理SouthMap数字测图软件基本操作方法，地物和地貌的定义，独立地物源码，线面状地物源码，连线操作码，“绘图处理/源码识别”命令的操作方法	3人一组，在虚拟仿真测绘系统，按教师指定的测区范围用MSMT地形图测绘程序采集碎部点的坐标并赋值源码导出SouthMap展点文件；在SouthMap执行【绘图处理/源码识别】下拉菜单命令展绘展点文件，根据手工绘制的草图，在SouthMap补充连线与修饰数字地形图 3人分工：1人在虚拟仿真测绘系统操作虚拟NTS-552R20全站仪瞄准碎部点棱镜，1人操作MSMT蓝牙启动虚拟全站仪测距并自动提取碎部点坐标，1人手工绘制碎部点草图。
5	虚拟银河6 GNSS RTK数字测图训练/3天	GNSS测量原理； GNSS RTK测量原理； 虚拟GNSS RTK坐标转换参数的几何意义； 求坐标转换参数操作方法	3人一组，在虚拟仿真测绘系统，按教师指定的测区范围用MSMT地形图测绘程序采集碎部点的坐标并赋值源码导出SouthMap展点文件；在SouthMap执行【绘图处理/源码识别】下拉菜单命令展绘展点文件，根据手工绘制的操作，在SouthMap修饰数字地形图； 3人分工：1人在虚拟仿真测绘系统操作虚拟GNSS RTK设置碎部点，1人操作MSMT蓝牙启动虚拟GNSS RTK采集碎部点坐标，1人手工绘制碎部点草图

续表

序	题目/天数	培训内容	考核内容与方法
6	虚拟 NTS-552R20 全站仪建筑物坐标放样/3 天	AutoCAD 基本操作方法 dwg 格式建筑施工图变换为测量坐标系方法，放样点编号方法，SouthMap 采集设计坐标方法，用 MSMT 蓝牙发送放样点坐标到虚拟 NTS-552R20 全站仪坐标文件，虚拟 NTS-552R20 全站仪坐标放样方法(练习测站与镜站相互配合手势)	按教师指定的建筑物 dwg 文件，在 AutoCAD 中变换为测量坐标系，在 SouthMap 执行【工程应用/指定点生成数据文件】下拉菜单命令，采集设计点位的坐标文件； 将坐标文件复制到手机内置 SD 卡，在 MSMT 点击【坐标传输】按钮，新建一个坐标传输文件，导入 SouthMap 采集的坐标文件，蓝牙发送坐标数据到虚拟 NTS-552R20 全站仪当前坐标文件。在虚拟仿真测绘系统，设置测站点，执行放样命令，从当前坐标文件调用设计点坐标放样； 用虚拟钢尺丈量放样点位实际距离并与设计距离检核。最后，在坐标传输文件采集放样点的实际坐标，实时与其设计坐标比较，保存实测坐标到另一个新建坐标传输文件导出的 Excel 成果文件，在 PC 机 MS-Excel 制作实测坐标与设计坐标比较表格
7	用 MSMT 隧道超欠挖程序蓝牙启动虚拟 NTS-552R20 全站仪进行隧道超欠挖测量/4 天	熟悉隧道右幅主点数据数字化隧道轮廓线方法，了解在 AutoCAD 采集隧道轮廓线主点数据方法掌握 MSMT 隧道超欠挖程序输入路线平竖曲线，轮廓线主点数据，洞身支护参数的几何意义与方法，掌握隧道掌子面测点超欠挖值，水平移距和垂直移距的几何意义及对施工的指导意义	3 人一组，在虚拟仿真测绘系统，1 人将虚拟 NTS-552 全站仪安置在隧道内掌子面附近的已知导线点，完成测站设置，打开虚拟 NTS-552 全站仪的指向激光，设置合作目标为免棱镜，照准掌子面附近的测点，1 人在 MSMT 点击【蓝牙读数】按钮启动虚拟全站仪测距，并自动提取测点的三维坐标，点击【计算】按钮，实时计算测点的超欠挖值并存入当前成果文件选项卡，完成 20 个测点的超欠挖测量后，导出 Excel 成果文件，通过 QQ 或微信发送到教师指定 QQ
8	MSMT 导线网间接平差/1 天	简要介绍导线网间接平差原理，详细介绍导线网点编号规则，掌握 MSMT 平面网/导线网输入已知数据点坐标和观测数据的输入方法，平差成果的意义	1 人一组，接收教师的导线网已知与观测数据文件，用 MSMT 平面网平差程序平差，并导出 Excel 成果文件，通过 QQ 或微信发送到教师指定的 QQ

注：学生在安装有虚拟仿真测绘系统的机房远程上课，任课教师线上提供答疑辅导。

七、线下实物测量仪器培训地点与时间安排

线下实物测量仪器培训与线上虚拟仿真测绘系统培训的区别有两点：①线上是在虚拟仿真三维场景中测量，线下是在测量实训基地实景场地测量，操作方法相同；②线上是 MSMT 手机软件蓝牙提取虚拟测量仪器的数据，线下是 MSMT 手机软件蓝牙提取实物测量仪器的数据，操作方法相同。

线下培训由南方测绘和广东科学技术职业学院建筑工程学院联合教学，MSMT 手机软件是建筑工程学院院长覃辉二级教授与南方测绘联合开发的，2018 年 12 月上线，已稳定运行两年多，现已升级为 3.0 版。附表 2 为建筑工程学院测量实训室现有仪器设备，按每期线上培训 200 人计算，缺口的测量仪器由南方测绘从广州总部拉到珠海的。学院现有 5 名测量课专任教师；有 30 名学生已学过测量课程并熟练掌握虚拟仿真测绘系统软件、MSMT 手机软件、SouthMap 数字测图软件；南方测绘派驻学校约 6 名技术人员参与线上、线下培训辅导。

附表 2　**广科院建筑工程学院测量实训室测量仪器设备清单**

序	测量仪器名称	台套数
1	DS_3 微倾式光学水准仪	50
2	DL-2003A 精密数字水准仪	16
3	NTS-362LNB 蓝牙全站仪	20
4	GNSS 接收机(6 台 S86+6 台银河 6)	12
5	安装虚拟仿真测绘系统机房 PC 机数	200

附表 3　**线下实物测量仪器测、算、绘三大技能训练学时分配(10 天，8 学时/天，共 80 学时)**

序	题目/天数	培训内容	考核内容与方法
1	实物 DS_3 微倾式光学水准仪四等闭合水准测量/1 天	实物 DS_3 微倾式水准仪测量一个四等闭合水准路线；人工读数，MSMT 记录；教师现场指导	4 人一组，在校园测量实训基地，按教师统一布设的水准路线，测量一个四等闭合水准路线(与三级闭合导线共点)，用 MSMT 水准测量程序记录并完成近似平差，导出 Excel 成果文件，通过 QQ 或微信发送至培训教师指定的 QQ
2	实物 DL-2003A 精密数字水准仪二等水准测量/0.5 天	实物 DL-2003A 精密数字水准仪测量一个二等水准测量；MSMT 手机蓝牙启动读数记录；教师现场指导	4 人一组，在校园测量实训基地，按教师统一布设的水准路线，测量一个二等闭合水准路线(与三级闭合导线共点)，用 MSMT 水准测量程序蓝牙启动 DL-2003A 数字水准仪测量并自动提取数据记录，完成近似平差，导出 Excel 成果文件，通过 QQ 或微信发送至培训教师指定的 QQ
3	水准网间接平差/1 天	MSMT 水准网间接平差，水准网点编号原则	1 人一组，教师给出一个大型水准网略图，让学生用 MSMT 水准网平差程序平差，导出 Excel 成果文件，通过 QQ 或微信发送至培训教师指定的 QQ

续表

序	题目/天数	培训内容	考核内容与方法
4	实物 NTS-552R20 全站仪二级闭合导线测量/1.5 天	实物 NTS-552R20 全站仪测量一个闭合导线；MSMT 手机蓝牙启动读数记录	4 人一组，①在校园测量实训基地，按教师统一布设三级闭合导线设站，用 MSMT 水平角观测程序蓝牙启动实物 NTS-552R20 测量并自动提取数据记录，导出 Excel 成果文件； ②绘制导线略图，从 Excel 文件摘取导线观测数据，用 MSMT 平面网近似平差程序对该单一闭合导线进行近似平差计算并导出文件的 Excel 成果文件
5	实物 NTS-552R20 全站仪数字测图/1.5 天	MSMT 蓝牙启动实物 NTS-552R20 全站仪测距，自动提取碎部点三维坐标；并赋源码或连线码	4 人一组，在校园测量实训基地，按教师指定的测区范围用 MSMT 地形图测绘程序蓝牙启动实物 NTS-552R20 全站仪采集碎部点坐标并赋值源码导出 SouthMap 展点文件；在 SouthMap 执行【绘图处理/源码识别】下拉菜单命令展绘展点文件，根据手工绘制的草图，在 SouthMap 中补充连线与修饰数字地形图； 3 人分工：1 人操作实物 NTS-552R20 全站仪瞄准碎部点棱镜，1 人操作 MSMT 蓝牙启动实物全站仪测距并自动提取碎部点坐标，1 人手工绘制碎部点草图
6	实物银河 6 GNSS RTK 数字测图/1 天	MSMT 蓝牙控制实物 GNSS RTK 求坐标转换参数；MSMT 地形图测绘程序蓝牙提取实物 RTK 测量的碎部点三维坐标；并赋源码或连线码	3 人一组，在校园测量实训基地，按教师指定的测区范围用 MSMT 地形图测绘程序蓝牙启动实物 GNSS RTK 采集碎部点的坐标并赋值源码导出 SouthMap 展点文件；在 SouthMap 执行【绘图处理/源码识别】下拉菜单命令展绘展点文件，根据手工绘制的操作，在 SouthMap 修饰数字地形图； 3 人分工：1 人操作实物 GNSS RTK 放置在碎部点，1 人操作 MSMT 蓝牙启动实物 GNSS RTK 采集碎部点坐标，1 人手工绘制碎部点草图
7	实物 NTS-552R20 全站仪建筑物坐标放样/2 天	AutoCAD 基本操作方法；dwg 格式建筑施工图变换为测量坐标系方法；放样点编号方法；SouthMap 采集设计坐标方法；用 MSMT 蓝牙发送放样点坐标到实物 NTS-552R20 全站仪坐标文件；实物 NTS-552R20 全站仪坐标放样方法(练习测站与镜站相互配合手势)	在校园测量实训基地，按教师指定的建筑物 dwg 文件，在 AutoCAD 中变换为测量坐标系，在 SouthMap 执行【工程应用/指定点生成数据文件】下拉菜单命令，采集设计点位的坐标文件。将坐标文件复制到手机内置 SD 卡，在 MSMT 点击【坐标传输】按钮，新建一个坐标传输文件，导入 SouthMap 采集的坐标文件，蓝牙发送坐标数据到实物 NTS-552R20 全站仪当前坐标文件，先设置测站点，再执行放样命令，从当前坐标文件调用设计点坐标放样； 在 MSMT 坐标传输文件蓝牙启动实物 NTS-552R20 全站仪采集放样点的实际坐标，实时与其设计坐标比较，保存实测坐标到另一个新建坐标传输文件，导出 Excel 成果文件，在 PC 机 MS-Excel 制作实测坐标与设计坐标比较表格

续表

序	题目/天数	培训内容	考核内容与方法
8	实物 NTS-552R20 全站仪照准隧道掌子面，MSMT 手机蓝牙启动实物 NTS-552R20 全站仪测量测点三维坐标，计算并保存测点超欠挖值 1.5 天	在 AutoCAD 采集隧道轮廓线主点数据；在 MSMT 隧道超欠挖程序中输入路线平竖曲线、轮廓线主点数据、洞身支护参数；在控制点安置实物 NTS-552R20 全站仪；MSMT 蓝牙启动实物 NTS-552R20 全站仪测量并提取测点三维坐标	2 人一组，在校园测量实训基地，1 人将实物 NTS-355R20 全站仪安置在实训基地已知导线点，完成测站设置，打开实物 NTS-355R20 全站仪的指向激光，设置合作目标为免棱镜，照准学生公寓 6 栋西面墙的掌子面曲线，1 人在 MSMT 上点击【蓝牙读数】按钮启动实物全站仪 NTS-552R20 测距，并自动提取测点的三维坐标，点击【计算】按钮，实时计算测点的超欠挖值并存入当前成果文件选项卡，完成 20 个测点的超欠挖测量后，导出 Excel 成果文件，通过 QQ 或微信发送到教师指定的 QQ

注：学生集中在广东省珠海市金湾区红旗镇广东科学技术职业学院测量实训基地做测量实验，派约 30 名教师现场指导。

附图 21　南方虚拟仿真测绘教学中心二维码

附录 B　大比例尺地形图测绘项目技术设计示例

×××维尼纶厂
1∶1000 地形总图测量
技术设计书

第一章　概述

一、任务：

受×××维尼纶厂委托，在该厂测绘 1∶1000 地形图，以适应其发展规划的需要。

二、测区概况：

该厂位于×××市北郊，振山、北山和东山之间的山谷中，面积约 $3km^2$。测区地形起伏较大，且振山、北山、东山皆陡峭，高出厂区达 250m 以上。厂内也高高低低，院落参差，但是道路纵横，除内部铺装道路外，尚有唐柘路和铁路专线交错。该区没有大的河流、水库。

主要厂矿居民地有：水泥分厂、矿山(开采区)，×石车间、有机车间、热电车间、涤纶车间，×××分厂，西、中、东生活区以及井村、田村、灯塔街等。人口稠密，大型建(构)筑物多，路边村周树木高大，围墙挡土墙阻隔视线。致使测区隐蔽，目标成像欠佳，给测量工作带来一定的困难。

三、作业依据和采用基准：

1. CJJ/T 8—2011《城市测量规范》；

2. GB/T 20257.1—2007《国家基本比例尺地图图式 第 1 部分：1：500　1：1000　1：2000 地形图图式》；

3. ×××维尼纶厂与×××省地矿局地测队签订的地形测量合同书，××××年 10 月 14 日；

4. 平面控制采用 1980 年西安坐标系，高斯 3°投影带的中央子午线为 $L_0 = 117°$；

5. 高程控制采用 1985 国家高程基准。

第二章　基本控制测量

一、已有控制点情况：

该地区已有水利部门测量的北山、唐山Ⅲ等控制点，另外还有市城建局委托省测绘局 1989 年测制的振山Ⅳ等三角点和 A31 四等水准点。

二、平面控制测量

已知点北山、振山高出周围 250m 以上，超过测距时斜距化平距对两点的高差要求

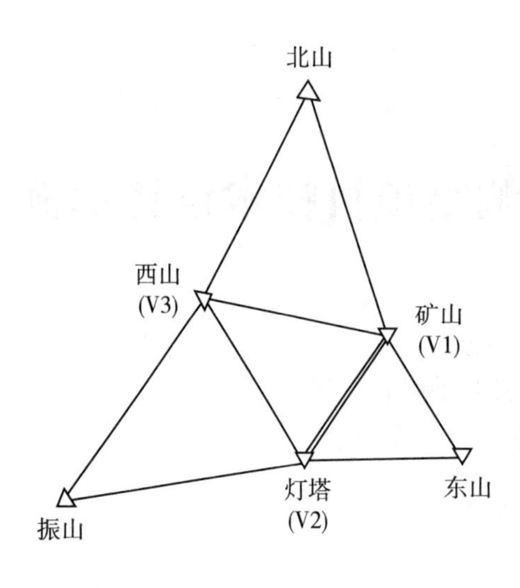

128m(测水准不现实)，所以首级控制设计成 5 秒独立小三角网。

1. 布点方案：

2. 平均边长 1.4km，符合规范 1～2km 的规定。

3. 以北山Ⅲ等点、振山Ⅳ等点坐标为起算坐标，自测起算边矿山(V1)—灯塔(V2)，提高相对位置精度。该边位于网的中部，各部分精度控制均匀。最弱边振山—灯塔，边长相对中误差估算为：1/27000。

4. 加密控制采用二级导线，沿山麓和厂内道路布设成网状。

5. 技术指标：

(1)5 秒三角网的测角中误差为±5″，起始边边长相对中误差为 1/40000，最弱边边长相对中误差为 1/20000；

(2)二级测距导线网的测角中误差±10″，最弱点点位中误差 10cm。

三、高程控制测量：

因为该区无高等级水准点，现以省测绘局 1989 年施测的四等水准点 A31(换算到 1985 年国家高程基准)为高程起算点，联测部分 5 秒、二级点，构成四等水准网，平差后作为水准支线和测距高程路线的起算数据。

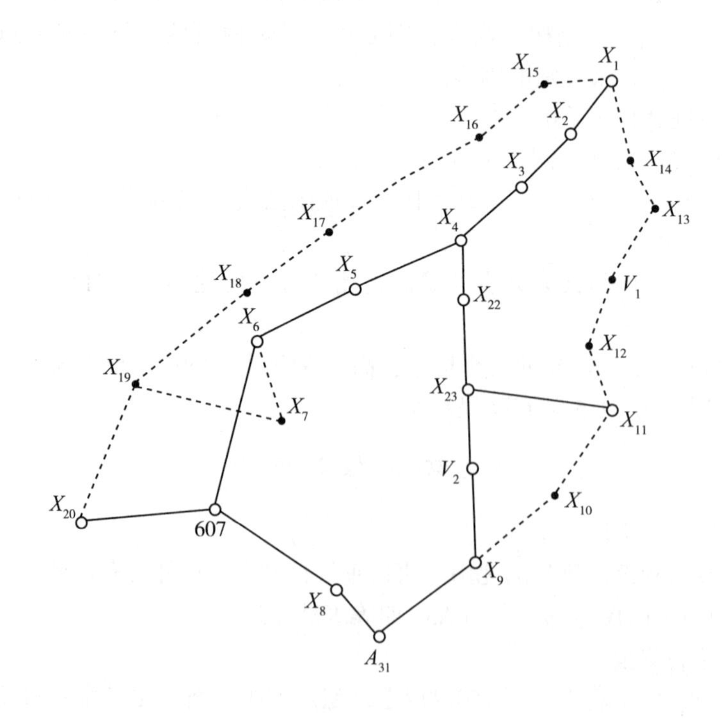

1. 布网方案：

2. 网中实线为水准网、虚线为测距高程路线，水准网中有三段水准支线，应往返观测或单程双测。

3. 技术指标：

1) 四等网中最弱点高程中误差(相对于起算点)不得大于±2cm，每千米高差中数的全中误差不超过±10mm、环线闭合差限差为$\pm 20\sqrt{L}$ mm，L为路线长度，单位为km。

2) 三角高程测量和测距高程路线的高差经球气差改正后应满足：

(1) 由两个单方向算得的高程不符值不应大于$\pm 0.07\sqrt{S_1^{\ 2}+S_2^{\ 2}}$ m，其中，S为边长，单位km。

(2) 由对向观测所求得的高差互差不应大于$\pm 0.1S$m，S为边长，单位km。

(3) 由对向观测所求得的高差中数，计算闭合环线或附合路线的高程闭合差应不大于$\pm 0.05\sqrt{[S]}$ m，其中，S为边长，单位km。

第三章　图根控制测量

一、图根平面控制点以测距导线为主布置，少数隐蔽地区布设视距导线，个别围墙内部采用交会、引点等方法。

二、图根点的高程采用测距高程路线获得，少数平坦地区测水准。

三、技术指标：

1. 图根点的密度40~60点/km^2。

2. 图根点相对于起算点时点位中误差，不得大于图上0.1mm；高程中误差，不得大于0.1m。

3. 图根导线的方位角闭合差限差$\pm 60''\sqrt{n}$，导线相对闭合差限差1/2000。

4. 图根支导线不多于4条边，全长不超过500m，角度分别测左右角一测回，其测站圆周角闭合差不应超过±40″。

5. 图根测距高程路线起闭于高级点，边数不应超过12条，路线闭合差不得超过$\pm 0.1\sqrt{n}$m；独立交会点各方向推算值较差不得超过±0.2m。

第四章　地 形 测 图

一、测图基本要求：

1. 图纸选用上海长征测绘仪器商店监制的聚酯薄膜方格图，厚度0.1mm。经检查，方格网线符合要求。

2. 测图比例尺1∶1000，基本等高距1m。

3. 测图采用经纬仪配合半圆仪以视距极坐标法进行。视距长度地物点为80m，地形点为120m，局部区域或成像很清晰时可放至100m和150m。

4. 碎部点密度以正确描绘地物地形为原则。高程注记点一般每方格不少于5~15点。

5. 图上地物点相对于邻近图根点位中误差不超过图上0.5~0.75mm，邻近地物点间距误差不超过图上 0.4~0.6mm。

6. 高程注记点相对于邻近图根点的高程中误差不超过 0.07~0.15m，等高线插求点不超过 0.5m。

7. 厂方要求测的永久性建(构)筑物以及矿界的坐标、高程，可用解析法获得并作注记。

8. 在控制点和图根点的基础上，当测站密度不足时，可采用支站的方法增补。支站边长应往返测定，其较差不应大于 1/200，且最大边长不超过 100m，往返测高差较差不得超过 0.12m。特别是隐蔽地区，支站可连续 2 站，但总边长限制在 180m。

二、测图要素的表示：

1. 测量控制点：各级各类测量控制点均需正确表示。

2. 独立地物：准确测绘并按规定的符号正确表示。

3. 居民地：以厂内西、中、东生活区为主，只把那些临时的，图上小于 $6mm^2$ 的棚所、天井等舍去，轮廓凹凸在图上小于 0.4mm 的拉直表示。房屋以墙脚为准，楼房注记层数。农村居民地适当综合。

4. 工矿设施应正确测绘，图示上没有的符号需作图例说明，并注记专有名称。

5. 管线和垣栅：主要电力线、通信线、地下电缆线，上水管道、架空管道和大的下水管道均需表示，做到线路走向连贯，类别分明。围墙、栏杆也应分别测绘。

6. 道路：铁路专线、厂内道路和通往市区、矿山的道路及其附属物均需测绘。公路、街道按路面材料划分为水泥、沥青、碎石、硬土，变换处应分隔。

7. 水系：绘出沟、塘的岸边线，特别是和污水排出口连接的沟渠。

8. 地貌：厂东部矿山直至矿界内的地形应正确测绘，而厂内及田地的高低以注记高程反映，不绘等高线。各种特殊地貌用相应符号表示。

9. 植被：山坡上的灌木丛及松树密集地区才表示，道路边的行树、厂部及生活区的苗圃、草地在图面清晰的情况下表示。稻田、菜地应表示。

10. 地理名称：村庄、车间、山岭等应调查并注记。

三、图幅拼接：

1. 地形图按规范分幅。

2. 测图时接边图测出图廓外 5mm，自由图边测出 10mm。

3. 相邻图幅拼接时，地物、地貌位置不超过 1.4~2.1mm，高程不超过 0.2~0.4m，可平均配赋，但应保持相对位置和走向的合理性。

4. 接图误差超限时应到实地检查纠正。

第五章　地形图清绘

1. 整饰后的铅笔原图，由专业绘图人员映绘着墨。

2. 绘图原则、顺序，成果质量应符合规范。图面合理、整洁。

第六章　资料验收和提交

一、检查验收：

1. 各个阶段、各项工作均应及时检查，认定其正确后方可使用和进行下一步工作。包括外业手簿的检查、外业验算、平差计算、铅笔原图和清绘后的成果图的检查，评定。

2. 铅笔原图必须经巡视检查，对照实地，核对注记、符号的位置是否正确、合理；有否遗漏，也可打散点检查，记录抽查结果，评定原图质量并现场改正差错。该项工作应请验收单位派员参加，结束后即能清绘。

二、提交资料：

1. 平面、高程控制点图；
2. 地形测量分幅图；
3. 各种平面、高程点的计算成果；
4. 清绘的地形图底图；
5. 技术总结及验收资料。

经审查，×××维尼纶厂 1∶1000 地形总图测量技术设计书，各种资料搜集较全，设计依据充分，工作任务明确，方法选择得当，各种技术指标基本符合规范要求，故予通过，希送甲方认可，并送有关主管单位审查，尽快组织实施。

×××省地矿局地测队总工办

××××年××月

附录C　测绘项目技术总结示例

一、测绘技术总结编写规定

测绘技术总结是在测绘任务完成后，对测绘技术设计文件和技术标准、规范等的执行情况，技术设计方案实施中出现的主要技术问题和处理方法，成果(或产品)质量、新技术的应用等进行分析研究、认真总结，并作出的客观描述和评价。测绘技术总结为用户(或下工序)对成果(或产品)的合理使用提供方便，为测绘单位持续质量改进提供依据，同时也为测绘技术设计、有关技术标准、规定的制定提供资料。测绘技术总结是与测绘成果(或产品)有直接关系的技术性文件，是长期保存的重要技术档案。

测绘技术总结分项目总结和专业技术总结。专业技术总结是测绘项目中所包含的各测绘专业活动在其成果(或产品)检查合格后，分别总结撰写的技术文档。项目总结是一个测绘项目在其最终成果(或产品)检查合格后，在各专业技术总结的基础上，对整个项目所作的技术总结。对于工作量较小的项目，可根据需要将项目总结和专业技术总结合并为项目总结。

项目总结由承担项目的法人单位负责编写或组织编写；专业技术总结由具体承担相应测绘专业任务的法人单位负责编写。具体的编写工作通常由单位的技术人员承担。技术总结编写完成后，单位总工程师或技术负责人应对技术总结编写的客观性、完整性等进行审核并签字，并对技术总结编写的质量负责。技术总结经审核、签字后，随测绘成果(或产品)、测绘技术设计文件和成果(或产品)检查报告一并上交和归档。

测绘技术总结编写的主要依据包括：

(1)测绘任务书或合同的有关要求，顾客书面要求或口头要求的记录，市场的需求或期望。

(2)测绘技术设计文件、相关的法律、法规、技术标准和规范。

(3)测绘成果(或产品)的质量检查报告。

(4)以往测绘技术设计、测绘技术总结提供的信息以及现有生产过程和产品的质量记录和有关数据。

测绘技术总结的编写应做到：

(1)内容真实、全面，重点突出。说明和评价技术要求的执行情况时，不应简单抄录设计书的有关技术要求；应重点说明作业过程中出现的主要技术问题和处理方法、特殊情况的处理及其达到的效果、经验、教训和遗留问题等，

(2)文字应简明扼要，公式、数据和图表应准确，名词、术语、符号和计量单位等均应与有关法规和标准一致。

二、测绘技术总结的编制

1. 项目技术总结的内容

(1)概述。概要说明：①项目来源、内容、目标、工作量，项目的组织和实施，专业测绘任务的划分、内容和相应任务的承担单位，产品交付与接收情况等；②项目执行情况：说明生产任务安排与完成情况，统计有关的作业定额和作业率，经费执行情况等；③作业区概况和已有资料的利用情况。

(2)技术设计执行情况。主要内容包括：①说明生产所依据的技术性文件(项目设计书、项目所包括的全部专业技术设计书、技术设计更改文件；有关的技术标准和规范)；②说明项目总结所依据的各专业技术总结；③说明和评价项目实施过程中，项目设计书和有关技术标准、规范的执行情况，并说明项目设计书的技术更改情况(包括技术设计更改的内容、原因的说明等)；④重点描述项目实施过程中出现的主要技术问题和处理方法、特殊情况的处理及其达到的效果等；⑤说明项目实施中质量保证措施(包括组织管理措施、资源保证措施和质量控制措施以及数据安全措施)的执行情况；⑥当生产过程中采用新技术、新方法时，应详细描述和总结其应用情况；⑦总结项目实施中的经验、教训(包括重大的缺陷和失败)和遗留问题，并对今后生产提出改进意见和建议。

(3)测绘成果(或产品)质量说明与评价。说明和评价项目最终测绘成果(或产品)的质量情况(包括必要的精度统计)，产品达到的技术指标，并说明最终测绘成果(或产品)的质量检查报告的名称和编号。

(4)上交和归档测绘成果(或产品)及其资料清单。分别说明上交和归档成果(或产品)的形式、数量等，以及一并上交和归档的资料文档清单。主要包括：①测绘成果(或产品)：说明其名称、数量、类型等，当上交成果的数量或范围有变化时需附上交成果分布图；②文档资料：包括项目设计书及其有关的设计更改文件、项目总结，质量检查报告，必要时也包括项目所包含的专业技术设计书及其有关的专业设计更改文件和专业技术总结，文档簿(图历簿)以及其他作业过程中形成的重要记录；③其他须上交和归档的资料。

2. 专业技术总结的主要内容

(1)概述。概要说明：①测绘项目的名称、专业测绘任务的来源；专业测绘任务的内容、任务量和目标，产品交付与接收情况等；②计划与实际完成情况、作业率的统计；③作业区概况和已有资料的利用情况。

(2)技术设计执行情况。主要内容包括：①说明专业活动所依据的技术性文件(专业技术设计书及其有关的技术设计更改文件，必要时也包括本测绘项目的项目设计书及其设计更改文件；有关的技术标准和规范)；②说明和评价专业技术活动过程中，专业技术设计文件的执行情况，并重点说明专业测绘生产过程中，专业技术设计书的更改情况(包括专业技术设计更改内容、原因的说明等)；③描述专业测绘生产过程中出现的主要技术问题和处理方法、特殊情况的处理及其达到的效果等；④当作业过程中采用新技术、新方法、新材料时，应详细描述和总结其应用情况；⑤总结专业测绘生产中的经验、教训(包括重大的缺陷和失败)和遗留问题，并对今后生产提出改进意见和建议。

(3)测绘成果(或产品)质量情况。说明和评价测绘成果(或产品)的质量情况(包括必要的精度统计)，产品达到的技术指标，并说明测绘成果(或产品)的质量检查报告的名称和编号。

(4)上交测绘成果(或产品)和资料清单。说明上交绘成果(或产品)和资料的主要内容和形式，主要包括：①测绘成果(或产品)：说明其名称、数量、类型等，当上交成果的数量或范围有变化时需附上交成果分布图；②文档资料：专业技术设计文件、专业技术总结、检查报告，必要的文档簿(图历簿)以及其他作业过程中形成的重要记录；③其他须上交和归档的资料。

三、技术总结案例

×××维尼纶厂
1∶1000 地形测量技术总结

一、概况：

×××地矿局地测队受×××维尼纶厂委托，为其测制 1∶1000 地形总图，实际成图面积 3. 1km^2。

我队测量组自××××年 10 月 23 日进驻测区后，踏勘、设计、选点等工作就全面展开，至 11 月 15 日第一阶段——控制测量工作基本完成。接着转入地形测图阶段，至××××年 1 月 24 日，基本完成了西区及厂南部地区的地形测图。春节过后，2 月 20 日就开始测量厂区和矿山地区，3 月 31 日完成野外测图，转入室内整理。

参加本次测量工作的先后有 11 人。其中测绘技术人员 3 名，另外都是曾经干过测量工作，有一定经验的工人。为加快完成任务，去年冬季我们战严寒，斗风雪，今年的测区离驻地远，就送饭到测站，经过全体人员的共同努力，终于在 3 月底完成了野外工作。

本次测量完成 5″点 6 个，二级测距导线 10. 5km，等外水准 6. 2km，图根导线点 180 点，1∶1000 地形图计 21 幅。测区内高大建筑物多，围墙、挡土墙层层叠叠，村庄内房屋密集，矿山荆棘丛生，松树林成片，因而实际测绘难度较大。

我们的作业依据主要有：CJJ/T 8—2011《城市测量规范》、GB/T 20257. 1—2007《国家基本比例尺地图图式　第 1 部分：1∶500　1∶1 000　1∶2 000地形图图式》和本次测量技术设计书等。

二、控制测量：

1. 平面控制：

测区位于东经 117°52′，北纬 31°39′附近，内有控制点Ⅲ北山和Ⅳ振山，与厂区的高差超过 250m。首级控制布成 5″小三角网、连同两个已知点共有 6 点，自测 V1～V2 边，提高了网的精度并使精度更加均匀。已知点坐标抄摘自×××市城建局，系 1954 年北京坐标系。

加密控制采用光电测距二级导线网控制整个测区，共 25 点，全长 10. 514km，相邻边长之比不超过 1∶3。

所有角度和边长用经过检验的北光 TDJ_2E 经纬仪及配套的 DCH3 测距仪观测。其中5″点按方向观测法观测二个测回、起始边对向观测各二个测回：二级点按方向观测法观测一个测回(联接角观测二个测回)、边长为单向观测二个测回。

计算均在 PC-1500 机上进行，因为测区靠近中央子午线 117°，面积又小，故边长未加入高程归化改正，方向也未进行曲率改正。程序采用武汉测绘科技大学编写的三角网概算、平差程序和导线网相关平差程序。计算结果：

三角形闭合差最大为-7.8″，最小为-1.1″，平均为 4.2″；测角中误差为±2.897″，最弱边边长相对中误差为 1∶54200，相对误差平均为 1∶64300。二级导线的单位数中误差为±9.61″，节点点位中误差最大为 3.87cm，最小为 2.01cm，平均为 3.02cm。

三角点东山与×××年省建委设计院所测坐标相差：$\Delta x=-0.385$m，$\Delta y=+0.056$m。

2. 高程控制：

把 1989 年省测绘局施测的四等水准点 A31、A47 换算到 1985 国家高程基准上，联测部分三角点和二级导线点，构成等外水准网(首级)，并以此布设了三条水准支线、均采用单程双测法进行，在此基础上用测距高程路线求出其他导线点的高程。

水准观测以经过检验的 S3 水准仪和区格式玻璃钢标尺测量；测距高程路线是在测边的基础上往返观测垂直角来满足的。

计算在 PC-1500 机上进行，分别采用武测的 LE-4 水准网平差程序和×××省测绘局编写的 CJG-W-D 测距高程网平差程序。计算结果：

等外网中每公里高差中误差为±9.2mm，水准点高程中误差为±7.3mm；三角高程网每公里高差中误差为±19mm，三角点高程中误差最大为±18mm，最小为±11mm，平均为 14mm；二级测距高程路线每公里高差中误差最大为±43mm，最小为±5mm 平均为 24mm，节点高程中误差大为±23m(规范规定 50mm)，平均为 11mm。各边往返差和附合路线不符值均小于规范要求。

控制网布设合理，施测符合规范要求，外业手簿仔细检查，成果质量符合各项技术指标。控制点的平面位置与高程精度较高，满足测图需要。另外，地面标志较正规，望使用单位加以保护。

三、地形测量：

1. 图根控制测量：

图根点在首级和加密控制网的基础上布设了 6 大导线网，全长 23.914mm，合计 180 点，还有 14 个测距极坐标点。每平方公里的图根点平均密度为 73 点，高出规范规定(50 点/km^2)的要求，图根点大多为木柱，少数为标石、圆钢、地面刻“十”字作标志。

图根高程绝大多数用测距高程路线获得，少数点用水准方法测出。

图根导线使用 TDJ_2E 测角和 DCH3 测距、少数水平方向用蔡司 020 经纬仪测得。

平差计算在 PC-1500 机上进行，采用×××省测绘局提供的附合导线严密平差程序和 CJG-W-D 测距高程路线程序计算。结果如下：

图根导线方位角闭合差最大为 173″，最小为-2.2″，平均为 43.3″；边长相对中误差最大为 1/3166，最小为 1/150106，平均为 1/26380。图根点高程相对于起算点高程中误差最大为±5.8cm，最小为0，平均为1.2cm。以上各项指标均小于规范和设计要求。

综上所述，图根控制测量有足够的密度，较好的精度，满足测图需要。

2. 地形图测绘：

在成品薄膜上测图，用邮电部杭州通信设备厂设计制造的坐标展点器展绘控制点。检查图纸的30条对角线，与理论长度比较均小于0.2mm，所有展点都经过检查，均小于0.1mm符合规范要求。

地形图为50×50正方形分幅，采用规范规定的方法编号。

地形图使用DJ_6经纬仪配合量角器采用测记法测图，垂直度盘指标差<1′，量角器直径为20cm和25cm，偏心差<±0.2mm，等高距为1m。高程注记到0.1m。

地形要素按规范和技术设计书测绘。在5月13日至15日，省、地及厂方有关人员进行初步检查后，项目负责人再次组织了全面野外巡视和丈量打点检查，巡视率100%，丈量打点300余处，地物平面位置误差小于0.6m高程误差小于0.12m的分别占93%和97%以上，等高线插求误差小于0.5m的点也占90%以上，发现的错漏现场改正，并全部按照2007版新图式表示。

大型建(构)筑物均加测了坐标；厂内的道路加注路名，未注路面材料的均为水泥路面；厂内主要管线在有关人员配合下，也一一作了调查表示：矿界也测了坐标，并以“界碑”符号表示。

四、结论：

×××省维尼纶厂1：1000地形测量控制网布设合理，施测方法符合规范要求。严密平差、微机应用，精度较高，成果可靠。地形图按规范正规分幅、图面按新图式表示，图面整洁，内容丰富，取舍得当，表示合理正确，能满足厂方规划和发展的需要。

对×××省维尼纶厂1：1000地形总图
测量成果的审查意见

×××省维尼纶厂1：1000地形总图测量成果资料，经队审查符合设计要求，并能依据“国标”1：1000地形图图式进行成图，各项技术指标及精度均在允许误差范围内，符合城市测量规范及测绘产品质量要求，队予以通过验收，并请送×××地区测绘管理办公室审查后，尽快清绘，供甲方使用。

×××省地矿局地测队总工办

××××年××月××日

参 考 文 献

[1]覃辉，马超，朱茂栋．土木工程测量(5 版)[M]．上海：同济大学出版社，2019.

[2]殷耀国，郭宝宇，王晓明，等．土木工程测量(3 版)[M]．武汉：武汉大学出版社，2021.

[3]潘正风，程效军，成枢，等．数字地形测量学[M]．武汉：武汉大学出版社，2015.

[4]覃辉，马超，郭宝宇，等．控制网平差与工程测量[M]．上海：同济大学出版社，2021.

[5]李玉宝，沈学标，吴向阳．控制测量学[M]．南京：东南大学出版社，2013.

[6]田桂娥，王健，王晓红，等．控制测量学[M]．武汉：武汉大学出版社，2014.

[7]穆阿立，扈涛，张少铖，等．高速铁路轨道施工与维护[M]．成都：西南交通大学出版社，2019.

[8]王正荣，邹时林，谢爱萍，等．数字测图[M]．郑州：黄河水利出版社，2012.

[9]张正禄，黄声享，岳建平，等．工程测量学(2 版)[M]．武汉：武汉大学出版社，2013.

[10]李斯．测绘技术应用与规范管理实用手册[CP/DK]．北京：金版电子出版社，2002.

[11]中华人民共和国住房和城乡建设部．工程测量标准 GB50026—2020[S]．北京：中国计划出版社，2021.

[12]中华人民共和国住房和城乡建设部．城市测量规范 CJJ/T8—2011[S]．北京：中国建筑工业出版社，2011.

[13]中华人民共和国国家质量监督检验检疫总局，中国国家标准化管理委员会．测绘成果质量检查与验收 GB/T24356—2009[S]．北京：中国标准出版社，2009.

[14]中华人民共和国国家质量监督检验检疫总局，中国国家标准化管理委员会．国家基本比例尺地形图分幅和编号 GB/T13989—2012[S]．北京：中国标准出版社，2012.

[15]广州南方测绘科技股份有限公司．测绘地理信息数据获取与处理职业技能等级标准[S]．2021.

[16]广州南方测绘科技股份有限公司．测绘地理信息智能应用职业技能等级标准[S]．2021.